国家科学技术学术著作出版基金资助出版

耦合束团不稳定性测量与抑制

王筠华　著

科学出版社
北 京

内 容 简 介

  本书从加速器储存环的基本理论入手,围绕与储存环中束流位置测量的相关课题,较完整、系统、详尽地阐述了观测和抑制储存环束流不稳定性的理论、方法和相关技术。同时,还介绍了信号接收、信号处理和耦合束团不稳定分析技巧等。束流不稳定性测量和抑制措施已在高能加速器多年运行中进行了考验并得到验证。书中列举了许多应用例证,与实际结合紧密,并涉及众多领域。

  本书理论联系实际,所呈现的内容,对我国加速器界同行有较高的参考价值。本书可供加速器领域相关的工作人员,尤其是束流测量方向的研究生和本科生阅读。同时由于技术的共通性,对从事快电子学、信号接收、数据处理和分析等领域的工程技术人员也有一定的参考价值。

图书在版编目(CIP)数据

耦合束团不稳定性测量与抑制/王筠华著. —北京:科学出版社,2014
ISBN 978-7-03-041478-6

Ⅰ.①耦⋯ Ⅱ.①王⋯ Ⅲ.①高能加速器-研究 Ⅳ.①O572.21

中国版本图书馆 CIP 数据核字(2014)第 172173 号

责任编辑:汤 枫 裴 育 / 责任校对:郭瑞芝
责任印制:肖 兴 / 封面设计:蓝正设计

科学出版社 出版
北京东黄城根北街 16 号
邮政编码:100717
http://www.sciencep.com

北京凌奇印刷有限责任公司 印刷
科学出版社发行 各地新华书店经销
*
2015 年 6 月第 一 版 开本:720×1000 1/16
2015 年 6 月第一次印刷 印张:24 1/4 插页:4
字数:473 000
POD定价: 128.00元
(如有印装质量问题,我社负责调换)

前　　言

　　粒子加速器的高流强、高亮度、高稳定性运行是加速器领域专家不懈追求的目标。束流不稳定性是制约高能加速器运行性能提升的关键因素之一,其中耦合束团不稳定性是高能加速器储存环高性能运行的瓶颈。研究束流不稳定性并寻找克服束流不稳定性的方法是加速器物理学家面临的重要课题。国内外加速器专家高度重视束流不稳定性的研究与抑制,有源束流反馈系统是目前国际上广泛采用的抑制束流不稳定性的措施,也是世界加速器界多年来的难点和热点问题。

　　随着信息技术的飞速发展,伴随探测信号快电子学线路的突飞猛进和信息处理技术的不断进步,加速器储存环探测技术也得到迅猛发展,信息探测的时间结构也在不断提速。储存环中束流轨道位置的测量从原来只能获得多圈的平均值(单位为 ms),提速到可以观察逐圈位置(单位为 μs),并实现了逐束团观察的测量(单位为 ns)。配套的数据处理模式,也从模拟向数字化方向转变,这就是该领域近十几年的发展趋势。束流不稳定性测量和抑制措施的实施,已在国内外高能加速器多年运行中得到了考验和验证,它是保证储存环高流强、高亮度、高稳定运行的关键技术之一,是提升储存环运行性能和质量的可靠保障。

　　储存环是高能加速器和同步辐射光源重要的主体设备。在众多储存环束流测试设备中,束流位置的监测(beam position monitor,BPM)又是至关重要的。因为随时监测束流是否在环中理想轨道上运行,是保证储存环能否储存束流和正常运行的最基本保证和先决条件,同时也是深入开展储存环物理研究最基本和最有效的工具。束流位置数据能为改进储存环物理参数和环上部件提供有力的依据。通过监测环中束流位置稳态和瞬时的变化,可以分析环中出现的各种物理现象和机理。

　　无论高能加速器还是同步辐射光源,亮度和稳定性是其最重要的两个参数。追求高亮度和高稳定性运行,是建设者努力的最终目标。对于高流强、多束团储存环,高频腔高次模(high order modes,HOM)和电阻壁阻抗等因素所引起的耦合束团不稳定性(coupled bunch instabilities,CBIs),是高流强稳定运行的一个重要瓶颈,抑制它至关重要。近年来,世界上新建或改造的加速器装置中,均采用一种最现实和有效阻尼耦合束团不稳定性的方法,即束流反馈系统。

　　本书不仅介绍了束流位置测量相关的理论,还重点介绍了合肥光源(Hefei light source,HLS)稳态和瞬态测量系统构造、信号处理的过程和方法,以及它们对机器性能提高的作用和所应用到的技术。同时还简单介绍了耦合束团不稳定性产生的基本原理与实验,并对储存环中束流运行时存在的各种不稳定性现象和抑制不稳定性所采取的措施进行了分析和研究,从而对保证 HLS 的稳定运行、提高流强和光源亮度作出应有的贡献。

合肥光源、北京正负电子对撞机(Beijing electron positron collider, BEPC 和 BEPC-Ⅱ)和上海同步辐射装置(Shanghai synchrotron radiation facility, SSRF)都在多束团、高流强下运行,对耦合束团不稳定性的分析和抑制是国内以上三大实验室关心的重点。因此,本书介绍的工作,得到三大实验室合作申请的(作者作为负责人)的国家自然科学基金重点项目(10535040)和国家自然科学基金面上项目(10175063)的支持,也得到中国科学技术大学研究生院负责的"十五"211 工程项目和中国科学院创新项目的支持。项目的工作进程,得到了加速器领域同仁的热切关注和广泛的重视。在项目的研究过程中,与国内外大型加速器实验室开展了广泛合作,如日本的 SPring-8、KEKB、PF,中国台湾光源(Taiwan light source, TLS),美国的 Duke 和 APS 等。

非常感谢中国科学院高能物理研究所马力研究员、曹建社研究员和岳军会博士,中国科学院上海应用物理研究所刘德康研究员和叶恺蓉研究员,台湾光源许国栋博士,SPring-8 的 Nakamura 博士,KEK 的 Tobiyama 博士、Kikutani 博士和 Kasuga 教授。他们与作者紧密有效地合作,进行有益的技术交流,并且相互支持。更感谢 NSRL 的何多慧院士、裴元吉研究员和实验室时任领导:盛六四研究员、刘祖平研究员、李为民研究员和高琛研究员对作者所负责的项目给予的关心和支持。特别感谢王琳博士和孙葆根研究员在作者工作中给予的热情帮助。

还要特别感谢当时在读的博士生刘建宏、郑凯、杨永良、周泽然、陈园博,硕士生黄龙君、孟鸣,同事卢平工程师等,他们在设备研制过程中做了很多工作。正因为有他们认真的工作,课题组才取得了很多可喜的成果,出色地完成了基金项目,对提高 HLS 性能的研究作出了应有贡献。本书第 8 章和第 10~12 章的内容,就是课题组工作的总结,是以他们的论文为主线,撰写中也得到了他们的支持。

本书得到了邱爱慈院士、马力研究员和刘祖平研究员的热情支持,特在此表达感谢之情。尤其是马力研究员,在百忙中抽出宝贵时间审阅了全部书稿,并进行了认真、细致的校订;刘祖平研究员认真审阅了第 2 章。他们提出了很多宝贵、有益的建议,作者由衷地感谢。

在撰写过程中,中国科学技术大学程耕教授对本书的理论部分给予了很多帮助;郑佳俊同学帮助完成了书稿图形的修改和文档的部分整理工作,以满足出版的要求。

本书共 12 章,主要包括绪论、束流动力学、束流信号与频谱理论、束流不稳定性和束流位置测量,系统、翔实地介绍了在 HLS 储存环上完成的钮扣型束流位置探测器、闭轨测量、逐圈测量、逐束团测量、横向模拟反馈和数字横向反馈系统的研制过程、性能及其在加速器储存环上的应用。

　　本书是加速器束流诊断领域首次出版的书籍，对这个专业方向的信号探测和束流不稳定性理论以及抑制束流不稳定性实验设备的研制进行了深入细致的阐述，是本研究领域工作的真实记录和经验的积累，也是这个专业方向工作的初步总结。力求理论结合实践，以理论来指导实践，有较高的实用价值。希望本书能够起到抛砖引玉的作用。

　　由于作者知识所限，书中难免有不足和疏漏之处，希望专家和读者批评指正。

目　　录

第 1 章　绪　　论

1.1　高能加速器和同步辐射装置简明发展史

1919 年,英国科学家卢瑟福(Rutherford)用天然放射源中能量为几兆电子伏的高速 α 粒子束(即氦核)轰击厚度仅为 0.0004cm 的金属箔,实现了人类科学史上第一次人工核反应。利用靶后放置的硫化锌荧光屏测得了粒子散射的分布,发现原子核本身有结构,从而激发了人们寻求更高能量的粒子轰击原子核进而研究原子核结构的愿望。

粒子加速器是利用电场来加速带电粒子使之获得高能量的装置。基本原理是使带电粒子在电场中受到电场力而加速,能量获得增加。加速粒子的电场通常有三种形式:静电场、磁感应电场和交变电磁场。用静电场加速粒子是最原始最简单的方式,静电加速器、高压倍加加速器就是利用此手段加速带电粒子的。初级线圈产生的变化磁场能产生感应的电场也可以加速带电粒子,这种加速器是电子感应加速器。交变电磁场中的电场同样可以用来加速电子,这是多种加速器中应用最广泛的一种方法。采用这种方法加速的加速器种类很多,有回旋加速器、直线加速器、质子同步加速器、同步辐射加速器和对撞机等。

早在 20 世纪 20 年代,科学家就探讨过许多加速带电粒子的方案,并进行过多次试验。其中最早提出加速原理的是维德罗(Wideroe)。30 年代初,高压倍加加速器、静电加速器、回旋加速器相继问世,研制者分别获得这一时期的诺贝尔物理学奖。此后,随着人们对微观物质世界深层次结构研究的不断深入,各个科学技术领域对各种快速粒子束的需求不断增长,多种新的加速原理和方法,如自动稳相原理和强聚焦原理被提出,相继产生了电子感应加速器、直线加速器、强聚焦高能加速器和扇形聚焦回旋加速器等。通过高能粒子束之间的对头碰撞(简称对撞)可提高粒子束的有效作用能。1956 年,克斯特(Kerst)提出了建议,1960 年意大利科学家托歇克(Touschek)首次提出了这项原理,并在意大利的 Frascati 国家实验室建成了直径约 1m 的 AdA 对撞机,从而验证了该原理,这是加速器发展史上的一次飞跃。

电子储存环是在 20 世纪 50 年代作为正负电子对撞试验的粒子物理研究装置提出的。60 年代后相继建成多台正负电子对撞机。电子储存环不仅是高能粒子物理研究的重要工具,也是同步辐射研究的重要仪器。同步辐射是接近光速的带电粒子在做曲线运动时,沿轨道切线方向发出的电磁辐射。同步辐射于 1947 年在美国通用电气公司的一台 70MeV 的同步加速器中首次被肉眼看到,因此命名为同步辐射(synchrotron radiation,SR)。储存环也可以把电子加速到更高的能量。储存环有电子储存环和质子储存环两种。在实用上,都是用电子或正电子产生同步辐射。

随着正负电子对撞机的建立,寄生于高能物理储存环上的同步辐射研究也逐步发展起来。寄生于为高能物理研究建造的储存环上的同步辐射光源称为第一代同步辐射光源。第一代同步辐射光源虽然不是为同步辐射应用专门设计的,但是其高强度和从远红外到 X 射线的宽阔的连续光谱,可以看出它具有空前的试验基础研究能力,从而开创了很多新的研究应用领域。目前绝大多数电子对撞机兼进行同步辐射的研究工作。自 1968 年美国威斯康星大学建成 240MeV 储存环作为专用同步辐射光源以来,20 世纪 70 年代开始建造了几十台专用于同步辐射的电子储存环。第二代同步光源是专门为同步辐射的应用而设计的。为改进所产生的同步辐射光源的质量,需要将储存环结构进行最优化的设计,一般采用 Chasman-Green Lattice 结构。第二代同步辐射光源都是在 80 年代前后建成的,它们的发射度大约为 100nm·mrad。而相继建成的第三代同步辐射光源的特征是为大量使用插入件而设计的低发射度储存环,这些环的发射度一般小于 10nm·mrad。它们发出的同步辐射光源的亮度比最亮的第二代光源至少高 100 倍。同步辐射光源的发展大体经历了这三个阶段。

同步辐射具有常规光源不可比拟的优良性能:宽广平滑的连续光谱、强度大、亮度高、频谱连续、方向性和偏振性好、有脉冲时间结构和洁净真空环境的优异新型光源。因此,它广泛应用于物理、化学、材料科学、生命科学、信息科学、力学、地学、医学、药学、农学、环境保护、计量科学、光刻和超微细加工等众多基础研究和应用研究领域。

用于储存和加速粒子的储存环,是应粒子物理试验的需要而发展起来的,是加速器技术发展史上的一个重要飞跃,现在仍在不断发展中。

目前中国内地有三家同步辐射光源,分别是 HLS、北京同步辐射装置(Beijing synchrotron radiation facility,BSRF)和新建的 SSRF。其中,BSRF 和 SSRF 的工作波长主要分布在软 X 射线和 X 射线部分。HLS 作为一台能量为 800MeV 的低能光源,其辐射特征波长为 24Å,最小可用波长为 5Å,主要服务于紫外和真空紫外用户。HLS 上还建有 6T 单周期三极超导磁铁扭摆器(wiggler),用以产生辐射特征波长为 4.8Å,最小可用波长为 1Å 的 X 射线。

HLS 是专用的同步辐射装置,始建于 20 世纪 80 年代[1]。90 年代末,又进行了二期工程建设,升级了电源、注入、高频、束流测量和控制等系统。在充分保证机器主体长期、可靠、稳定运行,大幅度提高光源积分流强、亮度和稳定性的基础上，新建 1 台波荡器插入元件和增建 8 条新光束线和相应 8 个试验站[1,2]。

　　HLS 是由一台 200MeV 的直线电子加速器和一个周长 66m 的电子储存环组成的。电子储存环由 12 块二极磁铁、48 块四极磁铁、六极磁铁、注入和高频系统以及各种测量设备等组成，采用多圈多次全填充注入方式。来自直线的 200MeV 能量束流经过输运线，通过注入系统注入储存环中，并 Ramping 到 800MeV 能量后运行，其运行流强通常为 200～300mA。电子储存环运行的各参数如表 1.1.1 所示。

表 1.1.1　HLS 电子储存环部分基本参数

基本参数	取值
电子运行能量/MeV	800
束流流强/mA	300
电子单圈辐射损失能量/keV	16.31
总辐射功率(仅计弯铁辐射)/kW	4.89
同步辐射特征波长/Å	24
电子轨道周长/m	66.1308
周期数	4
电子回旋频率/MHz	4.5333
聚焦结构类型	分离作用强聚焦
平均电子轨道半径/m	10.525
弯转磁铁曲率半径/m	2.2221
弯转磁铁数	12
弯转磁铁磁场强度/T	1.2
弯转磁铁长度/m	1.1635
弯转磁铁弯转角度/(°)	30
长直线节数	4
长直线节长度/m	3.2
高频频率/MHz	204.016
谐波数	45

　　对于 HLS，来自储存环弯转磁铁的同步辐射特征波长为 2.4nm(24Å)。环上还有扭摆器(wiggler)和波荡器(undulator)。扭摆器为 6T 单周期三极超导磁铁扭摆器，产生辐射特征波长为 0.48nm(4.8Å)、最小可用波长为 0.1nm(1Å)的可用 X 射线。波荡器产生的辐射光波长为 10～162nm，亮度比从弯转磁铁处发出来的同步光提高近 3 个量级。

　　HLS 自 20 世纪 90 年代初投入运行以来，支持了众多前沿科学研究工作，取得了很多世界上瞩目的科研成果。在 HLS 储存环上安装了光刻(U1)、红外与远红外光谱(U4)、高空间分辨 X 射线成像(U7A)、X 射线散射与衍射(U7B)、扩展 X

射线吸收精细结构(U7C)、燃烧(U10)、软 X 射线显微术(U12A)、原子与分子物理(U14A)、真空紫外分析(U14C)、表面物理(U18)、软 X 射线磁性圆二色(U19)、光电子能谱(U20)、真空紫外光谱(U24)、光声与真空紫外圆二色光谱(U25)、光谱辐射标准与计量(U26)共 15 个光束线试验站,皆已投入使用并向国内外用户开放。HLS 一期工程期间和二期工程结束后,建有的光束线站分别如图 1.1.1 和图 1.1.2所示。

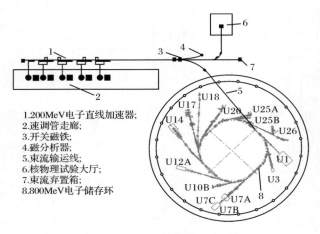

1.200MeV电子直线加速器;
2.速调管走廊;
3.开关磁铁;
4.磁分析器;
5.束流输运线;
6.核物理试验大厅;
7.束流弃置箱;
8.800MeV电子储存环

图 1.1.1　　HLS 一期工程布局图

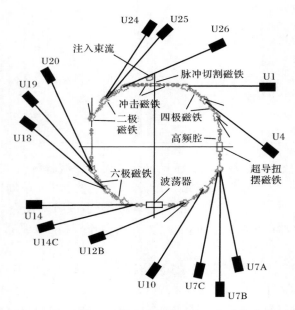

图 1.1.2　　二期工程结束后的合肥光源光束线分布

为了实现 HLS 储存环低发射度的稳定运行和增加储存环直线节的数目,以满足客户日益增长的科研要求,于 2010 年启动了 HLS 重大维修改造项目(Hefei light source Ⅱ,HLS Ⅱ)。改造的内容包括:①在更强的横向聚焦作用下束流发射度能达到 40nm · rad 以下;②储存环直线节的数目增加到 8 个,可以安装更多的插入件,以便建造有特色的线站。更低的束流发射度和更多插入件的应用,使得 HLS 束流品质将有明显提升,亮度将会提高大约两个数量级,并能产生高亮度的真空紫外和远红外辐射,整体性能将进入国际同类光源前列。

升级改造后的 HLS 储存环,运行能量仍为 800MeV,流强指标大于 300mA[3]。储存环的周长为 66.13m,有 4 个 DBA(double bending achromatic)聚焦单元。全环由 8 块弯转磁铁、32 块四极磁铁、32 块多功能六极磁铁、高频腔、满能量(800MeV)并能实现单束团注入单元、4 个插入件和各测量设备等组成。全环共安装 32 个 BPM 进行束流轨道畸变测量和单圈测量,与 32 个水平和垂直轨道校正线圈组成束流闭轨校正系统。同时安装了横向、纵向快速束流反馈激励腔和若干条带电极,它们将用于束流反馈系统和反馈信号检测。

储存环物理方案中的设计有两种工作模式:传统的消色散工作模式(简称模式 A)和分布式色散工作模式(简称模式 B)。HLS Ⅱ 储存环磁铁布局示意图如图 1.1.3所示,储存环的基本参数见表 1.1.2。

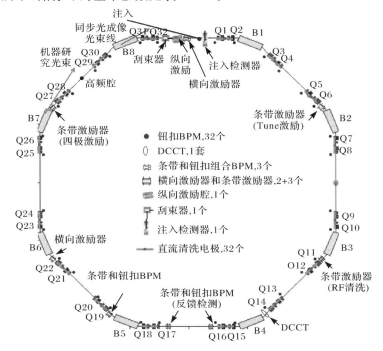

图 1.1.3　HLS Ⅱ储存环磁铁布局和束流测量元件分布

表 1.1.2　HLS Ⅱ 储存环的基本参数

基本参数	模式 A	模式 B
发射度/(nm·rad)	36.4	18.9
工作点	4.4400/2.8090	4.4400/2.8103
自然色品	−9.89/−4.67	−10.8/−4.64
动量紧缩因子	0.0205	0.0184
阻尼时间/ms	20.0/21.1/10.8	20.0/21.1/10.8
阻尼分配数	1.05/1/1.95	1.05/1/1.95
自然能散	0.00047	
每圈同步辐射能量/keV	16.74	
弯铁辐射特征能量/eV	525	
$\beta_{x,y}\vert_{max}$	16.2/13.7	18.4/13.5
$\beta_{x,y}\vert_{min}$	0.43/1.86	0.37/1.84
$\beta_{x,y}\vert_{average}$	7.60/5.39	8.38/5.33
$\eta_x\vert_{max}$	1.25	0.75
同步辐射积分 I_1	1.356	1.215
同步辐射积分 I_2	2.902	2.903
同步辐射积分 I_3	1.341	1.341
同步辐射积分 I_4	−0.159	−0.159
同步辐射积分 I_5	0.119	0.0616

　　围绕改造后的 HLS 储存环建立 14 个光束线站,它将充分发挥光源在真空紫外能区的优势,推动在以下科学研究方向达到国际领先或先进水平:①利用高分辨角分辨电子能谱、THz 红外谱学技术,建立量子调控研究平台;②建立 THz 和红外显微成像研究平台;③利用真空紫外、软 X 射线谱学和成像技术,建立水科学研究平台;④利用真空紫外光电子技术,建立化学动力学和催化研究平台;⑤利用真空紫外光电离技术,建立燃烧反应动力学研究平台,提高燃烧效率,发展新概念燃烧方法;⑥利用纳米分辨成像技术,建立细胞 CT 研究平台,为癌症等重大疾病的早期诊断等医学应用提供新的有效手段。

1.2　HLS 储存环测量系统与束流位置测量

　　束流测量系统是加速器调试和运行过程中必不可少的组成部分。束流测量系统可以对各种束流参数进行监测,为新机器的研制和运行、已使用机器的升级改造调试研究和性能的提高提供重要依据,因此被称为加速器的"眼睛"。国内外的加速器实验室都非常重视束流测量系统的建造及其应用的研究,并不断发展更先进的诊断方法,达到更精确地测量加速器束流参数的目的。二期工程后 HLS束流测量系统布局图如图 1.2.1 所示。

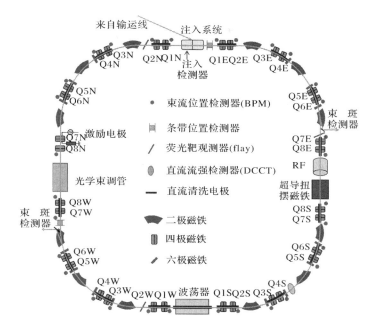

图 1.2.1 HLS 束流测量系统布局图

在加速器储存环中,需要测量的束流参数主要有直流流强(DC currency intensity,DCCT)、束流位置(beam position)、束流截面(beam profile)和发射度(emittance)、工作点(tune)以及束团长度(bunch length)[4,5]等。在众多测量设备中,束流位置的测量是至关重要的。因为利用束流位置监测器的数据,可以获得束流在管道中的横向位置和纵向相位瞬态振荡信息,从而可以分析出束流丢失的原因,以及可能产生的不稳定性类型及产生源。并在此信息基础上,可考虑采取相应的措施和手段来抑制它,以达到提高机器性能,保证光源高流强、高亮度和高稳定运行的目的。这是本书的精髓,相关部分有详尽的叙述。

对于高能加速器和同步辐射光源,亮度和稳定性是最重要的两个参数。高亮度和高稳定性是同步辐射装置建设者追求的主要目标,但无一例外,实际运行的装置,其流强和亮度的提高和光源稳定性的提升受到各种因素的限制。除了储存环的接收度、真空度、高频功率和注入束流性能以外,主要受各种束流不稳定性的影响。因为提高储存流强和亮度常用的方法是增大束团数目和单个束团流强。然而,多束团填充和大的储存流强,在注入时必然会引起大的束流扰动,束-束、束-腔、电阻壁、高频腔的高次模等都会导致横向和纵向产生各种类型的束流不稳定性。束流不稳定性一旦产生,不仅会影响束流寿命与光源质量,还会影响注入束流积累,使得流强无法再进一步提高。

　　为了抑制这种不稳定性,国内外各大加速器都建有逐束团反馈系统(包括模拟和数字、横向和纵向)。而该反馈系统建立在束流位置测量信息的基础上,因此束流位置测量对储存环理论研究的重要性是可想而知了。它反映了束流在真空管道中横向位置和纵向相位的重要信息,因此是目前研究环上不稳定性的重要诊断手段。为此,国内外各大实验室都非常重视束流位置测量系统的研制和研究。HLS 也不例外,围绕束流位置的测量,先后完成了多种束流位置测量设备的研制,如束流平衡轨道测量系统,又称为闭轨畸变(close orbit distortion,COD)测量系统[6];逐圈(turn-by-turn,TBT)束流位置测量系统[7];逐束团(bunch-by-bunch,BxB)横向位置和纵向相位振荡测量系统[8,9]等。并在此基础上完成了束流横向模拟和数字反馈系统的研制[10~13]。横向和纵向数字反馈系统的研制,是 HLS 升级改造中的重要项目之一。束流横向和纵向数字反馈系统的成功研制,是 HLS 升级改造工程顺利达标和超指标运行的重要保证。

　　HLS 储存环是电子储存环,COD BPM 和 TBT BPM 两种束流位置测量系统的带宽分别为 20kHz 和 5MHz,而逐束团测量系统带宽为 $f_{RF}/2$(约 100MHz),它足以覆盖满填充情况下所有的耦合束团振荡模式。为了准确获得逐束团水平、垂直方向的刚性振荡和工作点等束流信息,本书首先从束流动力学、束流信号的形式和频谱分析等相关的理论探讨出发,讨论束流不稳定性等相关理论,阐述不稳定性成因与抑制理论以及试验设备的研制和试验研究。与此同时,本书还包括相关测试理论、数据分析方法和技术,以及所建立的设备和各相关技术应用的研究等。

　　由图 1.2.1 可以看到,在 HLS 储存环上,分布在四极磁铁两侧的 BPM 共有 31 个。常用的束流位置测量有钮扣型(button)BPM、条带型(stripline)BPM 和光位置检测器(photon beam position monitor,PBPM)[14]。由于钮扣型电极一般较小,频率响应好,而储存环的流强高,因此钮扣型 BPM 更为常用,而条带型 BPM 可以兼作反馈激励设备,这两种测量设备将是本书介绍的重点。

参 考 文 献

[1] 合肥同步辐射实验室. 合肥同步辐射加速器研制报告. 合肥:中国科学技术大学,1991.

[2] 合肥同步辐射实验室. 同步辐射应用研究及装置改造总结报告. 合肥:中国科学技术大学,1999.

[3] 王琳. 合肥光源重大维修改造项目任务书. 合肥:中国科学技术大学,2010.

［4］马力.加速器束流测量讲义.北京:中国科学院高能物理研究所加速器中心,2001.

［5］孙葆根.束流诊断讲义.合肥:中国科学技术大学,2012.

［6］王筠华,李京祎,刘祖平,等.NSRL 电子储存环束流位置监测系统的改造与闭轨测量.中国科学技术大学学报,1998,28(6):732—736.

［7］王筠华,李为民,刘祖平,等.合肥光源逐圈测量系统试验结果及其在注入调试中的应用.强激光与粒子束,2004,16(1):101—104.

［8］王筠华,刘建宏,郑凯,等.合肥光源逐束团测量和横向束流反馈系统设计.强激光与粒子束,2006,18(2):291—296.

［9］刘建宏.HLS Bunch-by-bunch 测量系统研制及束流不稳定性的初步研究.合肥:中国科学技术大学博士学位论文,2005.

［10］郑凯.合肥光源逐束团测量和模拟反馈系统.合肥:中国科学技术大学博士学位论文,2007.

［11］Wang J H,Zheng K,Liu J H,et al. Beam instability diagnosing and transverse feedback system of HLS. OCPA05,Taibei,2006.

［12］杨永良.合肥光源束流不稳定性测量和横向模拟反馈.合肥:中国科学技术大学博士学位论文,2009.

［13］周泽然.合肥光源数字横向逐束团反馈系统.合肥:中国科学技术大学博士学位论文,2009.

［14］孙葆根,何多慧,卢平,等.光电效应光位置检测器的性能分析.强激光与粒子束,2000,12(5):652—656.

第 2 章　束流动力学理论简介

　　加速器储存环由真空管道、高频腔、多种磁铁和测试设备等构成。粒子在环内受磁铁磁场的横向聚焦约束和高频电场的纵向加速而运动。对于运行的储存环,粒子沿着一个由电磁场决定的闭合轨道做周期运动。在储存环设计时,希望该闭合轨道是经过各类磁铁和高频腔的中心轴线的,称为理想轨道。但是由于磁场误差、准直误差和粒子初始动量的不同等原因,粒子运动的轨道与理想轨道并不完全吻合。通常,人们把优化后的轨道(见 7.4.2 节和 7.4.3 节)作为电子的实际运行轨道,也称为平衡轨道(equilibrium orbit)。

　　注入环中的粒子,由于环上的高频电场自动稳相,使之形成与高频频率相对应的束团。在只考虑二极磁场情况下,可以把每个按高斯分布的束团当成一个刚性质点来考虑。束团质心除沿着平衡轨道做简单的周期回旋运动外,还要叠加复杂的横向和纵向振荡。关于本章所述的内容,详细可参阅文献[1]～[5]。

2.1　坐　标　系

　　将束团看成处在其质心位置的刚性质点,称为粒子。它运动的平衡轨道,是指横向振荡中心的轨迹。一般的,加速器设计的理想的平衡轨道均处在一个平面内,由直线和圆弧相接构成。建立一个运动的正交坐标系(orthogonal coordinate system),原点处于粒子在平衡轨道上的投影点,跟随这个投影点一起运动。可以看到,在这个坐标系中,没有粒子能离开 xOy 平面。正交坐标系如图 2.1.1 所示,按下述方式建立。

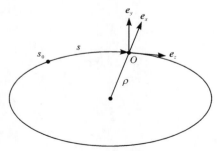

图 2.1.1　描述电子运动的坐标系

在环上取任意一点 s_0，从它开始，沿粒子运动方向到坐标系原点 O 的路径长度为 s。原点的速度为 $\boldsymbol{v}_s = \mathrm{d}s/\mathrm{d}t\,\boldsymbol{e}_z$，$\boldsymbol{e}_z$ 是 z 方向的单位矢量，沿轨道 s 的切向指向粒子运动方向，与坐标系的 z 轴相同，称为纵向。正交坐标系的 x 轴 $\boldsymbol{e}_x$ 位于粒子运动的水平轨道平面内，与轨道的曲率半径方向一致，指向环外为正，垂直于 z 轴。坐标系的 y 轴 $\boldsymbol{e}_y$ 垂直于轨道平面。$\boldsymbol{e}_x$、$\boldsymbol{e}_y$、$\boldsymbol{e}_z$ 构成右螺旋正交坐标系，$\boldsymbol{e}_x$、$\boldsymbol{e}_y$ 统称为横向。从前面关于平衡轨道的描述可知，除少数离散的点外（在数学上它们的测度为零，不影响计算），这个坐标系是唯一确定的。

如此，空间任一粒子的位置可表示为[1]

$$\boldsymbol{r} = \boldsymbol{r}_0(s) + x\boldsymbol{e}_x + y\boldsymbol{e}_y \tag{2.1.1}$$

式中，$\boldsymbol{r}_0(s)$ 是坐标原点的位置矢量。当坐标原点移动距离 $\mathrm{d}s$ 时，坐标原点和坐标轴要随之改变，改变量为

$$\mathrm{d}\boldsymbol{r}_0(s) = \mathrm{d}s\,\boldsymbol{e}_z, \quad \mathrm{d}\boldsymbol{e}_x = \mathrm{d}\varphi\,\boldsymbol{e}_z = \frac{\mathrm{d}s}{\rho}\boldsymbol{e}_z, \quad \mathrm{d}\boldsymbol{e}_y = 0, \quad \mathrm{d}\boldsymbol{e}_z = -\mathrm{d}\varphi\,\boldsymbol{e}_x = -\frac{\mathrm{d}s}{\rho}\boldsymbol{e}_x \tag{2.1.2}$$

式中，ρ 是轨道的曲率半径；$\mathrm{d}\varphi$ 表示和 $\mathrm{d}s$ 改变相应的辐角改变量。只有 $\boldsymbol{e}_y$ 轴，因垂直于理想粒子的轨道平面，故不因 s 的改变而改变。任意粒子的总的速度为

$$\boldsymbol{V} = \frac{\mathrm{d}\boldsymbol{r}}{\mathrm{d}t} = (\boldsymbol{r})'\frac{\mathrm{d}s}{\mathrm{d}t} = v_s\left[x'\boldsymbol{e}_x + y'\boldsymbol{e}_y + \left(\frac{x}{\rho} + 1\right)\boldsymbol{e}_z\right] \tag{2.1.3}$$

$(\boldsymbol{V})'$ 的分量表达式为

$$(\boldsymbol{V})' = v_s\left(\frac{\boldsymbol{V}}{v_s}\right)' + v_s'\frac{\boldsymbol{V}}{v_s} = v_s\left[x'' - \frac{1}{\rho}\left(1 + \frac{x}{\rho}\right) + \frac{v_s'x'}{v_s}\right]\boldsymbol{e}_x$$
$$+ v_s\left(y'' + \frac{v_s'}{v_s}y'\right)\boldsymbol{e}_y + v_s\left[\frac{2x'}{\rho} + \left(\frac{1}{\rho}\right)'x + \frac{v_s'}{v_s}\left(\frac{x}{\rho} + 1\right)\right]\boldsymbol{e}_z \tag{2.1.4}$$

任何物理量右上方的撇号，代表该物理量对 s 的求导。

记电子的总动量为 $\boldsymbol{P}$，在相对论力学中 $\boldsymbol{P} = m\boldsymbol{V}$，其中，$m = m_0(1 - V^2/c^2)^{-1/2}$ 为电子的相对论质量，m_0 是电子的静止质量。单个荷电粒子的运动方程，在不考虑辐射的能量损失时，可写为 $\mathrm{d}\boldsymbol{P}/\mathrm{d}t = e(\boldsymbol{V}\times\boldsymbol{B} + \boldsymbol{E})$[2]。当只考虑磁场时，运动的方程简化为

$$\frac{\mathrm{d}\boldsymbol{P}}{\mathrm{d}t} = e(\boldsymbol{V}\times\boldsymbol{B}) \tag{2.1.5}$$

在加速器中，电子的运动接近光速，将 m 随 t 的改变项略去，有 $\mathrm{d}\boldsymbol{P}/\mathrm{d}t \approx m\mathrm{d}\boldsymbol{V}/\mathrm{d}t = mv_s(\boldsymbol{V})'$。这一近似仅当 $\boldsymbol{V}$ 只有方向的改变而绝对值不变的情形时是正确的。这里，因为只在讨论横向运动时使用这个近似导出的方程，所以没有问题。后面将看到，在讨论纵向振荡时，并不使用这个近似的结果，而是从能量分散的观点，推导出支配的方程。定义 $\delta = (P - P_0)/P_0$ 为动量相对偏差，则 $P =$

$(1+\delta)P_0$，由此可得 $m=P/V=(1+\delta)P_0/V$。此处 P_0 和 P 只含回旋运动的动量及其偏差，是因为电子回旋运动速度远大于横向振荡速度，所以 P_0 和 P 近似指向同一方向。再利用关系 $P_0=e(B\rho)_0$ [见式(2.1.8)]。由式(2.1.5)即可得[1]

$$(1+\delta)\frac{v_s}{V}(\boldsymbol{V})'=\frac{\boldsymbol{V}\times\boldsymbol{B}}{(B\rho)_0} \tag{2.1.6}$$

式(2.1.6)的分量形式为

$$
\begin{cases}
x''-\dfrac{1}{\rho}\left(1+\dfrac{x}{\rho}\right)+\dfrac{v_s'x'}{v_s}=\dfrac{V}{(1+\delta)v_s}\dfrac{1}{(B\rho)_0}\left[y'B_z-\left(1+\dfrac{x}{\rho}\right)B_y\right] \\[2mm]
y''+\dfrac{v_s'}{v_s}y'=\dfrac{V}{(1+\delta)v_s}\dfrac{1}{(B\rho)_0}\left[\left(1+\dfrac{x}{\rho}\right)B_x-x'B_z\right] \\[2mm]
\dfrac{2x'}{\rho}+\left(\dfrac{1}{\rho}\right)'x+\dfrac{v_s'}{v_s}\left(\dfrac{x}{\rho}+1\right)=\dfrac{V}{(1+\delta)v_s}\dfrac{1}{(B\rho)_0}(x'B_y-y'B_x)
\end{cases}
\tag{2.1.7}
$$

由力学的基本原理可知，圆周运动的离心力，必须等于外加磁场作用于电子上的向心力，因此，对于同步粒子，外加磁场应满足：

$$(B\rho)_0=\frac{P_0}{e} \tag{2.1.8}$$

式中，$(B\rho)_0$ 是位于平衡轨道上垂直于粒子运动方向的磁场强度乘曲率半径的绝对值。环上的二极磁场为粒子提供弯转所需的磁场强度。

除需要外加磁场提供回旋运动的向心力外，对于偏离理想轨道运动的粒子，还需要提供横向的聚焦。例如，在 $\boldsymbol{e}_x$ 方向，若有一偏离 x，可以让 y 方向的磁场在 x 方向有一变化，这一变化会产生沿负 $\boldsymbol{e}_x$ 方向正比于 x 的聚焦力。由物理学的一般原理可知，这样的聚焦力会产生围绕 $x=0$ 为中心的振荡，四极磁铁就产生这样的磁场。环上磁铁的布局，决定了环的运行特性参数，亦称为 Lattice 函数或 Twiss 函数。进一步的，六极磁铁，乃至八极磁铁的作用，因涉及非线性效应，在初步的讨论中，暂且略去。

上述是磁场的横向作用。在纵向，因为回旋运动的粒子有横向加速度，会产生光辐射。要保持粒子稳定的运动，必须补充因辐射而损失的能量。这可通过环上安装的高频腔提供的高频电场来实视。

现代电子储存环都是强聚焦结构，由多组二极磁铁、四极磁铁和高频腔、注入单元、真空直线段等串联组成。

2.2　横向运动方程及其解

首先研究横向偏离理想轨道粒子的运动。假定仅具有二极和四极磁场的简单形式[1,3~5]，因此，$B_z=0$，B_y 和 B_x 满足：

$$\frac{1}{(B\rho)_0}B_y \approx \frac{1}{\rho} + K(s)x \qquad (2.2.1)$$

$$\frac{1}{(B\rho)_0}B_x \approx K(s)y \qquad (2.2.2)$$

将 $x, x'; y, y'$ 和 δ 看成同阶小量,再忽略磁场高次项,仅保留线性项,而且在磁场为无缺陷的理想场的情况下,式(2.1.7)可简化为 x 和 y 电子横向运动的线性近似方程:

$$x'' + \left[\frac{1}{\rho^2(s)} + K(s)\right]x = \frac{1}{\rho(s)}\frac{\Delta P}{P} = \frac{\delta}{\rho(s)} \qquad (2.2.3)$$

$$y'' - K(s)y = 0 \qquad (2.2.4)$$

式中, $\rho(s)$ 是轨道的曲率半径, $\rho = P/(eB_y)$; ΔP 是电子的实际动量与理想动量之差; $K(s) = [1/(B\rho)_0]\partial B_y/\partial x$ 为四极磁铁强度,由储存环上的磁铁及其分布位置决定,是轨道上运动坐标系原点位置 s 的函数。若 $K(s)$ 值为正,则四极磁铁在水平方向上起聚焦作用;否则在水平方向上起散焦作用。 $K(s) = K(s+L_0)$ 为一个周期函数,其中, L_0 为储存环周长。

1) 希尔(Hill)方程

当忽略动量分散时,束团在 x 和 y 两个方向的运动方程,可写成同一形式:

$$u'' + F^u u = 0 \qquad (2.2.5)$$

式中, u 对应 x 和 y ; F^u 对应着两个方向的聚焦函数,是周期函数:

$$F^u(s+l) = F^u(s) \qquad (2.2.6)$$

一般来说,绕加速器一周可有多个周期,如 N ,则 $L_0 = Nl$ 。这种方程在常微分方程理论中称为希尔方程。它的解由两个基本解 u_1 、 u_2 线性组合而成。但 F^u 不是常数,所以 u_1 、 u_2 不是简单的简谐运动形式,而有较复杂的振荡形式,下面对此进行讨论。

2) 弗洛凯(Floquet)定理

希尔方程的解有一个重要的性质,在数学上称为弗洛凯定理,即如果 $u(s)$ 是方程的一个解,则经过一个周期 l 后,它的解满足关系:

$$u(s+l) = \sigma u(s) \qquad (2.2.7)$$

式中, σ 是常数, u 和 σ 可解析延拓到复数域中。

3) 矩阵法

解希尔方程较为方便的方法是矩阵法。

$$\begin{bmatrix} u(s) \\ u'(s) \end{bmatrix} = \boldsymbol{M}(s/s_0)\begin{bmatrix} u(s_0) \\ u'(s_0) \end{bmatrix} = \begin{bmatrix} a & b \\ c & d \end{bmatrix}\begin{bmatrix} u(s_0) \\ u'(s_0) \end{bmatrix} \qquad (2.2.8)$$

当 F^u 和 ρ 是分段的常数时,每段的 $\boldsymbol{M}(s/s_0)$ 分别有解析表达式。一个周期的转移矩阵,应该是该段真空管道中各段元件依次相乘的结果。记一个周期的转移矩

阵为

$$\boldsymbol{M}_0 = \boldsymbol{M}\big[(s_0 + l)/s_0\big] = \begin{bmatrix} m_{11} & m_{12} \\ m_{21} & m_{22} \end{bmatrix} \tag{2.2.9}$$

式中，m_{11}、m_{12}、m_{21}、m_{22} 都可视为已知的，它们由储存环的结构即 Lattice 参数决定，并由矩阵法算出。这样得出的矩阵 $\boldsymbol{M}_0$ 满足：

$$\det \boldsymbol{M}_0 = 1 \tag{2.2.10}$$

4）解的稳定性

满足方程（2.2.10）的矩阵，可写为如下形式：

$$\boldsymbol{M}_0 = \begin{bmatrix} \cos\mu + \alpha\sin\mu & \beta\sin\mu \\ -\gamma\sin\mu & \cos\mu - \alpha\sin\mu \end{bmatrix} = \boldsymbol{I}\cos\mu + \boldsymbol{J}\sin\mu \tag{2.2.11}$$

$\boldsymbol{I}$ 是单位矩阵，而

$$\boldsymbol{J} = \begin{bmatrix} \alpha & \beta \\ -\gamma & -\alpha \end{bmatrix} \tag{2.2.12}$$

式中，α、β、γ 称为 Courant-Snyder 参数，也通常称为 Twiss 参数，它们并非都是独立的。由式（2.2.10）和式（2.2.11），可推导出

$$\beta\gamma - \alpha^2 = 1 \tag{2.2.13}$$

和

$$\beta' = -2\alpha \tag{2.2.14}$$

推导过程将在后面叙述，结果将在式（2.3.7）中给出。由式（2.2.9）和式（2.2.11）很容易得到用 m_{ij} 表示的 α、β、γ 和 $\cos\mu$ 的关系式，这里不一一列出。由式（2.2.12）和式（2.2.13）可得

$$\boldsymbol{J}^2 = \begin{bmatrix} \alpha^2 - \beta\gamma & 0 \\ 0 & -\beta\gamma + \alpha^2 \end{bmatrix} = -\begin{bmatrix} 1 & 0 \\ 0 & 1 \end{bmatrix} = -\boldsymbol{I} \tag{2.2.15}$$

如果某储存环包含 N 个周期元件，那么绕环一周的转移矩阵，将是一个周期转移矩阵 $\boldsymbol{M}_0$ 的 N 次幂：

$$(\boldsymbol{M}_0)^N = (\boldsymbol{I}\cos\mu + \boldsymbol{J}\sin\mu)^N = \mathrm{e}^{\boldsymbol{J}N\mu} \tag{2.2.16}$$

矩阵的 e 指数可以类似普通数的指数展开成无穷级数。由式（2.2.15）可立即看出方程（2.2.16）第二个等号的两边是相同的。只要 μ 是实数，无论经过多少个周期，它的转移矩阵都是有限的，即振荡是稳定的。如果 μ 是虚数，则 $(\boldsymbol{M}_0)^N$ 会指数地增长，对应于不稳定的情况。

2.3　横 向 振 荡

现在把由矩阵法得到的解，写为振荡的形式。把式（2.2.5）的两个线性独立的解，写为 $u_1(s)$ 和 $u_2(s)$。为了使它们都满足弗洛凯定理（2.2.7），一个周期的转

移矩阵必须满足：

$$\begin{bmatrix} u_j(s+l) \\ u_j'(s+l) \end{bmatrix} = \begin{bmatrix} \cos\mu + \alpha\sin\mu & \beta\sin\mu \\ -\gamma\sin\mu & \cos\mu - \alpha\sin\mu \end{bmatrix} \begin{bmatrix} u_j(s) \\ u_j'(s) \end{bmatrix} = \sigma \begin{bmatrix} u_j(s) \\ u_j'(s) \end{bmatrix}$$

$$(2.3.1)$$

同前，u 和 σ 可解析延拓到复数域中。这是一个特征值问题的方程，这个方程有解的条件，是下述行列式为零：

$$\det \begin{bmatrix} \cos\mu + \alpha\sin\mu - \sigma & \beta\sin\mu \\ -\gamma\sin\mu & \cos\mu - \alpha\sin\mu - \sigma \end{bmatrix} = 0 \qquad (2.3.2)$$

即

$$\sigma^2 - \sigma 2\cos\mu + 1 = 0 \qquad (2.3.3)$$

在推导此式时用到了式(2.2.13)。σ 有两个解：

$$\sigma = \cos\mu \pm i\sin\mu = e^{\pm i\mu} \qquad (2.3.4)$$

对应于两个线性独立的解 $u_1(s)$ 和 $u_2(s)$。使用式(2.3.1)展开的式子之一，可得

$$\alpha u_j(s) + \beta u_j'(s) \mp i u_j(s) = 0 \qquad (2.3.5)$$

将式(2.3.5)对 s 求导数，再代入该式，并使用式(2.2.5)，可得

$$\alpha^2 + \beta^2 F^u + \alpha\beta' - \alpha'\beta - 1 \mp i(2\alpha + \beta') = 0 \qquad (2.3.6)$$

在推导这个式子时已使用了式(2.2.13)，因 α、β、γ 均为实数，故

$$\begin{cases} \beta' = -2\alpha \\ \alpha' = F^u\beta - \gamma \end{cases} \qquad (2.3.7)$$

将式(2.3.7)中的第一式代入式(2.3.5)，然后积分，可得

$$\begin{cases} u_1(s) = a\sqrt{\beta(s)}\exp\left[i\int_0^s \dfrac{ds}{\beta(s)}\right] \\ u_2(s) = b\sqrt{\beta(s)}\exp\left[-i\int_0^s \dfrac{ds}{\beta(s)}\right] \end{cases} \qquad (2.3.8)$$

式中，a 和 b 是任意常数。式(2.2.5)的一般解，形如

$$u(s) = A_1 u_1(s) + A_2 u_2(s) = A\sqrt{\beta(s)}\cos\left[\int_0^s \frac{ds}{\beta(s)} + \phi_0\right] \qquad (2.3.9)$$

由此，可得如下结论：非理想粒子的横向运动，可以用一个函数来描述，如 β 函数，所以横向振荡通常称为 β 振荡。

现在，把得到的横向振荡的一般解，分别使用于 x 和 y 方向的运动，只要代入：

$$F^x = \frac{1}{\rho^2(s)} + K(s) \qquad (2.3.10)$$

$$F^y = -K(s) \qquad (2.3.11)$$

并注意 x 的方程是非齐次方程，它的解应由齐次方程的通解加一个非齐次方程的特解获得。

　　定义色散(dispersion)函数为 $\eta(s)$，动量相对偏差为 $\delta=(P-P_0)/P_0$。因为加速器电子的速度接近光速，动量相对偏差近似等于能量相对偏差，所以动量偏差引起的粒子轨道的偏移为 $x_\varepsilon=\eta\delta$，它是式(2.2.3)的唯一周期性特解，物理意义为粒子在环内闭合轨道的畸变(详见第 7 章)，和动量偏差相关。电子在储存环中的横向轨道，包括这个闭合轨道畸变量(接近于直流)和横向振荡信息[注意，后面还要用 η 来表示另一重要的物理量"跳相因子(slippage factor)"。在适当的地方会加以说明，以防混淆]。这个特解可写为

$$x_\varepsilon(s)=\delta\eta(s) \tag{2.3.12}$$

这样两个方向的解可写为

$$x(s)=a_x\sqrt{\beta_x(s)}\cos\left[\int_0^s\frac{\mathrm{d}s}{\beta_x(s)}+\psi_{x0}\right]+\delta\eta(s) \tag{2.3.13}$$

$$y(s)=a_y\sqrt{\beta_y(s)}\cos\left[\int_0^s\frac{\mathrm{d}s}{\beta_y(s)}+\psi_{y0}\right] \tag{2.3.14}$$

令

$$\mu=\int_s^{s+l}\frac{\mathrm{d}s}{\beta(s)} \tag{2.3.15}$$

式中，l 是环的磁周期长度。如果储存环有 N 个磁周期，即周期数为 N，则粒子在储存环中回旋一周的相移为 $N\mu$，由此可定义储存环的工作点

$$\nu=\frac{N\mu}{2\pi} \tag{2.3.16}$$

$\nu(\nu_x,\nu_y)$ 是电子回旋一圈的横向(分别是 x、y)振荡数，通常称为横向工作点，也就是横向振荡频率与回旋频率的比值。相应的，水平方向 $\nu_x=\omega_x/\omega_0$，垂直方向 $\nu_y=\omega_y/\omega_0$。

　　在无色散区域，式(2.3.13)与式(2.3.14)形式完全相同，此时单束团的离散信号表示为

$$x_k(s)=a_k\sqrt{\beta(s)}\cos(2\pi k\nu+\psi_k) \tag{2.3.17}$$

式中，k 为圈数，代表时间；a_k 为横向振荡的幅度，而且对于某确定束团，在进行短时测量时，其变化可以忽略，近似为一常数；ψ_k 为振荡的初始相位，对于某一确定束团，也应该为一确定值，但是在束团受到扰动的时候，相邻两圈的 ψ_k 可能会出现跳变。

　　在多束团情况下，假设出现耦合振荡，即各束团具有同样的振荡频率，相邻束团之间具有固定的相位差，这时，多束团(M)的离散信号可以表示为

$$x_{n,k}(s)=a_{n,k}\sqrt{\beta(s)}\cos(2\pi k\nu+\psi_{n,k}) \tag{2.3.18}$$

$$\psi_{n+1,k}-\psi_{n,k}=\frac{2\pi\mu}{M} \tag{2.3.19}$$

式中，$a_{n,k}$ 为振荡的幅度；μ 是横向耦合束团模式数，描述相邻束团的相位关系；

n 为束团号,取值范围为 $0 \sim M-1$,并允许 M 个束团之间存在不同的 μ。在非均匀填充时,不同束团可能会有较大的区别。

2.4　纵　向　振　荡

现在讨论束流中粒子的纵向振荡。对于同步粒子,设定它在储存环中沿真空管道的轴线运动,回转一周走过的路程是 L_0,所用的时间为 T_0,从高频获得的能量和辐射损失的能量都是 U_0,因而它具有不变的能量 E_0。而束流中的另一非同步粒子,相对于同步粒子,它在纵向的位移为 z,和同步电子的能量差为 $\Delta E = E - E_0$,即为前面定义的 $\delta = \Delta E / E_0$。非同步粒子每圈从高频获得的能量和辐射损失的能量分别是 $eV(z)$ 和 $U_{rad}(\delta)$,则可得每圈 δ 增量满足:

$$\Delta\delta = \frac{eV(z) - U_{rad}(\delta)}{E_0} \tag{2.4.1}$$

注意现在讨论的方程中 δ、z 等都代表每圈的量,方程是差分方程,但为了符号的简化,并没有加以标记,读者一定要分清。式(2.4.1)、式(2.4.2)、式(2.4.4)、式(2.4.7)～式(2.4.9)都是这种情形。在取极限后,考虑纵向振荡的周期远远长于 T_0,可以近似地认为 T_0、δ、z 是连续改变的,此时关于每圈物理量的微分方程,也就等同于一般物理量的微分方程。

式(2.4.1)两端同时除以回旋频率周期 T_0,得到

$$\frac{d\delta}{dt} = \frac{\Delta\delta}{T_0} = \frac{eV(z) - U_{rad}(\delta)}{T_0 E_0} \tag{2.4.2}$$

在小的能量变化下,束流从高频获得的能量和辐射损失的能量,可取 z 和 δ 的线性近似表达式,将它们对 z 和 δ 进行泰勒展开,仅保留比例于 z 和 δ 的线性项,有

$$eV(z) - U_{rad}(\delta) \approx e\left(\frac{dV}{dz}\right)_{z=0} z - \left(\frac{dU}{d\delta}\right)_{\delta=0} \delta \tag{2.4.3}$$

这样,小能量振荡时的方程就约化为

$$\frac{d\delta}{dt} \approx \frac{1}{T_0 E_0}\left[e\left(\frac{dV}{dz}\right)_{z=0} z - D\delta\right] \tag{2.4.4}$$

式中

$$D = (dU/d\delta)_{\delta=0} \tag{2.4.5}$$

下面推导非同步电子的纵向运动方程。旋转一周时,z 坐标所走过路程的增量 Δz 与轨道长度之比和 δ 成比例,因此定义这个比例因子为跳相因子 $\eta = \alpha - 1/\gamma^2$ [此处 η 不是式(2.3.12)中的色散函数 η],其中,α 为动量紧缩因子,则有

$$\frac{\Delta z}{L_0} = -\eta\delta \tag{2.4.6}$$

由于束流是相对论的,可近似取粒子的速度为光速 c,由此 $\gamma^{-2} \approx 0$ 可略去,所以 $\eta \approx \alpha$,又可以利用关系 $\Delta z/L_0 = \Delta z/(cT_0) = dz/(cdt)$,式(2.4.6)可写为

$$\frac{dz}{dt} = -c\alpha\delta \qquad (2.4.7)$$

将式(2.4.7)对 t 求导,再代入小能量的方程式(2.4.4),可得

$$\frac{d^2z}{dt^2} = -\frac{c\alpha}{E_0 T_0}\left[\left(\frac{dV}{dz}\right)_{z=0} ez - D\delta\right] \qquad (2.4.8)$$

把式(2.4.7)代入式(2.4.8),即得纵向运动的微分方程为

$$\frac{d^2z}{dt^2} + 2\alpha_\epsilon \frac{dz}{dt} + \omega_s^2 z = 0 \qquad (2.4.9)$$

其中

$$\omega_s^2 = \frac{ec\alpha}{E_0 T_0}\left(\frac{dV}{dz}\right)_{z=0}, \quad 2\alpha_\epsilon = \frac{D}{E_0 T_0} \qquad (2.4.10)$$

z 方程的解为

$$z(t) = Ae^{-\alpha_\epsilon t}\sin(\sqrt{\omega_s^2 - \alpha_\epsilon^2}\, t + \varphi_0) \qquad (2.4.11)$$

纵向振荡是粒子在 z 方向围绕 $z=0$ 的同步粒子做周期振荡。单束团的纵向振荡,可将束团看成质点,若略去小的阻尼项 α_ϵ,则解简化为

$$z(t) = A\sin(\omega_s t + \varphi_0) \qquad (2.4.12)$$

式中,A 表示振荡的幅度。M 个束团的纵向振荡表示为

$$z_n = A_n \sin(\omega_s t + \varphi_n), \quad n = 0, \cdots, M-1 \qquad (2.4.13)$$

式中,A_n 与束团流强相关;φ_n 是每个束团的初始相位。

参 考 文 献

[1] 刘祖平. 同步辐射光源物理引论. 合肥:中国科学技术大学出版社,2009.

[2] 郭硕鸿. 电动力学. 北京:高等教育出版社,1979.

[3] 刘乃泉. 加速器理论. 北京:清华大学出版社,2004.

[4] 金玉明. 电子储存环物理. 合肥:中国科学技术大学出版社,2001.

[5] 陈佳洱. 加速器物理基础. 北京:原子能出版社,1993.

第 3 章　束流信号与频谱理论

研究储存环内粒子运动的数学模型和频谱,是研究耦合束团不稳定性以及进行模式分析的重要环节。本章将对束团采用刚性单粒子模型,讨论单束团和均匀分布多束团的时域信号和频谱。

3.1　同步束团信号

3.1.1　单束团

采用探测电极探测到的信号是束流镜像电流信号。研究探测信号即研究束流信号。探测束流信号,通常采用放置于真空室内的拾取(pickup)电极,感应信号的形式在很大程度上取决于电极的形状(详见第 5 章)。一个不存在任何振荡、运行于储存环内的单束团,通过电极时,将产生一个脉冲信号。为简化问题,在不考虑能散(即色散和色品效应)的情况下,忽略束团电荷密度的高斯分布,以及束团内部粒子的相对运动和相互作用,将整个束团简化看成一个等效的刚性粒子,单位电荷的感应信号可以表示为[1,2]

$$\lambda(t) = \sum_{k=-\infty}^{\infty} \delta(t - kT_0) \tag{3.1.1}$$

式中,$T_0 = L_0/v \approx L_0/c$ 为同步粒子的回旋周期,L_0 为储存环周长,v 是粒子在同步轨道上运动的速度;k 取整数(这里代表圈数)。该感应信号 $\lambda(t)$ 为线电荷密度,是一个无限长的周期为 T_0 的离散脉冲函数序列。只有在 $t = kT_0$ 时,即当束团粒子通过束流探头的瞬间,$\lambda(t)$ 才不为零。所以,该脉冲信号通过傅里叶变换,得到频域表达式为

$$\tilde{\lambda}(\omega) = \int_{-\infty}^{\infty} \lambda(t) e^{-i\omega t} dt = \sum_{k=-\infty}^{\infty} e^{-i\omega kT_0} = \omega_0 \sum_{k=-\infty}^{\infty} \delta(\omega - k\omega_0) \tag{3.1.2}$$

式中,$\omega_0 = 2\pi f_0 = 2\pi/T_0$ 为理想粒子的回旋频率,频谱为离散的周期性线谱,线谱间距为 ω_0。由式(3.1.2)不难发现,只有当 $\omega = k\omega_0$ 时,$\tilde{\lambda}(\omega)$ 才不为零。$k = 0$ 的谱线是信号的直流分量,表示电荷均匀分布在整个环的周长上。其他谱线对应于信号的各次谐波,称为轨道谐波(orbital harmonics)。由于 k 和 $-k$ 两项之和才组成一个谐波分量,而单独的一个并非完整的谐波分量,只是一种数学表达形式。图 3.1.1是单粒子信号在时域和频域中的表示。频率上的峰值点出现在回旋频率

的谐波频率上。

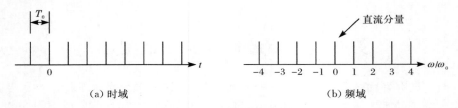

(a) 时域 　　　　　　　　　　　　　　(b) 频域

图 3.1.1　单粒子的纵向频谱

3.1.2　多束团

如果束流中有 M 个束团等距离沿环运行，每个束团中的粒子数完全相等，则束流探头输出的脉冲时间间隔为 T_0/M，而轨道谐波中相邻谱线的间隔为 $M\omega_0$。$M\omega_0$ 称为束团频率（bunch frequency），它是单束团回旋频率的 M 倍。束团信号应表示为

$$\lambda(t) = \sum_{k=-\infty}^{\infty} \sum_{n=0}^{M-1} \delta(t - kT_0 - nT_0/M) \tag{3.1.3}$$

该信号的频域表达式为

$$\widetilde{\lambda}(\omega) = \sum_{k=-\infty}^{\infty} \sum_{n=0}^{M-1} e^{-i\omega T_0 \left(k + \frac{n}{M}\right)} = M\omega_0 \sum_{m=-\infty}^{\infty} \delta(\omega - mM\omega_0) \tag{3.1.4}$$

频率分量仍然仅出现在回旋频率的谐波处，唯一不同的是，此处均为 M 倍数的谐波。注意，因 $m = kM + n$，n 为束团号，m 的取值仍为任意正负整数，故频率的取值为 $M\omega_0$ 的整数倍。

3.2　横向 β 振荡幅度调制信号

3.2.1　单束团

当储存环中的粒子在真空室内做横向振荡时，随着束团质心与探测器距离的改变，感应电极上探测到的信号幅度就会随之改变，其结果表现为被频率 ω_β 的横向振荡幅度调制了的周期脉冲信号。偏离理想平衡轨道的粒子，在一定条件下，将围绕非理想的闭合轨道做自由振荡（betatron oscillation，β 振荡）。该感应信号，既有位置信息，又有束流强度信息，所以横向信号也称为线偶极密度（linear dipole density，Δ）信号[2]。此时，单束团粒子的运动轨迹可以表示为

$$f(t) = u(t)\lambda(t) = \left[u_0 + A_\beta \cos(\omega_\beta t + \psi)\right] \sum_{k=-\infty}^{\infty} \delta(t - kT_0) \tag{3.2.1}$$

$$u(t) = u_0 + A_\beta \cos(\omega_\beta t + \psi) \tag{3.2.2}$$

$$\lambda(t) = \sum_{k=-\infty}^{\infty} \delta(t - kT_0) \tag{3.2.3}$$

式中,$u(t)$ 为横向位置函数(x,y);u_0 表示相对于理想平衡轨道位置的偏移(offset),亦即闭轨畸变(COD);A_β 为 β 振荡振幅;ω_β 为横向振荡角频率;ψ 为初始相位。从式(3.2.1)可以看出,该无限长脉冲函数是被余弦波信号进行了幅度的调制。通常,定义 ν 为横向振荡谐波数(betatron tune),则有

$$\omega_\beta = \nu\omega_0 = ([\nu] + q)\omega_0 \tag{3.2.4}$$

式中,ν 描述束流沿环一周横向的振荡周期数(有些书中亦称为 Q),由于通常 $\nu > 1$,因此将其整数部分和小数部分分离开,记为 $\nu = [\nu] + q$,$[\nu]$ 表示 ν 的整数部分,而更为关心是小数部分 q。略去束流中心和测量电中心不吻合造成的直流偏置影响,并令初始相位 $\psi = 0$,对应的频域表达式为

$$\widetilde{f}(\omega) = u_0\omega_0 \sum_{k=-\infty}^{\infty} \delta(\omega - k\omega_0) + \frac{A_\beta\omega_0}{2} \sum_{k=-\infty}^{\infty} \{\delta[\omega - (k + [\nu] + q)\omega_0]$$
$$+ \delta[\omega - (k - [\nu] - q)\omega_0]\} \tag{3.2.5}$$

式中,等号右边的第一项表示轨道谐波,第二项表示在各次轨道谐波处出现的自由振荡边带(betatron sideband)。例如,$\nu = 2.25$ 时,单束团信号横向振荡信号频谱分布如图 3.2.1 所示。

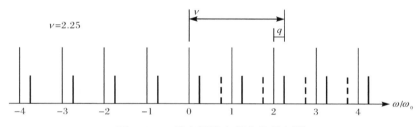

图 3.2.1　单束团横向振荡信号频谱

在现实测量中,只能测到正频率,所以通过频谱仪可以测到位于正频率处的上下自由振荡边带。这与通信系统中幅度调制的载波信号一样,在载波频率处有两个对称的边带。负频率的引入,只是为了数学表示的方便。上下自由振荡边带有时也称为快波和慢波,它们是相对于轨道谐波成对出现的。图 3.2.1 虚线所示的下边带就是上频率边带的镜像。

当 $u_0 = 0$,即式(3.2.5)第一项为零时,此时束流通过探测器中心,探测到的 Δ 信号不会出现轨道谐波分量,只有自由振荡边带出现。例如,在式(3.2.5)中,当 $k = 1$,$[\nu] = 0$,$q = 1/6$ 时,频率为 $\omega = (k - [\nu] - q)\omega_0$ 的边带振荡信号,如图 3.2.2 虚线所示,实线是探测电极测得的横向振荡振幅的连线。

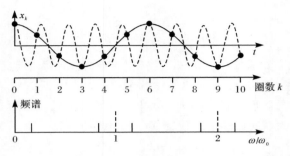

图 3.2.2　束流位置探头测量获得的自由振荡信号[3]

3.2.2　多束团

假设有 M 个等电荷量等间距的束团运行于储存环中,而不同束团的初始相位相同或不同。令 ψ_n 为第 n 个束团的初始相位,β 振荡频率为 $\nu\omega_0 = ([\nu] + q)\omega_0$,其时域表达式为

$$f(t) = \sum_{k=-\infty}^{\infty} \sum_{n=0}^{M-1} \left[u_0 + A_\beta \cos(\omega_\beta t + \psi_n) \right] \delta[t - (kT_0 + nT_0/M)]$$

$$(3.2.6)$$

同样,得到频域表达式为

$$\widetilde{f}(\omega) = u_0 M\omega_0 \sum_{m=-\infty}^{\infty} \delta(\omega - mM\omega_0) + \frac{A_\beta M\omega_0}{2} \sum_{n=0}^{M-1} \sum_{m=-\infty}^{\infty} \left\{ e^{i\psi_n} \delta[\omega - (mM + \nu)\omega_0] \right.$$

$$\left. + e^{-i\psi_n} \delta[\omega - (mM - \nu)\omega_0] \right\}$$

$$(3.2.7)$$

为确定起见,假设一种特殊的相位关系,即相邻束团的相位差 μ 为某一固定值。这样,可以将相位关系写为

$$\psi_n = \psi_0 + 2\pi \frac{n\mu}{M}, \quad n = 0, 1, \cdots, M-1$$

$$(3.2.8)$$

取 $\psi_0 = 0$,式(3.2.7)可以简化为

$$\widetilde{f}(\omega) = u_0 M\omega_0 \sum_{m=-\infty}^{\infty} \delta(\omega - mM\omega_0)$$

$$+ \frac{A_\beta M\omega_0}{2} \sum_{k=-\infty}^{\infty} \delta(\mu - k) \sum_{m=-\infty}^{\infty} \left\{ \delta[\omega - (mM + \mu + \nu)\omega_0] \right.$$

$$\left. + \delta[\omega - (mM - \mu - \nu)\omega_0] \right\}$$

$$(3.2.9)$$

由式(3.2.9)不难发现,横向振荡的边带出现在 mM 谐波的两侧。当 $u_0 \neq 0$ 时,振荡的频率包含 $mM\omega_0$。当 $u_0 = 0$ 时,基频 $M\omega_0$ 的倍频 $mM\omega_0$ 并不出现,只有 β 振荡调制产生的边带,出现于 $mM\omega_0$ 右侧 $(mM + \nu)\omega_0$ 和左侧 $(mM - \nu)\omega_0$ 的位

置。这里，$m=kM+n$ 的取值仍是 $-\infty\sim\infty$ 内的整数。$\sum\limits_{k=-\infty}^{\infty}\delta(\mu-k)$ 表示 μ 可取任一正、负整数。作为例子，取 $M=4$，$\mu=0$ 和 $\mu=1$，$\nu=2.25$，此时 β 振荡调制产生的边带的分布，如图 3.2.3 所示。

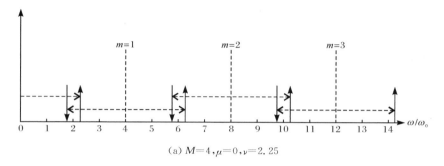

(a) $M=4,\mu=0,\nu=2.25$

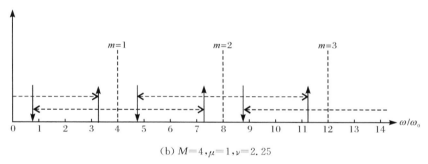

(b) $M=4,\mu=1,\nu=2.25$

图 3.2.3　多束团的横向振荡边带示意图

3.3　纵向振荡相位调制信号

3.3.1　单束团

现在对纵向振荡在束流信号中的表现进行相关分析。由于同步振荡，束团每次到达环中某个固定位置处并非简单地一次通过，而是前后振荡前行，振荡频率是 $\omega_s=\nu_s\omega_0$，其中，ν_s 称为纵向工作点。纵向振荡时域信号表达式为

$$f(t)=\sum_{k=-\infty}^{\infty}\delta[t+\tau\sin(\omega_s t+\varphi)-kT_0] \tag{3.3.1}$$

式中，τ 为振荡时间幅度；φ 为相位。

利用式(3.1.2)和下式:

$$\mathrm{e}^{\mathrm{i}z\sin\varphi} = \sum_{l=-\infty}^{\infty} J_l(z)\mathrm{e}^{\mathrm{i}l\varphi} \tag{3.3.2}$$

可以将式(3.3.1)的频谱写为

$$\widetilde{f}(\omega) = \omega_0 \sum_{l=-\infty}^{\infty} \mathrm{e}^{\mathrm{i}l\varphi} J_l\big[(\omega-l\omega_s)\tau\big] \sum_{k=-\infty}^{\infty} \delta(\omega-k\omega_0-l\omega_s) \tag{3.3.3}$$

式中,J_l 为贝塞尔函数,l 为轨道谐波的阶数。由式(3.3.3)可以看出,频谱中包含了无限阶的纵向振荡分量。每个轨道谐波处,都出现无限多上、下边带($\pm\omega_s$,$\pm2\omega_s$,…)。从式(3.3.3)中也可以看到,仅当 l 绝对值比较小,如 $l=0,\pm1$ 时,$(\omega-l\omega_s)\tau$ 才会比较大,J_l 也较大。依据式(3.3.3),通过测量纵向振荡的频谱,即可估算出纵向振荡的大小。当忽略束流高斯分布的影响时,可以描绘出其频谱如图 3.3.1 所示。

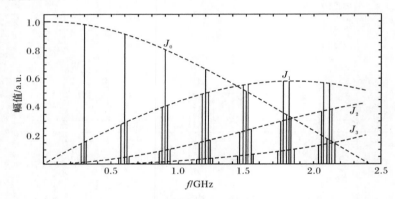

图 3.3.1　束流做同步振荡运动时的频谱[4]

从频谱分布可以看出,纵向振荡测量应该在较高的频带,因为此时模式 $l\pm1$,$l\pm2,l\pm3$,…同步边带的包络分别是 $J_1(\omega),J_2(\omega),J_3(\omega)$,…,在低频段受到压缩。类似的,测量横向 β 振荡时,应该选在 $l=0$ 低频段,因为对应模式 $l=0,\omega_s$ 的振荡成分消失,β 振荡边带的包络是函数 $J_0(\omega)$,在束团有效频谱内随 ω 的增长单调递减。

3.3.2　多束团

多束团纵向振荡的时域信号为

$$f(t) = \sum_{k=-\infty}^{\infty} \sum_{n=0}^{M-1} \delta\Big[t+\tau\sin(\omega_s t+\varphi_n)-kT_0-\frac{nT_0}{M}\Big]$$

$$= \frac{M\omega_0}{2\pi} \sum_{l=-\infty}^{\infty} \sum_{n=0}^{M-1} \mathrm{e}^{\mathrm{i}l\varphi_n} \sum_{m=-\infty}^{\infty} J_l(mM\omega_0\tau)\mathrm{e}^{\mathrm{i}(l\omega_s+mM\omega_0)t} \tag{3.3.4}$$

其频域信号为

$$\widetilde{f}(\omega) = M\omega_0 \sum_{l=-\infty}^{\infty} \sum_{n=0}^{M-1} \mathrm{e}^{\mathrm{i}l\varphi_n} \sum_{m=-\infty}^{\infty} J_l(mM\omega_0\tau)\delta(\omega-l\omega_s-mM\omega_0)$$

$$= M\omega_0 \sum_{l=-\infty}^{\infty} J_l\big[(\omega-l\omega_s)\tau\big] \sum_{n=0}^{M-1} \mathrm{e}^{\mathrm{i}l\varphi_n} \sum_{m=-\infty}^{\infty} \delta(\omega-l\omega_s-mM\omega_0) \quad (3.3.5)$$

式中，$m=kM+n$，m 的取值范围仍是 $(-\infty,\infty)$ 区间上的整数，取 $\varphi_n=2\pi n\mu/M$，得到简化的频域信号为

$$\widetilde{f}(\omega)=M\omega_0 \sum_{l=-\infty}^{\infty} J_l\big[(\omega-l\omega_s)\tau\big] \sum_{k=-\infty}^{\infty} \delta(k-l\mu) \sum_{m=-\infty}^{\infty} \delta\big[\omega-l\omega_s-(mM+l\mu)\omega_0\big]$$

$$(3.3.6)$$

现在，代替多束团横向振荡情形的 $\delta(\mu-k)$ 是 $\delta(k-l\mu)$，$l\mu$ 必须为任一正负整数，否则 $\widetilde{f}(\omega)$ 只能为零，其余与横向多束团情形类似。图 3.3.2 是 $M=4,\mu=0$ 和 $M=4,\mu=2,l=1$ 两个特例的示意图。

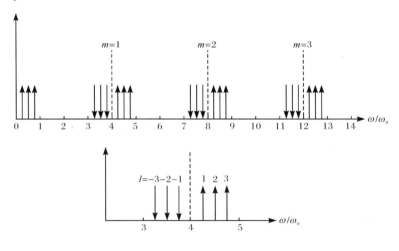

(a) $M=4,\mu=0$

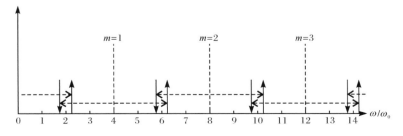

(b) $M=4,\mu=2,l=1$

图 3.3.2　纵向耦合束团模式

对于 M 个束团,无论纵向还是横向均有 M 个相干振荡的模式,对应于束团之间的不同相位关系,这些模式通常称为耦合束团模式(CB mode,详见第 4 章),用 $n\mu$ 表示 CB 模数。

3.4　同时存在横向幅度调制和纵向相位调制

3.4.1　单束团

储存环中,束流沿闭轨做 β 振荡运动。若以等效的刚性粒子考虑,其运动形式为偶极横向 β 振荡合并偶极纵向振荡。为使讨论问题的简化,忽略闭轨畸变的影响,单束团横向振荡幅度调制信号可表示为

$$z(t) = A_\beta \cos(\omega_\beta + \psi) \tag{3.4.1}$$

式(3.4.1)虽然略去了横向振荡的 u_0,但是要记住,在形成振荡谱线时,这一项的作用还是实际存在的,否则只剩横向振荡的两个边带。这一项的物理效应,就是除了边带外,基频的倍数项仍然保留。值得注意的是,对于纵向振荡,不存在这一问题,因为它的边频是 $l\omega_s$,而 l 可以为 0,由此加上边带后,$l=0$ 仍保留了基频项。

纵向振荡相位调制的束流信号为

$$\lambda(t) = \sum_{k=-\infty}^{\infty} \delta[t + \tau \sin(\omega_s t + \varphi) - kT_0] \tag{3.4.2}$$

所以,对于单束团,同时存在横向幅度调制和纵向相位调制时,束流信号可以描述为

$$f(t) = z(t)\lambda(t) = A_\beta \cos(\omega_\beta t + \psi) \sum_{k=-\infty}^{\infty} \delta[t + \tau \sin(\omega_s t + \varphi) - kT_0]$$

$$\tag{3.4.3}$$

为简化公式,令 $\varphi = \psi = 0$,其频域可以描述为

$$\tilde{f}(\omega) = \int_{-\infty}^{\infty} f(t) e^{-i\omega t} dt$$

$$= \frac{A_\beta \omega_0}{2} \sum_{l=-\infty}^{\infty} \sum_{k=-\infty}^{\infty} \{ J_l[(\omega - \nu\omega_0 - l\omega_s)\tau] \delta[\omega - (k+\nu)\omega_0 - l\omega_s]$$

$$+ J_l[(\omega + \nu\omega_0 - l\omega_s)\tau] \delta[\omega - (k-\nu)\omega_0 - l\omega_s] \} \tag{3.4.4}$$

横向振荡的振幅调制,在每个频率 $(k+[\nu])\omega_0 + l\omega_s$,或频率 $(k-[\nu])\omega_0 + l\omega_s$ 的两边,各产生一个距离为正负 $q\omega_0$ 的边带。纵向振荡的相位调制,是在上述 $(k+\nu)\omega_0$ 频率或 $(k-\nu)\omega_0$ 频率的两边,产生一系列的成对边带 $l\omega_s$,$l=0, \pm 1$,$\pm 2, \cdots$。边带的振幅分别由 $J_l[(\omega - \nu\omega_0 - l\omega_s)]$ 和 $J_l[(\omega + \nu\omega_0 - l\omega_s)]$ 的贝塞尔函

数幅值所限定。

3.4.2　多束团

对于有 M 个相同粒子数等距离的束团

$$\lambda(t) = \sum_{k=-\infty}^{\infty} \sum_{n=0}^{M-1} \delta\left[t + \tau \sin(\omega_s t + \varphi_n) - \frac{kM+n}{M}T_0\right] \tag{3.4.5}$$

$$z(t) = A_\beta \sum_{p=0}^{M-1} \cos(\omega_\beta t + \psi_p) \tag{3.4.6}$$

则有

$$
\begin{aligned}
f(t) &= z(t)\lambda(t) \\
&= A_\beta \sum_{k=-\infty}^{\infty} \sum_{p=0}^{M-1} \sum_{n=0}^{M-1} \cos(\omega_\beta t + \psi_p) \delta\left[t + \tau \sin(\omega_s t + \varphi_n) - \frac{kM+n}{M}T_0\right]
\end{aligned}
\tag{3.4.7}
$$

令 $m = kM + n$，再进行傅里叶变换，得到其频域表示如下：

$$
\begin{aligned}
\widetilde{f}(\omega) = \frac{A_\beta M \omega_0}{2} \sum_{l=-\infty}^{\infty} \sum_{m=-\infty}^{\infty} \sum_{p=0}^{M-1} \sum_{n=0}^{M-1} &\left\{ e^{i(\psi_p + l\varphi_n)} J_l\left[(\omega - \nu\omega_0 - l\omega_s)\tau\right] \right. \\
&\cdot \delta\left[\omega - (Mm + \nu)\omega_0 - l\omega_s\right] + e^{-i(\psi_p - l\varphi_n)} J_l\left[(\omega + \nu\omega_0 - l\omega_s)\tau\right] \\
&\left. \cdot \delta\left[\omega - (Mm - \nu)\omega_0 - l\omega_s\right] \right\}
\end{aligned}
\tag{3.4.8}
$$

若取下述假定：

$$
\psi_p = \begin{cases} \varphi_n = 2\pi \dfrac{n\mu}{M}, & p = n, n = 1, 2, \cdots, M-1 \\ 0, & p \neq n \end{cases}
\tag{3.4.9}
$$

则式(3.4.8)简化为

$$
\begin{aligned}
\widetilde{f}(\omega) = \frac{A_\beta M \omega_0}{2} \sum_{l=-\infty}^{\infty} \sum_{k=-\infty}^{\infty} &\left\{ J_l\left[(\omega - \nu\omega_0 - l\omega_s)\tau\right] \delta\left[(1+l)\mu - k\right] \sum_{m=-\infty}^{\infty} \delta(\omega - \omega_1) \right. \\
&\left. + J_l\left[(\omega + \nu\omega_0 - l\omega_s)\tau\right] \delta\left[(1-l)\mu - k\right] \sum_{m=-\infty}^{\infty} \delta(\omega - \omega_2) \right\}
\end{aligned}
\tag{3.4.10}
$$

其中

$$
\begin{aligned}
\omega_1 &= \left[mM + [\nu] - (l+1)\mu\right]\omega_0 + q\omega_0 + l\omega_s \\
\omega_2 &= \left[mM - [\nu] - (l-1)\mu\right]\omega_0 - q\omega_0 + l\omega_s
\end{aligned}
\tag{3.4.11}
$$

式中，$([\nu]+q)\omega_0 = \nu\omega_0 = \omega_\beta$ 为横向 β 振荡频率；$l\omega_s$ 为同步振荡频率，见式(3.3.3)。

式(3.4.10)中的因子 $\delta\left[(1+l)\mu - k\right]$ 和 $\delta\left[(1-l)\mu - k\right]$ 的作用与前面的 $\delta(\mu - k)$ 和 $\delta(l\mu - k)$ 相同。因为 l 的取值是任意整数，μ 的取值只能使 $(1+l)\mu$ 和 $(1-l)\mu$ 任一个或两者均为正负整数，否则 $\widetilde{f}(\omega)$ 将必定为零。

　　取定 μ 为任一正负整数或零,可以绘出它的频率分布,由于取值范围均为任意正负整数或零,所有 $k\omega_0$,$k=0,\pm1,\pm2,\cdots$ 谱线的两侧均有边带出现,而 $k\omega_0$ 本身是否出现则要看 u_0 是否为零而定。

　　所有图中各次轨道谐波的左右边带,分别用下上箭头表示,上箭头表示增长模(growing mode)或不稳定模,下箭头表示阻尼模(damping mode)或稳定模。任何不稳定模,如果同环中高频腔或类腔结构的高次模(HOM)相重叠,都将产生束流不稳定性,如果不稳定性的增长率大于辐射阻尼和朗道阻尼率,将造成束流的丢失。

参 考 文 献

[1] Fox J D,Kikutani E. Bunch feedback systems and signal processing. Beam Measurement,1998:579—620.

[2] 马力. 加速器束流测量讲义. 北京:中国科学院高能物理研究所加速器中心,2001.

[3] Hofmann A. Beam diagnostics and applications. Proceedings of BIW,SLAC,1998.

[4] 刘建宏. HLS bunch by bunch 测量系统研制及束流不稳定性初步研究. 合肥:中国科学技术大学博士学位论文,2004.

第 4 章　束流不稳定性

　　储存环的极限流强与多种因素有关,除了受环的接受度、真空度、高频功率和注入束流性能的限制外,还受各种束流不稳定性的影响。因此,各种束流不稳定性的研究成为一个很重要的课题。束流不稳定性是一种强流效应。也就是,这种现象只在束流强度超过某个阈值时才会发生。其根本原因是储存环中的束流超过某个阈值时,粒子的运动状态将发生根本的变化。粒子之间的相互作用以及粒子与周围环境的相互作用严重干扰了聚焦磁场和加速电场的作用,导致束流质量变坏和大量粒子流失。一旦这种不稳定性发生,一般提高流强的措施,如增加相空间接受度、提高注入流强、改进注入技术、进行闭轨校正等都将失去作用。只有判明束流不稳定性的种类,找出产生该种不稳定性的原因,采用相应的克服束流不稳定性的措施,才能提高机器性能。

　　束流稳定性是电子储存环的一个重要指标。可能影响束流运行状态和稳定性的因素多种多样。但就其本质而言,可以分为两类:第一类来源于储存环中束流与真空管道环境的电磁场相互作用,称为尾场效应或耦合阻抗效应,在大多数情况下,这也是主要的来源;第二类来源于束流电荷与管道中存在或产生的粒子相互作用。本章首先介绍尾场和耦合阻抗这一对时-频傅里叶变换对,讨论储存环中常见部件的阻抗及其对储存环稳定性的贡献。接着以这些概念为基础,讨论电子储存环中的各种不稳定性产生、增长和阻尼原理和理论,同时介绍克服不稳定性应采取的措施。本章所述内容,多数取材于文献[1]。不稳定性的测量结果在相关章节有所介绍。

4.1　尾场和尾场函数

　　带电粒子束流通过真空管道时,与周围环境相互作用,激发出的电磁场,称为尾场(wake fields)。尾场又会反过来作用于束流,对后继的束流运动产生扰动,通常会导致束流品质降低。尾场对束流的扰动在某些情况下会反馈到它自身,进一步增强对束流的作用,使束流振荡幅度按指数增长,最终导致束流损失。这种由束流与周围环境的相互作用引起的束流不稳定性,通常称为束流集体不稳定性(collective instability)。

　　当相对论束流在自由空间或理想光滑导体管道中运动时,产生的场垂直于运动方向,电场力与磁场力相互抵消,后面的粒子不会受到任何作用力,也就不会产生束流集体效应。只有当至少如下情形之一出现,即真空管道不光滑、不连续,不是理想导体时,或者束流为非相对论的才会产生尾场,引发束流集体效应。

　　本章描述的带电粒子的运动,主要采用单粒子近似图像。实际情况下,在流强较低时,束流在加速器中的运动,完全可以看成无相互作用的带电粒子集合在外部电磁场中的运动。但随着流强增加,束流自身场以及与周围环境相互作用而激发的电磁场,将叠加在外部电磁场上,对束流运动产生扰动,当扰动足够强时,束流的运动将变得不稳定。此时,单粒子图像已经不足以描述这类问题,必须采用多粒子图像。多粒子图像强调自身场的影响。无论是讨论单粒子问题还是讨论多粒子问题,一般都忽略非线性过程。

　　本书讨论的束流都是处于相对论的情况。从储存环电磁场理论可知,若一个相对论点电荷 q 在自由空间中运动,当粒子速度 v 趋近于 c 时,其电场主要集中在与运动方向垂直的一个狭小的方位角内,它产生的电磁场分布,由于洛伦兹收缩变成一个圆的薄盘,薄盘平面垂直于粒子的运动方向,并具有 $1/\gamma$ 的张角[图4.1.1(a)]。在极端相对论的情形下,即 v 更靠近于 c 时,薄盘收缩为一个 δ 函数[图4.1.1(b)]。电场和磁场都垂直于束流运动方向,电磁波为横波(transverse electromagnetic,TEM)[1,2]。

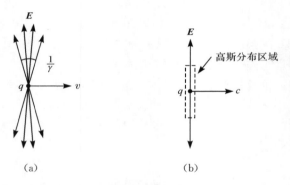

图 4.1.1　相对论点电荷的电磁场

　　对于储存环,束流的运动被限制于圆形的真空管道内,管道内壁可以是光滑的、金属材料构成的、有理想的导电性,称为传导壁边界[图4.1.2(a)];也可具有小的电阻,称为电阻壁边界[图4.1.2(b)];还可能具有理想的导电性,但直径有非光滑改变的腔体结构(以下简称腔体结构),如图4.1.2(c)和(d)所示。

　　在上述束流和管道条件下,容易证明在理想导电的光滑壁中,产生的电场力和磁场力正好相互抵消。而在阻抗壁和非光滑的腔体结构中,束流通过后,管道内部可能产生未抵消的净作用力场,这种由束流本身生成的、有净作用力的场称为尾场,类似于船体经过后,在水中形成的尾迹。这种尾场是造成束流中粒子和粒子、束流和束流,以及束流和管壁相互作用,从而导致束流运动不稳定的主要因素。尾场和耦合阻抗互为傅里叶变换和逆变换的表示。

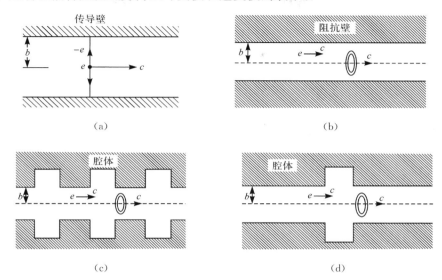

图 4.1.2　真空管道结构

4.1.1　自由空间中以光速运动的束流

当运动的电子束在自由空间以光速传播时,其路径的后方会感应生成电磁场。按电磁学的高斯定律和安培定律,在距离电荷 q 为 r 处的径向电场和角向磁场分别为

$$
\begin{cases}
E_r = \dfrac{2q}{r}\delta(s-ct) \\[2mm]
B_\theta = \dfrac{2q}{r}\delta(s-ct)
\end{cases}
\tag{4.1.1}
$$

这个场作用在场中带电荷为 e 的电子上的力为

$$
\boldsymbol{F} = e\left(\boldsymbol{E} + \frac{\boldsymbol{v}}{c}\times\boldsymbol{B}\right) \approx e(\boldsymbol{E} + \hat{s}\times\boldsymbol{B})
\tag{4.1.2}
$$

式中,$\hat{s}=s/s$ 是同步粒子运动轨道方向上的单位矢量。在柱坐标系下,$\boldsymbol{F}$ 的分量为

$$
\begin{cases}
F_\parallel = eE_s \\
F_\theta = e(E_\theta + B_r) \\
F_r = e(E_r - B_\theta)
\end{cases}
\tag{4.1.3}
$$

从以上方程可知,在极端相对论情形下,$E_s=E_\theta=B_r=0$、$E_r=B_\theta$。自由空间中,电场力和磁场力正好相互抵消。

4.1.2　理想导电管道中以光速运动的束流

如果电荷 q 在光滑、管壁为柱形、理想导体的真空管道内，以光速运动，并假定它并非沿管道的中心轴线，而是在离中心距离为 a、方向为 $\theta=0$ 的轨道上传播，可以将此电流展开为多极矩：

$$\boldsymbol{j}=\sum_{m=0}^{\infty}\boldsymbol{j}_m,\quad \boldsymbol{j}_m=c\rho_m\hat{\boldsymbol{s}} \tag{4.1.4}$$

$$\rho=\sum_{m=0}^{\infty}\rho_m,\quad \rho_m=\frac{I_m}{\pi a^{m+1}(1+\delta_{m0})}\delta(s-ct)\delta(r-a)\cos(m\theta) \tag{4.1.5}$$

式中，$I_0=q$，$I_m=a^m q$，下文中把在理想轨道上的物理量的值，用下标"0"表示；m 是矩的阶数。把 $\boldsymbol{j}_m$ 代入麦克斯韦方程，并使用理想导电的圆形管道边界条件，可解得

$$\begin{cases}E_r=\dfrac{2I_m}{1+\delta_{m0}}\delta(s-ct)\cos(m\theta)\cdot\begin{cases}\left(\dfrac{1}{b^{2m}}-\dfrac{1}{a^{2m}}\right)r^{m-1},&r<a\\[2mm]\left(\dfrac{1}{r^{m+1}}+\dfrac{r^{m-1}}{b^{2m}}\right),&a<r<b\end{cases}\\[8mm]E_\theta=\dfrac{2I_m}{1+\delta_{m0}}\delta(s-ct)\sin(m\theta)\cdot\begin{cases}-\left(\dfrac{1}{b^{2m}}-\dfrac{1}{a^{2m}}\right)r^{m-1},&r<a\\[2mm]\left(\dfrac{1}{r^{m+1}}-\dfrac{r^{m-1}}{b^{2m}}\right),&a<r<b\end{cases}\\[8mm]B_r=-E_\theta\\[2mm]B_\theta=E_r\end{cases} \tag{4.1.6}$$

式中，b 为管道的半径。可以看出，由于 $E_s=0$、$E_r-B_\theta=0$、$E_\theta+B_r=0$，场作用于管内任意电荷的力的所有分量，在 v 趋近于 c 的极限情形下，也都是相互抵消的。

4.1.3　电阻壁和腔体结构中的尾场函数

对于电阻壁和腔体结构的情形，电场力和磁场力一般并不相互抵消。假设有一管壁电阻为非零的圆形真空管道，或一直径有非光滑的突变圆形的真空管道，如图 4.1.2(b)、(c) 和 (d) 所示，束流 $\boldsymbol{j}$ 以光速在管道内沿 $\hat{\boldsymbol{s}}$ 方向运动。$\boldsymbol{j}$ 可展开为式 (4.1.4) 和式 (4.1.5) 的无穷级数。另有一试验电荷 e 尾随其后，相距为固定的距离 z，也以光速 c 沿 $\hat{\boldsymbol{s}}$ 方向与管轴平行运动，由于束流在其后激励电磁场，e 检验到电场和磁场的力为式 (4.1.2)。在管道直径不变的情况下，试验电荷所受的力也是不变的，如电阻壁的情形 [图 4.1.2(b)]。但腔体结构就不再是这样，对于图 4.1.2(c) 的情形，试验电荷感受到的是随管径而变的周期性力。而对于图 4.1.2(d) 的情形，当试验电荷通过腔体时，感受到的是一个脉冲力。在后两种情况时，束流的尾场比较复杂，它们分别依赖于束团和试验电荷所在的位置 s 和

s_1，而不再是仅依赖于它们之间的相对距离 $z=s-s_1$。但是，对于以光速运动的束流和试验电荷，它们的动能是很高的，在经过腔体的短距离过程中，运动轨迹的扰动是很小的，即尾场分量为小量，所以可以忽略其复杂的时间相关细节，只考虑尾场对检验电荷总的宏观效果。因此，作用于试验电荷上的力，可以通过适当长度距离的积分，获得其单位距离的平均值：

$$\bar{F} = \frac{1}{L} \int_{-L/2}^{L/2} \mathrm{d}sF \tag{4.1.7}$$

函数 $\bar{F}$ 称为尾场势，是激励的束流与检验电荷间距离 z 的函数，同时也依赖于检验电荷的横向位置 (r,θ)。这里 F 对应于电磁力 $\boldsymbol{F}$ 的某一分量，$\bar{F}$ 代表束流穿过腔体结构时，该力分量的平均值。对于沿 $\hat{s}$ 方向有移动对称的电阻壁情形，$\bar{F}=F$。对于周期性的腔体结构，L 是它的周期。对于图 4.1.2(d) 的腔体，L 远大于该腔体的合理长度，因为主要对高能量的束流感兴趣，所以上述平均可代表实际的尾场作用力。它不分别地依赖于 s、s_1 和 t，只与它们的组合 $z=s-s_1$ 有关。$z>0$ 时在束团的前面，$z<0$ 时在束团的后面。

在 v 趋近于 c 的极限情况下，将写在柱坐标系 r、θ、s 中的麦克斯韦方程组[1]进行线性组合，可改变为 $\bar{F}_\parallel$、$\bar{F}_\perp$、$\bar{F}_\theta$ 和 $e\bar{B}_s$ 之间的关系，使用已知的条件：

$$\begin{cases} j_r=j_\theta=0 \\ j_s=c\rho_m \end{cases}, \quad r<b \tag{4.1.8}$$

式中，ρ_m 由式 (4.1.5) 给出。在管道内部区域 $(r<b)$，一个带电荷为 e 的电子，受运动电荷 q 所产生场的作用力的方程，有很简单的形式：

$$\begin{cases} -\dfrac{e}{r}\dfrac{\partial}{\partial\theta}\bar{B}_s = \dfrac{\partial}{\partial z}\bar{F}_r = \dfrac{\partial}{\partial r}\bar{F}_\parallel \\[2mm] e\dfrac{\partial}{\partial r}\bar{B}_s = \dfrac{\partial}{\partial z}\bar{F}_\theta = \dfrac{1}{r}\dfrac{\partial}{\partial\theta}\bar{F}_\parallel \\[2mm] \dfrac{\partial}{\partial r}(r\bar{F}_r) = -\dfrac{\partial}{\partial\theta}\bar{F}_\theta \\[2mm] \dfrac{\partial}{\partial r}(r\bar{F}_\theta) = \dfrac{\partial}{\partial\theta}\bar{F}_r \end{cases}, \quad r<b \tag{4.1.9}$$

这组方程有一组形式简单的解：

$$\begin{cases} \displaystyle\int_{-L/2}^{L/2}\mathrm{d}s\boldsymbol{F}_\perp = -eI_mW_m(z)mr^{m-1}\left[\hat{\boldsymbol{r}}\cos(m\theta)-\hat{\boldsymbol{\theta}}\sin(m\theta)\right] \\[3mm] \displaystyle\int_{-L/2}^{L/2}\mathrm{d}sF_\parallel = -eI_mW_m'(z)r^m\cos(m\theta) \\[3mm] \displaystyle\int_{-L/2}^{L/2}\mathrm{d}seB_s = eI_mW_m'(z)r^m\sin(m\theta) \end{cases}, \quad r<b$$

$$\tag{4.1.10}$$

式中，$W'_m(z)=\mathrm{d}W_m(z)/\mathrm{d}z$；$\hat{\boldsymbol{r}}$ 和 $\hat{\boldsymbol{\theta}}$ 分别表示 r 和 $\boldsymbol{\theta}$ 方向的单位矢量。也可以定义势 V，满足方程：

$$\int_{-L/2}^{L/2}\mathrm{d}s\boldsymbol{F}=-\nabla V \tag{4.1.11}$$

$$V=eI_mW_m(z)r^m\cos(m\theta) \tag{4.1.12}$$

在厘米·克·秒单位制中，尾场函数 W_m 的量纲是 L^{-2m}，在国标单位制中是 $\Omega\cdot T^{-1}\cdot L^{-2m+1}$[1]。

需要再强调的是，尾场函数及其满足的上述关系是在极端相对论的条件和管道是轴对称的情形下导出的。$W_m(z)$ 称为横向尾场函数，$W'_m(z)$ 称为纵向尾场函数。它们是在束流无限薄、环形横向分布 $\delta(r-a)\cos(m\theta)$ 的条件下解出的，前面已提到，对于一般分布的电荷密度 $\rho(r,\theta)$，可以用它们的线性叠加求得。

现在，尾场函数的具体形式还是未定的，有待进一步根据管道的具体条件决定，将在下面，对常用的情形引用一些有用的结果。

一般的，束流在横向分布的范围为 a，满足 $a\ll b$，横向尾场函数近似正比于 $(a/b)^{2m-1}$，而纵向尾场近似正比于 $(a/b)^{2m}$。尾场函数只有最低阶不为零的分量 $W_1(z)$ 和 $W'_0(z)$ 较为重要，故也常粗略地把前者称为横向尾场函数，把后者称为纵向尾场函数。

下面列出尾场函数的一些重要性质[1,3]。

(1) 由式(4.1.10)很容易导出尾场势满足：

$$\begin{cases} \nabla_\perp\int_{-L/2}^{L/2}\mathrm{d}sF_\parallel=\dfrac{\partial}{\partial z}\int_{-L/2}^{L/2}\mathrm{d}s\boldsymbol{F}_\perp \\[2mm] \nabla_\perp\cdot\int_{-L/2}^{L/2}\mathrm{d}s\boldsymbol{F}_\perp=0 \end{cases} \tag{4.1.13}$$

从式(4.1.13)可以看出，纵向尾场势的横向梯度等于横向尾场势的纵向梯度。式(4.1.13)中的第一式就是 Panofsky-Wenzel 定理。

(2) 由因果律得

$$W_m(z)=W'_m(z)=0,\quad z>0 \tag{4.1.14}$$

(3) 在束流通过的瞬间：

$$W_m(z)\leqslant 0,\quad W'_m(z)\geqslant 0,\quad z\to 0^- \tag{4.1.15}$$

(4) 除空间电荷外：

$$W_m(0)=0 \tag{4.1.16}$$

(5) 由束流负载基本原理得到

$$W'_m(0)=\frac{1}{2}W'_m(0^-) \tag{4.1.17}$$

(6) 对任意 z：

$$W'_m(0^-)\geqslant|W'_m(z)| \tag{4.1.18}$$

（7）从 $-\infty$ 到检测点的积分结果：

$$\int_{-\infty}^{0} W_{m}{}'(z)\mathrm{d}z \geqslant 0 \tag{4.1.19}$$

4.2　耦 合 阻 抗

4.2.1　耦合阻抗定义

尾场函数是描述时域现象的函数。与许多数学物理的情形相同，在很多情况下，将问题转换到频域后，分析和计算更为方便。还有一些问题，它们需要时域和频域混合处理，才更方便。定义耦合阻抗为

$$\begin{cases} Z_{m}^{\parallel}(\omega) = \dfrac{1}{c} \displaystyle\int_{-\infty}^{+\infty} \mathrm{d}z W_{m}'(z) \exp\left(-\mathrm{i}\dfrac{\omega z}{c}\right) \\[3mm] Z_{m}^{\perp}(\omega) = \dfrac{\mathrm{i}}{c} \displaystyle\int_{-\infty}^{+\infty} \mathrm{d}z W_{m}(z) \exp\left(-\mathrm{i}\dfrac{\omega z}{c}\right) \end{cases} \tag{4.2.1}$$

在厘米·克·秒单位制中，$Z_{m}^{\parallel}$ 的量纲为 $T \cdot L^{-2m-1}$，$Z_{m}^{\perp}$ 的量纲为 $T \cdot L^{-2m}$。在国际单位制中，它们分别是 $\Omega \cdot L^{-2m}$ 和 $\Omega \cdot L^{-2m+1}$[1]。

同样，若已知耦合阻抗形式，通过傅里叶逆变换也可以得到尾场函数：

$$\begin{cases} W_{m}'(z) = \dfrac{1}{2\pi} \displaystyle\int_{-\infty}^{+\infty} \mathrm{d}\omega Z_{m}^{\parallel}(\omega) \exp\left(\mathrm{i}\dfrac{\omega z}{c}\right) \\[3mm] W_{m}(z) = -\dfrac{\mathrm{i}}{2\pi} \displaystyle\int_{-\infty}^{+\infty} \mathrm{d}\omega Z_{m}^{\perp}(\omega) \exp\left(\mathrm{i}\dfrac{\omega z}{c}\right) \end{cases} \tag{4.2.2}$$

与尾场函数的情况相对应，在所有 m 阶项中，只有最低阶不为零的项的贡献占优势，即横向的 $Z_{1}^{\perp}(\omega)$ 和纵向的 $Z_{0}^{\parallel}(\omega)$。

当束流通过实际真空环境时，总会将部分能量耗损在管道上，这个能量损失称为寄生能量损失（parasitic loss）。如果束流总电荷量为 Q，归一化的纵向电荷分布为 $\rho(l)$，那么因阻抗 $Z_{0}^{\parallel}$ 而产生的寄生损失为

$$\begin{aligned} \Delta\varepsilon &= -Q^{2} \int_{-\infty}^{+\infty} \mathrm{d}l' \rho(l') \int_{l'}^{+\infty} \mathrm{d}l \rho(l) W_{m}'(l'-l) \\ &= -\frac{Q^{2}}{2\pi} \int_{-\infty}^{\infty} \mathrm{d}\omega \mid \widetilde{\rho}(\omega) \mid^{2} \mathrm{Re}[Z_{m}^{\parallel}(\omega)] \\ &= -Q^{2} k^{\parallel} \end{aligned} \tag{4.2.3}$$

式中，$\widetilde{\rho}(\omega)$ 为纵向电荷分布的傅里叶变换，即

$$\widetilde{\rho}(\omega) = \int_{-\infty}^{+\infty} \mathrm{d}l \mathrm{e}^{\mathrm{i}\omega l/c} \rho(l) \tag{4.2.4}$$

$k^{\parallel}$ 为损失因子，单位为 $\mathrm{V} \cdot (\mathrm{pc})^{-1}$，即

$$k^{\parallel} = \frac{1}{2\pi} \int_{-\infty}^{+\infty} \mathrm{d}\omega \mid \tilde{\rho}(\omega) \mid^2 \mathrm{Re}[Z_m^{\parallel}(\omega)] \tag{4.2.5}$$

只有阻抗的实部才产生能量损失，因此，纯感性和容性的阻抗，如空间电荷阻抗，不会使束流整体产生寄生损失。

4.2.2　耦合阻抗某些重要性质

耦合阻抗具有如下重要性质。

（1）作为 Panofsky-Wenzel 定理在频域的对应形式：

$$Z_m^{\parallel}(\omega) = \frac{\omega}{c} Z_m^{\perp}(\omega) \tag{4.2.6}$$

（2）因为尾场函数的定义域为实数域，根据傅里叶变换性质可知，必然有

$$\begin{cases} Z_m^{\parallel}(\omega) = Z_m^{\parallel *}(-\omega) \\ Z_m^{\perp}(\omega) = -Z_m^{\perp *}(-\omega) \end{cases} \tag{4.2.7}$$

（3）同样，尾场函数的实数性质决定了阻抗的虚部和实部不是相互独立的，它们之间满足希尔伯特变换的关系：

$$\begin{cases} \mathrm{Re}[Z_m^{\parallel}(\omega)] = \dfrac{1}{\pi} \mathrm{P. V.} \int_{-\infty}^{\infty} \mathrm{d}\omega' \dfrac{\mathrm{Im}[Z_m^{\parallel}(\omega')]}{\omega' - \omega} \\ \mathrm{Im}[Z_m^{\parallel}(\omega)] = -\dfrac{1}{\pi} \mathrm{P. V.} \int_{-\infty}^{\infty} \mathrm{d}\omega' \dfrac{\mathrm{Re}[Z_m^{\parallel}(\omega')]}{\omega' - \omega} \end{cases} \tag{4.2.8}$$

式中，"P. V."表示后面的积分只取它的"主值"，积分"主值"的定义参见式(4.5.61)。

横向阻抗有同样形式的关系式。从原理上说，只要知道了实部或者虚部，就可以计算得到整个阻抗的表达式。

（4）阻抗的实部满足：

$$\begin{cases} \mathrm{Re}[Z_m^{\perp}(\omega)] \begin{cases} \geqslant 0, & \omega > 0 \\ \leqslant 0, & \omega < 0 \end{cases} \\ \mathrm{Re}[Z_m^{\parallel}(\omega)] \geqslant 0, & \text{所有}\omega \end{cases} \tag{4.2.9}$$

（5）式(4.2.6)对每个给定的 m 成立，在不同的 m 之间，没有一般的关系。但对于最低阶不为零的优势项间，即 $m=1$ 阶的横向阻抗和 $m=0$ 阶的纵向阻抗之间，可从量纲分析导出一个粗略的关系。可在知道其中之一时，用它得到另一个的估值。

$$Z_1^{\parallel} = \frac{\omega}{c} Z_1^{\perp} \sim \frac{2}{b^2} Z_0^{\parallel} \tag{4.2.10}$$

式中，b 是这个真空室结构的特征长度，取为管子的半径；因子 2 的引入，是为了在电阻壁的情形下，式(4.2.10)能严格成立。式(4.2.10)的一个推广形式是

$$Z_m^{\parallel} = \frac{\omega}{c} Z_m^{\perp} \sim \frac{2}{b^{2m}} Z_0^{\parallel} \tag{4.2.11}$$

从尾场函数和耦合阻抗的推导过程可以看出,阻抗只是束流经过环境的结构和材料的函数,而与束流无关。

4.2.3 几种典型的耦合阻抗和相应的尾场函数

1. 电阻壁阻抗

当束流通过半径为 b、长度为 L、传导率为 σ 的电阻壁管道时,其尾场引起的单位长度的阻抗为

$$\frac{Z_m^{\parallel}(\omega)}{L} = \frac{\omega}{c}\frac{Z_m^{\perp}(\omega)}{L} = \frac{4}{b^{2m}}\left\{(1+\delta_{m0})bc\sqrt{\frac{2\pi\sigma}{|\omega|}}\left[1+\mathrm{i\,sgn}(\omega)\right] - \frac{\mathrm{i}b^2\omega}{m+1} + \frac{\mathrm{i}mc^2}{\omega}\right\}^{-1} \tag{4.2.12}$$

在 $|\omega| \ll \chi^{-1/3}c/b$ 情形下,式(4.2.12)简化为

$$\frac{Z_m^{\parallel}(\omega)}{L} = \frac{\omega}{c}\frac{Z_m^{\perp}(\omega)}{L} \approx \sqrt{\frac{2|\omega|}{\pi\sigma}}\frac{\left[1-\mathrm{i\,sgn}(\omega)\right]}{(1+\delta_{m0})b^{2m+1}c} \tag{4.2.13}$$

对应于此式的尾场函数为

$$W_m(z) = -\frac{2}{\pi b^{2m+1}(1+\delta_{m0})}\sqrt{\frac{c}{\sigma}}\frac{1}{|z|^{1/2}}L, \quad z<0 \tag{4.2.14}$$

它的适用范围是 $b/\chi \gg |z| \gg \chi^{1/3}b$,其中,$\chi \equiv c/(4\pi\sigma b)$。

由有限电导率为 σ_c 的金属材料构成的半径为 b、长度为 L、厚度远大于趋肤深度的管道,其阻抗可以按式(4.2.13)计算,用趋肤深度 $\delta_{\mathrm{skin}} = c/\sqrt{2\pi\sigma_c|\omega|}$ 表示为

$$Z_m^{\parallel} = \frac{\omega}{c}Z_m^{\perp} = \frac{1-\mathrm{i\,sgn}(\omega)}{1+\delta_{m0}} \cdot \frac{1}{\pi\sigma_c\delta_{\mathrm{skin}}b^{2m+1}} \tag{4.2.15}$$

2. 空间电荷阻抗

对于空间电荷的情形,电子的运动不是极端相对论的,前面给出的结果不能应用。然而,空间电荷所诱导的力,也可以被逼近到尾场函数的框架。但此时,尾场函数将依赖于电流的特性,如横向电荷的尺度 a 和洛伦兹能量因子 γ。

横向和纵向空间电荷的力,对于电荷横向分布为 $\rho(r,\theta) = \delta(r-a)\cos(m\theta)$ 的电流能按式(4.1.11)的形式写出,空间电荷的阻抗为

$$Z_m^{\perp}(\omega) = \frac{c}{\omega}Z_m^{\parallel}(\omega) = \mathrm{i}Z_0\frac{R}{\gamma^2} \cdot \begin{cases} \ln\dfrac{b}{a}, & m=0 \\ \dfrac{1}{m}\left(\dfrac{1}{a^{2m}} - \dfrac{1}{b^{2m}}\right), & m\neq 0 \end{cases} \tag{4.2.16}$$

式中,$Z_0 = 4\pi/c$ 代表自由空间波阻抗。相应的尾场函数为

$$W_m(z) = \frac{2L}{\gamma^2}\delta(z) \cdot \begin{cases} \ln\dfrac{b}{a}, & m=0 \\[2mm] \dfrac{1}{m}\left(\dfrac{1}{a^{2m}} - \dfrac{1}{b^{2m}}\right), & m>0 \end{cases} \tag{4.2.17}$$

空间电荷的阻抗是复数阻抗值,实部为零,只有虚部不为零,即纯虚,与频率无关。空间电荷阻抗不会直接引起束流的不稳定,但会使束流产生相干频移,与其他的阻抗实部结合后,可以对束流的稳定性产生严重的影响。

对于均匀碟形的束流,其盘心沿管道轴线运动,在 $m=0$ 的情形下有

$$Z_0^{\parallel} = \mathrm{i}\frac{Z_0 R\omega}{c\gamma^2}\left(\ln\frac{b}{a} + \frac{1}{2}\right) \tag{4.2.18}$$

相应的尾场函数为

$$W_0(z) = \frac{2L}{\gamma^2}\delta(z)\left(\ln\frac{b}{a} + \frac{1}{2}\right) \tag{4.2.19}$$

3. 窄带阻抗

长程尾场会引起耦合束团不稳定性。窄带阻抗对应的阻抗频谱中,存在大量很尖锐的共振峰,阻抗虚部不是纯感抗,阻抗实部不为零。对窄带阻抗有贡献部件包括高频腔、束流位置探测器、引出和注入冲击磁铁结构、大的真空盒过渡段和真空管道腔体结构等。这类高 Q 值结构,通常可以用等效的 RLC 并联谐振回路模型来描述,即

$$\frac{1}{Z_m^{\parallel}} = \frac{1}{R_s} + \frac{\mathrm{i}}{\omega L} - \mathrm{i}\omega C \tag{4.2.20}$$

式中,R_s 为结构的分路阻抗。对于不同的模式 m,分别对应不同的 RLC 参数,所以窄带阻抗可以用谐振子模型来描述,得到的纵向阻抗和横向阻抗为

$$Z_m^{\parallel}(\omega) = \frac{\omega}{c}Z_m^{\perp}(\omega) = \frac{R_s}{1 + \mathrm{i}Q\left(\dfrac{\omega_R}{\omega} - \dfrac{\omega}{\omega_R}\right)} \tag{4.2.21}$$

式中,$Q = R_s\sqrt{C/L}$ 为品质因子;$\omega_R = 1/\sqrt{LC}$ 为谐振频率;R_s 的量纲是 $\Omega \cdot L^{-2m}$。

对于窄带阻抗,$Q \gg 1$,$\mathrm{Re}[Z_m^{\parallel}(\omega)]$ 的共振峰的半宽度为 $\Delta\omega \approx \omega_R/(2Q)$(与后面讨论的宽带阻抗对比,那里是 $Q \approx 1$)。与式(4.2.21)对应的尾场函数为

$$W_m(z) = \frac{cR_s\omega_R}{Q\,\bar{\omega}}\mathrm{e}^{\alpha z/c}\sin\frac{\bar{\omega}z}{c}, \quad z<0 \tag{4.2.22}$$

式中,$\alpha = \omega_R/(2Q)$;$\bar{\omega} = \sqrt{\omega_R^2 - \alpha^2}$。

4. 宽带阻抗

在真空管道中,会有一些不连续的部分,它们类似于腔体结构,长度和深度

（深度指管道半径方向空腔的尺度）的尺寸与真空管道的半径 b 近似。对于这些腔体，也可以把它们当成准 RLC 谐振器来处理。在 $\omega \leqslant c/b$ 的范围，用谐振子模型表示成如式（4.2.21）所示形式。对于 $m=0$ 模式，它的纵向阻抗为

$$Z_0^{\parallel}(\omega) = \frac{R_s}{1 + \mathrm{i}\left(\dfrac{c}{b\omega} - \dfrac{b\omega}{c}\right)} \qquad (4.2.23)$$

式中，$R_s \approx 60\Omega$（其中使用了 $Q \approx 1$，$\omega_R \approx c/b$）。这个表示式来源于，在 $\omega \approx c/b$ 的情形下，按束流经过腔体时能量损失的方法计算，得到 $Z_0^{\parallel} \approx 80\Omega$；而在 $\omega \ll c/b$ 的情形下，类似的计算给出 $Z_0^{\parallel} \approx -\mathrm{i}(\omega c/b) \cdot 60\Omega$。

对于 $Z_1^{\perp}$，可使用式（4.2.10），得到

$$Z_1^{\perp}(\omega) = \frac{2c}{\omega} \frac{\bar{R}_s}{1 + \mathrm{i}\left(\dfrac{c}{b\omega} - \dfrac{b\omega}{c}\right)} \qquad (4.2.24)$$

式中，$\bar{R}_s \approx 60\Omega/b^2$（其中使用了 $Q \approx 1$，$\omega_R \approx c/b$）。这类阻抗在较低频率（$\omega <$ 1GHz）时可看成纯的感抗，在较高频率时出现共振峰。贡献宽带阻抗的元件主要包括波纹管、真空盒过渡段和真空泵口等，与短程尾场对应。束流在宽带阻抗上产生的尾场，随时间很快地衰减，一般只会引起单束团头尾不稳定性。

5. 衍射阻抗

在讨论宽带阻抗模型时，是在 $\omega \leqslant c/b$ 的条件下，获得式（4.2.23）和式（4.2.24）的结果的。当频率很高（$\omega \gg c/b$）时，宽带模型不能给出正确的结果。在这种情形下，可以用衍射模型来估计。一个腔体的阻抗为

$$Z_m^{\parallel}(\omega) = \frac{\omega}{c} Z_m^{\perp}(\omega) = \frac{Z_0[1 + \mathrm{i}\,\mathrm{sgn}(\omega)]}{(1 + \delta_{m0}) \pi^{3/2} b^{2m+1}} \sqrt{\frac{cg}{|\omega|}} \qquad (4.2.25)$$

式中，g 为腔的纵向长度，也称为加速间隙。在计算的过程中，也使用了腔的深度近似于 b。衍射模型的阻抗是半电容和半电阻的。相应的尾场函数为

$$\begin{cases} W_m(z) = -\dfrac{8\sqrt{2g}}{\pi b^{2m+1}} |z|^{1/2} \\[2mm] W_m'(z) = \dfrac{4\sqrt{2g}}{\pi b^{2m+1}} |z|^{-1/2} \end{cases}, \quad z < 0 \qquad (4.2.26)$$

4.3　不稳定性理论

从空间结构分，束流不稳定性可分为横向不稳定性和纵向不稳定性。若从不稳定性产生的原因看，又可分为头尾不稳定性、束腔不稳定性、阻抗壁不稳定性和耦合束团不稳定性等。按不稳定性影响粒子行为是否有集体性（或同步性），可分

为相干型和非相干型两种。

　　相干型是指受影响的多个粒子集体振荡保持一定的相位关系,振荡的波相干叠加,这时会出现束流振荡迅速增大而崩溃。而非相干型,相位关系不保持一致性,这时束流性质逐渐恶化,亮度逐渐降低。

　　在多数情况下,集体不稳定性是相干的。但对于某些不稳定性,因机器结构和能量分散的影响会导致振荡频率的分散,或通过某些设备,造成增加频率分散的环境时,不稳定振荡相位差的确定关系受到破坏,便产生不相干的振荡。磁场与束流相互作用的非线性效应,也会导致相干的不稳定性转变为非相干的,即所谓退相干或相混合。在退相干的情形,不稳定性振荡有时并不完全被阻尼,只是延缓了崩溃的过程。例如,在 4.3.9 节关于快离子不稳定性的讨论中,计算结果表明,退相干的不稳定比相干的情形增长率要小,但并不完全被抑制。在后面提到的抑制不稳定的方法中,很重要的一个措施是增大频散,这实际就是把相干的不稳定改变为非相干的。

　　相干效应又可以分为单束团效应和多束团效应。单束团效应指前面束团感应的场不会影响到后面束团,只是束团自身前端粒子对后端粒子的影响。束团拉伸就是一种单束团效应,主要与低品质因子的宽带阻抗有关。头尾不稳定性也是一种单束团效应,取决于一个单束团中的峰值电流,并且只出现在横向。多束团效应是指当束团感应电磁场的衰减时间足够长时,前面束团产生的尾场会影响到后面束团,表现为多束团的耦合效应,该效应与高品质因子的窄带阻抗相关。多束团效应,将引起耦合束团不稳定性。相干束流集体效应中,束流的稳定性依赖于束团中的粒子与前面束团粒子产生的尾场的相互作用。阻抗的实部会引起束流的不稳定性,对应不稳定性的上升时间。阻抗的虚部不会直接带来束流的不稳定,但会引起相干频移,当频移增长到一定程度时,会引起低阶束流振荡模式的简并,从而引起横向耦合不稳定性。

　　无论对撞机还是同步辐射装置,在其设计过程中,高流强和高亮度一直是加速器装置建造者的主要目标。为了提高光源强度和亮度,增加束团数目和单个束团流强或减小束团尺寸,都是常用的方法。然而,在大到成百上千个束团或很高的单束团流强或小的束团间隔(2ns)的苛刻环境中,束团之间、束腔之间、束流和电阻壁之间等的相互作用,都将引起横向和纵向等各种各样的不稳定性。来自高频腔和阻抗壁引起的横向和纵向耦合束团不稳定性很突出。束团横向尺寸增大或束团沿纵向拉伸,都将严重影响光源的亮度和品质,所以必须深入地研究,并加以克服,方能满足物理学家和众多同步光用户高流强、高亮度试验研究的需求。

4.3.1　横向不稳定性

现在讨论在尾场影响下束团的横向运动形式。为了问题的简化,这里讨论单束团运行模式下束团质心运动,即二极相干不稳定性。

对于近似刚性束,在忽略动量分散条件下,束流中非理想粒子,在尾场影响下束团的横向(x,y)运动方程,可由式(2.2.5)所示形式加上尾场影响来表述。因为束流是以接近光速的速度运动的,使用变量$t \approx s/c$代替s。考虑单个束团并具有瞬时偶极矩$Ney(s)$的电荷分布。它的尾场力,可由横向尾场函数$W_1^{\perp}$来表示。略去电荷的高阶矩,也就是略去尾场力的高阶项。再将F^u改写为ω_{β}^2,则横向振荡的方程形如:

$$\frac{\mathrm{d}^2}{\mathrm{d}t^2}u(t) + \omega_{\beta}^2 u(t) = -\frac{cNr_e}{\gamma T_0}\sum_{k=1}^{\infty}u(t-kT_0)W_1(-kT_0) \qquad (4.3.1)$$

式中,N为束流中的粒子数;ω_{β}为横向振荡频率;$r_e = e^2/(m_0 c^2)$为电子的经典半径;$\gamma = \sqrt{1-v^2/c^2}$为洛伦兹因子;$T_0$为同步电子沿环旋转一周所需的时间,即储存环周期。取此方程的试探解形如:

$$u(t) = A\mathrm{e}^{-\mathrm{i}\Omega t} \qquad (4.3.2)$$

式中,A为一常量;Ω为一复的参数。将它代入式(4.3.1),可得

$$\Omega^2 - \omega_{\beta}^2 = \frac{cNr_e}{\gamma T_0}\sum_{k=1}^{\infty}\mathrm{e}^{\mathrm{i}k\Omega T_0}W_1(-kT_0) \qquad (4.3.3)$$

使用泊松求和(Poisson sum)规则[1]:

$$\sum_{k=-\infty}^{\infty}W(kL_0) = \frac{1}{L_0}\sum_{p=-\infty}^{\infty}\widetilde{W}\left(\frac{2\pi p}{L_0}\right) \qquad (4.3.4)$$

再利用$m=1$的横向耦合阻抗的定义式(4.2.1),将式(4.3.3)变化为

$$\Omega^2 - \omega_{\beta}^2 = -\mathrm{i}\frac{cNr_e}{\gamma T_0^2}\sum_{p=-\infty}^{\infty}Z_1^{\perp}(p\omega_0 + \Omega) \qquad (4.3.5)$$

式中,$Z_1^{\perp}$为围绕加速器一周的总阻抗。如果Ω偏离ω_{β}不是很大,可将式(4.3.5)右边的Ω用ω_{β}代替,从而得Ω的近似解为

$$\Omega \approx \omega_{\beta} - \mathrm{i}\frac{cNr_e}{2\omega_{\beta}\gamma T_0^2}\sum_{p=-\infty}^{\infty}Z_1^{\perp}(p\omega_0 + \omega_{\beta}) \qquad (4.3.6)$$

将式(4.3.6)的Ω代回式(4.3.2),得到方程(4.3.1)的解为

$$u(t) = \exp\left[-\mathrm{i}\omega_{\beta}t - \frac{cNr_e}{2\omega_{\beta}\gamma T_0^2}t\sum_{p=-\infty}^{\infty}Z_1^{\perp}(p\omega_0 + \omega_{\beta})\right] \qquad (4.3.7)$$

$Z_1^{\perp}$的实部表示振荡的阻尼或者增长,虚部代表横向振荡频率ω_{β}的改变。振荡增长率为

$$\tau^{-1} = -\frac{cNr_e}{2\omega_{\beta}\gamma T_0^2}\sum_{p=-\infty}^{\infty}\mathrm{Re}[Z_1^{\perp}(p\omega_0 + \omega_{\beta})] \qquad (4.3.8)$$

假设来自某阻抗源的谐振频率为 ω_r，由式(4.3.8)可见，当 $\omega_r - \omega_\beta$ 正好为回旋频率的倍数时，就会发生不稳定性[1]，也就是说，有相应的横向耦合模式会被激励。式(4.3.8)也说明，耦合阻抗虚部影响振荡频率的偏移，而实部则决定不稳定性增长或阻尼速率。

4.3.2　阻抗壁效应引起的不稳定性

束流通过真空环境做回旋运动时所受的影响，除了类腔结构外，更多的是由于管道金属材料有限导电特性引起的宽带阻抗，即阻抗壁效应。阻抗壁所构成的宽带阻抗计算公式见式(4.2.12)和式(4.2.13)。

如果束流被扰动，在横向上偏离平衡轨道，由于储存环聚焦场回复力作用，将引起束流围绕平衡轨道做振荡，这种振荡将会在真空室壁上激发电磁场，而这种场反过来又作用于振荡的束流。在纵向将改变束团中粒子的分布，一定条件下，可能改变束团的群聚程度，引起振荡振幅增长。在合适条件下，束流振荡振幅可能指数增长，这就出现了束流不稳定性。横向电阻壁不稳定性比纵向电阻壁不稳定性要严重得多，它可导致束团全部粒子的损失。现将前面的讨论，应用在阻抗壁横向振荡不稳定性问题中。

将阻抗壁横向尾场函数方程式(4.2.14)代入式(4.3.3)，取式(4.2.14)中的 L 为 L_0，可得

$$\Omega^2 - \omega_\beta^2 = \frac{2c^{5/2}Nr_e}{b^3\gamma T_0 \sqrt{\pi\sigma\omega_0}} \sum_{k=1}^{\infty} \sqrt{\frac{2}{k}} e^{ik\Omega T_0} \qquad (4.3.9)$$

当 $\Omega - \omega_\beta \ll 1$ 时，式(4.3.9)近似为

$$\Omega - \omega_\beta \approx \frac{c^{5/2}Nr_e}{\omega_\beta b^3\gamma T_0 \sqrt{\pi\sigma\omega_0}} \sum_{k=1}^{\infty} \sqrt{\frac{2}{k}} e^{ik\Omega T_0} \qquad (4.3.10)$$

考虑到振荡的增长或阻尼速率是它的实部，而虚部代表横向振荡频率 ω_β 的改变。令 $\Delta_\beta = \Omega T_0/(2\pi) = \Omega/\omega_0 \approx \omega_\beta/\omega_0 = \nu_\beta$，由此可得

$$\begin{cases} \tau^{-1} \approx -\dfrac{c^{5/2}Nr_e}{\omega_\beta b^3\gamma T_0 \sqrt{\pi\sigma\omega_0}} f(\Delta_\beta) \\ f(\Delta_\beta) = \displaystyle\sum_{k=1}^{\infty} \sqrt{\frac{2}{k}}\sin(k\Omega T_0) = \sum_{k=1}^{\infty} \sqrt{\frac{2}{k}}\sin(2\pi k\Delta_\beta) \end{cases} \qquad (4.3.11)$$

和

$$\begin{cases} \Delta\Omega \approx -\dfrac{c^{5/2}Nr_e}{\omega_\beta b^3\gamma T_0 \sqrt{\pi\sigma\omega_0}} g(\Delta_\beta) \\ g(\Delta_\beta) = \displaystyle\sum_{k=1}^{\infty} \sqrt{\frac{2}{k}}\cos(2\pi k\Delta_\beta) \end{cases} \qquad (4.3.12)$$

$f(\Delta_\beta)$ 和 $g(\Delta_\beta)$ 如图 4.3.1 所示。Δ_β 即横向振荡数 $\nu_\beta = \omega_\beta/\omega_0$，$\nu_\beta = [\nu_\beta] + q$，

其中,q 代表 ν_β 的非整数部分,$[\nu_\beta]$ 代表 ν_β 的整数部分。选择 $-1/2 < q < 1/2$,正的 q 表示 ν_β 在整数之上,负的 q 表示 ν_β 在整数之下。求和指标 k 为粒子回旋圈数,N 为粒子数。当 $-1/2 < q < 0$ 时,$f(\Delta_\beta) < 0$,增长率为正,不稳定;当 $0 < q < 1/2$ 时,$f(\Delta_\beta) > 0$,增长率为负,稳定。

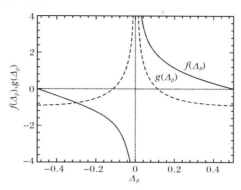

图 4.3.1 $f(\Delta_\beta)$ 和 $g(\Delta_\beta)$ 函数[1]

4.3.3 头尾不稳定性

头尾不稳定性是指由单束团短程尾场力引起的横向不稳定性。它虽然是一种比较复杂的不稳定现象,但却是较早在加速器中被观察到和被研究的不稳定现象,这是因为它发生在较低的束流强度。一个束团的头部的粒子,通过短程力场去扰动该束团尾部的粒子,而束团的"头"和"尾"经过半个纵向振荡周期($T_s/2$)后,位置与作用相互交换。产生尾场的粒子和受尾场影响的粒子角色不断地交替转变。Sands[4] 提出一个简化的模型来说明这个过程。假设束团是仅由两个粒子组成的系统,它们在加速器真空管道内运动,同时参与纵向振荡和横向振荡。纵向振荡频率用 ω_s 表示。两粒子的纵向振荡有同样的振幅,但是相位相反,每半个纵向振荡周期,它们交换一次位置。在未受扰动的情况下,其横向振荡频率用 ω_β 表示,受扰动后,因为能量不同,粒子的振荡频率也略有改变。

$$\omega_\beta(\delta) = \omega_\beta(1 + \xi\delta) \tag{4.3.13}$$

式中,$\delta = \Delta E/E$;ξ 是色品参数,是设计加速器时已确定的参数。为了确保束团横向振荡频率分散不要太大,$|\xi|$ 必须不是太大,且需要有确定的正负符号。引入八极磁铁,就是为了控制 ξ。因为此处涉及纵向振荡(运动速度远小于 c),极端相对论情形下的关系式 $s \approx ct$ 不再总是成立的,故纵向运动用 s 作为变量是更方便的。

首先,忽略尾场,考察自由的横向振荡,积分振荡相位为

$$\phi_\beta(s) = \int_0^s \omega_\beta(\delta)\frac{\mathrm{d}s'}{c} = \omega_\beta\left(\frac{s}{c} + \xi\int_0^s \delta\frac{\mathrm{d}s'}{c}\right) = \omega_\beta\left[\frac{s}{c} - \frac{\xi}{c\eta}z(s)\right]$$

$$\tag{4.3.14}$$

此处已使用了 $z'=\mathrm{d}z/\mathrm{d}s=-\eta\delta$，$\eta$ 是跳相因子。从式(4.3.14)可以看到，一个粒子的横向振荡频移是由纵向位移 z 决定的。

现在，考虑两宏观粒子的纵向振荡：

$$\begin{cases} z_1=\widehat{z}\,\sin\dfrac{\omega_s s}{c} \\ z_2=-z_1 \end{cases} \tag{4.3.15}$$

当 $0<s/c<\pi/\omega_s$，即在纵向振荡的前半个周期，粒子"1"位于粒子"2"的前方，而在纵向振荡的后半个周期，粒子"2"位于粒子"1"的前方，前方粒子产生的尾场，总是作用在尾随它的后方粒子上，使用式(4.3.14)和式(4.3.15)，得到两粒子的横向振荡的如下方程：

$$\begin{cases} x_1(s)=\widehat{x}_1\,\mathrm{e}^{-\mathrm{i}\phi_{\beta_1}(s)}=\widehat{x}_1\exp\left(-\mathrm{i}\omega_\beta\dfrac{s}{c}+\mathrm{i}\dfrac{\omega_\beta\xi}{c\eta}\widehat{z}\sin\dfrac{\omega_s s}{c}\right) \\ x_2(s)=\widehat{x}_2\,\mathrm{e}^{-\mathrm{i}\phi_{\beta_2}(s)}=\widehat{x}_2\exp\left(-\mathrm{i}\omega_\beta\dfrac{s}{c}-\mathrm{i}\dfrac{\omega_\beta\xi}{c\eta}\widehat{z}\sin\dfrac{\omega_s s}{c}\right) \end{cases} \tag{4.3.16}$$

当 $\xi/\eta>0$ 时，两粒子交换领先和尾随的角色，领先粒子的横向振荡相位总是落后于尾随粒子的相位。若 $\xi/\eta<0$，则相反，如图4.3.2所示。

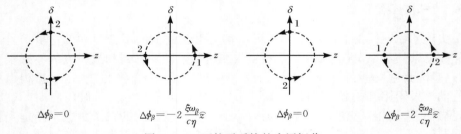

$$\Delta\phi_\beta=0 \qquad \Delta\phi_\beta=-2\frac{\xi\omega_\beta}{c\eta}\widehat{z} \qquad \Delta\phi_\beta=0 \qquad \Delta\phi_\beta=2\frac{\xi\omega_\beta}{c\eta}\widehat{z}$$

图4.3.2　两粒子系统的头尾振荡

由式(4.3.16)能看到联系于色品的弱增长。从纵向振荡上半周期到下半周期，持续地累积，缓慢地建立起一种不稳定性，没有终止。

现在注意，在 $0<s/c<\pi/\omega_s$ 期间，粒子"1"有尾场存在，粒子"2"的运动会受到它的影响。这里，假定粒子"1"的尾场函数为

$$W_1(z)=\begin{cases} -W_0, & 0>z>-l_b \\ 0, & \text{其他} \end{cases} \tag{4.3.17}$$

由尾场函数的特性，$W_0>0$。这个宽带阻抗的尾场函数是短程的，其不稳定性基本上是单圈现象。粒子"2"的运动方程为

$$\begin{cases} \dfrac{\mathrm{d}^2 x_2}{\mathrm{d}s^2}+\left[\dfrac{\omega_\beta(\delta_2)}{c}\right]^2 x_2=\dfrac{Nr_e W_0}{2\gamma L_0}x_1 \\ \omega_\beta(\delta_2)=\omega_\beta\left(1+\dfrac{\xi\widehat{z}\omega_s}{c\eta}\cos\dfrac{\omega_s s}{c}\right) \end{cases} \tag{4.3.18}$$

而 x_1 的运动仍由式(4.3.16)决定。

令式(4.3.18)的试探解仍是式(4.3.16)的形式,但 $\hat{x}_2$ 随 t 缓慢变化,代入式(4.3.18)得到一个决定 $\hat{x}_2$ 的方程。再考虑,在多数情况下,$\xi\omega_\beta\hat{z}/(c\eta)\ll1$,可将含这一因子的指数项,展开为泰勒级数,并保留一阶小量,得

$$\hat{x}_2(s)=\hat{x}_2(0)+\mathrm{i}\frac{Nr_eW_0c}{4\gamma L_0\omega_\beta}\hat{x}_1(0)\left[s+\mathrm{i}\frac{2\xi\omega_\beta\hat{z}}{\eta\omega_s}\left(1-\cos\frac{\omega_s s}{c}\right)\right] \quad (4.3.19)$$

从 $s=0$ 到 $s=\pi c/\omega_s$,$\hat{x}_1$ 和 $\hat{x}_2$ 的变换方程由下式给出:

$$\begin{bmatrix}\hat{x}_1\\\hat{x}_2\end{bmatrix}_{\pi c/\omega_s}=\begin{bmatrix}1 & 0\\\mathrm{i}\Gamma & 1\end{bmatrix}\begin{bmatrix}\hat{x}_1\\\hat{x}_2\end{bmatrix}_0 \quad (4.3.20)$$

式中

$$\Gamma=\frac{\pi Nr_eW_0c^2}{4\gamma L_0\omega_\beta\omega_s}\left(1+\mathrm{i}\frac{\pi\xi\omega_\beta\hat{z}}{c\eta}\right) \quad (4.3.21)$$

对于从 $s=\pi c/\omega_s$ 到 $s=2\pi c/\omega_s$,这个纵向振荡的后半个周期,用同样的方法可得 $x_1(s)$ 和 $x_2(s)$ 的解,带有 $\hat{x}_1$ 和 $\hat{x}_2$ 的变换方程如下:

$$\begin{bmatrix}\hat{x}_1\\\hat{x}_2\end{bmatrix}_{2\pi c/\omega_s}=\begin{bmatrix}1 & \mathrm{i}\Gamma\\0 & 1\end{bmatrix}\begin{bmatrix}\hat{x}_1\\\hat{x}_2\end{bmatrix}_{\pi c/\omega_s} \quad (4.3.22)$$

如此,系统的头尾不稳定性,由 $x_1(s)$ 和 $x_2(s)$ 的解,加上变换矩阵

$$\begin{bmatrix}1 & \mathrm{i}\Gamma\\0 & 1\end{bmatrix}\begin{bmatrix}1 & 0\\\mathrm{i}\Gamma & 1\end{bmatrix}=\begin{bmatrix}1-\Gamma^2 & \mathrm{i}\Gamma\\\mathrm{i}\Gamma & 1\end{bmatrix} \quad (4.3.23)$$

决定。对于弱的流强,$|\Gamma|\ll1$,它的两个本征值为

$$\lambda_\pm\approx\mathrm{e}^{\pm\mathrm{i}\phi}, \quad \sin\frac{\phi}{2}=\frac{\Gamma}{2} \quad (4.3.24)$$

正的模式对应于两粒子在弱束流强度时的振荡同相,负的模式对应于两粒子反相。如此,Γ 的虚部给出粒子横向振荡的增长(＋号表示)或衰减的速率(一号表示):

$$\tau_\pm^{-1}=\mp\frac{\pi Nr_eW_0c\xi\hat{z}}{8\gamma L_0\eta} \quad (4.3.25)$$

强头尾不稳定性

现在略去式(4.3.13)中的 $\xi\delta$ 项,但保留领先粒子的尾场影响。这样,在纵向振荡前半个周期,即在 $0<s/c<\pi/\omega_s$ 期间,$x_1(s)$ 和 $x_2(s)$ 的方程简化为

$$\frac{\mathrm{d}^2x_1}{\mathrm{d}s^2}+\left(\frac{\omega_\beta}{c}\right)^2x_1=0$$
$$\frac{\mathrm{d}^2x_2}{\mathrm{d}s^2}+\left(\frac{\omega_\beta}{c}\right)^2x_2=\frac{Nr_eW_0}{2\gamma L_0}x_1 \quad (4.3.26)$$

$x_1(s)$的解是简单的简谐振荡：

$$x_1(s) = \hat{x}_1(0)e^{-i\omega_\beta s/c} \tag{4.3.27}$$

将式(4.3.27)代入式(4.3.26)的第二个方程，并使用$\omega_\beta T_s/2 \gg 1$，可得$x_2(s)$的近似解[1]为

$$x_2(s) = \hat{x}_2(0)e^{-i\omega_\beta s/c} + i\frac{Nr_eW_0c}{4\gamma L_0\omega_\beta}\left[\frac{c}{\omega_\beta}\hat{x}_1^*(0)\sin\frac{\omega_\beta s}{c} + \hat{x}_1(0)se^{-i\omega_\beta s/c}\right] \tag{4.3.28}$$

而在$\pi/\omega_s < s/c < 2\pi/\omega_s$期间，式(4.3.28)中粒子"1"和粒子"2"的指标交换，即两粒子所扮演的角色交换。这样，得到式(4.3.20)～式(4.3.24)的整个结果，但是在表示式中要取$\xi=0$。因为$\xi=0$时，Γ的虚部为零，弱流强$|\Gamma|\ll1$时的两个本征值解，不再是决定振荡增长和阻尼的支配因素，不稳定性发生在较大的$\Gamma>2$，这时$\phi\to\pi$。这是强头尾不稳定性与发生在较低流强的头尾不稳定性的区别。加速器物理学家称这种不稳定性为强头尾不稳定性，以区别于$\xi\neq0$时，由$\delta=\xi\Delta E/E$所导致的更早发现的头尾不稳定性。

4.3.4　纵向不稳定性——Robinson 不稳定性

在诸多储存环不稳定性的研究中，一个重要的不稳定性来源是作为窄带阻抗的高频腔，即束-腔作用。与高频腔基模相关的不稳定性，称为 Robinson 不稳定性。设计高频腔共振频率的基模ω_r，要调节至很靠近束流回旋频率ω_0的整数倍，因此束流在空腔内产生的尾场，必须包含一个主频的分量$\omega_r\approx h\omega_0$，这里$h$是一个整数。这时它的阻抗$Z_0^\parallel$，在$\omega_r\approx h\omega_0$处有一尖锐的峰。如果$\omega_r-h\omega_0$稍大于零，它就是稳定的；如果稍小于零，它就是不稳定的，这就是纵向振荡不稳定。因为高频腔的窄带特性，一旦产生尾场，它可以持续相当长的时间，即长程力会产生多圈影响。当单个束团通过高频腔时，束流中的粒子与高频腔中电磁场相互作用，处于束团中不同位置的粒子，对应于高频腔电磁场的不同相位，有不同的能量交换关系。采用束流的单粒子模型，令z_n为束团粒子在高频腔内回旋到第n圈时相对于同步粒子的纵向位移，则束团在该圈时z_n的变化率$(\mathrm{d}z_n/\mathrm{d}n)$和同一圈时的束流能量相对变化$(\delta_n=\Delta E/E)$之间有如下关系[参看式(2.4.7)]：

$$\frac{\mathrm{d}z_n}{\mathrm{d}n} = -\eta L_0\delta_n \tag{4.3.29}$$

式中，$\eta=\alpha-\gamma^{-2}$称为跳相因子，这里的η与第2章中的动量色散函数是不同的物理量[1,5]；L_0为储存环的周长。正的z_n表示束流粒子较理想粒子早到达高频腔，负的则表示较迟。将式(2.4.9)略去较小的α_ε项，代入$T_0\omega_s/(2\pi)=\omega_s/\omega_0=\nu_s$，$\nu_s$为每圈归一化的同步振荡频率，并注意$T_0\mathrm{d}n\approx\mathrm{d}s/c=\mathrm{d}t$，用$z_n$代替$z$，即得

$$\frac{\mathrm{d}^2 z_n}{\mathrm{d}n^2} + (2\pi\nu_s)^2 z_n = 0 \tag{4.3.30}$$

现在加入纵向零阶尾场力的作用 $eV(z_n)/E$。注意在第 n 圈之前，所有各圈的尾场都会对第 n 圈束流粒子产生影响，由此式（4.3.30）变为

$$\frac{\mathrm{d}^2 z_n}{\mathrm{d}n^2} + (2\pi\nu_s)^2 z_n = \frac{Nr_e\eta L_0}{\gamma} \sum_{k=-\infty}^{n} W_0'(kL_0 - nL_0 + z_n - z_k) \tag{4.3.31}$$

式中，N 为束团粒子数；r_e 为电子的经典半径；L_0 为储存环周长。在束团振幅远小于高频腔的基本模式波长时，可取尾场函数泰勒展开的线性近似，式（4.3.31）变为

$$\frac{\mathrm{d}^2 z_n}{\mathrm{d}n^2} + (2\pi\nu_s)^2 z_n = \frac{Nr_e\eta L_0}{\gamma} \sum_{k=-\infty}^{n} \left[W_0'(kL_0 - nL_0) + (z_n - z_k)W_0''(kL_0 - nL_0) \right] \tag{4.3.32}$$

式（4.3.32）右边第一项为一常数项，描述寄生能量损失，与动力学无关，可以略去。为了求解式（4.3.32），引入试探解：

$$z_n = A\mathrm{e}^{-in\Omega T_0} \tag{4.3.33}$$

将试探解代入式（4.3.32），得决定 Ω 的方程如下：

$$\Omega^2 - \omega_s^2 = -\frac{Nr_e\eta c}{\gamma T_0} \sum_{q=-\infty}^{\infty} (1 - \mathrm{e}^{-iq\Omega T_0})W_0''(qL_0) \tag{4.3.34}$$

在导出式（4.3.34）时，使用了关系式 $2\pi\nu_s/T_0 = \omega_s$，$L_0 = cT_0$，$q = k-n$，并将求和的上限推广到无限。这个推广利用了尾场函数的因果性的特性。使用 $m=0$ 的式（4.2.1）用纵向阻抗代替纵向尾场函数，再使用泊松求和公式（4.3.4），可得

$$\Omega^2 - \omega_s^2 = -i\frac{Nr_e\eta}{\gamma T_0^2} \sum_{p=-\infty}^{\infty} \left[p\omega_0 Z_0^{\parallel}(p\omega_0) - (p\omega_0 + \Omega)Z_0^{\parallel}(p\omega_0 + \Omega) \right] \tag{4.3.35}$$

对于中等强度的束流情形，式（4.3.35）右边可近似取 $\Omega \approx \omega_s$，得

$$\Omega - \omega_s \approx -i\frac{Nr_e\eta}{2\gamma T_0^2 \omega_s} \sum_{p=-\infty}^{\infty} \left[p\omega_0 Z_0^{\parallel}(p\omega_0) - (p\omega_0 + \omega_s)Z_0^{\parallel}(p\omega_0 + \omega_s) \right] \tag{4.3.36}$$

式中，$\Omega - \omega_s$ 的虚部给出束团振荡频移，而实部则代表振荡不稳定增长或阻尼速率：

$$\begin{aligned}
\Delta\omega_s &= \mathrm{Re}(\Omega - \omega_s) \\
&= \frac{Nr_e\eta}{2\gamma T_0^2 \omega_s} \sum_{p=-\infty}^{\infty} \left\{ p\omega_0 \mathrm{Im}[Z_0^{\parallel}(p\omega_0)] - (p\omega_0 + \omega_s)\mathrm{Im}[Z_0^{\parallel}(p\omega_0 + \omega_s)] \right\}
\end{aligned} \tag{4.3.37}$$

由 4.3.7 节关于束团伸长效应的讨论，可知式（4.3.37）中第一项是所谓的势阱畸

变项[式(4.3.50)的第二项],是静的效应,第二项是动力学的。

$$\tau^{-1} = \mathrm{Im}(\Omega - \omega_s)$$

$$= \frac{Nr_e\eta}{2\gamma T_0^2\omega_s}\sum_{p=-\infty}^{\infty}\{-p\omega_0\,\mathrm{Re}[Z_0^{\parallel}(p\omega_0)] + (p\omega_0 + \omega_s)\mathrm{Re}[Z_0^{\parallel}(p\omega_0 + \omega_s)]\}$$

$$(4.3.38)$$

式(4.3.38)右边第一项实际上是零,对 τ^{-1} 没有贡献。这是因为从纵向阻抗的性质式(4.2.7)知,$\mathrm{Re}[Z_0^{\parallel}(z)]$ 是 z 的偶函数,所以只有动力学项才对 τ^{-1} 有贡献。

因为高频腔是工作在基频纵向场模式下,可以想象它的阻抗主要分布在设计频率附近。也就是,对不稳定性增长率的贡献主要来自 $p = \pm h$ 的模式,其中,h 为设计的谐波数。假如阻抗峰值 $\omega_R/(2Q)$ 的宽度和同步振荡频率 ω_s 都比 ω_0 小得多,那么式(4.3.38)可以简化为

$$\tau^{-1} \approx \frac{Nr_e\eta h\omega_0}{2\gamma T_0^2\omega_s}\{\mathrm{Re}[Z_0^{\parallel}(h\omega_0 + \omega_s)] - \mathrm{Re}[Z_0^{\parallel}(h\omega_0 - \omega_s)]\} \quad (4.3.39)$$

推导式(4.3.39)时,已略去比例于 ω_s 的小量。

束流的稳定要求 $\tau^{-1} \leqslant 0$,因此,当 $\eta > 0$,即束流的能量在临界值之上时,阻抗的实部在 $h\omega_0 + \omega_s$ 处的值,必须低于在 $h\omega_0 - \omega_s$ 处的值。若 $\eta < 0$,则相反。由此,可以得到 Robinson 判据:束流能量高于临界值时,高频腔的共振频率 ω_R 应该略低于 $h\omega_0$;而在低于临界能量时,要求 ω_R 略高于 $h\omega_0$,h 是一个整数。

从图 4.3.3 可以看出,为了使束流处于稳定状态,对于不同能量束流,需要将高频腔的基模共振频率调谐到合适位置。实际上,Robinson 效应也可以理解为,具有能量偏差 $P = P_0 + \Delta P$ 的粒子,其回旋频率也偏离 ω_0,成为 $\omega_0(1 - \eta\Delta P/P)$。于是相应地通过调谐改变高频腔频率,跟踪这个变化,就可以得到对束流不稳定的阻尼作用。

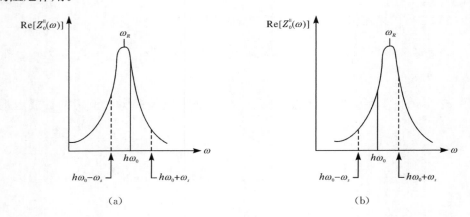

图 4.3.3　Robinson 稳定性的判据

4.3.5　束腔不稳定性——高频腔高次模不稳定性

除了与基模相关的 Robinson 不稳定性之外,高频腔的高阶模也是很重要的不稳性来源。运动的束流经过高 Q 值的高频腔时将诱生感应电流,此电流将很大程度地改变腔内的电磁场分布,进而引起加速电场的振幅、相位和谐振频率的变化,此现象即束流负载效应。高 Q 值高频腔内产生的感应电流,通过腔等效阻抗产生的感应电压,反过来作用于束流,而且可以持续多圈,所以最后各个束团感受到的场,除了基模之外还有高阶模。这些高阶模的频率和电磁场模式是由高频腔结构决定的,可以是纵向,也可以是横向。当腔的某个高次模频率与束流频谱的某个成分一致时,腔中的模式就可以激发起横向和纵向不稳定性。

（1）横向

$$f_{\text{hom}} = (nh - m - \Delta\nu_\beta)f_0 \tag{4.3.40}$$

（2）纵向

$$f_{\text{hom}} = (nh + m + \Delta\nu_s)f_0 \tag{4.3.41}$$

式中,f_{hom} 为腔的某个高次模频率;n 为正整数;h 为高频谐波数;m 为束流模式数;$\Delta\nu_\beta$ 和 $\Delta\nu_s$ 分别为横向和纵向工作点的小数部分。需要说明的是,式(4.3.40)和式(4.3.41)仅指数学上频谱变换中正频率部分。负频率分量在正频谱的镜像,对应的模式是阻尼振荡模式。

因为束流频谱具有非常丰富的成分,所以可能激发起这种不稳定性谐波的频率数目是很多的,即使在设计腔时通过修改结构和加入 HOM 吸收材料有意抑制,在储存环中也很难完全避免这种束-腔作用。因为最后激励起高阶模的能量包括所有束团的贡献,所以这种束-腔不稳定性取决于储存环的平均电流,而不是某个束团。

4.3.6　多束团不稳定性

当储存环为多束团运行时,以上讨论的运动方程就不仅要考虑束团产生的尾场的多圈的影响,还要考虑其他束团产生的尾场的作用。既然考察的对象由一个束团变为 M 个,则可以用 M 个方程组成的方程组来描述[6]:

$$\begin{cases} \ddot{x}_1(t) + \omega^2 x_1(t) = a\Sigma_{\text{bunch}}\Sigma_{\text{turn}}W \\ \ddot{x}_2(t) + \omega^2 x_2(t) = a\Sigma_{\text{bunch}}\Sigma_{\text{turn}}W \\ \qquad\vdots \\ \ddot{x}_M(t) + \omega^2 x_M(t) = a\Sigma_{\text{bunch}}\Sigma_{\text{turn}}W \end{cases} \tag{4.3.42}$$

横向和纵向具有同样的形式。这里,a 是一个比例常量。求解这样 M 维的方程组是复杂的,但是对于一种特殊的情况,即假定所有耦合阻抗都是准 δ 形式,它

们仅在特定的频率处存在,可以得到一个简单的解:

$$x_n \propto e^{i2\pi \mu n/M} e^{-i(\omega + \Delta\omega)t}, \quad \mu = 0, 1, \cdots, M-1 \tag{4.3.43}$$

式中,μ 常称为多束团耦合不稳定性模数(mode number);$\Delta\omega$ 是由于耦合阻抗引起的复数频移。经过与单束团相似的处理,同样可以得到纵向不稳定性第 l 模数的增长率为

$$\tau_l^{-1} = \mathrm{Im}(\Omega - \omega_s)$$

$$= \frac{MNr_e\eta}{2\gamma T_0^2 \omega_s} \sum_{p=-\infty}^{+\infty} (pM\omega_0 + l\omega_0 + \omega_s) \mathrm{Re}\{Z_\parallel (pM\omega_0 + l\omega_0 + \omega_s)\} \tag{4.3.44}$$

4.3.7　束团伸长效应

由于发射光量子产生辐射阻尼,以及引入高频功率来补充能量,在储存环中的电子,服从自动稳相原理,形成离散的束团。每个束团中的粒子,稳定地保持在一个狭小范围内,假定为高斯分布,其纵向束团长度,也就是流强趋于零时均方根束团长度为

$$\sigma_s = \eta c\sigma_\delta / \omega_s \tag{4.3.45}$$

式中,ω_s 是纵向振荡角频率;σ_δ 是稳态束团能散度;η 是跳相因子,与动量紧缩因子 α 的关系为 $\eta = \alpha - 1/\gamma^2$。对于电子储存环,因为电子速度接近于光速,所以有 $\eta \approx \alpha$。

实际的束团长度比式(4.3.45)计算值要大得多,因为随着流强的增加,束团长度 σ_s 将会伸长并伴随着能散增加,这种现象就是束团伸长效应。束团伸长效应是一种单束团现象,仅取决于束团中的荷电粒子数。存在一个固定阈值,在阈值之下,束团长度的变化,是由束流的势阱畸变造成的;在阈值之上,是由束团内部粒子不同频率振荡模式的耦合机制造成的,也可认为是由微波不稳定性引起的。

束团伸长的结果将造成束流亮度降低和寿命变差。图 4.3.4 示出了均方根束团长度和能散与束团粒子数的关系。

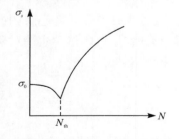

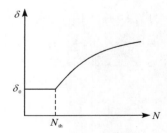

（a）均方根束团长度与束团粒子数的关系　　　　（b）能散与束团粒子数的关系

图 4.3.4　均方根束团长度和能散与束团粒子数的关系

图 4.3.4 中，δ 为动量相对偏差（$\delta = \Delta P/P_0 \approx \Delta E/E_0$），也称为动量分散度，对于电子，即表示电子的能散。σ_0 和 δ_0 分别为零电流时，束团均方根自然长度和自然能散，而 N_{th} 为束流粒子不稳定阈值。从零束流强度（$N = 0$）开始，σ_s 和 δ 分别取自然值 σ_0 和 δ_0。从图 4.3.4 看到，随着流强的增加，σ_s 略有减小（解释见后述），而 δ 保持不变，直至束流强度达到不稳定阈值 N_{th}。此后，二者均迅速增长，束团长度伸长，伴随着能散的增加。稳态束团能散度与动量相对偏差 δ 有以下关系[7]：

$$\sigma_\delta^2 = \langle \delta^2 \rangle = \frac{(P - P_0)^2}{P_0^2} \qquad (4.3.46)$$

图 4.3.5 是在 HLS 储存环上实测的束团增长效应。在合肥光源 800MeV 电子储存环上，利用束团长度测量系统，对束团长度及其伸长效应进行了实际的测量。获得的结果是：当流强从 2mA 增加到 124mA 时，均方根束团长度值从 3.76cm 增长到 10.33cm。

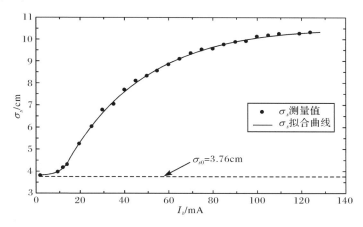

图 4.3.5　HLS 实测束团电荷-长度关系曲线[8]

1. 弗拉索夫（Vlasov）方程

单粒子刚性模型已不能描述束团伸长效应，必须研究束团作为多粒子系统在电磁力作用下的集体行为，这在物理学中已有成熟的理论工具，即弗拉索夫方程。

令系统的粒子总数为 N，在时刻 t，相空间中有一小面元 $\Delta S = \Delta z \Delta p$，其中，粒子密度为 $\psi(z, p; t)$，粒子数为 $\psi(z, p; t) \Delta z \Delta p$。从力学的基本定理："在一个保守的、决定性系统中，粒子在相空间中的轨迹，完全地由它在 t_0 时刻的初始条件（z_0, p_0）决定。相空间中两条轨迹，或者完全相符，或者绝不相交"。由此可知，当粒子体系在运动变化时，没有粒子从 ΔS 表面进出，它的数学描述即弗拉索夫方程[1]为

$$\frac{\partial \psi}{\partial s} - \eta \delta \frac{\partial \psi}{\partial z} + K(z) \frac{\partial \psi}{\partial \delta} = 0 \qquad (4.3.47)$$

此处已采用相空间坐标 (z, δ) 代替 (z, p)。其中,利用了关系式 $\partial z / \partial s = -\eta \delta$,$K(z) = \partial \delta / \partial s$ 是视具体问题而定的函数。

严格地说,弗拉索夫方程并不适用于电子束流,因为同步辐射既产生阻尼又引起扩散,一般要使用有碰撞项的福克尔-普朗克方程。但是当不稳定性发生于较短时间间隔,以致产生的阻尼和扩散过程还不明显时,仍可用它来近似描述电子束的集体不稳定问题。

2. 势阱畸变

从图 4.3.4 可以看到,当流强从 $N_b = 0$ 增加到 N_{th} 时,σ_s 略有减小。在这个阶段,束团长度增减的主要机制是由势阱畸变控制的。考虑一个简单的模型,对于只有长度而略去宽度和高度的一维束团,研究纵向尾场在束团长度变化上的效应。从振荡模式看,这种束的横向尾场,没有激发集体振荡,过程是静力学的,它的哈密顿量和密度分布函数中均不显含 t。假设式 (4.3.47) 中 ψ 对 s 的偏微分项为零,因此,它的解形如:

$$\psi(z, \delta) = f(H) \qquad (4.3.48)$$

式中,f 是任意函数。这个模型的哈密顿量为

$$H = \frac{\eta^2 c^2}{\omega_s} \left[\frac{\delta^2}{2} + \frac{1}{\eta} \int_0^z K(z') \mathrm{d}z' \right] \qquad (4.3.49)$$

式中,第一项是动能,第二项是势能。考虑势阱是由束流尾场 $W_0'(z)$ 引起的,所以考虑尾场的作用有

$$K(z) = \frac{\omega_s^2 z}{\eta c^2} - \frac{r_0}{\gamma L_0} \int_z^\infty \mathrm{d}z' \rho(z') W_0'(z - z') \qquad (4.3.50)$$

一个能得到封闭形式解的例子为

$$\begin{cases} W_0'(z) = S\delta'(z) \\ \int_z^\infty \mathrm{d}z' \rho(z') W_0'(z - z') = S\rho'(z) \end{cases} \qquad (4.3.51)$$

这样的尾场能够由纯虚的阻抗 $Z_0^\parallel(\omega) = \mathrm{i}S\omega/c^2$ 产生,它的物理起源是空间电荷的库仑排斥。$S = 2L_0(\ln b/a + 1/2)/\gamma^2$ 是大于零的常数,这里,L_0 是环的周长,b 是真空管半径,a 是束流横向半径。对于电子束,其稳定分布必须具有高斯的形式,因此,折中地取试探解:

$$\psi(z, \delta) = \begin{cases} \dfrac{3N\eta c \sqrt{\kappa}}{2\pi \omega_s \widehat{z}_0^3} \sqrt{\widehat{z}_0^2 - \left(\dfrac{\eta c}{\omega_s}\delta\right)^2 - \kappa z^2}, & \left[\left(\dfrac{\eta c}{\omega_s}\delta\right)^2 + \kappa z^2\right] < \widehat{z}_0^2 \\ 0, & \text{其他} \end{cases}$$

$$(4.3.52)$$

式中，κ 是一个待定的束流强度的函数，描述势阱畸变的效应，未扰动时 $\kappa=1$。以 $\widehat{z}$ 表示均匀分布的束团长度（区别于均方根束团长度 σ_s）。密度 ρ 和哈密顿量 H 分别为

$$\rho(z)=\frac{3N\sqrt{\kappa}}{4\widehat{z}_0^3}(\widehat{z}_0^2-\kappa z^2)，\quad z<\frac{\widehat{z}_0}{\sqrt{\kappa}} \tag{4.3.53}$$

$$\begin{cases} H=\dfrac{\eta^2 c^2}{2\omega_s}\delta^2+\dfrac{\omega_s}{2}(1+D\kappa^{\frac{3}{2}})z^2 \\[2mm] D=\dfrac{3Nr_0\eta c^2 S}{2\omega_s^2\gamma L_0\widehat{z}_0^3} \end{cases} \tag{4.3.54}$$

总的能散度 $\delta=2\widehat{z}_0\omega_s/(|\eta|c)$，它不依赖于束流强度。总的束团长度为 $2\widehat{z}=2\widehat{z}_0/\sqrt{\kappa}$。比较式（4.3.54）和式（4.3.52）可知，对于稳定的分布，必须具有形式：

$$\psi(z,\delta)=\frac{3N\eta c\sqrt{\kappa}}{2\pi\omega_s\widehat{z}_0^3}\sqrt{\widehat{z}_0^2-\frac{2}{\omega_s}H} \tag{4.3.55}$$

式（4.3.55）和式（4.3.52）自洽的条件，要求 $\kappa-1-D\kappa^{3/2}=0$，代入 $\widehat{z}=\widehat{z}_0/\sqrt{\kappa}$，可得决定束团长度的关系如下：

$$\left(\frac{\widehat{z}}{\widehat{z}_0}\right)^3-\frac{\widehat{z}}{\widehat{z}_0}+D=0 \tag{4.3.56}$$

当 $N=0$ 时，$\widehat{z}=\widehat{z}_0$。当 $D>0$ 时，束团缩短；当 $D<0$ 时，束团伸长。

3. 模式耦合不稳定性机制

当束流强度增加到它的阈值 N_{th} 以上时，束团长度 $\widehat{z}$ 和能散度 δ 随束流强度的增加而增加。较能引起人们注意的理论解释是振荡模式耦合的不稳定性机制。从势阱畸变在束团长度上的效应可知，在流强较小时（电子数 $N<N_{th}$），集体振荡不能被激发起来，只有纵向振荡模 $l=0$ 的静势畸变效应。当束流强度增加时，要讨论 $l\geqslant 1$ 集体振荡的效应。为此，把分布函数写为两部分之和：

$$\psi(r,\phi;s)=\psi_0(r)+\psi_1(r,\phi)e^{-i\Omega s/c} \tag{4.3.57}$$

式中，$\psi_0(r)$ 是未受扰动的分布；$\psi_1(r,\phi)e^{-i\Omega s/c}$ 是受尾场等扰动而产生的分布。这里使用极坐标 (r,ϕ) 来描述相空间的分布，但要记住，它们是 (z,δ) 的函数。假定扰动是小的，扰动部分对应的电荷密度在 z 轴的投影为

$$\rho_1(z)e^{-i\Omega s/c}=\int_{-\infty}^{\infty}d\delta\psi_1(r,\phi)e^{-i\Omega s/c} \tag{4.3.58}$$

令 ρ_1 所产生的尾场是 $W_0'(z)$，则它对应的推迟电压为

$$V(z,s)=e\int_{-\infty}^{\infty}dz'\sum_{k=-\infty}^{\infty}\rho_1(z')e^{-i\Omega(\frac{s}{c}-kT_0)}W_0'(z-z'-kcT_0) \tag{4.3.59}$$

将 ρ_1 和 W_0' 写成傅里叶展开的形式，可得

$$V(z,s) = \frac{e}{T_0} \mathrm{e}^{-\frac{\mathrm{i}\Omega s}{c}} \sum_{p=-\infty}^{\infty} \widetilde{\rho}_1 (p\omega_0 + \Omega) \mathrm{e}^{\frac{\mathrm{i}(p\omega_0 + \Omega)z}{c}} Z_0^{\parallel} (p\omega_0 + \Omega) \qquad (4.3.60)$$

此处，$\omega_0 = 2\pi/T_0$。已经得到扰动的电位表达式，式(4.3.47)可写为

$$\frac{\partial \psi}{\partial s} + \frac{\omega_s}{c} \frac{\partial \psi}{\partial \phi} - \frac{e}{T_0 Ec} V(z,s) \frac{\partial \psi}{\partial \delta} = 0 \qquad (4.3.61)$$

注意，这里已使用 $\omega_s \partial/\partial\phi = -c\eta\delta\,\partial/\partial z + [\omega_s^2 z/(\eta c)]\partial/\partial\delta$。将式(4.3.57)和式(4.3.60)代入式(4.3.61)，并只保留 ψ_1 的一次项，可得线性弗拉索夫方程。

为了研究振荡模式的耦合不稳定性，还要把线性弗拉索夫方程写成傅里叶展开的形式。在这个形式中，代入研究模型 $Z_0^{\parallel}$ 和 ψ_0，求解本征值问题。一般说来，这需要用数值计算的方法。当流强较低时，各种模型的研究表明，仅在窄带阻抗情形，有 Robinson 不稳定性发生。在宽带阻抗的情形时，振荡都是稳定的，不会产生模式间的耦合，因此都与束团长度拉伸没有关系。在较高流强时，对宽带阻抗数值计算表明，当频移接近 ω_s 时，模式间的耦合开始出现，这种耦合会导致模式耦合的不稳定性。图 4.3.6 是在水袋模型下，考虑宽带阻抗时，数值解本征问题所得的结果。

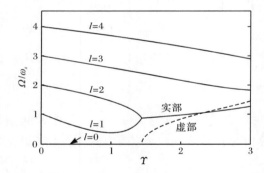

图 4.3.6　纵向模式频率 Ω/ω_s-Υ 曲线，水袋模型含有式(4.2.25)表示的阻抗

当 $\Upsilon > \Upsilon_{\mathrm{th}} \approx 1.45$ 时，模式 $l=1$ 和 $l=2$ 融合，不稳定性发生。实线是频率模式的实部，虚线表示虚部，势阱畸变效应不包含在图 4.3.6 中[1]。也可以使用高斯模型

$$\psi_0(r) = \frac{N_b \eta c}{2\pi \sigma_r^2 \omega_s} \mathrm{e}^{-r^2/(2\sigma_r^2)} \qquad (4.3.62)$$

含有空间电荷阻抗

$$Z_0^{\parallel} = \mathrm{i} \frac{Z_0 R\omega}{c\gamma^2} \left(\ln\frac{b}{a} + \frac{1}{2} \right) \qquad (4.3.63)$$

通过数值计算，获得与图 4.3.6 相似的结果。

从图 4.3.6 可以看出，若定义一个量：

$$\Upsilon = \frac{N_b r_e \eta R_0}{\gamma \omega_s^2} \left(\frac{c}{\hat{z} T_0} \right)^{3/2} \qquad (4.3.64)$$

假设一个自然长度为 $\hat{z}_0$ 的束团,强度为 N_b(以粒子数代表),储存于环中,存在一个阈值 $\Upsilon_{th} \approx 1.45$(对应于图 4.3.4 中的 N_{th})。当 $\Upsilon < \Upsilon_{th}$ 时,束团将保持它的长度 $\hat{z}_0$ 不变,但当 $\Upsilon > \Upsilon_{th}$ 时,不稳定性将发生并起支配作用,束团开始被拉长。但从式(4.3.64)可以看出,$\hat{z}$ 增大将减小 Υ,如此,在 $\Upsilon > \Upsilon_{th}$ 附近,存在一个类似不动点 $\Upsilon_{fix} \approx \Upsilon_{th}$ 值,N_b 增大和 $\hat{z}$ 的拉长将在这个不动点处达到平衡,保持在:

$$\hat{z} \propto N^{2/3} \qquad (4.3.65)$$

束团伸长的问题还在研究中。另一个微波不稳定机制,也给出了定性的描述,限于篇幅,这里不再进行介绍。

4.3.8　离子不稳定性

由于储存环管道中的真空度毕竟是有限的,难免有残余气体。束流中的电子与残余气体分子碰撞引起电离,产生离子和电子。受静电排斥的作用,电子被逐出撞击在管壁上而消失,而带正电的离子由于受到束流势阱的吸引,当质量超过临界值时,会被束流俘获,这种现象称为离子俘获效应。被俘获的离子,在束流周期场的作用下,将在束流轨道附近积累起来,并受约束而做稳定的振荡。

这些围绕在束流轨道附近的正离子与束流相互作用,会使储存环性能变坏。被俘获的离子会引起束流振荡频移和增大频散,从而使得发射度增加,甚至导致不稳定性发生。这种不稳定性与前面所述的各种不稳定性现象不同,因为它是由束流外部粒子(离子)的干扰引起的,而不是束流在真空环境中激发的尾场。

1. 被俘获离子的临界质量

当环中有一束团经过离子附近时,假设该束团很短,在垂直方向离子将感受到电场力,类似一个薄的透镜,设 y 和 $\dot{y}$ 分别表示离子垂直方向的坐标和速度,对于电子储存环,它的运动可用一个矩阵方程[9]表示为

$$\begin{bmatrix} y \\ \dot{y} \end{bmatrix}_{0^+} = \begin{bmatrix} 1 & 0 \\ -\alpha & 1 \end{bmatrix} \begin{bmatrix} y \\ \dot{y} \end{bmatrix}_0 \qquad (4.3.66)$$

这里

$$\alpha = N_b \frac{4 r_p c}{\beta a_y (a_x + a_y)} \frac{1}{A} \qquad (4.3.67)$$

式中,N_b 为单个束团的电子数;r_p 为质子的经典半径;a_x 和 a_y 分别为束的水平和垂直方向的宽度;A 为离子的相对原子质量(以氢原子质量为单位);βc 为束的速度。在两束团经过的时间间隔(T_0/M)内,离子处于自由漂移的状态,在这期间的转移矩阵形如:

$$\begin{bmatrix} 1 & T_0/M \\ 0 & 1 \end{bmatrix} \tag{4.3.68}$$

其中，M 为环中的束团数。经历一个周期，离子的状态改变为

$$\begin{bmatrix} y \\ \dot{y} \end{bmatrix}_1 = \begin{bmatrix} 1 & T_0/M \\ 0 & 1 \end{bmatrix} \begin{bmatrix} 1 & 0 \\ -\alpha & 1 \end{bmatrix} \begin{bmatrix} y \\ \dot{y} \end{bmatrix}_0 = \boldsymbol{M} \begin{bmatrix} y \\ \dot{y} \end{bmatrix}_0 \tag{4.3.69}$$

$\boldsymbol{M}$ 的本征值为

$$\lambda = \frac{\mathrm{tr}(\boldsymbol{M})}{2} \pm \sqrt{\left[\frac{\mathrm{tr}(\boldsymbol{M})}{2}\right]^2 - 1} \tag{4.3.70}$$

当 $-1 < \mathrm{tr}(\boldsymbol{M})/2 = 1 - \alpha T_0/(2M) < 1$ 时，λ 实部的绝对值小于 1，对应的是稳定的振荡解；否则 λ 实部的绝对值大于 1，是不稳定的阻尼或增长的解。所以这个限制就是离子能够聚集在束流所经区域的条件，由 $-1 < 1 - \alpha T_0/(2M)$ 可得

$$A > N_b \frac{r_p}{M} \frac{L_0}{\beta a_y (a_x + a_y)} = A_c \tag{4.3.71}$$

式中，用环的周长 L_0 替代了 cT_0。A_c 是能被俘获离子的最小质量，也称为临界质量。

2. 束流 β 振荡的频移（或频散）

前面已经提到，可以假定离子横向分布与运转束流中电子横向分布是相同的。进一步地假定，在宽度为 $2a_x$、高度为 $2a_y$、环周长为 $2\pi R = L_0$ 的体积内束流电子是均匀分布的。当考虑电子是聚束束团时，只需要在电子随 s 改变的局域密度内，加一个大于 1 的因子 $1/B(B<1)$ 即可。定义 $\varsigma = N_i/N_b$ 为中性化的因子，其中，$N_i M$ 是被捕获在整个环中的离子数（略去数量很小的二次以上电离的离子），$N_b M$ 是整个环中束流的电子数，M 是环中的束团数。随着被电离出的离子数不断增大，累积的离子数不断增多，直到残余气体接近全部被电离，或 ς 达到其最大值 1。这样，束流局域电子密度和离子密度分别为

$$\begin{cases} d_b = \dfrac{1}{2\pi R} \dfrac{M N_b}{\pi a_x a_y} \dfrac{1}{B} \\ d_i = \dfrac{1}{2\pi R} \dfrac{\varsigma M N_b}{\pi a_x a_y} \end{cases} \tag{4.3.72}$$

文献[10]对这样的电荷分布，计算了它水平方向的电场梯度。在厘米·克·秒单位制中，$\partial E/\partial x = e d_i a_y / [\varepsilon_0 (a_x + a_y)]$，由此可得局域的四极场强 k 为

$$k = \frac{e}{E_e} \frac{\partial E}{\partial x} = \frac{e^2}{E_e \varepsilon_0} \frac{d_i}{1 + a_x/a_y} \tag{4.3.73}$$

式中，E_e 是绕环旋转电子的能量；ε_0 是真空的介电常数。使用熟知的频移公式 $\Delta\nu = \int \beta(s) k(s) \mathrm{d}s$，其中，$\beta = R/\nu$ 是 Courant-Snyder 参数（使用这些量在环的一

周上的平均来替代它们局域值的积分），可得垂直方向频移为

$$
\begin{cases}
\Delta\nu_x = \dfrac{r_p R}{\gamma\nu_x}\dfrac{\varsigma MN_b}{\pi a_x(a_x+a_y)} \\[4mm]
\Delta\nu_y = \dfrac{r_p R}{\gamma\nu_y}\dfrac{\varsigma MN_b}{\pi a_y(a_x+a_y)}
\end{cases}
\tag{4.3.74}
$$

3. 离子-电子束不稳定性

在有离子云的真空管道中，电子束的横向振荡要受离子振荡的影响。考虑这种影响的电子束和离子的运动方程分别为[11]

$$
\begin{cases}
\dfrac{D^2\bar{y}_b}{Dt^2} + 2\Gamma_b\dfrac{D\bar{y}_b}{Dt} + \omega_\beta^2\bar{y}_b = \alpha\displaystyle\int_0^\infty d\omega_{i0}\,\bar{\rho}(\omega_{i0})\bar{F}(y_i-\bar{y}_b) \\[4mm]
\dfrac{d^2 y_i}{dt^2} + 2\Gamma_i\dfrac{dy_i}{dt} = \omega_{i0}^2\bar{F}(\bar{y}_b-y_i)
\end{cases}
\tag{4.3.75}
$$

式中，$\bar{y}_b$ 和 y_i 分别代表电子束流和离子的质量中心垂直方向的坐标；$\bar{\rho}(\omega_{i0})$ 是离子振荡的频率分布，满足归一化条件 $\int_0^\infty d\omega_{i0}\,\bar{\rho}(\omega_{i0})=1$。全微分 D/Dt 代表：

$$
\frac{D\,\bar{y}_b}{Dt} \equiv \left(\frac{\partial}{\partial t} + R\omega_0\,\frac{\partial}{\partial s}\right)\bar{y}_b
\tag{4.3.76}
$$

除了考虑电子和离子的相互作用外，还增加了可能存在的束流质心和离子质心振荡的阻尼项 Γ_b 和 Γ_i。又假定离子的密度较小，方程中没有包含离子-离子间的相互作用。

方程的线性化主要是简化电子和离子间的作用，采用近似：

$$
\bar{F}(y) = -y
\tag{4.3.77}
$$

并使用 $\bar{\rho}(\omega_{i0})$ 的归一化条件，式（4.3.75）可简化为

$$
\begin{cases}
\dfrac{D^2\bar{y}_b}{Dt^2} + 2\Gamma_b\dfrac{D\,\bar{y}_b}{Dt} + \omega_\beta^2\bar{y}_b = \alpha(\bar{y}_i-\bar{y}_b) \\[4mm]
\dfrac{d^2 y_i}{dt^2} + 2\Gamma_i\dfrac{dy_i}{dt} = \omega_{i0}^2(\bar{y}_b-y_i)
\end{cases}
\tag{4.3.78}
$$

取试探解

$$
\begin{cases}
\bar{y}_b = A_b\exp\left[i\left(\Omega t - \dfrac{ms}{R}\right)\right] \\[4mm]
y_i = a_i(\omega_{i0})\exp\left[i\left(\Omega t - \dfrac{ms}{R}\right)\right]
\end{cases}
\tag{4.3.79}
$$

在 y_i 的试探解中，仅在振幅 $a_i(\omega_{i0})$ 中显含变量 ω_{i0}，故可定义离子垂直方向的平均位移为

$$\begin{cases} \bar{y}_i = A_i \exp\left[\mathrm{i}\left(\Omega t - \dfrac{ms}{R}\right)\right] \\ A_i = \displaystyle\int_0^\infty \mathrm{d}\omega_{i0}\,\bar{\rho}(\omega_{i0})\,a_i(\omega_{i0}) \end{cases} \tag{4.3.80}$$

将式(4.3.79)和式(4.3.80)代入式(4.3.78),注意 $R \approx c/\omega_0$,可得

$$\begin{cases} -(\Omega - m\omega_0)^2 A_b + 2\mathrm{i}(\Omega - m\omega_0)\Gamma_b A_b + \omega_\beta^2 A_b = \alpha(A_i - A_b) \\ -\Omega^2 a_i + 2\mathrm{i}\Omega\Gamma_i a_i + \omega_{i0}^2(a_i - A_b) = 0 \end{cases} \tag{4.3.81}$$

为了简化,可以假定 $\Omega \approx \omega_{i0} \approx \omega_e = m\omega_0 \pm \omega_\beta$。这个假定相当于求得的解 Ω,是在 β 振荡的某一边带 $\omega_e = m\omega_0 \pm \omega_\beta$ 正好接近于离子振荡频率的中心 ω_{i0}。从这些近似关系可得,$(\Omega - m\omega_0)^2 - \omega_\beta^2 \approx \pm 2\omega_\beta(\Omega - \omega_e)$ 和 $\Omega^2 - \omega_{i0}^2 \approx 2\omega_e(\Omega - \omega_{i0})$,把它们代入式(4.3.81),则可得近似的简化关系为

$$\begin{cases} \pm 2\omega_\beta\left[(\omega_e - \Omega) + \mathrm{i}\Gamma_b\right] A_b = \alpha(A_i - A_b) \\ 2\omega_e\left[(\omega_{i0} - \Omega) + \mathrm{i}\Gamma_i\right] a_i - \omega_{i0}^2 A_b = 0 \end{cases} \tag{4.3.82}$$

在导出式(4.3.82)时,进一步地假定了 Γ_b 和 Γ_i 都是小量,以致近似 $(\Omega - m\omega_0)\Gamma_b \approx \omega_\beta\Gamma_b$ 和 $\Omega\Gamma_i \approx \omega_e\Gamma_i$ 都是成立的。定义

$$\begin{cases} \omega_e \equiv m\omega_0 \pm \omega_\beta \\ \tilde{\omega}_\beta^2 \equiv \omega_\beta^2 + \alpha \end{cases} \tag{4.3.83}$$

不相干的、由离子引起的束团频移为

$$\delta\omega_\beta = \tilde{\omega}_\beta - \omega_\beta \tag{4.3.84}$$

因为 $\delta\omega_\beta \ll \omega_\beta$,所以近似有

$$\alpha = \tilde{\omega}_\beta^2 - \omega_\beta^2 = 2\omega_\beta\delta\omega_\beta \tag{4.3.85}$$

由于电子束和离子之间力是吸引的,因此 α 和 $\delta\omega_\beta$ 两者都是正的。

从式(4.3.82)的第二个式子解出 $a_i(\omega_{i0})$,再将方程两边乘以 $\bar{\rho}(\omega_{i0})$ 并从 0 到 ∞ 积分,可得

$$A_i = \int_0^\infty \mathrm{d}\omega_{i0}\,\bar{\rho}(\omega_{i0})\,a_i(\omega_{i0}) = A_b\int_0^\infty \frac{\mathrm{d}\omega_{i0}\,\bar{\rho}(\omega_{i0})\,\omega_{i0}^2}{2\omega_e\left[(\omega_{i0} - \Omega) + \mathrm{i}\Gamma_i\right]} = A_b\varpi \tag{4.3.86}$$

将式(4.3.86)代入式(4.3.82)的第一个式子,可消去 A_b,再代入式(4.3.85)得

$$\pm\left[(\omega_e - \Omega) + \mathrm{i}\Gamma_b\right] = \delta\omega_\beta(\varpi - 1) \tag{4.3.87}$$

因为已假定 Γ_i 是小量,式(4.3.86)中 ϖ 的积分表示式在奇点 $\omega_{i0} = \Omega$ 处的积分路径可用一绕过该点的半圆替代,这样:

$$\varpi = \int_0^\infty \mathrm{d}\omega_{i0}\,\frac{\bar{\rho}(\omega_{i0})\,\omega_{i0}^2}{2\omega_e\left[(\omega_{i0} - \Omega) + \mathrm{i}\Gamma_i\right]} = \mathrm{P.\,V.}\int_0^\infty \mathrm{d}\omega_{i0}\,\frac{\bar{\rho}(\omega_{i0})\,\omega_e}{2(\omega_{i0} - \Omega)} - \mathrm{i}\,\frac{\pi}{2}\omega_e\bar{\rho}(\Omega) \tag{4.3.88}$$

式中,P. V. 表积分主值。上面运算过程中再一次使用了近似关系 $\omega_{i0} \approx \omega_e$。

由式(4.3.87)可得

$$\Omega = \omega_e \mp \delta\omega_\beta(\varpi - 1) + \mathrm{i}\Gamma_b \tag{4.3.89}$$

式中, Ω 的实部代表共振频率, 虚部则表示振幅的增长或收缩。

$$\begin{cases} \mathrm{Re}\ \Omega = \omega_e \mp \delta\omega_\beta\left[\mathrm{P.\ V.}\int_0^\infty \mathrm{d}\omega_{i0}\ \frac{\bar{\rho}(\omega_{i0})\omega_e}{2(\omega_{i0}-\Omega)} - 1\right] \\ \mathrm{Im}\ \Omega = \mp\delta\omega_\beta\ \dfrac{\pi}{2}\omega_e\bar{\rho}(\Omega) + \Gamma_b \end{cases} \tag{4.3.90}$$

虚部大于零对应于振荡的收缩, 小于零则对应于增长, 即不稳定。故稳定性的条件为

$$\Gamma_b > \delta\omega_\beta\ \frac{\pi}{2}\omega_e\bar{\rho}(\omega_e) \tag{4.3.91}$$

这里再一次使用了近似 $\Omega \approx \omega_e$, Γ_b 的倒数即不稳定性增长率 τ 。

4.3.9　快离子不稳定性

　　束流中的粒子与真空管道中剩余气体分子碰撞形成正离子。与前面俘获离子不稳定现象不同的是, 这里关心的不是束流多次沿环回旋电离残余气体产生离子, 在束流势阱中逐渐积累这个慢的过程。因这些离子随后会被带有防离子云的清洗电极 (clearing gap) 所吸收, 不能形成稳定的、达到热平衡状态的离子云, 长时间留存在束流经过的真空管道内, 即当下一圈的束流到达时, 离子已经消失。现代粒子工厂或同步辐射装置中, 束流强、束团尺寸小, 从而离子产额大且振荡频率高, 类似于直线加速器中的束流崩溃效应, 束流周围离子对束流的作用很快沿束团串向后增强。此种情况下, 束流单次通过时, 沿束团串产生正离子。这些正离子作为介质, 可以在束团串之间传递束团振荡信息, 从而可能快速引发束流不稳定性。如果束团串前面某个束团, 由于某种扰动而偏离中心轨道, 这个束团会使周围的离子受到扰动, 接着来的束团, 则会受到这些离子作用而离开中心轨道。因为离子的密度是沿束团串增加的, 所以后面跟着来的束团的振荡振幅被放大, 这种条件下引发的束流不稳定性称为快离子束流不稳定性 (fast beam-ion instability, FBII)[12]。因为这种不稳定性的发展很快, 所以被描述成电子离子耦合共振不稳定性。

　　电子质量与离子质量的差别很大, 离子振荡的频率和束团中电子振荡的频率相比较, 要小几个量级。由于离子振荡频率的分散, 会造成离子的振荡和束团中电子的振荡退相干, 也即会有朗道阻尼发生, 它能降低不稳定性的增长速度, 甚至可以完全抑制不稳定性。离子频率分散的原因, 可以是它处在水平方向位置的不同, 也可以是离子振荡的非线性。

　　1. 运动方程

　　为了可以解析地处理, 把多束团形成的串 (长度为 l_b), 看成均匀分布的电子

流。当束团间距离远小于 β 振荡波长和离子振荡波长时,即 $l_b \ll c/\omega_\beta$ 和 $l_b \ll c/\omega_i$ 时,这个近似是可用的。因为横向效应占优势,略去纵向运动,这样运动方程将是一维的。它分别描述束流和离子质量中心的运动。假定刚性的束流和离子,从文献[12]知,束流质心垂直方向的运动方程为

$$\left(\frac{1}{c}\frac{\partial}{\partial t}+\frac{\partial}{\partial s}\right)^2 y_b(s,t)+\frac{\omega_\beta^2}{c^2}y_b(s,t)=\kappa(ct-s)\left[y_i(s,t)-y_b(s,t)\right] \quad (4.3.92)$$

式中,y_b 和 y_i 分别表示束流和离子质量中心在垂直方向的偏移量;s 是在同步轨道上的纵向位置;t 是时间;c 是光速,已假定束流运动速度近似为光速;ω_β 是束流质量中心横向振荡角频率。式(4.3.92)左边描述束流质心的 β 振荡,右边描述束流与离子背景的相互作用,已采用线性近似,故它正比于两个质量中心位置的差和离子的密度。因为已假定束流是均匀分布在环中的,所以离子密度随碰撞电离时间 $ct-s$ 的增加而增加,当束流头部在时刻 $t=s/c$ 到达位置 s 之前,离子密度为零。系数 κ 可表示为

$$\kappa \equiv \frac{4\dot{\lambda}_{ion}r_e}{3\gamma c\sigma_y(\sigma_x+\sigma_y)} \quad (4.3.93)$$

式中,γ 是束流的相对论因子;r_e 是电子的经典半径;σ_x 和 σ_y 分别为水平和垂直方向束流的均方根长度;$\dot{\lambda}_{ion}$ 是每单位时间、每米束流产生的离子数。离子的运动方程为

$$\frac{\partial^2}{\partial t^2}\widetilde{y}_i(s,t\,|\,t',\omega_i)+\omega_i^2\left[\widetilde{y}_i(s,t\,|\,t',\omega_i)-y_b(s,t)\right]=0 \quad (4.3.94)$$

初始条件为

$$\widetilde{y}_i(s,t'\,|\,t',\omega_i)=y_b(s,t'), \quad \left.\frac{\partial\widetilde{y}_i}{\partial t}\right|_{t=t'}=0 \quad (4.3.95)$$

式中,$\widetilde{y}_i(s,t\,|\,t',\omega_i)$ 表示时刻 t' $(t'\leqslant t)$、在位置 s 处产生的以角频率 ω_i 振荡的离子位移。假定产生时速度很小,可视为零,它以角频率 ω_i 振荡,振荡的恢复力正比于离子和束流质心的距离。对不同时刻 t' 产生的具有振荡频率 ω_i 的离子位移 $\widetilde{y}_i(s,t\,|\,t',\omega_i)$ 进行平均,得到离子质心位移 $y_i(s,t)$ 为

$$y_i(s,t)=\frac{1}{t-s/c}\int_{s/c}^t \mathrm{d}t'\int \mathrm{d}\omega_i f(\omega_i)\widetilde{y}_i(s,t\,|\,t',\omega_i) \quad (4.3.96)$$

式中,$f(\omega_i)$ 是离子振荡频率分布函数,满足归一化条件 $\int \mathrm{d}\omega_i f(\omega_i)=1$,将式(4.3.94)中的 $y_b(s,t)$ 视为已知函数,并使用初始条件(4.3.95),则很容易求解式(4.3.94),得出用 $y_b(s,t)$ 表示的 $\widetilde{y}_i(s,t\,|\,t',\omega_i)$。再将它代入式(4.3.96),就获得用 $y_b(s,t)$ 表示的 $y_i(s,t)$。再把这个形式的 $y_i(s,t)$ 代入式(4.3.92),就可获得 $y_b(s,t)$ 的微分积分方程。将获得的微分积分方程再进一步简化,把独立的自变量从 (s,t) 改变为 $(s,z=ct-s)$,得到 $y(s,z)$ 的微分积分方程为

$$\frac{\partial^2}{\partial s^2}y(s,z)+\frac{\omega_\beta^2}{c^2}y(s,z)=-\kappa\int_0^z z'\,\frac{\partial y(s,z')}{\partial z'}D(z-z')\mathrm{d}z' \qquad (4.3.97)$$

式中

$$D(t-t')=\int\mathrm{d}\omega_i f(\omega_i)\cos[\omega_i(t-t')] \qquad (4.3.98)$$

2. 方程的求解

进一步假定束团和离子间的相互作用是小的,即同时有 $c^2\kappa l_b\ll\omega_{i0}^2$ 和 $c^2\kappa l_b\ll\omega_\beta^2$ 成立,这两个条件在一般加速器中是满足的。这时,式(4.3.97)的解可表示为

$$y(s,z)=\mathrm{Re}[A(s,z)]\exp\left[-\frac{\mathrm{i}}{c}(\omega_\beta s+\omega_{i0}z)\right] \qquad (4.3.99)$$

式中,$\omega_{i0}\equiv\sqrt{4n_e r_p c^2/[3m_i\sigma_y(\sigma_x+\sigma_y)]}$ 是 ω_i 的分布中心,m_i 是离子质量。这里,$A(s,z)$ 是变量 s,z 的缓慢变化函数,将试探解(4.3.99)代入式(4.3.97),并将结果对迅速振荡的频率 ω_{i0} 和 ω_β 进行平均,可得

$$\frac{\partial}{\partial s}A(s,z)=\frac{\kappa\omega_{i0}}{4\omega_\beta}\int_0^z z'A(s,z')\widehat{D}(z-z')\mathrm{d}z' \qquad (4.3.100)$$

式中

$$\widehat{D}(z)=\int\mathrm{d}\omega_i f(\omega_i)\exp\left[\mathrm{i}(\omega_i-\omega_{i0})\frac{z}{c}\right] \qquad (4.3.101)$$

注意,因为真空的压力仅以线性依赖的形式出现在 κ 中,如果用变量 $\widehat{s}=\kappa s$ 替换 s,则式(4.3.100)中就不再显式含有 κ,对某一残留气压的计算结果,可按比例定律换算为其他气压下的结果。$\widehat{D}(z)$ 称为退相干函数。

1) 退相干情形

对于高斯束团密度分布和离子频率分布为 $\omega_i\propto\sqrt{n_e}$ 的情形,考虑电子密度沿水平方向变化对退相干作用力的影响。$\widehat{D}(z)$ 的数值计算结果如图 4.3.7[13]所示,对于大的 $\omega_{i0}t$,可得逼近结果为

$$\widehat{D}(t)\approx(1+\mathrm{i}\alpha\omega_{i0}t)^{-1/2} \qquad (4.3.102)$$

对于大的 $\omega_{i0}t$,其近似的数值计算结果,可用式(4.3.102)渐近形式逼近,给出 $\alpha\approx3/8$。

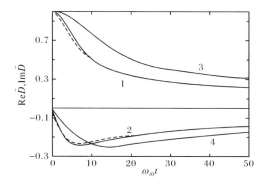

图 4.3.7 函数 $\widehat{D}(t)$(实部:曲线 1,虚部:曲线 2)方程(4.3.102)表示的渐近线(虚线)和由于离子非线性运动引起的退相干函数(实部:曲线 3,虚部:曲线 4)

2) 相干情形

现在,略去离子振荡频率分散的退相干效应,取 $\widehat{D}(z)\equiv1$,式(4.3.100)能解析地求解,将式(4.3.100)两边对 z 求偏微分得[13]

$$\frac{\partial^2}{\partial s\partial z}A(s,z)=\frac{\kappa\omega_{i0}}{4\omega_\beta}zA(s,z) \tag{4.3.103}$$

取初始条件 $A(0,z)=1$,它的解是零阶虚宗量贝塞尔函数 $I_0(z\sqrt{\kappa\omega_{i0}s/(2\omega_\beta)})$,对于 $z\sqrt{\kappa\omega_{i0}s/(2\omega_\beta)}\gg1$,将贝塞尔函数展开,可得渐近解:

$$A(s,z)\approx\left(2\pi z\sqrt{\frac{\kappa\omega_{i0}s}{2\omega_\beta}}\right)^{-\frac{1}{2}}\mathrm{e}^{z\sqrt{\frac{\kappa\omega_{i0}s}{2\omega_\beta}}}\propto\mathrm{e}^{\frac{z}{l}\sqrt{\frac{s}{c\tau}}} \tag{4.3.104}$$

它给出的快离子不稳定性特征时间为

$$\tau\approx\frac{2\omega_\beta}{\kappa\omega_{i0}l_b^2c} \tag{4.3.105}$$

注意,式(4.3.104)中,e 上方的指数是正比于 $\sqrt{s/\tau}$ 的,因此,$A(s,z)$ 的增长速度,比通常正比于 s/τ 的指数的增长要慢。

4.4　不稳定振荡模式概论

为了更好地理解聚束束流相干振荡不稳定性,本节将以物理图像来形象地描述它们的振荡模式。

第 3 章中束流信号频谱,是假设束团运动是刚性单粒子模型推导出来的,它们描述粒子整体沿同步轨道前行,并叠加横向和纵向振荡。而没有考虑个别束团内部粒子间波的叠加和干涉以及束团产生的场对自身和其他束团的相互作用。当束团中包含多个粒子时,每个粒子都按各自的初始条件运动着,彼此之间的振荡频率或相位各不相同。在某些条件下,通常通过激励电极对束流施加外力,束团中所有粒子都按同一振荡频率和相位运动,那么从束流探头拾取到的信号将具有某种特定图像,这种运动称为相干振荡模式[14,15]。当然,它们是来自束团中所有粒子的贡献。同一束团内各粒子相干的振荡,也能推广到多束团振荡中。相干振荡不一定都必须是外力造成的。有时束流自身的电磁场也会引起束流的相干振荡,在一定的条件下,如这个场有合适的相位和足够的幅度,能使束流相干振荡的振幅以指数形式增长,造成所谓束流的相干振荡不稳定性,这种不稳定性是加速器性能提高的主要限制之一。为此,加速器领域非常重视对相干振荡的不同模式的探测和研究。

4.4.1　纵向振荡模式

任何加速器的储存环中,都会存在某些和管道半径不同或导电性能差异,甚至有局部绝缘的段落,如图 4.1.2 所示,现在统称为空腔。束流在环中旋转时,在这些空腔的内表面会感生出镜像电荷,这些电荷随束团一起运动,形成大小相同方向相反的镜像电流。由于空腔与空腔不同,它们有各自的阻抗表现形式:电阻性、电容性和电感性(图 4.4.1)。同样的镜像电流在不同的阻抗上将产生不同的电信号。这些感应的电磁场必然会扰动运行中的粒子运动。空腔一般有一个共振频率 ω_r,如果 ω_r 趋近于 $h\omega_0$,此处 h 是整数,ω_0 是束团的旋转频率,则将在此空腔上诱导出强的电磁场,对束流产生强的扰动。当 $\omega_r = h\omega_0$ 时,空腔呈现为电阻性,感应的电压将和束团运转产生的激励电压同相;当 $\omega_r < h\omega_0$ 时,空腔呈现为容抗,感应的电压在相位上超前于束团运转产生的激励电压;当 $\omega_r > h\omega_0$ 时,空腔呈现为感抗,感应的电压在相位上落后于束团运转产生的激励电压。

除上述类型的分类外,纵向阻抗还可分为窄带阻抗(高 Q 共振,高频腔调谐到旋转频率的整倍数)和宽带阻抗(基本上包括机器上其他空腔阻抗形式)。

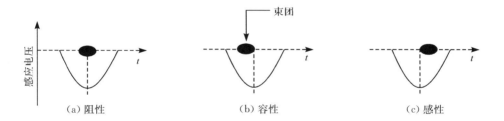

图 4.4.1　不同类型阻抗的感应电压[14]

1. 单束团纵向振荡模式

现在讨论单个束团。令 $\omega_r > h\omega_0$,即空腔呈现为感抗情形。在纵向,围绕同步粒子位置产生一个相干的同步相振荡。伴随这个振荡,束团将交替地损失和获得能量,增加和降低它的回旋频率 ω_0。由于空腔阻抗决定束团的感生电压,而阻抗又是频率的函数,见图 4.4.2,当束能增加时,束团回旋频率减小,空腔阻抗减小,腔上的感应电压也随之减小,因而能量损失也就减小;而束能减小时,束团回旋频率增大,使得能量损失增大。这表明空腔的作用是放大振荡能量,这将导致束流不稳定性。

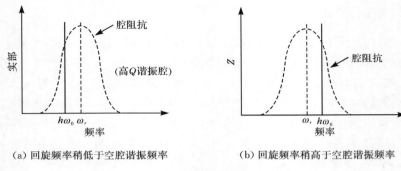

（a）回旋频率稍低于空腔谐振频率　　　（b）回旋频率稍高于空腔谐振频率

图 4.4.2　阻抗作为频率函数[14]

调节 ω_r，使 $\omega_r < h\omega_0$［图 4.4.2(b)］，即空腔呈现为容抗。整个过程与感抗情形相反，空腔作用是阻尼能量的振荡。这就是已讨论过的 Robinson 阻尼和不稳定性。Robinson 阻尼和不稳定性是单个束团的纵向偶极振荡模式（$m=1$ 模式）的表现。振荡时，整个束团形状不变，但 ΔE 围绕同步点旋转。束团在质心以同步振荡频率 ω_s 前后振荡，图 4.4.3 就是该振荡过程的物理图像。

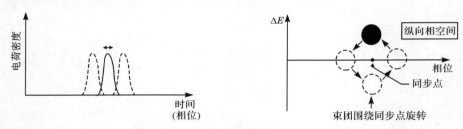

图 4.4.3　单束团纵向偶极振荡模式（$m=1$）

共振腔也能激发出更高阶模式的纵向振荡。比偶极模式高一阶的是四极模式（$m=2$），如图 4.4.4 所示。在这种模式振荡时，束团的质心保持不动，但形状不断变化，周期性地伸长和缩短，通常形象地称之为呼吸模式，它的频率是 $2\omega_s$。

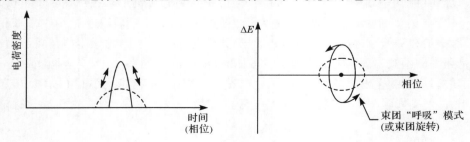

图 4.4.4　单束团纵向四极振荡模式（$m=2$）

更高的纵向振荡模式为 $m=3,4,\cdots$，振荡频率为 $3\omega_s,4\omega_s,\cdots$，它们振荡时的图像如图 4.4.5 所示。

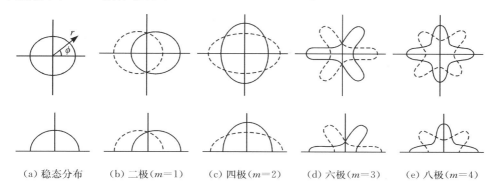

　　（a）稳态分布　　　（b）二极（$m=1$）　　（c）四极（$m=2$）　　（d）六极（$m=3$）　　（e）八极（$m=4$）

图 4.4.5　各种单束团纵向振荡模式

图 4.4.6 是两个实际的纵向振荡模式的示波器记录的图像，取自 CERN PS（European Organization for Nuclear Research，Proton Synchrotron），说明纵向偶极振荡和四极振荡都是实际存在的。

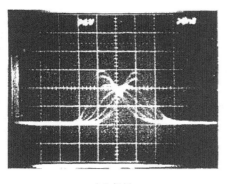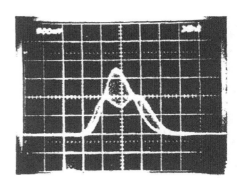

　　　　　　　　（a）偶极　　　　　　　　　　　　　　　　　　　（b）四极

图 4.4.6　纵向偶极和四极振荡

克服单束团纵向不稳定有以下几种方法：

（1）Robinson 不稳定性，调节 RF（radio frequency）腔的谐振频率，使得 $\omega_r < h\omega_0$。

（2）调整相稳定区同束团吻合，避免 $m=2$ 的单束团振荡模式。

（3）利用锁相系统，通过测量束团和 RF 之间的相位差，调制 RF 频率，从而达到阻尼能量振荡（$m=1$）的目的。

（4）辐射阻尼，该阻尼的效果十分有限。当且仅当阻尼时间小于不稳定模式的增长时间时才能体现。

2. 多束团纵向振荡模式

在实际的储存环中,束团经过空腔时感应的场,会长时间存在,因此能对跟随的束团产生作用,这样产生的振荡称为耦合束团振荡,可导致多束团不稳定性。例如,环中有 4 个束团,等距离位于环的轴线上做回旋运动,回旋频率为 ω_0,每个束团有 m 种纵向振荡模式,束团和束团之间又有 $M=4$ 种耦合,可能的耦合束团模式应该有 mM 种。

首先介绍一种最简单的情形,当 4 个束团都处在 $m=0$ 的状态,即它们的单束团纵向振荡没有被激发。经过空腔时,它们感生的电压如图 4.4.7 所示。因为没有单束团同步振荡,图中电压的相差完全来自它们之间的距离。

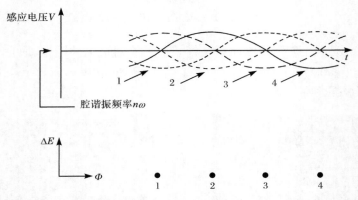

图 4.4.7　四个等距离束团在 $m=0$ 模式下各自感生的空腔电压
Φ 表示两束团之间的总相差

从图 4.4.7 容易看出,束团 1 和 3 感应的电压振幅、频率相同,相位相差 π,正好完全相消。束团 2 和 4 也是这样,所以这种束团间的耦合效应总体为零。

而当每个束团都处于 $m=1$ 单束团纵向振荡时,它们之间有 4 种耦合方式,产生 4 种纵向耦合束团振荡的模式(基频为 ω_s)。注意,4 个束团间不仅有同步振荡相差,在同一空腔上产生电磁场时,还有 $cT_0/4$ 的距离。图 4.4.8 是 4 束团等距离运转时,每个束团处在刚性振荡模式($m=1$)时,4 种可能的耦合模式。

模式 0($M=0$):所有束团的同步振荡(单束团有振荡频率 ω_s)同相。

模式 1($M=1$):每两个相继的束团,后一束团的振荡相位推迟 $\pi/2$。

模式 2($M=2$):每两个相继的束团,后一束团的振荡相位推迟 π。

模式 3($M=3$):每两个相继的束团,后一束团的振荡相位推迟 $3\pi/2$。

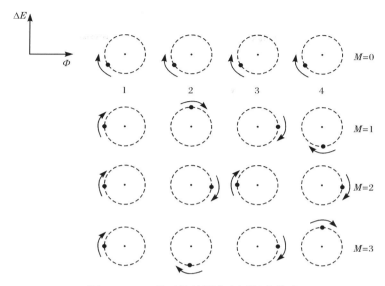

图 4.4.8　4 种可能的耦合束团振荡模式

重要的问题是研究它们的稳定性。对于 $M=1$ 的模式,它在空腔内诱导的电压如图 4.4.9 所示,束团 2 和 4 所感应的电压幅度、频率完全相等,相位相差 π,因此相互抵消(注意,它们的同步振荡在束团到达空腔时正好处于 ω_s 振荡振幅为零的状态,相差由束团 2 和 4 振荡中心的距离决定)。但是束团 1 和 3,虽然同步振荡处在相差为 π 的位置,但前后两个束团到达空腔时,正好处在 ω_s 振荡相反方向各位移一个振荡振幅的位置。两束团到达空腔同一点所走过的距离,是它们振荡中心的距离加上两倍振幅的距离,感应电压在空腔处相位差是 π 加上两个纵向振幅距离引起的相位差之和,因此不能完全抵消。不处于这种极端状况的两粒子,只要在到达空腔时,不是正好处于振荡中心的平衡位置,都会有这个效应。因为空腔的尺寸相对典型的波长很小,所以在讨论它的位置时可视为一个点。这样,在空腔中就有一个合成的电压,如图 4.4.9 所示。这个合成电压对束团 2 是正的,它的作用是使原本已处在能量增大状态的束团 2 的能量进一步增大,而束团 4 所在的位置,经历负半周期的电压,它将使得原已处于能量降低状态的束团 4 能量进一步降低,即束团 2 和 4 能量误差处于正反馈状态,从而导致不稳定。在这种状态下,束团 1 和 3 是不受影响的。

经过 1/4 周期后(图 4.4.10),束团 1 和 3 感应的电压抵消,束团 2 和 4 之间则有外加的两倍纵向同步振荡振幅的位移。现在束团 2 和 4 不受影响,而束团 1 和 3 的能量误差则受到正反馈的作用而不稳定。

对于 $M=0,2,3$ 的情形,可进行类似的分析。例如,$M=3$ 的模式是阻尼的。

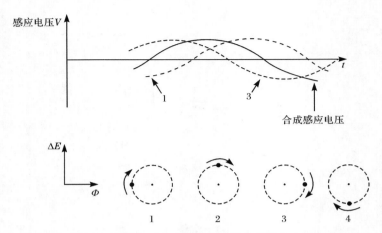

图 4.4.9　$M=1$ 的模式下空腔残留电压形成的耦合束团不稳定性

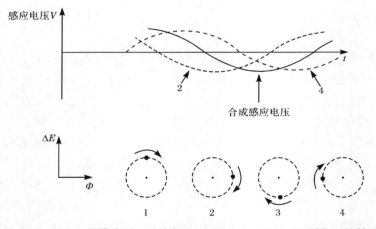

图 4.4.10　$M=1$ 的模式下空腔残留电压,图 4.4.9 经过 1/4 周期后的情形

对于多束团纵向耦合不稳定性,可行的阻尼方法如下:

(1) 尽量降低加速器的纵向阻抗,也就是要尽量减少真空室的形状突变,使其内表面连续光滑。

(2) 使用反馈系统,测量纵向振荡,并且提供适当的反馈相位和反馈功率。

(3) 辐射阻尼,与单束团情况一样,阻尼的效果十分有限。

(4) 使用阻尼天线在 RF 高频腔内阻尼耦合模式,吸收束团通过后留下的电磁场能量,使其对后面束团的影响大大减小。

4.4.2　横向振荡模式

当储存环的束流围绕闭轨运动时,经过空腔感生的镜像电流,不仅能影响束团的纵向运动,还能引起横向运动的改变。如果束团在运动中有横向位移,表现为围绕闭轨做水平或垂直振荡(即 β 振荡)。这个振荡将在空腔壁上驱动一个差动电流,它源于和它距离较近一侧的壁电流的增大,而较远一侧的壁电流的减小。差动壁电流会在轨道的轴心引起一个残余的磁场,使荷电束流运动的方向发生偏转,如图 4.4.11 所示。对于差动壁电流的回路,也可定义它的阻抗 $Z^\perp$。与纵向的情况一样,横向阻抗也是它流过电流频率的函数,分为阻抗、容抗、感抗三个分量,所以当短束团和长束团流过一个回路时,阻抗的行为是很不相同的。同一个空腔,如带有一段短的不导电段的空腔,对回旋运动的束流所感生的镜像电流将表现出很大的阻抗,而对差动壁电流,却没有大的影响。

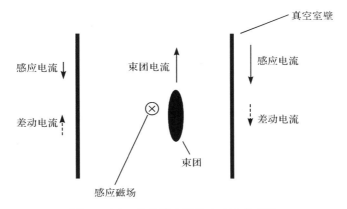

图 4.4.11　差动壁电流和它产生的磁场

讨论了横向阻抗与纵向阻抗的这些重要的差别后,现在研究横向振荡因差动壁电流引起的横向相干不稳定性。这比纵向的情形要复杂些,与纵向仅考虑同步振荡不同,现在需要同时考虑 β 振荡和同步振荡。因为当束团的粒子绕环运动时,它做同步振荡,这个振荡改变粒子的能量。如果色品不为零[某方向的色品等于该方向 β 振荡数对相对动量偏差的变化率,即 $\xi = \Delta\nu/(\Delta E/E_0)$],当粒子能量改变时,它的 ν 值改变,或者说每圈的 β 振荡数改变,这将对横向不稳定性产生很重要的影响。

现在分两种情况研究横向相干振荡的模式,即 $\xi = 0$(色品为零)和 $\xi \neq 0$ 的情况。先讨论一个最简单的情形,单束团在环中横向振荡,当 $\xi = 0$ 时,所有粒子将有同一 β 振荡频率,而与它们的能量是否有差别无关。

用 m' 作为这种振荡模式的标记。当 $m' = 0$ 时,在位置探测器上将看到的是,

束团质心按 β 振荡频率增加时的横向位移运动,如图 4.4.12 所示,即束团每转一圈看到一个孤立的位移峰。这些峰的位置有一些偏移,这是因为这一模式的运动,是横向 β 振荡叠加纵向单束团 $m=1$ 同步振荡的结果(图 4.4.3),注意 β 振荡的频率比纵向振荡的频率大得多。将图 4.4.12 的结果记录得足够长,然后按圈移动到相应的位置,叠加起来,从束流位置监测器测得的横向振荡位移信号如图 4.4.13 所示,这就是 $m'=0$ 模式的横向位移物理图像。

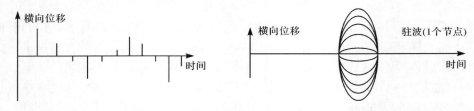

图 4.4.12　横向位移刚性模型($m'=0$)　　　图 4.4.13　横向振荡模式图像($m'=0$)

类似进行多圈测量和叠加,得到图 4.4.14 和图 4.4.15,它是 $m'=1$ 模式和 $m'=2$ 模式的物理图像。它们分别是横向 β 振荡叠加纵向单束团 $m=2$ 同步振荡(图 4.4.14)和纵向单束团 $m=3$ 同步振荡(图 4.4.15)的结果。这两种振荡模式都称为头尾不稳定性模式,这时一个束团粒子的横向振荡,不再是单个刚体的模型,而是分为头尾两部分和头尾中三部分。每一部分振荡时有确定的相差,如图 4.4.14 和图 4.4.15 中的箭头所示。

现在讨论这些振荡模式的稳定性。首先回忆在力学中已知的结果。受迫振荡时,振荡物体受到的周期外力,如果在相位上超前,则振荡振幅不断增大,对应于不稳定;如果在相位上落后,则振荡振幅受到阻尼,对应于稳定;如果相位相同或相差 180°,则对振荡没有净的效应。

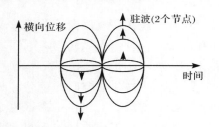　　　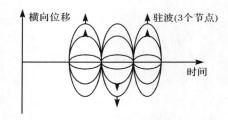

图 4.4.14　横向振荡模式图像($m'=1$)　　　图 4.4.15　横向振荡模式图像($m'=2$)

对于 $m'=1$ 的模式,它的运动状态如图 4.4.16 所示,注意这种模式是 β 振荡和同步振荡的叠加。由于同步振荡的频率远小于 β 振荡频率,因此一次头尾的替换,即半个纵向振荡周期,已经历了多次 β 振荡。当色品为零时,束团头部粒子和尾部粒子的 β 振荡总是相差 180°,同步振荡的相差,也总是 180°,因此束团头部产生尾场力的相位,将不会使尾部粒子运动不稳定。

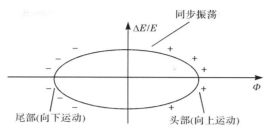

图 4.4.16　头尾振荡模式

正号代表向上运动,负号代表向下运动

如果机器没有安装六极磁铁,则色品不会为零而总是负的,即当粒子能量增加时,ν 值减小。从图 4.4.16 可以看出,在 $m'=1$ 的模式,粒子从头运动到尾时,它的能量是增加的,因此 β 振荡数在色品为负的情形将是稍微减小的。这样,在束团尾部粒子的 β 振荡相位,将倾向于稍稍落后于束团前部的粒子。这表明,由束团前部粒子产生的尾场,保留对尾部粒子的驱动力,比尾部粒子振荡的相位超前,这直接导致不稳定的运动。

对于稍正的色品,因为束团前部粒子产生尾场,保留对尾部粒子的驱动力,滞后于尾部粒子的振荡相位,与前面的分析相同,将导致阻尼,也就是稳定的运动。

可以看出,色品是否为零,是决定 $m'=1$ 模式下头尾不稳定性是否产生的关键。类似的情形对于 $m'=0$ 和 $m'=2$ 的模式是相同的。

图 4.4.17 给出了在 CERN PS 和 PSB(CERN Proton Synchrotron Booster)装置上观察到的,当 $\xi\neq0$ 时的三种横向相干振荡不稳定性模式。

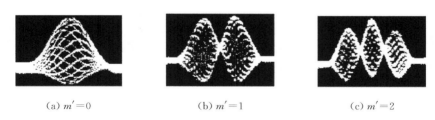

(a) $m'=0$　　　　　　　(b) $m'=1$　　　　　　　(c) $m'=2$

图 4.4.17　在 CERN PS 和 PSB 上观察到的三种横向不稳定性

为克服横向耦合不稳定性,通常采用以下几种措施:

(1)利用六极磁铁对自然色品进行校正,使它稍正。因为在色品为零或负值时,刚性束团振荡是十分容易被激励起来的。

(2)在腔体中利用吸收天线阻尼横向模式。

(3)利用横向反馈系统,探测横向振荡,然后将反馈信号经反馈器件作用到对应的束团上,该反馈系统仅对刚性振荡 $m'=0$ 的模式起作用。

(4) 安装八极磁铁,增大束流频散,增强朗道阻尼。不过此处需要特别提出的是,六极磁铁和八极磁铁的使用会激励 3 阶和 4 阶的谐振,减小动力学孔径,这将限制加速器横向振荡频率的选择。

4.5　电子储存环几种典型阻尼机制和克服不稳定性所采取的措施

前面简单介绍了针对横向和纵向不稳定性应该采取的措施,下面将进一步阐述其中某些措施的机理。前面讨论了若干种电子储存环可能发生的不同类型的不稳定性,估计了它们对束流影响的严重程度。但在大多数高能加速器装置中,在相当高的流强下仍然能够维持足够的稳定性,这是因为在实际储存环运行中的束流粒子运动,会受到各种阻尼作用,如辐射阻尼、朗道阻尼、头尾阻尼、Robinson阻尼,以及有意识加入稳定束流的设备,如清洗电极、调整色品的六极磁铁、增加朗道阻尼的八极磁铁、高频四极磁矩,还有横向和纵向的反馈设备等的影响,使得粒子运动中不稳定性的发生和发展受到抑制。下面简单介绍几种阻尼机制[1,2,5]。

4.5.1　辐射阻尼

1. 同步辐射

在储存环中做回旋运动的电子,通过环上二极磁铁区域拐弯时,将不断地辐射出能量,按电动力学中已知的结果,电子在弯转时辐射的功率为

$$P_r = \frac{2e^2c}{3\rho^2}\beta^4\gamma^4 \approx \frac{2e^2c}{3\rho^2}\gamma^4 = \frac{2e^2c}{3\rho^2}\frac{E^4}{(m_0c^2)^4} \tag{4.5.1}$$

式中,ρ 为电子的轨道半径;e 为电子的电荷;c 为光速;$\beta=v/c$,v 为电子的速度;$\gamma=1/\sqrt{1-v^2/c^2}=E/(m_0c^2)$,$m_0$ 是电子的静止质量。将

$$\rho = \frac{E}{ecB} \tag{4.5.2}$$

代入式(4.5.1)得

$$P_r = \frac{2e^4c^3}{3(m_0c^2)^4}E^2B^2 = C_P E^2 B^2 \tag{4.5.3}$$

式中,B 表示电子所在处的磁场强度。带有能量 E_0 的同步电子,回旋一周的时间是 T_0,相应的辐射能量为

$$U_0 = \int_0^{T_0} P_{r0}\,\mathrm{d}t \tag{4.5.4}$$

式中,P_{r0} 表示 P_r 在同步轨道上的值。

2. 辐射阻尼

对于非同步电子,它的能量与同步电子有偏离 ε,则 $E=E_0+\varepsilon$, $dE=d\varepsilon$。由 2.4 节的讨论知 $\varepsilon=E_0\delta$,将此关系式代入式(2.4.4)可得[2]

$$\frac{d\varepsilon}{dt}\approx\frac{1}{T_0}\Big[e\Big(\frac{dV}{dz}\Big)_{z=0}z-\frac{D\varepsilon}{E_0}\Big]\tag{4.5.5}$$

将式(4.5.5)对时间再一次求导,把求导后的结果代入式(2.4.7),立即得到

$$\frac{d^2\varepsilon}{dt^2}+2\alpha_\varepsilon\frac{d\varepsilon}{dt}+\omega_s^2\varepsilon=0\tag{4.5.6}$$

式中

$$\omega_s^2=\frac{\alpha c}{E_0}\frac{e}{T_0}\Big(\frac{dV}{dz}\Big)_{z=0},\quad 2\alpha_\varepsilon=\frac{D}{E_0 T_0}$$

此方程和纵向运动 ε 的方程(2.4.10)完全相同,故 z 的解也可满足:

$$\varepsilon(t)=Ae^{-\alpha_\varepsilon t}\sin(\sqrt{\omega_s^2-\alpha_\varepsilon^2}t+\varphi_0)\tag{4.5.7}$$

式中, $D=(dU_{rad}/d\delta)_{\delta=0}=E_0(dU_{rad}/d\varepsilon)_{\varepsilon=0}$。式(4.5.7)的右边表示非同步电子绕环一周的辐射能,一般的

$$U_{rad}=\frac{1}{c}\oint_{z_0}P_r(z)dz=\frac{1}{c}\oint_{z_0}P_r(z)\frac{dz}{ds}ds\tag{4.5.8}$$

式中, z_0 是非同步电子绕环一周的路径; z 是纵向坐标。由于 $dz/ds=(\rho_0+x)/\rho_0$, $x=\eta\varepsilon/E_0$,故

$$\frac{dz}{ds}=1+\frac{\eta\varepsilon}{\rho_0 E_0}\tag{4.5.9}$$

将式(4.5.9)代入式(4.5.8),并在两边对 ε 求导,然后取求导后的结果在同步轨道上的值,即得

$$D=\Big(\frac{\partial U_{rad}}{\partial\varepsilon}\Big)_{\varepsilon=0}=U_0\Big\{2+\frac{1}{cU_0}\oint\Big[\eta P_r\Big(\frac{1}{\rho}+\frac{2}{B}\frac{dB}{dx}\Big)\Big]_0 ds\Big\}\tag{4.5.10}$$

在推导式(4.5.10)时使用了关系式:

$$\Big(\frac{dB}{dE}\Big)_0=\Big(\frac{dB}{dx}\frac{dx}{dE}\Big)_0=\frac{\eta}{E_0}\Big(\frac{dB}{dx}\Big)_0\tag{4.5.11}$$

令

$$\wp=\frac{1}{cU_0}\oint\Big[\eta P_r\Big(\frac{1}{\rho}+\frac{2}{B}\frac{dB}{dx}\Big)\Big]_0 ds\tag{4.5.12}$$

利用关系 $\alpha_\varepsilon=D/(2E_0 T_0)$,则能量 ε 的阻尼系数可写为

$$\alpha_\varepsilon=\frac{U_0}{2T_0 E_0}(2+\wp)\tag{4.5.13}$$

比较式(4.5.7)和式(2.4.11)可知,能量的阻尼系数 α_ε,也是纵向 z 振荡的阻尼

系数。

3. 横向振荡的辐射阻尼

横向振荡的运动方程不同于能量(或纵向)振荡的方程,由它不能直接读出振幅的阻尼项,所以要另寻适当的方法来寻找能量辐射对阻尼系数的影响。

从式(2.2.3)和式(2.2.4)可以知道,横向运动方程形如:

$$x'' + \left[\frac{1}{\rho^2(s)} + K(s)\right]x = \frac{1}{\rho(s)}\frac{\Delta p}{p} \tag{4.5.14}$$

$$y'' - K(s)y = 0 \tag{4.5.15}$$

方程的解为

$$x = a_x\sqrt{\beta_x}\cos\left(\int_0^s \frac{1}{\beta_x}\mathrm{d}s + \psi_{x0}\right) + x_\varepsilon \tag{4.5.16}$$

$$y = a_y\sqrt{\beta_y}\cos\left(\int_0^s \frac{1}{\beta_y}\mathrm{d}s + \psi_{y0}\right) \tag{4.5.17}$$

对 s 求导得

$$x' = \frac{-a_x}{\sqrt{\beta_x}}\left[-\frac{1}{2}\frac{\mathrm{d}\beta_x}{\mathrm{d}s}\cos\left(\int_0^s \frac{1}{\beta_x}\mathrm{d}s + \psi_{x0}\right) + \sin\left(\int_0^s \frac{1}{\beta_x}\mathrm{d}s + \psi_{x0}\right)\right] + x'_\varepsilon$$

$$\tag{4.5.18}$$

$$y' = \frac{-a_y}{\sqrt{\beta_y}}\left[-\frac{1}{2}\frac{\mathrm{d}\beta_y}{\mathrm{d}s}\cos\left(\int_0^s \frac{1}{\beta_y}\mathrm{d}s + \psi_{y0}\right) + \sin\left(\int_0^s \frac{1}{\beta_y}\mathrm{d}s + \psi_{y0}\right)\right]$$

$$\tag{4.5.19}$$

现在讨论 y 方向振荡的情形。

将式(4.5.17)和式(4.5.19)各自平方后相加,得

$$a_y^2 = \gamma y^2 + 2\alpha yy' + \beta y'^2 \tag{4.5.20}$$

式中,α、β、γ 是式(2.2.11)中引入的 Twiss 参数,由此可得

$$a_y\delta a_y = (\gamma y + \alpha y')\delta y + (\beta y' + \alpha y)\delta y' \tag{4.5.21}$$

注意到在两种情况下,束团中电子的能量可发生变化:一种是电子有加速运动时要发射光子,从而损失能量;另一种是在高频场的加速下会获得能量。但这两种情况对电子运动的影响却是很不相同的。前者能量损失引起的粒子动量的变化,与粒子运动方向相反而平行,它不能改变速度的方向,这样粒子运动的轨道就不会改变,因此粒子振幅不变。后者则不同,粒子被高频电场加速时,动量的增加是平行于真空管道轴线的,一般不和粒子运动方向平行,因而使粒子速度增大的同时,还改变它的方向,所以电子运动的轨道要发生改变。

(1) 在辐射能量时

$$\delta y = 0, \quad \delta y' = 0 \tag{4.5.22}$$

(2) 在获得高频加速能量时

$$\delta y = 0, \quad \delta y' = -y' \frac{\delta E_a}{E} \tag{4.5.23}$$

此处使用了下述关系式：

$$y' = \frac{p_\perp}{p_\parallel} \approx \frac{p_\perp}{p} \tag{4.5.24}$$

由此

$$\delta y' = \frac{p_\perp}{p + \delta p} - \frac{p_\perp}{p} \approx -y' \frac{\delta p}{p} = -y' \frac{\delta E_a}{E} \tag{4.5.25}$$

将式(4.5.22)和式(4.5.23)代入式(4.5.21)，得

$$a_y \delta a_y = -(\beta y'^2 + \alpha y y') \frac{\delta E_a}{E} \tag{4.5.26}$$

由于各电子振荡的初始相位是随机分布的，因此 δa_y 也是随机分布的，有意义的物理量是它在一个周期内的平均 $\langle \delta a_y \rangle$，将式(4.5.17)和式(4.5.19)代入 $\langle y'^2 \rangle$ 和 $\langle y y' \rangle$ 的平均值的表示式中，可得

$$\frac{\langle \delta a_y \rangle}{a_y} = -\frac{\delta E_a}{2E} \tag{4.5.27}$$

将此式推广到束团回旋一周的能量辐射损失和振幅的衰减，可得

$$\frac{1}{a_y} \frac{\Delta a_y}{T_0} = \frac{1}{a_y} \frac{\mathrm{d} a_y}{\mathrm{d} t} = -\frac{U_0}{2 E_0 T_0} \tag{4.5.28}$$

注意，总辐射能损失等于从高频获得的总能量。由式(4.5.28)可解出振幅随时间的变化为

$$a_y = a_{y0} \mathrm{e}^{-a_y t} \tag{4.5.29}$$

从而得到垂直方向的阻尼系数为

$$\alpha_y = \frac{U_0}{2 E_0 T_0} = \frac{\langle P_r \rangle}{2 E_0} \tag{4.5.30}$$

下面讨论 x 方向振荡的阻尼。

因为关注的运动是振荡的行为，故把 x 方向运动分为两部分：一部分是取式(4.5.14)的齐次方程解，记为 x_β，此时 $x_\varepsilon = 0$；另一部分是取非齐次方程的特解，即能量改变产生的位移 x_ε。方程的通解是 $x = x_\beta + x_\varepsilon$。总位移 x 和总的位移对 s 的导数 x' 与能量改变的关系，是和 y 方向的情形相同的。

（1）在辐射能量时

$$\delta x = 0, \quad \delta x' = 0 \tag{4.5.31}$$

（2）在获得高频加速能量时

$$\delta x = 0, \quad \delta x' = -x' \frac{\delta E_a}{E} \tag{4.5.32}$$

将式(4.5.16)和式(4.5.18)的齐次部分，分别取平方并相加，得

$$a_x^2 = \gamma x_\beta^2 + 2\alpha x_\beta x_\beta' + \beta x_\beta'^2 \tag{4.5.33}$$

$$a_x \delta a_x = (\gamma x_\beta + \alpha x'_\beta) \delta x_\beta + (\beta x'_\beta + \alpha x_\beta) \delta x'_\beta \tag{4.5.34}$$

由式(4.5.31)和式(4.5.32),并考虑 $\delta x_\varepsilon = \eta \delta E / E$ 可得

(1) 在辐射能量时

$$\delta x_\beta = -\delta x_\varepsilon = -\eta \frac{\delta E_r}{E}, \quad \delta x'_\beta = -\delta x'_\varepsilon = -\eta' \frac{\delta E_r}{E} \tag{4.5.35}$$

(2) 在获得高频加速能量时

$$\delta x_\beta = -\delta x_\varepsilon = -\eta \frac{\delta E_a}{E}, \quad \delta x'_\beta = -(x' + \eta') \frac{\delta E_a}{E} \approx -(x'_\beta + \eta') \frac{\delta E_a}{E} \tag{4.5.36}$$

这里讨论辐射能量的效应。将式(4.5.35)代入式(4.5.34),得

$$a_x \delta a_x = -\frac{\delta E_r}{E} \left[(\eta \gamma + \eta' \alpha) x_\beta + (\eta \alpha + \eta' \beta) x'_\beta \right] \tag{4.5.37}$$

先将 $\delta E / E$ 的表示简化,设在一段轨道元 Δl 上电子辐射能量为

$$\delta E_r = -P_r \Delta t \approx -\frac{P_r \Delta l}{c} = -\left(1 + \frac{x_\beta}{\rho}\right) \frac{P_r \Delta s}{c} \tag{4.5.38}$$

将 $P_r = C_P B^2 E^2$ 代入式(4.5.38),并将 B 在同步轨道上展开为泰勒级数,仅保留到一阶项,即 $B = B_0 [1 + x_\beta (\partial B / \partial x)_0 / B_0]$,可得

$$\delta E_r = -\left\{ 1 + \left[\frac{1}{\rho} + \frac{2}{B_0} \left(\frac{\partial B}{\partial x} \right)_0 \right] x_\beta \right\} \frac{P_{r0} \Delta s}{c} \tag{4.5.39}$$

将式(4.5.39)代入式(4.5.37),再将它的两边对一个振荡周期求平均可得

$$\frac{\langle \delta a_x \rangle}{a_x} = \frac{1}{2cE_0} \left[\frac{1}{\rho} + \frac{2}{B_0} \left(\frac{\partial B}{\partial x} \right)_0 \right] \eta P_{r0} \Delta s \tag{4.5.40}$$

此处使用了平均的结果:

$$\langle x_\beta \rangle = 0, \quad \langle x'_\beta \rangle = 0, \quad \langle x_\beta^2 \rangle = \frac{1}{2} a_x^2 \beta, \quad \langle x_\beta x'_\beta \rangle = -\frac{a_x^2}{2} \alpha \tag{4.5.41}$$

电子回旋一圈,a_x 的改变量为 Δa_x,将它除以加速器的回旋周期 T_0,即 $\mathrm{d}a_x / \mathrm{d}t$,由此可得

$$\frac{1}{a_x} \frac{\mathrm{d}a_x}{\mathrm{d}t} = \frac{U_0}{2E_0 T_0} \wp \tag{4.5.42}$$

其中

$$\wp = \frac{1}{cU_0} \oint \left[\eta P_r \left(\frac{1}{\rho} + \frac{2}{B} \frac{\partial B}{\partial x} \right) \right]_0 \mathrm{d}s \tag{4.5.43}$$

式(4.5.42)的解为

$$a_x = a_{x0} \mathrm{e}^{-a_{xr}t} \tag{4.5.44}$$

其中

$$a_{xr} = -\frac{U_0}{2E_0 T_0} \wp \tag{4.5.45}$$

这就是 x 方向的振荡因辐射能量引起的阻尼系数。注意这部分阻尼系数是负的,它实际上起放大振荡的作用,是一个不稳定的因素,但考虑了吸收高频的能量后,总的 x 方向的振荡,因能量的吸收和辐射,其振幅还是减小的,即阻尼的。

再来讨论电子获得高频能量的过程。

回到式(4.5.34),将式(4.5.36)代入其中可得

$$a_x \delta a_x = -\frac{\delta E_a}{E}\left[(\eta\gamma+\eta'\alpha)x_\beta+(\eta\alpha+\eta'\beta)x_\beta'+\alpha x_\beta x_\beta'+\beta x_\beta'^2\right] \quad (4.5.46)$$

将它的两边对一个振荡周期求平均,并使用

$$\langle x_\beta\rangle=0, \quad \langle x_\beta'\rangle=0, \quad \langle x_\beta'^2\rangle=\frac{1}{2\beta}a_x^2(1+\alpha^2), \quad \langle x_\beta x_\beta'\rangle=-\frac{a_x^2}{2}\alpha$$

$$(4.5.47)$$

即可得

$$\frac{\langle\delta a_x\rangle}{a_x}=-\frac{\delta E_a}{2E} \quad (4.5.48)$$

考虑电子回转一圈从高频吸收的总能量,正好等于它辐射出的能量,并将式(4.5.48)两边除以回旋周期 T_0,可写为

$$\frac{1}{a_x}\frac{\mathrm{d}a_x}{\mathrm{d}t}=-\frac{U_0}{2E_0T_0} \quad (4.5.49)$$

此方程有解:

$$a_x=a_{x0}\mathrm{e}^{-\alpha_{xa}t} \quad (4.5.50)$$

其中

$$\alpha_{xa}=\frac{U_0}{2E_0T_0} \quad (4.5.51)$$

将吸收能量和发射能量的效应合计在一起,得 x 方向振荡的总阻尼系数为

$$\alpha_x=\alpha_{xr}+\alpha_{xa}=\frac{U_0}{2E_0T_0}(1-\wp) \quad (4.5.52)$$

因为 $\wp<1$,故总的阻尼是正的。

总结起来,辐射的能量损失和高频场的能量补充,对电子三个方向的振荡都是有阻尼作用的,将式(4.5.52)、式(4.5.30)和式(4.5.13)相加,得其总的阻尼系数为

$$\alpha=\alpha_x+\alpha_y+\alpha_\varepsilon=\frac{2U_\mathrm{rad}}{E_0T_0} \quad (4.5.53)$$

与 $\wp$ 无关。

4.5.2 朗道阻尼

在加速器物理中,尤其是强流情况下,朗道阻尼非常重要。如果没有朗道阻

尼,现存的所有加速器将不能工作,因而在本节将着重给予介绍。这种阻尼的特点是,束团中各个个别粒子的自然振荡(同步振荡、β振荡)频率若有适当的分散$\Delta\omega$,那么外加的力,就不可能形成集体的共振,而是把吸收的能量传递给少数的粒子,保持多数的粒子稳定而不被丢失。

增大束流频散,利用朗道阻尼来克服耦合束团不稳定性的方法非常有效。因为束流里所有粒子不会以相同的频率振荡,ω_β对粒子能量的依赖和束中粒子能量的分散性,导致ω_β的分散。聚焦系统的非线性,导致β振荡频率对振幅的依赖性,因此β振荡振幅的分散导致ω_β的分散。在纵向振荡的情形中,粒子同步振荡频率ω_s的分散,可由高频聚焦电压的非线性造成。加之各种和流强相关的因素,如束流负载效应和尾场效应也会导致频散等。为了获得更大的朗道阻尼,使用部分填充,在束团间产生频散。更直接地,可以安装八极磁铁,增大束流频散,增强朗道阻尼;或者可以使用高频腔调相或朗道腔,在每个束团内部粒子间产生频散。这些措施都能有效地稳定束流。

下面将讨论朗道阻尼产生的基本原理,然后叙述它在横向和纵向振荡中的具体表现[1]。

1. 朗道阻尼的一般原理

先考虑一个简单的一维谐振子,在振荡的外力$F = A\cos(\Omega t)$的作用下做受迫振荡,其运动方程为

$$\frac{\mathrm{d}^2 x(t)}{\mathrm{d}t^2} + \omega^2 x(t) = A\cos(\Omega t) \tag{4.5.54}$$

初始条件为$x(0) = 0$和$\mathrm{d}x(t)/\mathrm{d}t|_{t=0} = 0$,方程的解为

$$x(t) = -\frac{A}{\Omega^2 - \omega^2}[\cos(\Omega t) - \cos(\omega t)], \quad t \geqslant 0 \tag{4.5.55}$$

这个解在$\Omega = \omega$处有确定的极限。

下面考虑一组相互独立的一维谐振子,粒子的振荡频率的分布为$\rho(\omega)$,满足归一化条件$\int_{-\infty}^{\infty} \mathrm{d}\omega \rho(\omega) = 1$,在振荡的外力$F = A\cos(\Omega t)$作用下做受迫振荡。初始条件为,所有的个别粒子都满足$x_i(0) = 0, i = 1, 2, \cdots, N$和$\mathrm{d}x_i(t)/\mathrm{d}t|_{t=0} = 0$,$i = 1, 2, \cdots, N$,其中,$N$是体系包含的粒子总数。这个体系的运动是单个粒子的受迫振荡的简单集合,有意义的是它的坐标对$\rho(\omega)$的加权平均:

$$\langle x \rangle(t) = -\int_{-\infty}^{\infty} \mathrm{d}\omega \rho(\omega) \frac{A}{\Omega^2 - \omega^2}[\cos(\Omega t) - \cos(\omega t)], \quad t \geqslant 0 \tag{4.5.56}$$

下面讨论式(4.5.56)的含义。这个解如果没有$\cos(\omega t)$项,则是和外力同相的受迫振荡。$\cos(\omega t)$项的存在使振荡不仅有$\cos(\Omega t)$项,还有与外力相位差$\pi/2$

的 $\sin(\Omega t)$ 项。为了简化讨论，考虑一个围绕 ω_0 的狭窄的谱，而且推动的频率也接近这个谱，$\Omega \approx \omega_0$，则式(4.5.56)可简化为

$$\langle x \rangle(t) = -\frac{A}{2\omega_0} \int_{-\infty}^{\infty} d\omega \rho(\omega) \frac{1}{\Omega - \omega} \left[\cos(\Omega t) - \cos(\omega t) \right], \quad t \geqslant 0$$

(4.5.57)

作变量代换 $\omega \to u = \omega - \Omega$，有

$$\langle x \rangle(t) = \frac{A}{2\omega_0} \int_{-\infty}^{\infty} du \frac{\rho(u + \Omega)}{u} \left[\cos(\Omega t) - \cos(\Omega t + ut) \right]$$

$$= \frac{A}{2\omega_0} \left[\cos(\Omega t) \int_{-\infty}^{\infty} du \rho(u + \Omega) \frac{1 - \cos(ut)}{u} \right.$$

$$\left. + \sin(\Omega t) \int_{-\infty}^{\infty} du \rho(u + \Omega) \frac{\sin(ut)}{u} \right], \quad t \geqslant 0 \quad (4.5.58)$$

以上代换不影响积分在 $u = 0$ 处的表现。

如果不注意振荡起始的细节，可取 $t \to \infty$ 时的极限，代表大 t 的行为，这样可在式(4.5.58)的积分表示中，使用数学关系式：

$$\lim_{t \to \infty} \frac{\sin(ut)}{u} = \pi \delta(u)$$

(4.5.59)

$$\lim_{t \to \infty} \frac{1 - \cos(ut)}{u} = \text{P. V.} \left(\frac{1}{u} \right)$$

(4.5.60)

式中，$\text{P. V.} (1/u)$ 表示函数 $1/u$ 的积分取主值，其定义如下：

$$\int_{-\infty}^{\infty} du f(u) \text{P. V.} \left(\frac{1}{u} \right) = \lim_{\varepsilon \to 0} \left[\int_{\varepsilon}^{\infty} du \frac{f(u)}{u} + \int_{-\infty}^{-\varepsilon} du \frac{f(u)}{u} \right] \quad (4.5.61)$$

其中，ε 表示无穷小量，则

$$\langle x \rangle(t) = \frac{A}{2\omega_0} \left[\left(\text{P. V.} \int_{-\infty}^{\infty} d\omega \frac{\rho(\omega)}{\omega - \Omega} \right) \cos(\Omega t) + \pi \rho(\Omega) \sin(\Omega t) \right]$$

(4.5.62)

从式(4.5.62)可看出，当系统的频率分布是分散时，随着 t 的增大，粒子的振幅总是有限的，只有在 $\rho(\omega)$ 为 δ 函数时，振幅才会发散，这就是朗道阻尼。它是一个普适的物理定理，当然在加速器中也有它普适的表现。

下面再从能量分配的方面，更深入一些讨论这一现象。式(4.5.62)的 $\cos(\Omega t)$ 项，相对于外加推动力的符号，取决于 $\text{P. V.} \int d\omega \rho(\omega)/(\omega - \Omega)$ 的符号。一般的，在 $\rho(\omega)$ 的谱外，它可近似地由 $1/(\omega_0 - \Omega)$ 代表，并且在谱内某个点跨过零。如果它是正的，则这个系统被称为电容性的，如果是负的，则是电感性的。式(4.5.62)的 $\sin(\Omega t)$ 项，因为 $\rho(\Omega)$ 总是正的，相对于外加推动力有确定的符号。特别的，$d\langle x \rangle/dt$ 中的这一项总和外力同相，所以外力总是不断地对体系做功。但是从式(4.5.62)可以看出，系统作为一个整体的振荡，其振幅并不随时间增大。能量

到哪儿去了？对于一般的简谐振荡,能量和振幅的平方成正比,从体系中单个粒子运动方程的解(4.5.55),可以看出它的振幅是 $A/[\omega_0(\Omega-\omega)]\sin[(\Omega-\omega)t/2]$,这导致体系的总振荡能为

$$
\begin{aligned}
E &= N\int d\omega\rho(\omega)\left[\frac{A}{\omega_0(\Omega-\omega)}\sin\frac{(\Omega-\omega)t}{2}\right]^2 \\
&= \frac{NA^2}{\omega_0^2}\int du\rho(u+\Omega)\frac{\sin^2(ut/2)}{u^2}
\end{aligned}
\tag{4.5.63}
$$

使用已知的数学公式:

$$
\lim_{t\to\infty}\frac{\sin^2(ut/2)}{u^2}=\frac{\pi t}{2}\delta(u)
\tag{4.5.64}
$$

当强迫力加上足够长的时间后,可用式(4.5.64)的极限来替代式(4.5.63)中相应的量,从而得

$$
E=\frac{\pi NA^2}{2\omega_0^2}\rho(\Omega)t
\tag{4.5.65}
$$

它随 t 线性地增长。个别粒子从外力不断吸收能量,当 $t\to\infty$ 时,吸收的能量 $E\to\infty$,而保持整个体系振荡(4.5.62)的振幅有限。

系统吸收的能量并非均匀分布于所有粒子,而是有选择地被储存在驱动频率 Ω 附近的、频率范围越来越窄的、数目越来越少的粒子上。某个具有 $\omega=\Omega$ 的粒子,被共振地驱动,当 t 增加时,振幅不断地增长。某个粒子,它的振荡频率 ω 远离驱动频率 Ω 时,经过一段近似为 $t=\pi/|\omega-\Omega|$ 的时间后,会脱离共振,再经同样长的时间,到 $t=2\pi/|\omega-\Omega|$ 时,它会将获得的能量全部返还给外力。有些粒子,它们的频率 ω 比较靠近 Ω,处在 $|\omega-\Omega|<1/t$ 中,在振荡时,受 $\sin(\Omega t)$ 支配。另外一些粒子,它们的频率 ω 在离 Ω 较远处,处在 $|\omega-\Omega|>1/t$ 中,在振荡时,受 $\cos(\Omega t)$ 支配。因为满足条件 $|\omega-\Omega|<1/t$ 的粒子,按 $|1/t|$ 的关系减少,而它们的振幅,随 t 增加,净的 $\sin(\Omega t)$ 项对 $\langle x\rangle$ 的贡献,在振荡过程中保持为常数。当 $t>1/\Delta\omega$ 时(此处 $\Delta\omega$ 表示系统中所有粒子振荡频率的分散),束的瞬变过程已经结束,渐近行为(4.5.62)已近似成立。$\sin(\Omega t)$ 项是比例于 $\rho(\Omega)$ 的,如果在系统中粒子的频谱分布是这样的,以致没有靠近驱动频率 Ω 处的粒子连续地吸收能量,朗道阻尼将停止,受迫振荡将占优势。因为束流由有限数量的粒子构成,当 $t>1/(\delta\omega)$ 时(此处 $\delta\omega$ 表示两个最近粒子的频率之差),朗道阻尼将停止,因此,式(4.5.62)能被应用的时间,也就是朗道阻尼存在的时间范围,这个时间范围为

$$
\frac{1}{\delta\omega}\gg t\gg\frac{1}{\Delta\omega}
\tag{4.5.66}
$$

如果束团中的粒子数是 N,则 $\delta\omega\approx\Delta\omega/N$,取 $N=10^{11}$ 和 $\Delta\omega=10^3\,\text{s}^{-1}$,则式(4.5.66)所限制的时间范围是 $10^{-3}\sim10^8\,\text{s}$。实际上,这个上限也可能达不到,因为有可能在这个时间内,束团中粒子振幅已超过真空管的半径 b,如前面提到的频

率在 $|\omega-\Omega<1/t|$ 范围内的粒子,它们的振幅是 $A/[\omega_0(\Omega-\omega)]\sin[(\Omega-\omega)t/2]\approx$ $At/(2\omega_0)$,所以另一个时间的上限是 $t=2b\omega_0/A$,所以式(4.5.62)可以应用的另一个时间的限制范围为

$$\frac{2b\omega_0}{A}>t\gg\frac{1}{\Delta\omega}\tag{4.5.67}$$

为了以后的应用,把式(4.5.62)写为复数的形式:

$$\langle x\rangle(t)=\mathrm{Re}\,\frac{A}{2\omega_0}\mathrm{e}^{-\mathrm{i}\Omega t}\left\{\left[\mathrm{P.\,V.}\int_{-\infty}^{\infty}\mathrm{d}\omega\,\frac{\rho(\omega)}{\omega-\Omega}\right]+\mathrm{i}\pi\rho(\Omega)\right\}\tag{4.5.68}$$

更严格地,如果要把方程写为完全的复变函数的形式,使用数学中的分布理论,右边方括号里的式子可改写为如下形式:

$$\int_C\mathrm{d}\omega\,\frac{\rho(\omega)}{\omega-\Omega}=\left[\mathrm{P.\,V.}\int_{-\infty}^{\infty}\mathrm{d}\omega\,\frac{\rho(\omega)}{\omega-\Omega}\right]+\mathrm{i}\pi\rho(\Omega)\tag{4.5.69}$$

式中,$\int_C\mathrm{d}\omega$ 表示复 ω 平面上某确定路径 C 上的积分,如图 4.5.1 所示。C 的直线部分给出 $\langle x\rangle$ 的主值,半圆部分给出 $\mathrm{i}\pi\rho(\Omega)$ 极点的贡献。如此,式(4.5.54)和式(4.5.68)可写为

$$\frac{\mathrm{d}^2x(t)}{\mathrm{d}t^2}+\omega^2x(t)=A\mathrm{e}^{-\mathrm{i}\Omega t}\tag{4.5.70}$$

$$\langle x\rangle(t)=\frac{A}{2\omega_0}\mathrm{e}^{-\mathrm{i}\Omega t}\int_C\mathrm{d}\omega\,\frac{\rho(\omega)}{\omega-\Omega}\tag{4.5.71}$$

不过应记住最后的解是取它的实部。

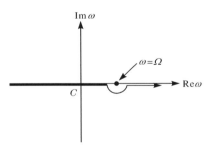

图 4.5.1　主值积分的路径

2. 在束团粒子横向振荡中的朗道阻尼

现在讨论束团横向振荡的朗道阻尼。采用单粒子模型,即把束团的横向振荡视为一刚性粒子的振荡。但是要考虑到束团内部的各个个别粒子的固有振荡频率是各不相同的,单粒子近似下束团的振荡是它们所含粒子振荡的宏观平均。采用这个模型的根据是,整个束团的粒子处于大体同一外力的作用下,做集体运动。

作用于个别粒子的力,来自束的荷电中心位移$\langle u \rangle$,是横向尾场力。单个粒子运动方程为

$$\frac{\mathrm{d}^2}{\mathrm{d}t^2}u(t)+\omega_\beta^2 u(t)=-\frac{cNr_e}{\gamma T_0}\sum_{k=1}^{\infty}\langle u\rangle(t-kT_0)W_1^{\perp}(-kT_0) \tag{4.5.72}$$

考虑束团中心运动正处于集体运动接近不稳定的边缘,则有

$$\langle u\rangle(t)=Be^{-i\Omega t} \tag{4.5.73}$$

将式(4.5.72)进行平均,右边代入式(4.5.73),可以寻找朗道阻尼有效作用和朗道阻尼失效的区域。

$$\frac{\mathrm{d}^2}{\mathrm{d}t^2}u(t)+\omega_\beta^2 u(t)=Ae^{-i\Omega t} \tag{4.5.74}$$

此式已略去平均的符号,这里

$$A=-\frac{cNr_e}{\gamma T_0}B\Re^{\perp} \tag{4.5.75}$$

$$\Re^{\perp}=\sum_{k=1}^{\infty}e^{i\Omega kT_0}W_1^{\perp}(-kT_0)\approx\sum_{k=1}^{\infty}e^{i\omega_{\beta 0}kT_0}W_1^{\perp}(-kT_0) \tag{4.5.76}$$

式(4.5.74)和式(4.5.70)具有完全相同的形式,因此,由式(4.5.71)可得,束团整体对外力的响应是

$$\langle u\rangle(t)=\frac{A}{2\omega_{\beta 0}}e^{-i\Omega t}\int_C\mathrm{d}\omega\frac{\rho(\omega)}{\omega-\Omega} \tag{4.5.77}$$

这个解应当和式(4.5.73)假定的解一致,令式(4.5.77)和式(4.5.73)的右边相等,得

$$\frac{cNr_e\Re^{\perp}}{2\omega_{\beta 0}\gamma T_0}\int_C\mathrm{d}\omega\frac{\rho(\omega)}{\omega-\Omega}=1 \tag{4.5.78}$$

当知道束团的频率分布$\rho(\omega)$后,就能式(4.5.78)计算出在横向振荡情形下,朗道阻尼有效的参数区域。

3. 纵向 Robinson 不稳定性中的朗道阻尼

使用讨论横向问题时的相同模型,也能分析在纵向不稳定问题中朗道阻尼的行为。以式(4.3.32)为出发点,略去与动力学无关的第一项,代入$nL_0=s$和$j=n-k$,并注意当$k=-\infty$时$j=\infty$,$k=n-1$时$j=1$,可将式(4.3.32)改写为

$$\frac{\mathrm{d}^2 z_s}{\mathrm{d}s^2}+\frac{\omega_s^2}{c^2}z_s=\frac{Nr_e\eta}{\gamma L_0}\sum_{j=1}^{\infty}\left[(z_s-z_{s-jL_0})W_0''(-jL_0)\right] \tag{4.5.79}$$

用导出式(4.5.72)时完全相同的考虑,假定束团已接近纵向不稳定性的边缘,故其整体的振荡状态可假设为

$$\langle z\rangle_s=Be^{-i\Omega s} \tag{4.5.80}$$

将式(4.5.79)对荷的频率分布进行平均,右边代入式(4.5.80),可得

$$\frac{\mathrm{d}^2 z_s}{\mathrm{d}s^2} + \frac{\omega_s^2}{c^2} z_s = A\mathrm{e}^{-\mathrm{i}\Omega s} \tag{4.5.81}$$

此处已略去平均的符号,其中

$$A = \frac{Nr_e\eta}{\gamma L_0} B\mathfrak{R}^{\parallel} \tag{4.5.82}$$

$$\mathfrak{R}^{\parallel} = \sum_{j=1}^{\infty} \left[(1 - \mathrm{e}^{\mathrm{i}\Omega j L_0/c}) W_0''(-jL_0) \right] \approx \sum_{j=1}^{\infty} \left[(1 - \mathrm{e}^{\mathrm{i}\omega_{s0} j L_0/c}) W_0''(-jL_0) \right]$$

$$\tag{4.5.83}$$

式(4.5.81)的解和式(4.5.74)的解相同,只是用 ω_s/c 代替 ω_β、s 代替 t:

$$\langle z \rangle(t) = \frac{cA}{2\omega_{s0}} \mathrm{e}^{-\mathrm{i}\Omega s} \int_C \mathrm{d}\omega \frac{\rho(\omega)}{\omega - \Omega} \tag{4.5.84}$$

和横向情形类似,可以由式(4.5.80)和式(4.5.81)的解应相同推出自洽条件,而这个条件就是确定朗道阻尼有效范围的条件:

$$\frac{Nr_e\eta\mathfrak{R}^{\parallel}}{2\omega_{s0}\gamma T_0} \int_C \mathrm{d}\omega \frac{\rho(\omega)}{\omega - \Omega} = 1 \tag{4.5.85}$$

当已知束团的频率分布 $\rho(\omega)$ 后,就能由它计算出在纵向振荡情形下朗道阻尼有效的参数区域。

4.5.3　常用的克服不稳定性措施

1. 色品校正

利用六极磁铁对自然色品进行校正,可抑制头尾不稳定性,一般校正到零或微正。色品为零时,刚性束团振荡十分容易被激励起来,而当色品为负时,束流很难储存于储存环内[16]。

2. 安装八极磁铁增加朗道阻尼

用来阻尼耦合束团不稳定性的方法还可利用朗道阻尼和参量谐振。典型的束流里所有振子不会以相同频率振荡。为了获得更大的朗道阻尼,使用部分填充,在束团间产生频散;可以安装八极磁铁,增大束流频散,增强朗道阻尼;也可以使用高频腔调相或朗道腔,在每个束团内部粒子间产生频散。这些措施都能有效地稳定束流。高频腔调相或朗道腔还能通过拉伸束团长度和降低电子密度,来降低束团内大角度散射(托歇克散射),提高束流寿命[17,18]。

六极磁铁和八极磁铁的使用会激励 3 阶和 4 阶的振荡,减小动力学孔径,这将限制加速器横向振荡频率的选择。

3. 减小阻抗

减小阻抗,通常通过优化设计管道结构,尤其是管道不连续的地方来实现,还可以使用铜来减小金属管的阻抗。高频腔是阻抗的主要来源,耦合束团不稳定性出现在高频腔的 HOM 和耦合束团振荡频率重叠时,首先从高频腔上着手,如通过精确控制高频腔温度,可以改变 HOM 的频率分布,降低不稳定性出现的概率。在腔体中置入吸收天线和铁氧体吸收器来阻尼和吸收 HOM;或者运行在低流强来减小耦合。超导高频腔有很多优点,Q 值和腔压很大,远远超过常规高频腔。如果设计制造得当,超导高频腔可以将具有潜在危险的 HOM 阻抗值降到阈值以下[19]。

4. 反馈系统

横向反馈系统由横向位置检测器、信号处理单元和激励器构成。利用横向反馈系统探测束团的横向振荡信号,对该信号进行适当处理后,形成一个与振荡信号相反的反馈信号作用于对应的束团上,抑制束团的振荡(详见第 11 章)。逐束团反馈是一种时域的宽带反馈技术,该反馈系统仅对刚性振荡($m=0$)起作用。

对于纵向反馈系统,因为产生耦合模式的阻抗源不同,纵向反馈系统可以分成两类:频域反馈系统和时域反馈系统。由高频加速腔引起的纵向基模和真空室内的横向阻抗壁不稳定性可以由频域反馈系统抑制;高频加速腔的横向和纵向的高阶模可以由时域反馈抑制。时域反馈的优点在于可以抑制所有耦合束团不稳定性模式,并不需要像频域反馈系统那样预测或者计算哪些模式是不稳定的。

典型的纵向逐束团反馈系统由相位检测器、数字信号处理单元和激励器构成。反馈过程为:由相位检测器获得束团相振荡信号,经数字信号处理单元处理后再由激励器反馈作用于对应的束团上。

横向和纵向反馈系统能有效抑制耦合束团不稳定性,提高流强,减小束团尺寸,提高亮度和束流稳定性。同时,该设备还可应用于加速器诊断,例如,注入瞬间的束团振荡信息的测量和在开环状态下进行束团运动的分析,已在世界各国众多高能粒子储存环和同步辐射光源中得到广泛的应用(详见第 11 和 12 章)。

参 考 文 献

[1] Chao A. Physics of Collective Beam Instabilities in High Energy Accelerator. Hoboken: John Wiley, 1993.

[2] 金玉明. 电子储存环物理. 合肥:中国科学技术大学出版社, 2001.

[3] 国智元. 环形加速器的聚束束流. 北京:清华大学出版社, 2004.

［4］ Sands M. The head-tail effect：An instability mechanism in storage ring. Slac-Tn-69-8，1969：23.

［5］ 刘乃泉. 加速器理论. 北京：原子能出版社，1990.

［6］ Fox J D，Kikutani E. Bunch feedback systems and signal processing. Beam Measurement，1999：579－620.

［7］ 刘祖平. 同步辐射光源物理引论. 合肥：中国科学技术大学出版社，2009.

［8］ 孙葆根. 合肥光源新的束流测量系统研制及其应用研究. 合肥：中国科学技术大学博士学位论文，2000.

［9］ Baconnier Y. Neutralization of accelerator beam by ionization of the residual gas. CAs-CERN Accelerator School：General Accelerator Physics，1984：267－330.

［10］ Jolivor R，de Stockage A. Le piegeage des ions dans ACo et leur balayage，Raport Technique 75-63/RJ-FB. Paris：Ecole Normale Superieure，1963：26.

［11］ Sagan D，Temnykh A. Observations of the coherent beam-ion interaction in the CESR storagering. N. I. M. Physics Research，1994，344(3)：459.

［12］ Stupakov G V，Raubenheimer T O. Fast beam-ion instability Ⅱ. Effect of ion deconherence. Physical Review E，1995，52：5499.

［13］ Raubenheimer T O，Zimmermann F. Fast beam-ion instability Ⅰ. Linear theory and simulations. Physical Review E，1995，52：5487.

［14］ Baird S. Transverse beam instabilities of accelerators for pedestrians. CERN Document，2007：126－137.

［15］ 马力. 加速器束流测量讲义. 北京：中国科学院高能物理所加速器中心，2001.

［16］ 孙葆根，徐宏亮，何多慧，等. 合肥 800MeV 电子储存环的色品测量与校正. 原子能科学技术，2001，24(3)：158－163.

［17］ 王琳，李永军，冯光耀，等. 合肥光源储存环上八极磁铁的动力学效应分析. 强激光与粒子束，2005，17(9)：1419－1422.

［18］ 徐宏亮，王琳，李为民，等. 合肥电子储存环上新旧高频腔的尾场及耦合阻抗的计算. 强激光与粒子束，2003，15(2)：187－190.

［19］ 于海波，刘建飞，侯洪涛，等. 三次谐波超导腔高次模抑制的研究. 核技术，2012，35(1)：1－4.

第 5 章　束流位置测量与相关理论基础

可以通过光检测或通过电场或磁场感应的方式检测储存环中束流的信息。前者如条纹相机(streak camera)、光位置探测器和束斑测量系统等,后者如束流位置测量系统(BPM)。束流在储存环中的位置数据是加速器的重要参数之一。束流位置监测器最基本的应用是进行束流位置测量,以及在此基础上建立快速束流反馈系统等。

描述储存环的束流位置有三种形式:①束流平衡轨道(equilibrium orbit),通常称为闭轨畸变(COD),是获得束流接近于直流的多圈平均位置信号,是机器正常运行必不可少的信息。②逐圈束流位置(TBT),是束团在环中运行每圈通过探测器的位置信息。通过计算瞬时逐圈位置振荡信息,可以获得储存环运行的工作点、阻尼时间、相空间等物理参量,进而研究储存环上的束流不稳定性和动力学孔径等。③逐束团位置(BxB),是每个束团每次通过探测器的位置信号。通过测量每个束团振荡的横向位置和纵向相位,可研究束团耦合振荡和不稳定性的模,以及快离子效应等不稳定性现象产生的机理及其对整个机器性能的影响等。

建立在逐束团横向振荡位置和纵向振荡相位信息基础上的束流横向和纵向反馈系统,是抑制束流不稳定性、提高储存环流强和亮度不可替代的设备。

鉴于上述原因,世界各大高能加速器实验室都非常重视束流位置测量系统的研制和性能研究[1~5],同时围绕以上热门课题,开展了大量试验研究和设备研制,以及相关应用研究。这些课题研究内容就是本书的核心,在后面章节中,将逐一详细阐述。

5.1　信号探测基本原理

5.1.1　感应场

束流所产生的电磁场可分为近场和远场两大类。近场就是库仑场,与带电粒子的电荷有关,后者是指带电粒子的辐射场。大部分束流强度和位置探头都是通过近场作用工作的。本书介绍的探测器,就是属于这类原理的探测设备。

由于以接近光速运动的电子束,被约束在不锈钢真空管道中心附近运动,它将产生电场和磁场,因此放置在靠近管道壁上的探测器,将耦合出束流的电磁场(图 5.1.1)。在高能束流的情况下,这些场是纯横电磁场(TEM)。如果束流偏离真空管道中心,耦合出束流的电磁场将被调制,由此可以得到束流位置信息。探测电极的感应信号,是被束流振荡调制的时域信号,其载波是束团的回旋频率(对单束团而言)或高频频率(对多束团而言)。束流位置检测器,由一对电极或两对电极(可同时测量水平和垂直位置)构成,是非拦截型的束流测量手段。束流粒子在管道中运动,所产生场的示意图如图 5.1.1[6,7] 所示。

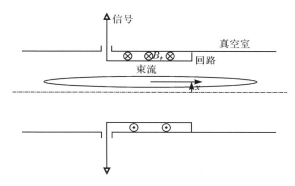

图 5.1.1　运动电荷在金属真空管道壁上产生场的示意图

5.1.2　信号接收

拾取束流电磁场信号的探头可以分为两种:一种是电容耦合束流探头,探测束流的电场;另一种是电感耦合束流探头,探测束流产生的磁场。两种耦合示意图分别如图 5.1.2(a)和(b)所示,其对应的等效回路图如图 5.1.2(c)和(d)所示。

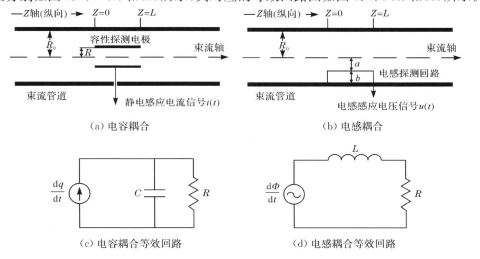

图 5.1.2　束流探头及其等效电路[6]

图 5.1.2 中，dq/dt 为电流源，C 为极间电容；$d\Phi/dt$ 为电压源，L 为环路电感。两种情况下，R 均为外接负载电阻，通常为 50Ω。在束流位置的探测中，更关心的是电场。

在电子储存环中，位置信号通常采用钮扣和条带电容型耦合电极来获得。由钮扣电极和条带电极构成的束流位置检测器常称为钮扣型 BPM 和条带型 BPM，它们广泛用于加速器中。近年来，为了满足 X 射线自由电子激光装置（X-FEL）和国际直线对撞机（international linear collider，ILC）对位置测量的要求（位置测量的分辨率达到 $1\mu m$ 以下甚至亚微米），提出了腔式束流位置检测器（cavity BPM）[8]。

5.2　束流位置探测原理

探测束流位置的电极通常有静电探测电极、钮扣电极（button pickup）和条带电极（stripline pickup）等。本书所描述的束流位置测量，其探测器是指钮扣电极或者条带电极。电容型钮扣电极常用做束流位置、束团流强和电荷分布的检测。而条带电极既可用做束流位置检测，也可用做束团流强和束团长度检测，还可以作为激励束流和抑制束流不稳定性的反馈激励器件。理论上，所有的探测器反过来使用都可以用做反馈激励（kicker）器件，而条带电极较为常用，因为通过它，可以获得更高的激励功率。

5.2.1　钮扣电极 BPM

1.　钮扣电极 BPM 的构造

钮扣电极通常是圆形且非常小，其特性阻抗与传输信号的电子学线路的阻抗要一致。对于不同的真空室，电极有不同的配置。在圆形真空室管道，通常电极沿管道圆形截面水平和垂直成对放置，或者与水平和垂直倾斜 45°放置。倾斜 45°放置可以避免同步光直接撞击而造成电极的损坏和产生的噪声带来测量误差。对于跑道形真空室管道，一般是两对电极平行放置。圆形和跑道形电极的典型布局图如图 5.2.1 所示。由于电极直接运行在超高真空条件下，因此信号的输出需要经过专业制造的 Feedthrough 转换连接（图 5.2.1 中突出器件），以便隔离真空和大气，保证储存环超高真空运行环境和良好的电接触。而且，该器件阻抗需要与电极和传输电缆保持良好的匹配，才能保证获得的信号没有畸变。

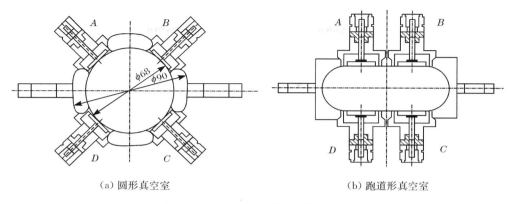

(a) 圆形真空室　　　　　　　　　　　(b) 跑道形真空室

图 5.2.1　钮扣型 BPM 的截面图[8]

2. 钮扣电极感应原理

以 HLS 电容型钮扣电极为例来探讨其感应原理。钮扣电极通常是非常小的圆片形电极。HLS 的钮扣电极的直径为 $d=25$mm。零电流时,自然束团长度 $\sigma_0\approx3.8$cm。具有高斯分布的束团(图 5.2.2),随着流强提高和与环境的作用,存在纵向长度拉伸效应,其均方根束团长度 σ 将达 12cm 以上(图 4.3.5),因此,可以认为(除小流强情况外)束团长度远大于电极尺寸。其结构和等效的电荷探测原理如图 5.2.2 所示。

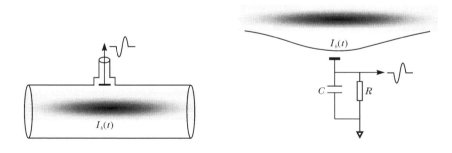

图 5.2.2　钮扣电极 BPM 的结构和等效原理图[9]

BPM 一般放置在真空室直线段,电极结构为自 Feedthrough 伸出的孤立圆片形探头。当速度接近光速的电子束在管道中心附近运动时,若忽略加速运动产生的辐射,其感应信号主要来自于横向电场与磁场。例如,一自由空间电荷 q 以匀速 v 运动,在距离为 r 处的电磁场在国际单位制中,用极坐标表示为[6,10]

$$
\begin{cases}
\boldsymbol{E}=\left(1-\dfrac{v^2}{c^2}\right)\dfrac{q\boldsymbol{r}}{4\pi\varepsilon_0}\left[\left(1-\dfrac{v^2}{c^2}\right)r^2+\left(\dfrac{\boldsymbol{v}\cdot\boldsymbol{r}}{c}\right)^2\right]^{-3/2}\\[3mm]
\boldsymbol{B}=\dfrac{1}{c^2}\boldsymbol{v}\times\boldsymbol{E}
\end{cases}
\tag{5.2.1}
$$

式中,c 为光速;$\boldsymbol{v}$ 为束流运动的速度。由式(5.2.1)可以看出,B/E 是 v/c^2 量级的小量,故一般可以忽略。当 $v\ll c$,即 $\gamma\to 1$ 时,有

$$
\begin{cases}
\boldsymbol{E}=\dfrac{q\boldsymbol{r}}{4\pi\varepsilon_0 r^3}=\boldsymbol{E}_0\\[3mm]
\boldsymbol{B}=\dfrac{\mu_0 q}{4\pi r^3}\boldsymbol{v}\times\boldsymbol{r}
\end{cases}
\tag{5.2.2}
$$

式中,$\boldsymbol{E}_0$ 为静止电荷的静电场。推导式(5.2.2)中的第二式时,利用了在国际单位制中的关系式 $\mu_0\varepsilon_0=1/c^2$。对于 $v\approx c$,即 $\gamma\gg 1$ 时的情形,分两种情形来讨论。

（1）当 $\boldsymbol{r}$ 垂直于 $\boldsymbol{v}$ 时,$\boldsymbol{v}\cdot\boldsymbol{r}=0$,则有

$$
|\boldsymbol{E}|\approx E_\perp=\gamma\frac{q\,|\boldsymbol{r}|}{4\pi\varepsilon_0 r^3}\gg E_0
\tag{5.2.3}
$$

（2）当 $\boldsymbol{r}$ 平行于 $\boldsymbol{v}$ 时,$(\boldsymbol{v}\cdot\boldsymbol{r}/c)^2\gg(1-v^2/c^2)r^2$,则有

$$
|\boldsymbol{E}|\approx E_\parallel=\frac{1}{\gamma^2}\frac{q\,|\boldsymbol{r}|}{4\pi\varepsilon_0 r^3}\ll E_0
\tag{5.2.4}
$$

从上述结果可知,若 $v\approx c$,束流在环中运行,其电场主要集中在与运动方向垂直的一个狭小的方向角内,其中,$\gamma=1/\sqrt{1-v^2/c^2}$ 为洛伦兹能量因子(参见图4.1.1)。

3. 钮扣型 BPM 时域响应分析

以 HLS 钮扣型 BPM 电极为例来探讨。其电极与真空室截面图见图5.2.3。图5.2.3所示为检测电极与水平和垂直45°角放置的束流位置探测器。使用极坐标,其中,$I_b(r_b,\theta_b)$ 表示束流的位置(θ_b 表示从 $+x$ 轴反时针到 r_b 的角度),r_0 为真空室半径,b 为电极到真空室中心的距离,ϕ 为电极张角。用 (B,θ) 表示电极上某点的位置(可参见图5.2.19,θ 表示从 $+x$ 轴反时针到 B 的角度)。

HLS 钮扣型 BPM 探测电极为圆形,探头感应电荷正比于该时刻束团内部的电荷。因为电极的面积很小,可以略去电极上感应电荷的不均匀性,又由于束流偏离中心的距离 r 一般远小于电极到管心的距离 b,当拾取的信号仅考虑它的流强大小时,也可以略去各电极感应电荷的差异(束流位置需要考虑各电极之间的信号差,将在后面讨论)。这里,首先考虑束流在中心时,单个电极上的感应电荷(镜像)可写为[11]

$$
Q_B(t)=\frac{-S}{2\pi b}q_b(t)
\tag{5.2.5}
$$

式中,$q_b(t)$ 是束团的线电荷密度;$S=\pi a^2$ 是电极面积,a 为圆形电极半径;$2\pi b(b\approx$

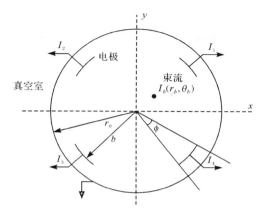

图 5.2.3　束流和束流位置检测器示意图

r_0）为电极所在处的管道周长；负号表示镜像电荷与束团电荷符号相反。电极上的镜像电流为

$$I_B(t)=\frac{\mathrm{d}Q_B(t)}{\mathrm{d}t}=\frac{-S\mathrm{d}q_b(t)}{2\pi b\ \mathrm{d}t} \tag{5.2.6}$$

用 $I_b(t)$ 表示束流强度，且 $I_b(t)=v_b q_b(t)$，v_b 为束流运动速度。电极上的输出电压（跨在 Z 两端上的电位差）为

$$V_B(t)=ZI_B(t)=\frac{-a^2 Z}{2b v_b}\frac{\mathrm{d}I_b(t)}{\mathrm{d}t} \tag{5.2.7}$$

此处已假定 v_b 近似为常数。Z 为外接电缆传输阻抗和耦合电容并联的等效阻抗，其表示式为

$$Z=R\parallel\frac{1}{\mathrm{i}\omega C_b}\approx R \tag{5.2.8}$$

式中，C_b 为电极和管道壁之间的寄生电容，在 pf 量级，可忽略。传输线特性阻抗为 R，通常为 50Ω。假设束流在时域上的包络呈高斯分布，则有

$$I_b(t)=\frac{eN}{\sqrt{2\pi}\sigma_t}\exp\Big(\frac{-t^2}{2\sigma_t^2}\Big) \tag{5.2.9}$$

式中，N 为束团中的粒子数量；σ_t 为均方根束团长度（按时间单位测量）。根据等效电路（图 5.1.2），将式（5.2.9）代入式（5.2.7），可以得到具有 N 个粒子高斯分布束团在电极上的感应电压为

$$V_B(t)=ZI_B(t)=\frac{a^2 Z}{2b v_b}\frac{eN}{\sqrt{2\pi}}\frac{t}{\sigma_t^3}\exp\Big(\frac{-t^2}{2\sigma_t^2}\Big) \tag{5.2.10}$$

电压信号的峰值发生在 $t=\pm\sigma_t$ 处，峰值电压为

$$V_{B\,\mathrm{peak}}(t)=\frac{a^2 Z}{2b v_b}\frac{eN}{\sqrt{2\pi}}\frac{e^{-1/2}}{\sigma_t^2}\propto\frac{S}{b\sigma_t^2} \tag{5.2.11}$$

由式(5.2.11)可以看出,电压峰值与束团长度 σ_t 成反比,因此钮扣电极最适合用于非常短束团的场合,如电子储存环。

假如考虑储存环中仅有一个束团,钮扣电极上接收足够长时间的多圈累积结果:

$$V_B(t) = Z \sum_{k=-\infty}^{\infty} I_B(t+kT_0) = \frac{a^2 Z}{2bv_b} \frac{eN}{\sqrt{2\pi}\sigma_t^3} \sum_{k=-\infty}^{\infty} (t+kT_0) \exp\left[\frac{-(t+kT_0)^2}{2\sigma_t^2}\right]$$

$$(5.2.12)$$

4. 钮扣型 BPM 的频域响应分析

对式(5.2.10)进行傅里叶变换,电极上呈高斯分布的时域电压信号变换到频域为

$$\widetilde{V}_B(\omega) = \frac{a^2 Z}{2bv_b} \frac{eN}{\sqrt{2\pi}\sigma_t^3} \int_{-\infty}^{\infty} t \exp\left(\frac{-t^2}{2\sigma_t^2}\right) \exp(-\mathrm{i}\omega t) \mathrm{d}t$$

$$= \frac{-a^2 ZeN}{\sqrt{2\pi}bv_b\sigma_t} \exp\left(-\frac{\sigma_t^2\omega^2}{2}\right) \qquad (5.2.13)$$

这是单个高斯分布束团在钮扣电极上所产生感应电压在频域中的表达式。式(5.2.12)在频域的表达式为

$$\widetilde{V}_B(\omega) = \frac{a^2 Z}{2bv_b} \frac{eN}{\sqrt{2\pi}\sigma_t^3} \sum_{k=-\infty}^{\infty} \int_{-\infty}^{\infty} (t+kT_0) \exp\left[\frac{-(t+kT_0)^2}{2\sigma_t^2}\right] \exp(-\mathrm{i}\omega t)\mathrm{d}t$$

$$= \frac{-a^2 ZeN}{\sqrt{2\pi}bv_b\sigma_t} \sum_{k=-\infty}^{\infty} \exp(\mathrm{i}k\omega T_0) \exp\left(-\frac{\sigma_t^2\omega^2}{2}\right)$$

$$= \frac{-a^2 ZeN\omega_0}{\sqrt{2\pi}bv_b\sigma_t} \sum_{k=-\infty}^{\infty} \delta(\omega-k\omega_0) \exp\left(-\frac{k^2\sigma_t^2\omega_0^2}{2}\right) \qquad (5.2.14)$$

钮扣电极的感应电压和频率响应曲线如图 5.2.4 所示。

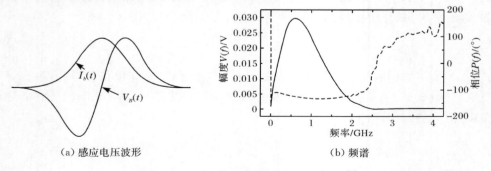

（a）感应电压波形　　　　　　　　　（b）频谱

图 5.2.4　钮扣电极感应电压波形和频谱[8]

5.2.2　条带电极

条带电极(又称为定向耦合电极)是另外一种常见的束流位置探测器。条带电极既可以用做信号检测器件(pickup),也可以用做激励电极(kicker)。条带电极作为 pickup 使用时,与钮扣电极作用相同。将电极输出信号采用不同的连接方式,可达到分别测量束流的横向位置和纵向相位的目的。当它作为 kicker 使用时,通过输入到两电极信号的共模或者差模,来控制它与束流的作用,用做纵向反馈或者横向反馈。

1. 条带电极的构造

条带电极一般由水平和垂直两对电极组成,也可以由与水平和垂直方向成 45°角的两对电极组成。输出同样需要经过 Feedthrough 与真空管道连接。HLS 条带电极的剖面正视图如图 5.2.5 所示,有上下两根条带简化的剖视图如图 5.2.6所示。

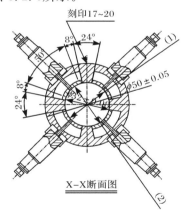

图 5.2.5　条带电极剖面正视图

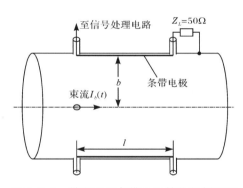

图 5.2.6　带有两根条带电极简化的剖视图

2. 条带电极的工作原理

对条带 pickup 和 kicker 采用相似的示意图,但它们与外部电路的连接方法不一样,功能也不一样。忽略条带电极的内部结构,将它作为一个暗箱,只需要关心它的输入和输出信号。图 5.2.7～图 5.2.10 简单表示了条带电极作为 pickup 和 kicker 时的应用原理[12]。

作为 pickup 使用时,从系统中获取(探测到)的束流信息如图 5.2.7 和图 5.2.8所示。而作为 kicker 使用时,是输入一个激励的电信号,来影响束流的行为和电磁学参数,示意图如图 5.2.9 和图 5.2.10 所示。

在这两类使用时,每一类又可以分为两种不同的连接方式,即纵向和横向连接。它们分别联系于探测或影响束流的纵向运动(如旋转频率、纵向辐射、束团长度等)和横向运动(如 β 振荡频率、横向位移、横向辐射等)。

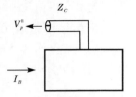
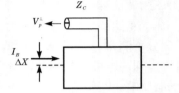

图 5.2.7　作为纵向 pickup 示意图　　　图 5.2.8　作为横向 pickup 示意图

用做 pickup 时,当束流通过条带时,在信号电缆末端将输出一个信号,该信号来自探测电极。当作为纵向 pickup 时,输出正比于束流强度(图 5.2.7),而作为横向 pickup 时,输出正比于束流和束的横向位移的乘积,即束的偶极矩(图 5.2.8)。习惯用"∥"符号表示与纵向相关的量,用"⊥"符号表示与横向相关的量。

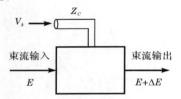
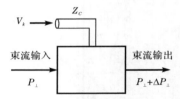

图 5.2.9　作为纵向 kicker 示意图　　　图 5.2.10　作为横向 kicker 示意图

简单探讨条带激励器的性能时,可以用一对对称放置的电极片来表示。作为纵向激励时,使两极片上所加输入电信号脉冲的振幅和相位完全相同,输出的信号相加,合成的结果主要反映沿纵向束流特性的变化。而作为横向激励时,使两极片上所加电信号脉冲的振幅相同而相位正好相差 $180°$,输出的信号相减,合成的结果主要反映横向束流特性,而在纵向(s 方向)的变化可以忽略。

当一个随着时间变化的电压 V_k 沿着特性阻抗为 Z_C 的电缆加到条带上时,束流的能量(E)或者横向动量($P_\perp$)产生改变,参见图 5.2.9 和图 5.2.10。而对于纵向连接,用 $P_\parallel$ 表征纵向运动的特性参数更为方便,所以常常借助束电压 $V \equiv \Delta E/e$ 的变化来表征束能的变化(e 是电子电荷)。定义 $\Delta P_\perp \beta c/e$ 为横向的束电压,这里 $\beta c = v$ 为束的纵向速度(详见第 2 章)。

在对条带电极进行深入探讨前,首先介绍在应用中涉及的两个重要定理[12]。

3. 条带电极应用中的洛伦兹互易定理

条带电极可用做信号检测和束流反馈器件,两种用途的各种特性和参数具有

一定的关系,这些关系是基于求电磁问题解的洛伦兹互易定理(Lorentz reciproci-
ty theorem)。在求解电磁问题时,洛伦兹互易定理是最有用的理论之一,能被用
于导出许多关于实际设备的基本特性,特别是当一种设备可用于两种应用目的
时,能提供这两种应用的电磁学参量间的关系,从而更便于对数据的获取、分析和
处理。

考虑某空间体积为 V,其闭合的边界表面积为 S,如图 5.2.11 所示[13]。

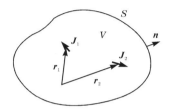

图 5.2.11　洛伦兹互易定理原理图

令 V 中的一个电流源 J_1 所产生的电磁场分别为 E_1 和 H_1,同时,第二个电流
源 J_2 所产生的电磁场为 E_2 和 H_2。除这些源和场满足麦克斯韦方程外,没有其他
特别的要求和限制,这两个源和场将满足如下洛伦兹互易关系:

$$\oiint_S (E_1 \times H_2 - E_2 \times H_1) \cdot \mathrm{d}S = \iiint_V (E_2 \cdot J_1 - E_1 \cdot J_2) \mathrm{d}V \quad (5.2.15)$$

条带既可作为 kicker 又可作为 pickup,互易理论的几何示意图见图 5.2.12,
图 5.2.13 为条带作为 kicker 时,场分布示意图。

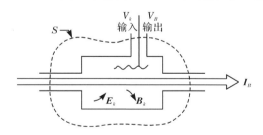

图 5.2.12　条带作为 pickup 与 kicker
互易理论的几何示意图

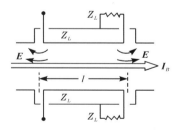

图 5.2.13　条带作为 kicker 时场分
布示意图

下面,根据洛伦兹互易定理,分析条带电极作为 kicker 与 pickup 应用之间的
联系。有一闭合表面 S 包围的真空管道和电极,V 是 S 包围的体积。在条带电极
作为 pickup 使用时(下标 p),一个密度为 J_p 的电流在整个腔体里形成电场 E_p 和
磁场 H_p,其输出信号为 V_p,如图 5.2.14 所示。而当它作为 kicker 时(下标 k),被
一电流源所激励(此时 S 包围两个电流源),J_k 为电流源密度,端口输入电压为
V_k,在腔体里产生电场 E_k 和磁场 H_k,如图 5.2.15 所示[14]。

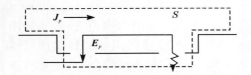

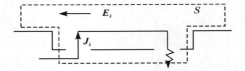

图 5.2.14　条带电极作为 pickup　　　　图 5.2.15　条带电极作为 kicker

忽略 E_k 和 H_k 对原来电流和场 J_p、E_p 和 H_p 影响的小量，则由洛伦兹互易定理有

$$\oiint_S (E_k \times H_p - E_p \times H_k) \cdot \mathrm{d}S = \iiint_V (E_p \cdot J_k - E_k \cdot J_p)\mathrm{d}V \quad (5.2.16)$$

下面从其中一种应用得到的电流和电磁场强度数值，导出在另一种应用时相应的数值。

由于真空管道外自由空间无场，因此 E_k、E_p 在这些位置的面 S 上积分为零。真空管道横截面取在无穷远处，电场 E_k 和 E_p 可视为零，此处的面积分也为零。只有在同轴线端口处，电磁场的面积分贡献不为零。对于高能束流情况，电磁场是纯横的，$\hat{E}_k \times \hat{H}_p \cdot \mathrm{d}\hat{S} = 1$，$\hat{E}_p \times \hat{H}_k \cdot \mathrm{d}\hat{S} = -1$，$\hat{E}$、$\hat{H}$、$\mathrm{d}\hat{S}$ 分别是相应矢量的单位矢量，在端口处下述关系式将成立：

$$H_{k,p} = \frac{I_{k,p}}{2\pi r} \quad (5.2.17)$$

$$\mathrm{d}S = 2\pi r \mathrm{d}r \quad (5.2.18)$$

$$\int E_{k,p} \mathrm{d}r = V_{k,p} = I_{k,p} Z_L \quad (5.2.19)$$

式中，r 是场点到同轴线中心距离；Z_L 是特性阻抗。所以洛伦兹互易关系式(5.2.16)左边的积分为

$$\oiint_S (E_k \times H_p - E_p \times H_k) \cdot \mathrm{d}S = \frac{2V_k V_p}{Z_L} \quad (5.2.20)$$

式(5.2.16)右边的积分，在整个空间里，对于 kicker，体积 V 中流过同轴线和管道壁中的电流 J_k 大小相同、方向相反，总和为零。因此，只有 $E_k \cdot J_p$ 对积分有贡献。将式(5.2.20)代入式(5.2.16)可得

$$V_p = -\frac{Z_L}{2V_k} \iiint_V E_k \cdot J_p \mathrm{d}V \quad (5.2.21)$$

由式(5.2.21)可以看出，已知条带电极作为 kicker 时的参量时，可以很容易地求出条带电极作为 pickup 时电极输出的电压信号。

洛伦兹互易定理的意义在于，对于一个给定的插入设备，无论它是作为 kicker 还是 pickup，或者兼有两种功能，只需要计算求解它作为 kicker 在外部激励下的响应，由得到的结果就可以换算得到它作为 pickup 时的响应特性，即得到的结果

可以相互换算。

4. 条带电极应用中的 Panofsky-Wenzel 定理

条带电极用做反馈激励时,当相对两个电极上所加功率和相位相同时,它不产生横向电场,只有纵向电场,此时可以作为纵向 kicker 使用。而当相对两个电极上所加功率相同而相位正好相反时,它产生横向电场,此时可以作为横向 kicker 使用。用 Panofsky-Wenzel 定理可获得束流探头作为 kicker 时横向和纵向特性之间的关系。

考虑一个带电粒子以速度 $\boldsymbol{v}$ 通过 kicker 的两端 a 与 b 时,a、b 两点的位置分别为 s_a 和 s_b,它必然感受到电磁场的作用力,从而改变其动量和能量。动量和能量的改变量为

$$
\begin{cases}
\Delta \boldsymbol{P}(t) = e \displaystyle\int_{s_a}^{s_b} \big[\boldsymbol{E}(s,t) + \boldsymbol{v} \times \boldsymbol{B}(s,t) \big] \dfrac{\mathrm{d}s}{v} \\[2mm]
\Delta \varepsilon(t) = e \displaystyle\int_{s_a}^{s_b} \boldsymbol{E}(s,t) \cdot \mathrm{d}s
\end{cases}
\tag{5.2.22}
$$

粒子穿行的距离可以表示为

$$
\begin{cases}
s = s_a + v(t - t_a) \\
\mathrm{d}s = \boldsymbol{v}\,\mathrm{d}t
\end{cases}
\tag{5.2.23}
$$

注意,虽然 kicker 两端所在的位置 s_a 和 s_b 是不变的,但由于不同的粒子到达 s_a 的时间不同,作用于它的场也是不同的,因此,从 s_a 到 s_b 定积分的粒子动量和能量的改变量 $\Delta \boldsymbol{P}$ 和 $\Delta \varepsilon$ 都还是时间的函数。将式(5.2.22)中的动量增量表达式,对时间偏微分,得

$$
\frac{\partial \Delta \boldsymbol{P}(t)}{\partial t} = e \left(\int_{s_a}^{s_b} \frac{\partial \boldsymbol{E}}{\partial t} \frac{\mathrm{d}s}{v} + \int_{s_a}^{s_b} \mathrm{d}s \times \frac{\partial \boldsymbol{B}}{\partial t} \right)
\tag{5.2.24}
$$

式中,$\mathrm{d}s$ 矢量的方向是和 $\boldsymbol{v}$ 的方向相同的。注意到 $\mathrm{d}s$ 不是空间位置的函数,以下矢量运算的关系成立:

$$
\nabla \times \boldsymbol{E} = -\frac{\partial \boldsymbol{B}}{\partial t}
\tag{5.2.25}
$$

$$
\mathrm{d}s \times \nabla \times \boldsymbol{E} = \nabla(\mathrm{d}s \cdot \boldsymbol{E}) - (\mathrm{d}s \cdot \nabla)\boldsymbol{E}
\tag{5.2.26}
$$

$$
(\mathrm{d}s \cdot \nabla)\boldsymbol{E} + \frac{\partial \boldsymbol{E}}{\partial t}\mathrm{d}t = \frac{\partial \boldsymbol{E}}{\partial s}\mathrm{d}s + \frac{\partial \boldsymbol{E}}{\partial t}\mathrm{d}t = \mathrm{d}\boldsymbol{E}
\tag{5.2.27}
$$

因此,式(5.2.24)可以改写成

$$
\frac{\partial \Delta \boldsymbol{P}}{\partial t} = e \int_{s_a}^{s_b} \big[\mathrm{d}\boldsymbol{E} - \nabla(\mathrm{d}s \cdot \boldsymbol{E}) \big]
\tag{5.2.28}
$$

将动量增量对时间的偏微分(5.2.24),投影到 $\boldsymbol{v}$ 的纵向和横向,因为 $\mathrm{d}s \times \partial \boldsymbol{B}/\partial t$ 是在垂直于 $\mathrm{d}s$ 的方向上的,而 $\mathrm{d}s$ 和 $\boldsymbol{v}$ 同向,所以式(5.2.24)的第二项在 $\boldsymbol{v}$ 纵向的分量为 0,故

$$\left(\frac{\partial \Delta P}{\partial t}\right)_s = e\,\frac{\partial}{\partial t}\int_{s_a}^{s_b} E_s\,\frac{\mathrm{d}s}{v} \tag{5.2.29}$$

将式(5.2.28)投影在 $\boldsymbol{v}$ 的横向,结果为

$$\left(\frac{\partial \Delta \boldsymbol{P}}{\partial t}\right)_\perp = -e\int_{s_a}^{s_b}\left[\nabla_\perp(\boldsymbol{E}\cdot\mathrm{d}\boldsymbol{s})-(\mathrm{d}\boldsymbol{E})_\perp\right] \tag{5.2.30}$$

计算积分并使用式(5.2.22)的第二式,可得

$$\left(\frac{\partial \Delta \boldsymbol{P}}{\partial t}\right)_\perp = -\nabla_\perp(\Delta\varepsilon)+e\left[\boldsymbol{E}_\perp(s_b,t_b)-\boldsymbol{E}_\perp(s_a,t_a)\right] \tag{5.2.31}$$

这一等式在任意时间成立,通常在设计 kicker 时,粒子进入和离开 kicker 感受到的电场是相等的,或者作用的电场都是零。再考虑电磁场对时间的依赖因子是简单的 $\mathrm{e}^{\mathrm{i}\omega t}$,式(5.2.31)可以写为

$$\mathrm{i}\omega\,(\Delta\boldsymbol{P})_\perp = -\nabla_\perp(\Delta\varepsilon) = -e\,\nabla_\perp(\Delta V) \tag{5.2.32}$$

在式(5.2.32)中已使用关系 $\Delta V \equiv \Delta\varepsilon/e$,它是束流电压的增量,由纵向 kicker 场产生的能量改变所引起。这是 Panofsky-Wenzel 定理的原始形式。

5. 信号传输理论

对于条带电极,因为条带和管道壁是平行放置的导体,所以条带电极的设计可基于传输线理论[14]。取微元段为 $\mathrm{d}z$,此段的电容为 $C_0\mathrm{d}z$,电感为 $L_0\mathrm{d}z$,等效电路如图 5.2.16 所示。

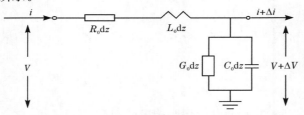

图 5.2.16　$\mathrm{d}z$ 段传输线的等效电路

传输线上经过 $\mathrm{d}z$ 段的电压、电流变化量可以写为

$$\begin{cases} -\dfrac{\partial u}{\partial z}=R_0 i+L_0\,\dfrac{\partial i}{\partial t} \\[2mm] -\dfrac{\partial i}{\partial z}=G_0 u+C_0\,\dfrac{\partial u}{\partial t} \end{cases} \tag{5.2.33}$$

式中,R_0、G_0、L_0、C_0 分别为单位长度的电阻、电导、电感和电容。考虑电压、电流均做简谐变化,其瞬时变化值可以写为

$$\begin{cases} u(z,t)=\mathrm{Re}\left[U(z)\mathrm{e}^{\mathrm{i}\omega t}\right] \\[2mm] i(z,t)=\mathrm{Re}\left[I(z)\mathrm{e}^{\mathrm{i}\omega t}\right] \end{cases} \tag{5.2.34}$$

式中,$U(z)$、$I(z)$ 是 u、i 的复数形式。把式(5.2.34)代入式(5.2.33),得到传输方

程为

$$
\begin{cases}
\dfrac{\mathrm{d}U(z)}{\mathrm{d}z} = ZI(z) \\[3mm]
\dfrac{\mathrm{d}I(z)}{\mathrm{d}z} = YU(z)
\end{cases}
\tag{5.2.35}
$$

式中，$Z = R_0 + \mathrm{i}\omega L_0$ 表示传输线上的串联阻抗；$Y = G_0 + \mathrm{i}\omega C_0$ 表示传输线上的并联导纳。解方程(5.2.35)可以得

$$
\begin{cases}
u(z,t) = \mathrm{Re}\left[U(z)\mathrm{e}^{\mathrm{i}\omega t}\right] = A_1 \mathrm{e}^{-\alpha z}\cos(\omega t - \beta z) + A_2 \mathrm{e}^{\alpha z}\cos(\omega t + \beta z) \\[3mm]
i(z,t) = \mathrm{Re}\left[I(z)\mathrm{e}^{\mathrm{i}\omega t}\right] = \dfrac{A_1}{Z_0}\mathrm{e}^{-\alpha z}\cos(\omega t - \beta z) + \dfrac{A_2}{Z_0}\mathrm{e}^{\alpha z}\cos(\omega t + \beta z)
\end{cases}
$$
$$
\tag{5.2.36}
$$

式(5.2.36)说明，传输线上任意点处的电压和电流均由两部分组成：第一部分表示入射波，第二部分表示反射波。可以把条带电极与管壁形成的传输线看成两端口网络，如图 5.2.17 所示。

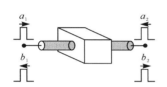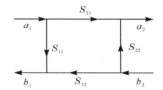

图 5.2.17　两端口网络

假设某一端口的入射波用两维空间矢量 $\boldsymbol{A}$ 表示，反射波用两维空间矢量 $\boldsymbol{B}$ 表示，则 $\boldsymbol{A}$ 和 $\boldsymbol{B}$ 的关系可以写为

$$
\boldsymbol{B} = \begin{bmatrix} B_1 \\ B_2 \end{bmatrix} = \begin{bmatrix} S_{11}A_1 + S_{12}A_2 \\ S_{21}A_1 + S_{22}A_2 \end{bmatrix} = \begin{bmatrix} S_{11} & S_{12} \\ S_{21} & S_{22} \end{bmatrix} \begin{bmatrix} A_1 \\ A_2 \end{bmatrix} = \boldsymbol{SA}
\tag{5.2.37}
$$

式中，S_{11} 和 S_{22} 是端口的入射系数；S_{12} 和 S_{21} 是端口的反射系数。

5.2.3　条带电极作为 pickup

1. 信号的获取

当条带作为 pickup 电极时，如何获取信号是首先要考虑的，而感应信号如前所述，通常是根据镜像电流原理获取的。图 5.2.18 所示为一对水平条带电极的截面布局，图 5.2.19 所示为倾斜 45° 放置的条带电极镜像电流(仅取 1/4 象限)。为简化讨论，在这里首先分析相对平行放置的两个条带电极剖面，相当于对图 5.2.6 正面看去，并剖开再旋转 90° 放置。

从图 5.2.18 可知，使用柱坐标，若电极长度为 l，条带张角为 ϕ，电极到真空室

中心的距离为 b，真空室半径为 r_0，其中，$I_b(r_b,\theta_b)$ 表示束流位置极坐标，(B,θ) 表示电极上某点的位置。条带电极特性阻抗为 Z_L（通常为 50Ω）。电极的上游端接特性阻抗为 50Ω 同轴电缆获取信号，下游端接 50Ω 匹配电阻（参考图 5.2.6）。

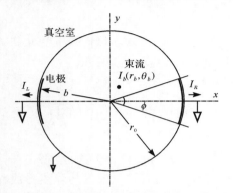

图 5.2.18 条带电极与真空管道截面示意图

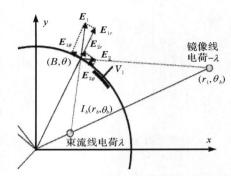

图 5.2.19 条带电极镜像电流（仅取 1/4 象限）[8]

一般情况下，束流在电极上因为感应而产生信号，它损失的功率很小，几乎可以不必考虑它对束流的影响，因此，可以把束流看成一个电流源。带电粒子静止时只有静电场，而电子运动时，既有电场也有磁场。带电粒子沿着管道向前运动时，就会在管道壁上感应出相反的电荷并随它一起运动，从而在管道壁上形成镜像电流。镜像电流的大小和束团电流大小相等，方向相反。下面用下标 b 表示束流的量，用下标 s 表示条带上感应（即镜像）的量，从麦克斯韦方程得到

$$\nabla \times \boldsymbol{H} = \boldsymbol{I}_b + \varepsilon_0 \frac{\partial \boldsymbol{E}}{\partial t} \tag{5.2.38}$$

式中，ε_0 是真空介电常数。因为束流是相对论的，所产生的场是横向电磁场，电场总是垂直于束流运动方向的，故式（5.2.38）中的位移电流 $\varepsilon_0(\partial \boldsymbol{E}/\partial t)$ 等于 0，所以有

$$\nabla \times \boldsymbol{H} = \boldsymbol{I}_b \tag{5.2.39}$$

因为金属管壁内部并没有电磁场，根据磁场的边值关系得管壁处：

$$\boldsymbol{I}_s = \boldsymbol{n} \times \boldsymbol{H} \tag{5.2.40}$$

式中，$\boldsymbol{n}$ 为垂直管道表面的单位法向矢量。对于圆管道情况，当束流偏离轴线时，若束流位于图 5.2.18 中的 (r_b,θ_b) 位置时，其在条带极片上任一坐标 (b,θ) 点处产生的镜像电流强度为

$$I_s(b,\theta) = -\frac{I_b}{2\pi b} \frac{b^2 - r_b^2}{b^2 + r_b^2 - 2br_b\cos(\theta - \theta_b)} \tag{5.2.41}$$

直到这里，推导的公式并不涉及测试电极的大小和和形状，对于钮扣电极和条带电极都可使用，后面将涉及这两种电极的几何形状。对不同电极形状积分时，它们会有各自不同的结果。

当计算极片上的镜像电流大小时,可沿条带宽度方向,对 θ 角从极片的一边积分到另一边,就能获得极片上的感应电流。

从图 5.2.18 中也可以看出,在电极相对的两个极片上,感应出的镜像电流是不一样的,它们的差值正好反映出束流的位置。在束流偏离中心较小的情况下,镜像电流的差值是与位移成正比的。可以把电极上感应生成的电流和束流强度的比值定义为电极的灵敏度,即

$$s_{x,y} = \frac{1}{I_b}\int_W I_s \mathrm{d}W = \frac{1}{k_{x,y}} \tag{5.2.42}$$

由式(5.2.41)和式(5.2.42)可以看出,电极灵敏度与电极宽度 W 和束流到电极的距离都相关,灵敏度的倒数 k 即感应系数(详见 6.2.2 节和 9.2.2 节)。

2. 时域响应

如图 5.2.6 所示,电极和管壁形成传输线。为了问题的简化,下面首先针对一根条带且束流位于管道中心的情况来讨论。当束流 $I_b(t)$ 在真空管道中沿轨道运动时,在管壁上感应出的镜像电荷(符号相反)也一同运动。当它到达电极上游端时,因为电极和管道壁之间不连续,在不连续处形成电流脉冲 $I_b\delta(t)$,这时条带电极上游端截取的脉冲电流为 $\phi/(2\pi)I_b\delta(t)$。该电流分两路:因电缆传输阻抗和负载电阻是匹配的,所以在上游端的同轴电缆产生的感应电压为 $V_1 = \phi/(4\pi) \cdot Z_L I_b\delta(t)$;另外一路以速度 v_s 经条带传至下游端,在下游端的匹配电阻上产生的感应电压为 $V_2 = \phi/(4\pi)Z_L I_b\delta(t-l/v_s)$。当束流以速度 v_b 传至下游端时,在条带电极下游端不连续处形成的脉冲电流为 $-\phi/(2\pi)I_b\delta(t-l/v_b)$,负号表示传播方向相反。该电流也分为两路:一路在下游端的匹配电阻产生感应电压 $V_3 = -\phi/(4\pi) \cdot Z_L I_b\delta(t-l/v_b)$;另一路经条带传至上游端,在上游端的同轴电缆上产生感应电压 $V_4 = -\phi/(4\pi)Z_L I_b\delta(t-l/v_b-l/v_s)$。如此,在上游端拾取的总电压为 $V_a = V_1 + V_4$,而在下游端拾取的电压为 $V_b = V_2 + V_3$,即

$$\begin{cases} V_a(t) = \dfrac{\phi Z_L I_b}{4\pi}\left[\delta(t) - \delta\left(t-\dfrac{l}{v_b}-\dfrac{l}{v_s}\right)\right] \\ V_b(t) = \dfrac{\phi Z_L I_b}{4\pi}\left[\delta\left(t-\dfrac{l}{v_s}\right) - \delta\left(t-\dfrac{l}{v_b}\right)\right] \end{cases} \tag{5.2.43}$$

如果束团的速度 v_b 接近于电极上的 TEM 波速度 v_s,即在加速器中,$\beta_b = v_b/c \approx \beta_s = v_s/c \approx 1$,那么电极下游端的信号 $V_b(t)$ 将完全被抵消,而上游端的信号 $V_a(t)$ 也将简化。即条带电极上下游端的电压脉冲为

$$\begin{cases} V_a(t) \approx \dfrac{\phi Z_L I_b}{4\pi}\left[\delta(t) - \delta\left(t-\dfrac{2l}{c}\right)\right] \\ V_b(t) \approx 0 \end{cases} \tag{5.2.44}$$

条带电极的下游端,除了用特性阻抗匹配外,还可以被短路或者开路。信号

传输到电极的下游端时,若下游端短路,在端口将产生极性相反的波向上游端传播;若下游端开路,将产生极性相同、幅度是反射信号两倍的波向上游端传播。

参考图 5.2.6 的条带电极,当每个束团通过时,在探测器输出端的信号波形表示于图 5.2.20 和图 5.2.21 中。图 5.2.21 给出了合肥光源用 20GHz 的数字取样示波器测量的条带电极感应电压信号。

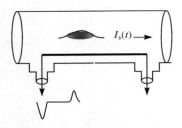
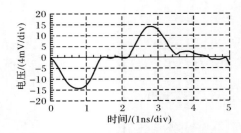

图 5.2.20　条带电极输出的束团信号波形　　图 5.2.21　示波器观察到的感应电压信号波形

对于高斯分布的束团,其感应电压为

$$V_a^{\text{Gauss}}(t) = \frac{\phi Z_L I_b}{4\pi} \frac{1}{\sqrt{2\pi}\sigma_t} \left\{ \exp\left(\frac{-t^2}{2\sigma_t^2}\right) - \exp\left[\frac{-(t-2\tau)^2}{2\sigma_t^2}\right] \right\} \quad (5.2.45)$$

式中

$$\tau = \frac{1}{2}\left(\frac{l}{v_b} + \frac{l}{v_s}\right) \approx \frac{l}{c}$$

3. 频域响应

对式(5.2.43)中的第一式进行傅里叶变换,得到条带电极的频域响应特性,条带电极上游端频域信号为

$$\begin{aligned}
\widetilde{V}_a(\omega) &= \frac{\phi Z_L I_b}{4\pi} \int_{-\infty}^{\infty} \left[\delta(t) - \delta\left(t - \frac{l}{v_b} - \frac{l}{v_s}\right) \right] \exp(-\mathrm{i}\omega t)\mathrm{d}t \\
&= \frac{\phi Z_L I_b}{2\pi} \exp\left\{ \mathrm{i}\left[\frac{\pi}{2} - \frac{\omega l}{2}\left(\frac{1}{v_b} + \frac{1}{v_s}\right) \right] \right\} \sin\left[\frac{\omega l}{2}\left(\frac{1}{v_b} + \frac{1}{v_s}\right) \right] \\
&= \frac{\phi Z_L I_b}{2\pi} \exp\left[\mathrm{i}\left(\frac{\pi}{2} - \omega\tau\right) \right] \sin(\omega\tau) \quad\quad (5.2.46)
\end{aligned}$$

在导出式(5.2.46)时,使用了等式 $1 - \exp(-\mathrm{i}x) = 2\exp[\mathrm{i}(\pi/2 - x/2)] \cdot \sin(x/2)$。式中,$\tau = (l/v_b + l/v_s)/2 \approx l/v$ 后一近似等式是在 $v_s \approx v_b \approx v$ 的情形下得到的。值得注意的是,式(5.2.46)中的电极长度 l 达到某一个值,使得正弦函数因子达到 $\pi/2$ 时,输出信号的幅度最大,这时的电极通常称为"1/4 波长"电极。由于 v_b/c 和 v_s/c 只是近似等于 1,因此并不是严格意义上的 1/4 波长。当正弦函数因子为 $n\pi$ 时,感应电压(5.2.46)呈现周期性的零值。当 $\omega l(v_b + v_s)/(2v_b v_s) \ll 1$

时,式(5.2.46)中的正弦函数可以用其变量因子替换,结果如下:

$$\widetilde{V}_a(\omega) \approx \frac{\phi Z_L I_b}{2\pi} \exp\left\{ i\left[\frac{\pi}{2} - \frac{\omega l}{2}\left(\frac{1}{v_b} + \frac{1}{v_s} \right) \right] \right\} \frac{\omega l}{2}\left(\frac{1}{v_b} + \frac{1}{v_s} \right) \quad (5.2.47)$$

当条带电极非常短,且 $\omega l/c \ll 1$ 时,$\sin(\omega l/c) \approx \omega l/c$,设 $Z_L/2$ 为 R,并考虑到 $v_s \approx v_b \approx c$,这样,式(5.2.47)可以写成

$$\widetilde{V}_a(\omega) \approx \frac{\phi R I_b}{\pi} \exp\left[i\left(\frac{\pi}{2} - \frac{\omega l}{v_b} \right) \right] \frac{\omega l}{c} \quad (5.2.48)$$

对于高斯分布的束团,其感应电压的频域表达式为式(5.2.45)的傅里叶变换结果:

$$
\begin{aligned}
\widetilde{V}_a^{\text{Gauss}}(\omega) &= \frac{\phi Z_L I_b}{4\pi} \frac{1}{\sqrt{2\pi}\sigma_t} \int_{-\infty}^{\infty} \left\{ \exp\left(\frac{-t^2}{2\sigma_t^2} \right) - \exp\left[\frac{-(t-2\tau)^2}{2\sigma_t^2} \right] \right\} \exp(-i\omega t)\,dt \\
&= \frac{\phi Z_L I_b}{4\pi} \exp\left(-\frac{\sigma_t^2 \omega^2}{2} \right) \left[1 - \exp(-2i\omega\tau) \right] \\
&= \frac{\phi Z_L I_b}{2\pi} \exp\left(-\frac{\sigma_t^2 \omega^2}{2} \right) \exp\left[i\left(\frac{\pi}{2} - \omega\tau \right) \right] \sin(\omega\tau) \quad (5.2.49)
\end{aligned}
$$

和式(5.2.46)比较,考虑有高斯分布的束团和仅考虑为质点的束团相比,它们在频域中的表达式仅相差一个频率分布的因子 $\exp(-\sigma_t^2\omega^2/2)$。和式(5.2.13)比较,取 $I_b = eN/T_0$,钮扣电极和条带电极之间除几何形状的区别外,它们相差一因子 $\exp[i(\pi/2-\omega\tau)]\sin(\omega\tau)$。这是两种设备测量原理不同造成的。

仿照钮扣电极所使用的方法,能把上面的结果推广到单束团多圈的情形,也可推广到多束团多圈的情形。

图 5.2.22 为条带上感应电压的波形。图 5.2.23 定性地描述了 HLS 条带电极的频率响应,在很宽的频率范围内,频率为 100MHz 及其奇次谐波可以很好地通过,而直流和 100MHz 的偶次谐波则受到抑制。

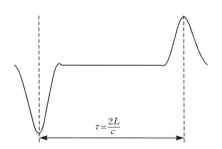

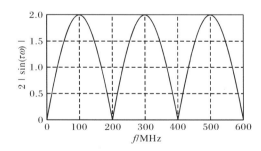

图 5.2.22　条带电极输出束团信号　　　图 5.2.23　HLS 条带电极的频率响应(75cm 条带)

4. 条带 pickup 时的覆盖因子

以上的结果是单个条带电极传输线模型的结果。考虑成对的 2 个电极,如果

束流偏离管道中心轴线时,束流相对于两个电极所对的角度,都不再是ϕ,因此,它们的覆盖因子也不再是$\phi/(2\pi)$,并且是不相同的,其位置偏离还要随时间变化。用ϕ_U和ϕ_D分别代替上下两电极所对的角度ϕ。在后面可以知道,当采用不同连接线路和信号处理方式时,可获得 BPM 的上下两个电极的和信号或者差信号,从而进行不同的测试用途。因此,在这里对束流偏离管道中心轴线时的覆盖因子作进一步探讨。当使用 4 个条带电极时可类似处理。

对于一对电极,当取上下两极片引出的信号之和时,虽然ϕ_U和ϕ_D都是横向位置灵敏的,可它们的和却是近似地不依赖于横向位置的,定义g_s为和信号覆盖因子,使$g_s/\sqrt{2}=(\phi_U+\phi_D)/(2\pi)$,则获得感应电压为

$$\widetilde{V}_s(\omega)=\frac{g_s Z_L I_b}{\sqrt{2}}\exp\left[\mathrm{i}\left(\frac{\pi}{2}-\omega\tau\right)\right]\sin(\omega\tau) \tag{5.2.50}$$

再者,取一对电极上的差信号,这个差值信号,近似正比于束流横向位置的偏离Δu,$|(\phi_U-\phi_D)/(2\pi)|\propto\Delta u$。为了获得一个不依赖于横向位置的差信号覆盖因子,并保持其无量纲,定义g_d为差信号覆盖因子,使$g_d\Delta x/(b\sqrt{2})=|(\phi_U-\phi_D)/(2\pi)|$。得到的差信号覆盖因子$g_d$近似是常数,式中$b$的引入是为了使$g_d$和$g_s$的量纲是一样的,由此得到横向位置感应电压为

$$\widetilde{V}'_d(\omega)=\frac{\widetilde{V}_d(\omega)}{\Delta x}=\frac{g_d Z_L I_b}{\sqrt{2}b}\exp\left[\mathrm{i}\left(\frac{\pi}{2}-\omega\tau\right)\right]\sin(\omega\tau) \tag{5.2.51}$$

式中,Z_L为传输线模型的特征阻抗。

5. 条带 pickup 的转移阻抗

对于 pickup,还可以定义另一个特性参数,即转移阻抗(transfer impedance),来表征相关的特性[12]:

$$Z_p=\frac{V_p}{I_b} \tag{5.2.52}$$

式中,V_p是 pickup 电极上拾取的电压;I_b是束流强度。作为和信号应用时,纵向转移阻抗(longitudinal transfer impedance)定义为

$$Z_{p\parallel}=\frac{V_{p\parallel}}{I_b} \tag{5.2.53}$$

作为差信号应用时,横向转移阻抗(transverse transfer impedance)定义为

$$Z_{p\perp}=\frac{V_{p\perp}}{I_b\cdot\Delta x} \tag{5.2.54}$$

式中,$V_{p\parallel}$是取一对电极上两个被拾取的电压之和,$V_{p\perp}$是取一对电极上两个被拾取的电压之差,且都是在上游电极上拾取的值。纵向转移阻抗的单位是Ω,而横向转移阻抗的单位是$\Omega\cdot\mathrm{m}^{-1}$。

5.2.4　条带电极作为 kicker

条带电极除了用做信号拾取（pickup）之外，还常用做激励器件（kicker）。此时不是像 pickup 那样用做获取束流信息的手段，而是通过输入一激励信号来改变束流的状态，如图 5.2.24 所示。激励信号必须从条带下游端馈入，上游端接匹配的终端负载（dummy load）。这种馈入方式在条带之间产生的 **E** 场和 **B** 场对电子束的作用叠加增强，若反馈功率从上游端馈入，则两个场产生的作用力相互抵消。

条带电极用做 kicker 时，也分为两种连接方式，分别获得不同的激励效果。当相对两个电极所加的信号功率相同和相位相反（相差 180°）时，它产生横向电场，此时可以作为横向反馈 kicker 使用，其馈入方式和场分布如图 5.2.24（a）所示。当相对两个电极所加的信号功率相同且相位也相同时，只有纵向电场，此时可以作为纵向反馈 kicker 使用，其馈入方式和场分布如图 5.2.24（b）所示[15]。

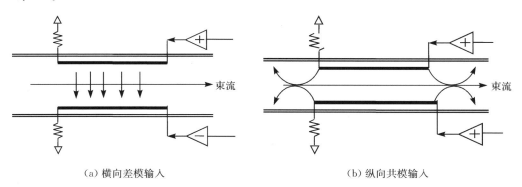

（a）横向差模输入　　　　　　　　　　（b）纵向共模输入

图 5.2.24　条带电极用做反馈器件

为了得到解析的结果，将实际条带电极近似为宽度 w、间距为 h 的一对相对的平行极板。根据工作方式不同，信号驱动为差模或共模传输。条带之间的场为准 TEM 模式，其结构在纵向上的变化，与内部磁材料或介电材料的不同，条带间场的传输速度近似用光速来代替。

图 5.2.25 描述了条带电极差模和共模输入时，横截面上电场和磁场分布。正如图 5.2.24 和图 5.2.25 所示，横向场主要分布在两个条带之间，信号为差模激励方式。纵向场只在条带的两端对束流产生有效的作用。

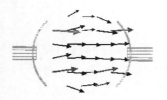

（a）条带电极差模输入时，横截面上的电场

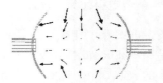

（b）条带电极共模输入时，横截面上的电场

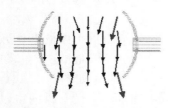

（c）条带电极差模输入时，横截面上的磁场

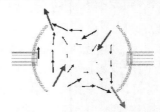

（d）条带电极共模输入时，横截面上的磁场

图 5.2.25　条带电极横截面上电场和磁场分布

1. kicker 特性参数

当条带电极作为纵向 kicker 使用时，它通过纵向电场改变粒子的能量（5.2.2 节的第 2 小节）。通常用 $\Delta\varepsilon/e = \Delta V$ 表示束流电压（beam voltage）的增量，而用 V_k 代表 kicker 的输入电压。定义束流电压增量 ΔV 对输入电压 V_k 的比值 $K_{\parallel}$ 为纵向 kicker 特性参数[12]，通常称为纵向激励常数（kicker constant）：

$$K_{\parallel} = \frac{\Delta\varepsilon/e}{V_k} = \frac{v\Delta p_{\parallel}/e}{V_k} = \frac{\Delta V}{V_k} \qquad (5.2.55)$$

束流运动的速度近似是常数 v，假定加速场 E 是简谐振荡的，即 $E = E_s\exp(-\mathrm{i}k_b s)$，则

$$\Delta V = \int_{s_a}^{s_b} E_s(s)\exp(-\mathrm{i}k_b s)\mathrm{d}s \qquad (5.2.56)$$

在条带电极作为横向 kicker 使用时，参照式（5.2.55）的第二个等式，同样可以定义 $K_{\perp}$ 为横向激励常数：

$$K_{\perp} = \frac{v\Delta p_{\perp}/e}{V_k} \qquad (5.2.57)$$

当使用 Panofsky-Wenzel 定理时，首先必须弄清，前面的讨论中，定义的 $K_{\parallel}$ 和 $K_{\perp}$ 是在条带电极分别作为纵向和横向 kicker 两种不同使用情形下的纵向和横向特性参数，不是同一种连接方式的设备，即式（5.2.55）和式（5.2.57）中的 $\Delta p_{\parallel}$ 和 $\Delta p_{\perp}$ 不是同一 Δp 的相互垂直的分量，因而它们并不满足 Panofsky-Wenzel 定

理。而满足 Panofsky-Wenzel 定理的 $\Delta p_\parallel$ 和 $\Delta p_\perp$，应该是在同一种连接设备时，同一 Δp 的相互垂直的分量。因此，当作为横向 kicker 使用时，为了和纵向连接的纵向激励常数 $K_\parallel$ 相区别，用 $K'_\parallel$ 表示横向连接时的纵向激励常数，它和横向连接时的横向激励常数 $K_\perp$ 应满足 Panofsky-Wenzel 定理 [见式(5.2.32)]：

$$\Delta p_\perp = \frac{-1}{\mathrm{i}\omega} \nabla_\perp (\Delta \varepsilon) \tag{5.2.58}$$

如此

$$K_\perp = \frac{v\Delta p_\perp}{eV_k} = \frac{-v}{eV_k}\frac{\nabla_\perp(\Delta\varepsilon)}{\mathrm{i}\omega} = \frac{-v}{\mathrm{i}\omega}\nabla_\perp K'_\parallel = -\frac{\nabla_\perp K'_\parallel}{\mathrm{i}k_b} \tag{5.2.59}$$

式中，$k_b = \omega/v$ 是束流的波数；$K_\perp$ 是 kicker 工作在横向激励模式下，按式(5.2.57)定义的横向激励常数；$K'_\parallel$ 是 kicker 工作在横向激励模式下，按式(5.2.55)得到的纵向激励常数。注意，此时式(5.2.55)中的 $\Delta\varepsilon$ 是通过 Panofsky-Wenzel 定理，从横向连接工作方式的 $\Delta p'_\parallel$ 得出的，是与横向连接情形下的 $\Delta\varepsilon$ 相关联。

2. kicker 的时域和频域响应

下面用镜像电流法来计算 kicker 信号的时域响应。当条带电极作为 kicker 使用时，在它上面产生的镜像电流的过程，和 5.2.3 节的第 2 小节中讨论的过程完全相同，但由于作为 kicker 使用时的束流方向是与作为 pickup 使用时的束流方向相反，因此现在的电流是从条带的右边到左边的，条带右端点狭缝原标记为 $s_b = l$，现在因为束流反向了，为了使用的方便，把它改记为 $s_a = 0$。而条带左边端点狭缝原标记为 $s_a = 0$，现在改记为 $s_b = l$。同样，原速度是从左向右为正，现在定义由从右向左为正。而束流的方向也改变为从右向左。在常速度的情形，使用 $s = vt$，可将时间过程的振荡因子 $\mathrm{e}^{-\mathrm{i}\omega t}$ 和在路程上振荡的因子 $\mathrm{e}^{-\mathrm{i}ks}$ 相互转换。这样就可直接引用那里的结果，不需要将公式进行任何改变。这里，仅列出上游端输出的电压公式(5.2.43)的第一式，记住现在的上游端在条带的右边。

$$V_a(t) = \frac{\phi Z_L I_b}{4\pi}\left[\delta(t) - \delta\left(t - \frac{l}{v_b} - \frac{l}{v_s}\right)\right] \tag{5.2.60}$$

其傅里叶变换结果为 [见式(5.2.46)]

$$\tilde{V}_a(\omega) = \frac{\phi Z_L I_b}{4\pi}\int_{-\infty}^{\infty}\left[\delta(t) - \delta\left(t - \frac{l}{v_b} - \frac{l}{v_s}\right)\right]\exp(-\mathrm{i}\omega t)\mathrm{d}t$$

$$= \frac{\phi Z_L I_b}{2\pi}\exp\left\{\mathrm{i}\left[\frac{\pi}{2} - \frac{\omega l}{2}\left(\frac{1}{v_b} + \frac{1}{v_s}\right)\right]\right\}\sin\left[\frac{\omega l}{2}\left(\frac{1}{v_b} + \frac{1}{v_s}\right)\right] \tag{5.2.61}$$

代入 $\tau = (l/v_b + l/v_s)/2 \approx l/v$，则有

$$\tilde{V}_a(\omega) = \frac{\phi Z_L I_b}{2\pi}\exp\left[\mathrm{i}\left(\frac{\pi}{2} - \omega\tau\right)\right]\sin(\omega\tau) \tag{5.2.62}$$

这和条带电极作为 pickup 使用时完全相同，只是设备的标记、束流的方向、速度和

波矢的方向都要在式(5.2.62)上加以改变。

前面的计算体现了 kicker 电压对束流的作用。从中可以看出,束流和 kicker 电流的时间变化,是 kicker 影响束流的关键。如果束流不是随时间变化的(即没有不稳定性模出现),束流电压不会受 kicker 的影响而改变。反之,如果束流随时间变化,kicker 将作用到束流上,起到对不稳定性模的抑制作用。

条带电极在作为纵向或横向不同使用目的时,同样把一对极片上的 kicker 电压按纵向和横向的不同方式接入,使相对极片的束流电压相加或相减,并定义纵向或横向覆盖因子($g_\parallel$,$g_\perp$)来分别描述它们,这样可得到一对 kicker 常数:

$$
\begin{cases}
K_\parallel = 2g_\parallel \exp\left[\mathrm{i}\left(\dfrac{\pi}{2} - \omega\tau\right)\right]\sin(\omega\tau) \\[2mm]
K'_\perp = \dfrac{x}{b}2g_\perp \exp\left[\mathrm{i}\left(\dfrac{\pi}{2} - \omega\tau\right)\right]\sin(\omega\tau)
\end{cases}
\tag{5.2.63}
$$

3. 条带 kicker 阻抗

1) 分路阻抗和输入阻抗

把参数 $K_\parallel$ 用做衡量 kicker 效果的特性参数是不够全面的,因为它的定义既反映传输线的输入阻抗,同时也反映条形电极的构造特性。例如,如果将传输线阻抗减少到原来的四分之一,即输入电压 V_k 减少到四分之一,再通过改变内部结构,使得内部束的信号电压幅度降到原来的二分之一,获得同样的 $\Delta\varepsilon$(或者 Δp)。单从 $K_\parallel$ 量度的效果上看,似乎效率增加了一倍,然而真正的效率却是没有改变的。因为,效率仅反映了 $\Delta\varepsilon$ 对 kicker 电极上电压 V_k 的比,V_k 仅依赖于电极自身的特性,而不依赖于输入电缆的阻抗。

因此,借用高频腔中分路阻抗(shunt impedance)的定义来衡量激励效率,分路阻抗的定义为

$$
R_s \equiv \frac{|V_0|^2}{2p_k}
\tag{5.2.64}
$$

式中,V_0 是空腔的电压,定义为 $V_0 = \displaystyle\int_{s_a}^{s_b} E_s \mathrm{d}s$;$p_k$ 是从外部输入 kicker 的功率。再定义 $T = V/V_0$,T 称为时间渡越因子。因为感兴趣的是分路阻抗和 $V = V_0 T$ 的关系,将式(5.2.64)两边乘以 T^2 得

$$
R_s T^2 = \frac{V^2}{2p_k}
\tag{5.2.65}
$$

条带电极作为 kicker 使用时,输入功率 p_k 与输入端电压 V_k 和输入阻抗 Z_C 有关系 $P_k = V_k^2/(2Z_C)$,Z_C 的定义参见图 5.2.7~图 5.2.10。由此可得纵向分路阻抗 $R_\parallel$ 和纵向 kicker 激励常数 $K_\parallel$ 的关系为

$$R_\parallel T^2 = \frac{V_\parallel^2}{2p_k} = Z_C \frac{V_\parallel^2}{V_k^2} = Z_C \mid K_\parallel \mid^2 \tag{5.2.66}$$

仿照式(5.2.66)，相应的可以定义横向分路阻抗为

$$R_\perp T^2 = \frac{V_\perp^2}{2p_k} \tag{5.2.67}$$

式中

$$V_\perp = \left[\int_0^l (\boldsymbol{E} + \boldsymbol{v} \times \boldsymbol{B}) \cdot \mathrm{d}\boldsymbol{s}\right]_\perp \tag{5.2.68}$$

注意此处标量的右下标⊥，表示式中各量是在横向工作方式时的取值，并不代表矢量的分量；l 是 kicker 的长度。由关系式 $P_k = V_k^2/(2Z_C)$ 可以得到横向分路阻抗与横向激励常数的关系为

$$R_\perp T^2 = Z_C \mid K_\perp^2 \mid \tag{5.2.69}$$

把 $K_\parallel$、$K_\perp$ 的计算结果分别代入 $R_\parallel$ 和 $R_\perp$ 与它们的关系式中，即可得到 $R_\parallel$ 和 $R_\perp$ 的相应计算结果。

2) 转移阻抗、特性阻抗

类似于在"条带 pickup 的转移阻抗"小节中所述的，条带电极作为 kicker 使用时，也可定义转移阻抗 Z_k：

$$Z_k = V_k/I_b \tag{5.2.70}$$

式中，V_k 是 kicker 输出电压；I_b 是束流强度。要计算 kicker 工作方式下，V_k 在两条带电极的转移阻抗和反馈时所需提供的功率，可以回到"kicker 的时域和频域响应"小节的公式(5.2.62)：

$$\tilde{V}_a(\omega) = \frac{\phi Z_L I_b}{2\pi} \exp\left[\mathrm{i}\left(\frac{\pi}{2} - \omega\tau\right)\right] \sin(\omega\tau) \tag{5.2.71}$$

式中，Z_L 是条带本身的特性阻抗，这已在前面提到，可参见图 5.2.13。类似于条带电极作为 pickup 应用时的讨论。如果在条带上下极片上加幅度和相位都相等的电压，这时近似到第一级，上游端输出电压波形为

$$\tilde{V}_\parallel(\omega) = 2g_\parallel V_L \exp\left[\mathrm{i}\left(\frac{\pi}{2} - \omega\tau\right)\right] \sin(\omega\tau) \tag{5.2.72}$$

式中，V_L 是加在条带两端的电压。使用一个匹配转换器，使 kicker 的输入电压 V_k 满足关系：

$$V_k = V_L \sqrt{2Z_C/Z_L} \tag{5.2.73}$$

将它代入式(5.2.72)，可得

$$K_\parallel = \frac{\tilde{V}_\parallel}{V_k} = \sqrt{\frac{2Z_L}{Z_C}} g_\parallel \exp\left[\mathrm{i}\left(\frac{\pi}{2} - \omega\tau\right)\right] \sin(\omega\tau) \tag{5.2.74}$$

将式(5.2.74)代入式(5.2.66)，得纵向分路阻抗为

$$R_\parallel T^2 = 2Z_L g_\parallel^2 \sin^2(\omega\tau) \tag{5.2.75}$$

式中，$g_\parallel$ 称为纵向几何覆盖因子；$R_\parallel$ 是上一小节定义的纵向分路电阻。当条带电极有比较理想的几何形状时（图 5.2.6），在接近横向中心线附近可计算出[12]：

$$g_\parallel = \frac{2}{\pi} \arctan\left(\sinh \frac{\pi w}{4b} \right) \tag{5.2.76}$$

对于横向连接使用的情形，可用类似的论证得到

$$R_\perp T^2 = 2Z_L g_\perp^2 \left(\frac{1}{k_b b} \right)^2 \sin^2(\omega \tau) \tag{5.2.77}$$

式中，$k_b = \omega/v$ 为束流的波数；$g_\perp$ 称为横向几何覆盖因子，对于平行电极有

$$g_\perp = \tanh \frac{\pi w}{4b} \tag{5.2.78}$$

式中，w 为平行电极的宽度；$2b$ 是两电极间的距离。

对于 HLS 的圆柱真空室的一对弧形电极有

$$g_\perp = \frac{4}{\pi} \sin \frac{\phi}{2} \tag{5.2.79}$$

对于两对弧形电极有

$$g_\perp = \frac{4\sqrt{2}}{\pi} \sin \frac{\phi}{2} \tag{5.2.80}$$

式中，ϕ 为弧面电极的张角。对于两对弧形电极，$\sqrt{2}$ 因子的出现是因为输入的功率被等值分布于两倍数目的电极上。计算条带电极横向和纵向分路阻抗被表示在图 5.2.26 中。

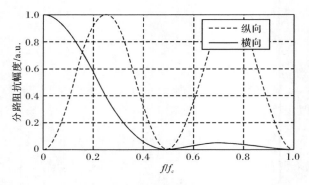

图 5.2.26　条带电极的横向和纵向分路阻抗[9]

图 5.2.26 给出了条带电极横向和纵向分路阻抗的比较。其中，$f_c = c/L$ 是特征频率，对于 20cm 长的条带，$f_c = 1.5\text{GHz}$，对于 75cm 长的条带，特征频率 $f_c = 400\text{MHz}$。

显然，对于横向激励，在低频段分路阻抗比较大，激励效率高。而对于纵向激励信号波长约为 $f = 0.25 f_c$ 时，分路阻抗最大。

4. 条带 kicker 的电磁仿真

条带电极的仿真,主要是计算分路阻抗和各个端口阻抗,检验是否匹配。对条带 kicker 的电磁仿真,可以使用 HFSS,通过对场的积分,可计算横向分路阻抗和各个端口阻抗。仿真过程中,需要根据实际情况建立模型并设立边界条件。沿着 kicker 轴线,对采用差模方式激励生成的电场和磁场进行分析,可以作如下假设:在 HFSS 中,电场和磁场是复矢量形式,电场 E 和磁场 B 在端口输入相位分别为 0 和 $\pi/2$ 时,它们的实部和虚部在中轴线上的值分别为 $E_1(z)$、$E_2(z)$、$B_1(z)$ 和 $B_2(z)$,且电场 $E(z)$ 在 y 方向,磁场 $B(z)$ 为 x 方向。电场 E 和磁场 B 在中轴线上的幅值和相位分别为[16]

$$\begin{cases} E_0(z) = \left[E_1^2(z) + E_2^2(z) \right]^{1/2} \\ B_0(z) = \left[B_1^2(z) + B_2^2(z) \right]^{1/2} \end{cases} \tag{5.2.81}$$

$$\begin{cases} \varPhi_E(z) = \arctan\left[\dfrac{E_2(z)}{E_1(z)} \right] \\ \varPhi_B(z) = \arctan\left[\dfrac{B_2(z)}{B_1(z)} \right] \end{cases} \tag{5.2.82}$$

电场 $E(z)$ 和磁场 $B(z)$ 的复矢量表示为

$$B_x(z) = B_0(z) \mathrm{e}^{\mathrm{i}[2\pi ft - \varPhi_B(z)]}, \quad E_y(z) = E_0(z) \mathrm{e}^{\mathrm{i}[2\pi ft - \varPhi_E(z)]} \tag{5.2.83}$$

则在给定频率下束流感受到的最大偏转电压由式(5.2.68)给出,为

$$V_\perp = \left[\int_0^l (E + \boldsymbol{v} \times B) \cdot \mathrm{d}s \right]_\perp \tag{5.2.84}$$

$$V_\perp(f) = \left| \int_0^l \left\{ E_0(z) \mathrm{e}^{\mathrm{i}[-2\pi fz/c - \varPhi_E(z)]} + cB_0(z) \mathrm{e}^{\mathrm{i}[-2\pi fz/c - \varPhi_B(z)]} \right\} \mathrm{d}z \right| \tag{5.2.85}$$

式中,l 为条带长度;$-fz/c$ 表示传送时间因子。再根据 $R_s = |V_0(f)|^2/(2p_k)$ 即可算出 R_s,条带有一厚度 h,会产生加宽边缘场效应。加宽效应可以用下式计算:

$$\frac{W_e}{h} = \frac{W}{h} + \frac{t}{\pi h}\left(1 + \ln \frac{2h}{t} \right) \tag{5.2.86}$$

整个积分的绝对值就是直接产生与束流和外部信号源间相位相匹配的横向 kicker 的最大值。导出 HFSS 模拟所得的电场和磁场值,运用辛普森(Simpson)公式进行积分计算,当考虑条带厚度造成的加宽效应和因条带有限长度造成的边缘场效应时,分路阻抗计算值与仿真值如图 5.2.27 所示。

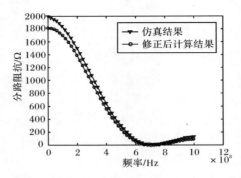

图 5.2.27　HLS 25cm 条带电极分路阻抗仿真与修正计算后结果比较

5.2.5　HLS 所使用的 kicker 的覆盖因子计算

$g_\perp$ 为几何覆盖因子(形状因子)。对于相对论粒子,电场可以用静电场边界条件计算。下面计算 y 方向 kicker 的几何覆盖因子。对于一个 y 方向 kicker(x 方向类同),设其上下两个电极分别带 $\pm V_k$ 的电压,所加功率为 p。当一个粒子由 (x,y) 通过时,所受到的踢力为 $-\partial V(x,y)/\partial y$,则此时几何覆盖因子定义[17]为

$$g_\perp = -\frac{b}{V_k}\frac{\partial V}{\partial y}\bigg|_{x=0,y=0} \qquad (5.2.87)$$

所以,要计算 $g_\perp$ 只要计算出 $V(x,y)$,它满足方程:

$$\nabla^2 V(x,y) = \nabla^2 V(r,\theta) = \frac{\partial}{r\partial r}\left[r\frac{\partial V(r,\theta)}{\partial r}\right] + \frac{\partial^2 V(r,\theta)}{r^2\partial\theta^2} = 0 \qquad (5.2.88)$$

边界条件为

$$\begin{cases} V(r,\theta+2\pi) = V(r,\theta) \\ V(r,\theta)\,|_{r=b} = \begin{cases} -V_k, & \pi/4-\phi/2\leqslant\theta\leqslant\pi/4+\phi/2 \\ -V_k, & 3\pi/4-\phi/2\leqslant\theta\leqslant 3\pi/4+\phi/2 \\ V_k, & 5\pi/4-\phi/2\leqslant\theta\leqslant 5\pi/4+\phi/2 \\ V_k, & 7\pi/4-\phi/2\leqslant\theta\leqslant 7\pi/4+\phi/2 \\ 0, & \text{其他} \end{cases} \end{cases} \qquad (5.2.89)$$

式中,ϕ 为条带电极宽度对管道中心所张的角;b 为条带到管心的距离。方程的解可写为

$$V(r,\theta) = \sum_{n=0}^{\infty} r^n\left[A_n\cos(n\theta) + B_n\sin(n\theta)\right] \qquad (5.2.90)$$

两边乘以 $\cos(m\theta)\mathrm{d}\theta$ 并从 0 到 2π 积分,可得

$$\int_0^{2\pi} V(r,\theta)\cos(m\theta)\mathrm{d}\theta = \sum_{n=0}^{\infty} r^n\int_0^{2\pi}\left[A_n\cos(n\theta) + B_n\sin(n\theta)\right]\cos(m\theta)\mathrm{d}\theta$$

$$(5.2.91)$$

得

$$A_n = 0 \tag{5.2.92}$$

再在两边乘以 $\sin(m\theta)\mathrm{d}\theta$ 并从 0 到 2π 积分,可得

$$\int_0^{2\pi} V(r,\theta)\sin(m\theta)\mathrm{d}\theta = \sum_{n=0}^{\infty} r^n \int_0^{2\pi} [A_n\cos(n\theta) + B_n\sin(n\theta)]\sin(m\theta)\mathrm{d}\theta$$

$$\tag{5.2.93}$$

得

$$B_n = \begin{cases} 0, & n=0,2,4,\cdots \\ -\dfrac{8V_k}{b^n n\pi\sqrt{2}}\sin\dfrac{n\pi}{4}\sin\dfrac{n\phi}{2}, & n=1,3,5,\cdots \end{cases} \tag{5.2.94}$$

由此,$V(r,\theta)$ 的表达式为

$$V(r,\theta) = -\sum_{n=1,3,5,\cdots} \left(\frac{r}{b}\right)^n \frac{8V_k}{n\pi\sqrt{2}}\sin\frac{n\pi}{4}\sin\frac{n\phi}{2}\sin(n\theta) \tag{5.2.95}$$

将式(5.2.95)代入 $g_\perp$ 的表达式(5.2.87)中,注意,在式(5.2.87)中 V 对 y 微分后,再取 $x=y=0$,只剩下 $\sin\theta$ 项的系数不为零,再使用 $\lim\limits_{y\to0,x\to0}(y/r) = \lim\limits_{y\to0,x\to0}(x/r) = 1$,即得

$$g_\perp = \frac{4\sqrt{2}}{\pi}\sin\frac{\phi}{2} \tag{5.2.96}$$

这就是 HLS 所实际使用的 kicker 的覆盖因子。

5.2.6　HLS 所使用的条带的耦合阻抗计算

HLS 具有长度分别为 75cm 和 20cm 两个条带电极。耦合阻抗的实部决定了不稳定性增长或阻尼率,而虚部仅对振荡频率有贡献(见第 4 章)。下面仅给出阻抗实部随频率变化的示意图。为了方便起见,横坐标即频率使用相对单位 $c/L,L$ 为条带长度。图 5.2.28 给出了条带电极纵向和横向耦合阻抗变化的结果。

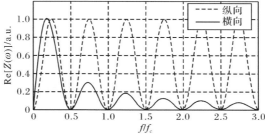

图 5.2.28　条带电极纵向和横向耦合阻抗[9]

图中，$f_c = c/L$ 是特征频率，对于 20cm 长的条带，$f_c = 1.5\text{GHz}$，对于 75cm 长的条带，特征频率 $f_c = 400\text{MHz}$。对于横向激励和反馈，在低频段耦合阻抗比较大，存在最大峰值，对束流横向振荡的激励或阻尼效果较强。而对于纵向，在频率为 $f = 0.25f_c$ 及其奇次谐波时，耦合阻抗最大，对束流纵向振荡的激励或阻尼效果较强。

5.2.7　两种 BPM 特性的比较

纽扣电极 BPM 具有宽带响应特性，时间分辨率极高，可以用于逐束团测量。但是纽扣电极 BPM 的感应信号幅度较弱，信噪比一般，因此在空间分辨率上的表现一般。

条带电极 BPM 具有较宽的频率响应特性，时间分辨率较高。条带电极 BPM 的感应信号幅度较强，信噪比较高，因此具有很高的空间分辨率。条带电极 BPM 还具有定向耦合的特性，即只感应出特定方向的束流信号，可以用于激励和实时反馈，以及正负电子对撞机的束流位置检测。

5.3　束流位置测量信号与处理

束流位置测量系统是由束流位置检测器、信号处理电路（即把 pickup 检测到的电压信号转换为位置信号）、数据获取和处理系统构成，本节可参考文献[8]。

5.3.1　束流位置信号的要求

传统的束流位置探测电极是由一对电极或两对电极构成的，两对电极可同时测量水平和垂直位置。束流位置测量系统的主要性能参数是：①精度决定束流相对于测量设备的绝对位置误差；②分辨率表征能够分辨最小的位置差别；③动态范围表征测量系统可以响应的束流强度的变化范围；④稳定性是表征束流中心位置稳定程度的一个参考；⑤带宽表征测量系统最大频率响应范围；⑥信噪比表征有用信号与噪声信号的相对功率之比。

5.3.2　束流位置信号处理的要求

在进行 BPM 的信号处理系统设计时，主要需要考虑如下方面：①频域和时域的选择。在宽带处理系统中通常选用时域处理，而窄带处理系统中通常选用频域处理。在宽带处理系统中，有用信号功率大，但是由于电缆的衰减和分散，会引起信号波形的失真。在窄带处理系统中，波形的失真可以不考虑，但是有用信号功率会降低。②信号检测频率的选择。在加速器中，来自电极的信号功率与频率关系很大，这与束团长度和电极长度有关。通常，频域信号最常用的信号检测频率是聚束的频率(RF 频率)。有时为了降低高频信号干扰,可选择 2～3 倍 RF 频率信号。由于电子学电路的限制,在后端通常将 RF 频率的信号再向下变频到中频进行进一步的处理。③信号动态范围。由于 BPM 电极的信号功率随流强而变化,因此信号处理系统必须具有一定的动态范围。此外,两个相对电极的差信号还是随束流位置线性变化的,所以总的电子学动态范围应该足够大。同时还要考虑归一化响应和电缆的相位匹配等。

5.3.3　束流位置信号的处理方法

通常有三种方法可以将原始探测电极信号转换为归一化位置信号:差比和(Δ/Σ)、幅度-相位转换(AM/PM)和对数处理。三种方法各有优缺点,人们关心的是动态范围、线性、带宽以及线路难易和价格。

1. 差比和处理

为了简单,以一对电极为例来描述(参考图 5.2.18)。电极差信号与和信号比值即归一化的感应信号,如此可以消除束流强度对束流位置参数的影响。差比和(Δ/Σ)处理方法定义为

$$\frac{\Delta}{\Sigma} = \frac{I_R - I_L}{I_R + I_L} \tag{5.3.1}$$

差比和处理主要有两种类型:先数字化后归一化(Δ/Σ 处理)和先归一化(Δ/Σ 处理)后数字化。先数字化后归一化处理的最简单方法是应用二极管检测器、零差检测器或解调器,产生正比于电极信号幅度的模拟信号,然后经过数字化后再进行 Δ/Σ 归一化处理,如图 5.3.1 所示。数字束流位置测量(digital beam position monitor,DBPM)系统就是采用该类型。先 Δ/Σ 归一化后数字化处理也有两种方式:一种称为多路复用(multiplexer,MPX)式,另外一种为混合电路(hybrid)式。多路复用处理是在数字化前用多路复用电路进行 Δ/Σ 运算,如图 5.3.2 (a) 所示,其商业产品有法国 Bergoz 公司的 MX-BPM 处理器。混合电路式处理是在进 RF 检测之前用 180°功率合成器产生 Δ/Σ 信号,如图 5.3.2 (b) 所示。该方法对送至功率合成器的信号相位(延时)需要严格匹配。

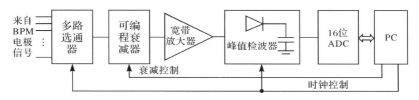

图 5.3.1　先数字化后 Δ/Σ 归一化信号处理电路方框图

如果在进行 Δ/Σ 运算之前进行数字化,系统动态范围由 ADC 的位数决定。如果束流流强从 100mA 变到 1mA(40dB),则具有 12bit ADC 的分辨率在低端将被限制到探头的半孔径的 2%。为了提高系统的动态范围,需要进行信号衰减控制。如果 Δ/Σ 运算采用模拟电路,其模拟除法运算速度慢且动态范围窄,一种替代的方法是用自动增益控制(automatic gain control,AGC)电路。这种处理方式通常还采用单通道 RF 放大器,并用多路开关进行各电极信号的切换[图 5.3.2(a)],以消除采用多个 RF 放大器引起的各通道间的增益差别,当然这将限制带宽。

Δ/Σ 处理的优点之一是利用峰值检波器在时域得到来自各电极的双极性信号的电压,增加信号幅度和信噪比。但是,峰值检波器的缺点是峰值电压对脉冲波形非常灵敏,因而,它对电缆的长短和不同频率之间电缆衰减也是很敏感的。

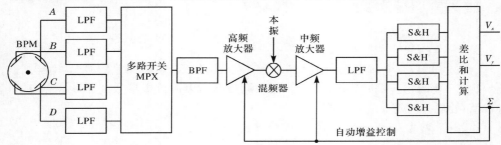

(a) 多路复用(MPX)式

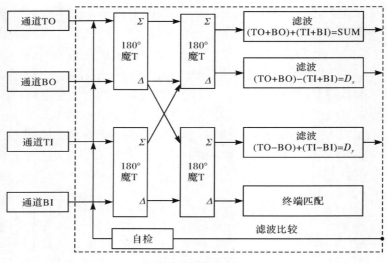

(b) 混合电路(hybrid)式

图 5.3.2　先 Δ/Σ 归一化后数字化信号处理电路方框图

在所有的信号处理方法中,Δ/Σ 处理是最容易实现的方法,所以至今它仍是最常用的方法,主要用于窄带高精度的闭轨测量。

2. 幅度/相位转换处理

在 AM/PM 转换电路中,来自两个探测电极的两个同相 RF 信号被分成四路,然后再进行四相合成(在处理频率上具有 90°相对相位),这样将幅度不同的两路信号转换成相位不同的两路等幅信号。图 5.3.3 给出了 AM/PM 转换电路的方框图和矢量图。

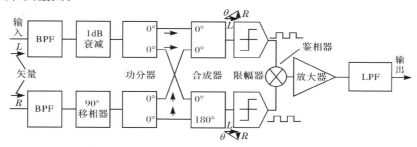

图 5.3.3　AM/PM 转换电路的方框图和矢量图

由图 5.3.3 可知,输出信号 $\Delta\theta$ 与两路输入信号 L 和 R 的转换函数为

$$\Delta\theta = 2\arctan\frac{R}{L} - \frac{\pi}{2} \tag{5.3.2}$$

对于上述电路,其转换增益约为输入信号每 1dB 的幅度差对应 6.6°的相移。四相移电路既可以采用四分之一波长传输线实现,也可以采用四象限合成器(魔T)实现。限幅器将两路信号削波成仅与相位有关而与幅度无关的等幅信号,最常用的限幅器是采用比较器 9685 构成的。鉴相器进行相位差测量,通常由双平衡混频器构成。AM/PM 转换电路输出的模拟电压与两路输入信号的幅度 R 和 L 的关系式为

$$V_{\text{out}} = V_0\left(\arctan\frac{R}{L} - \frac{\pi}{4}\right) = V_0\arctan\left(\frac{R-L}{R+L}\right) \tag{5.3.3}$$

限幅器通常是决定系统性能的关键部件,其动态范围为 40～60dB,这取决于工作频率。

由于 AM/PM 转换电路是在频域进行信号处理的,因此它更适合于多束团工作。同样,它也可以用于单束团工作,这时必须在 AM/PM 转换电路的上游端用窄带滤波器代替带通滤波器。这些滤波器必须非常仔细地配对,其中心频率变化范围均在±0.1%以内。模块电路和短同轴传输线已用于该应用中。

3. 对数处理

对数处理技术具有高带宽、宽的动态范围和输出信号的线性度好等优点。近几年随着快电子学技术的进步,工作频率可达 2.8GHz 的带有包络检波功能的宽带对数放大器应运而生,对数处理技术得到广泛的应用。对数处理技术尤其适用于储存环的逐圈束流位置测量,以及直线加速器和输运线的束流位置测量。对数处理电路的方框图如图 5.3.4 所示。

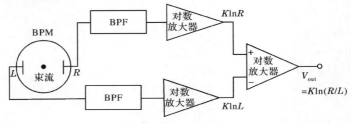

图 5.3.4　对数处理电路方框图

对数处理电路的输出为

$$V_{\text{out}} = V_0 \ln \frac{R}{L} = 2V_0 \, \text{arctanh}\Big(\frac{R-L}{R+L}\Big) \tag{5.3.4}$$

4. 三种束流位置信号处理方法的比较

图 5.3.5 给出了 BPM 电极与水平和垂直成 45°角的三种信号处理方法的幅度响应的比较。很显然,对数处理电路的线性范围最宽。表 5.3.1 给出了三种 BPM 信号处理方法的性能比较。根据 BPM 信号处理方法的特点,Δ/Σ 处理方法主要用于高精度的闭轨测量。对数处理方法尤其适用于储存环的逐圈束流位置测量,以及直线加速器和输运线的束流位置测量。AM/PM 信号处理电路常用于实时反馈控制。

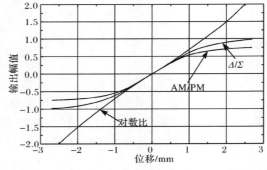

图 5.3.5　三种 BPM 信号处理方法的幅度响应比较

表 5.3.1　三种 BPM 信号处理方法的性能比较

性能	Δ/Σ	AM/PM	对数处理
时域处理	是	否	是
频域处理	是	是	是
载频范围	>1GHz	~500MHz	~3.7GHz
载频旋转	是	否	是
获取带宽	>100MHz	<10MHz	<100MHz
动态范围	低	高	高
偏移响应线性度	中	差	好
归一化实时响应	否	是	是
电缆的相位要求	有关	是	否
放大器噪声系数	非常低	>20dB	15dB
成本	低	高	适中
电路复杂度	低	高	适中

在三种束流位置信号处理器中，AM/PM 电路是最贵且最难实现的。如果束流位置信号用于实时反馈控制，则系统的实时带宽是非常重要的参数。所以在需要大的动态范围和高的实时带宽情况下，AM/PM 电路是一种选择。例如，美国费米国家加速器实验室（Fermi National Accelerator Laboratory，FNAL）的直线加速器、增强器、主环上均采用 AM/PM 电路。

5. 其他信号处理方法

除上述信号处理方法外，还有幅度-时间转换法、直接幅度测量法和数字处理法。随着科学技术的发展，最近 Instrumentation Technologies 公司又生产了新一代数字束流位置信号处理器 Libera，它集模拟信号采集、模数转换、数字信号处理和外同步于一体。由于它使用方便、集成度高，现在被国内外很多实验室所采纳。

5.4　束流位置探测器在 HLS 的应用

在前面叙述中，多次提及束流位置探测器在高能加速器中的重要性和应用。HLS 也与世界其他各大实验室一样，围绕着该探测设备开展了多项课题的研究和有关设备的研制试验工作。本书就是鉴于这些设备的研制和深入研究的基础上，对该领域有关方面进行较深入的理解和剖析，为今后该领域更广阔和更深入的研究奠定了基础。

　　储存环束流位置的在线检测,即在线的闭轨测量(COD)系统在机器研究、改造和插入件设备的联机调试中是不可缺少的关键性测量设备。1995年,对一期工程中研制的 BPM 系统进行了改造,以 $50\mu m$ 精度和 $10\mu m$ 分辨率投入了正常运行,完成了平均束流位置的测量和局部凸轨(local bump)校正的初步试验[18]。2000 年,为进一步提高该系统的测量精度、可靠性和数据获取的灵活性,更重要的是应满足二期工程结束后,储存流强达到 $300\sim500 mA$,束流轨道稳定性在 $30\mu m$ 以内的要求,所以升级了束流位置监测系统。升级后的闭轨测量系统带宽为 20kHz,信号处理电子学电路的测量分辨率可达 $1\mu m$,测量精度小于 $10\mu m$,整个测试系统的分辨率小于 $3\mu m$[19],详见第 7 章。

　　在 HLS 二期工程的注入和高频系统更新过程中,为了监测注入束流的位置,判定注入效率和阻尼率,以及研究 β 振荡和轨迹瞬时变化,2001 年在 HLS 上启动了 TBT 测量系统研制。利用该系统,不仅获得了储存环的阻尼时间、β 振荡幅度和瞬时 ν 值(工作点)和相空间等变化信息,而且开展了抑制储存环束流不稳定性课题的研究,为后继束流反馈系统的研制获得实际经验。尤其通过 TBT 系统测量瞬时 β 振荡信息,发现了由于注入系统误差所导致较大的 β 残余振荡是影响注入束流积累,徘徊在 80mA 的瓶颈[20]。在对注入 kicker 系统重新制造和改进后,降低了残余 β 振荡,使得 HLS 储存环束流积累迅速提升至 200mA 以上,从而顺利达标,详见第 9 章。

　　HLS 从 2003 年就着手进行逐束团测量(详见第 10 章)[21]、束流横向模拟和数字反馈系统的研制工作(详见第 11 和 12 章)[22~24],用以研究储存环由于高频腔中的 HOM 和真空室的阻抗壁等效应引起的耦合束团不稳定性。它是利用束流位置测量前端获得逐个束团不稳定性振荡信息所研制的系统,跟踪每个束团运动的状态,观察不稳定性模,再以适当相位配合,驱动反馈系统,抑制不稳定性模,克服不稳定性。同时它也能阻尼注入过程中束团瞬时大幅度振荡和光电子不稳定性,从而提高储存环束流流强和束流品质,保证光源高亮度稳定运行。其功能是多方面的,它的重要性可想而知。2007 年,利用自行研制的数字反馈系统,获得了储存环流强积累高达 350mA 的运行效果[25]。

　　现在正在进行升级的横向和纵向数字反馈系统的研制,必将为 HLS 升级改造工程顺利达标和超指标运行作出重要的贡献。

　　束流位置监测器最基本的应用是进行束流位置测量,此外,还可以利用束流位置监测器的和信号进行束流流强测量,也可以利用它提取束流四极分量进行束流横向尺寸和束流发射度的测量等,详见相关的章节。

参 考 文 献

[1] 马力,石平,叶恺容. 改进后的 BEPC 储存环束流位置测量系统. 高能物理与核物理,1998, 22(5):475—480.

[2] Vismara G. The comparison of signal processing systems for beam position monitor. Proceedings of DIPAC,Chester,1999:20—26.

[3] Hu K H, Chen J,Kuo C H,et al. Turn-by-turn BPM electronics based on 500MHz log-ratio amplifier. Proceedings of the 1999 Particle Accelerator Conference, New York, 1999, 3: 2069—2071.

[4] Wang P,Hower N,Litvinenko V,et al. Beam position monitors for duke FEL storage ring. Proceedings of the 1999 Particle Accelerator Conference,New York,1999:2099—2101.

[5] 王筠华,沈连官,王贵诚,等. HLS 新研制的束流位置探测器定标和误差分析. 高能物理与核物理,2001,24(11): 1120—1127.

[6] 马力. 加速器束流测量讲义. 北京:中国科学院高能物理所加速器中心,2001:5—8.

[7] Hofmann A. Accelerator needs for diagnostics. Proceedings of the First Workshop on Beam Diagnostics and Instrumentation for Particle Accelerators,Montreux,1993.

[8] 孙葆根. 加速器中束流诊断技术讲义. 合肥:中国科学技术大学,2011.

[9] 刘建宏. HLS BxB 测量系统研制及束流不稳定性的初步研究. 合肥:中国科学技术大学博士学位论文,2005.

[10] 郭硕鸿. 电动力学. 北京:高等教育出版社,1979:251.

[11] Smith S R. Beam Position Monitor Engineering. Stanford:Stanford University,1996:4.

[12] Goldberg D A,Lambertson G R. A primer on pickups and kickers. AIP Conference Proceedings Series—Physics of Particle Accelerators,New York,1992,249(1):46.

[13] Collin R E. Foundations for Microwave Engineering. 2nd Edition. New York:Wiley-IEEE Press,2000.

[14] 岳军会. BEPC Ⅱ横向束流反馈系统的研制. 北京:中国科学院高能物理所博士学位论文, 2005.

[15] Hettel B. LCLS Cavity BPM. Singapore:The Third OCPA Accelerator School,2002.

[16] 陈园博. 合肥光源逐束团系统及相关理论和分析. 合肥:中国科学技术大学博士学位论文, 2011.

[17] Goldberg D A,Lambertson G R. Dynamic devices:A primer on pickups and kickers. AIP Conference Proceedings,New York,1992:537.

[18] Wang J H,Yin Y,Liu Z P,et al. A closed orbit measurement with the NSRL BPM system. Proceedings of the 1999 Particle Accelerator Conference,New York,1999:2048—2050.

[19] 王筠华,孙葆根,刘祖平,等. 升级的合肥光源闭轨测量系统及其运用. 强激光与粒子束, 2003,15(8): 825—829.

[20] 王筠华,刘建宏,孙葆根,等. 合肥光源逐圈测量系统定标及其应用. 高能物理与核物理,

2004,28(5):544—548.

[21] 刘建宏,王筠华,裴元吉,等.合肥光源逐束团测量系统研制.强激光与粒子束,2006,18(2):286—290.

[22] 郑凯.合肥光源逐束团测量和模拟反馈系统.合肥:中国科学技术大学博士学位论文,2007.

[23] 王筠华,马力,刘德康,等.HLS逐束团测量和横向反馈系统的研制及几个关键技术.中国物理C,2008,(增刊Ⅰ):96—98.

[24] 杨永良.合肥光源束流不稳定性测量和横向模拟反馈.合肥:中国科学技术大学博士学位论文,2009.

[25] 周泽然.合肥光源数字横向逐束团反馈系统.合肥:中国科学技术大学博士学位论文,2009.

第 6 章 HLS 钮扣型束流位置探测器

HLS 沿储存环放置 31 个钮扣型 BPM,详见图 1.2.1。BPM 一般放置在四极磁铁附近。对于 HLS,在 $\phi=86$mm,长度为 120cm(或者 180cm)的不锈钢真空管两头各安装一组 BPM,每一组 BPM 是由 4 个不锈钢钮扣电极组成的。

由于电极直接运行在超高真空条件下,因此信号的输出需要经过专业制造的 Feedthrough 转换连接(见图 6.0.1 真空室外突出片状器件),以便隔离真空和大气。在保证储存环超高真空运行环境的同时,完成检测信号的引出。每个钮扣电极与 Feedthrough 探头焊接在一起,该 Feedthrough 又与真空束管道焊接,Feedthrough 带有 BNC(或者 SAM)座,便于连接信号电缆。电极与水平和垂直成 45°放置,这能避免因同步光直接撞击造成的电极损坏或带来测量误差。

电极结构为自 Feedthrough 伸出的孤立圆片状探头(见图 6.0.1 真空室内突出片状器件)。该电极与真空室的耦合阻抗必须与传输电缆保持良好的匹配,才能保证获得的信号没有畸变。HLS 钮扣型电极的结构截面如图 6.0.1 所示。

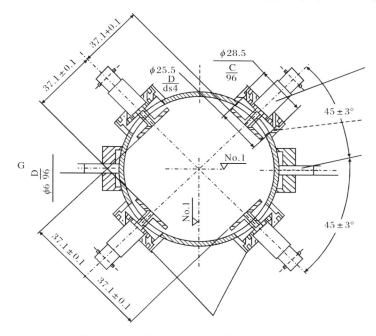

图 6.0.1 HLS 钮扣电极 BPM 机械结构图

6.1　钮扣型探测电极的定标

在把 BPM 探头安装到加速器真空管道上前,通常必须对每个 BPM 进行离线位置标定。其一,因为要测量束流的绝对位置,必须知道 BPM 四个电极的电中心与机械几何中心的关系;其二,以便获得束流在 BPM 中的位置与探头电压的关系,作为以后由电极上感应电压反推确定束流位置的依据。

位置标定的具体方法是采用一根带有功率的天线,在 BPM 孔径内一定范围移动 (X, Y),来模拟束流位置的改变,并根据测量的电极感应电压信号,利用第 5 章介绍的 Δ/Σ 处理方法,计算出归一化的水平和垂直位置信号 (U, V) 值,这样可以得到 BPM 的 Mapping 图。根据 Mapping 数据,采用多项式拟合,就可以得到机械位置 (X, Y) 与电子学归一化位置信号 (U, V) 关系的一组系数,常称为定标系数。该系数用于在实际测量中反算出束流的位置信息。其中,常数项系数代表BPM 电中心相对机械中心的偏差。

6.1.1　定标装置

常用的标定方法有天线法[1,2]和拉直丝法[3]。它们都是利用信号源产生一个信号通过天线或拉直丝来模拟电子束流的。

束流位置探测器标定系统的机械结构通常也有两种形式:一种是天线或拉直丝水平方向安放,另一种是天线或拉直丝垂直方向安放。前一种机械结构比较简单,但是难以将模拟束流的细线拉直,因为天线受自身重力或通电受热后会变形,影响位置的准确性。后一种机械结构虽然比较复杂,但是易于拉直细线,因此现在常采用后一种机械结构。

电子学处理线路通常也有两种:一种是利用示波器测量各电极感应信号幅度并利用计算机计算出位置,另一种是采用束流位置处理线路直接获得位置测量结果。

HLS 二期工程中,因注入段真空室的改造,有四段 $\phi 86\mathrm{mm}$ 的真空管道需要重新制作,每根管道两头各有一个 BPM 需要定标。由于真空管道较长,为了避免水平放置模拟天线有垂度而引起测量误差,采用了垂直放置真空管道天线模拟定标系统[2,4]。自行研制的束流位置探测器天线定标系统方框图如图 6.1.1 所示。它由以下几个部分组成:一个 204MHz 的高频信号源(对应于 HLS 高频频率,图 6.1.1中省略);一个可调精度达 $10 \mu\mathrm{m}$ 的机床(图 6.1.2),它控制天线在垂直真空管道中的 (X, Y) 方向移动;两个 Bergoz 信号处理模块,它们并行处理来自上下两组 pickup 的电极信号。利用与实际运行相同的高频信号源,这样避免了传统低频信号源(5MHz)定标,而给高频(200MHz)运行时测量数据带来的误差。但由于信号源频率较高,空间辐射干扰比较严重,必须周密考虑并严格控制,对于信号传输电缆的屏蔽要求也非常高。定标系统原理框图见图 6.1.1。

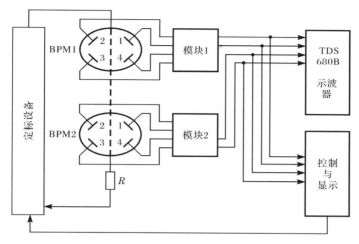

图 6.1.1　BPM 定标系统原理框图

如图 6.1.1 所示,在 BPM Module 中完成和差计算,并输出近似于直流的表征 X、Y 位置的模拟信号 V_x、V_y 值。该值送到示波器直接观察,同时也送到 PC 进行模数转换并记录形成文件,以备数据处理用。定标装置硬件系统如图 6.1.2[5] 所示。

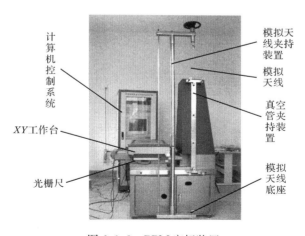

图 6.1.2　BPM 定标装置

该定标装置硬件部分主要由模拟天线的机械定位装置、模拟天线的位置检出以及 BPM 信号读取和处理系统三部分组成。X、Y 轴向模拟天线移动位置由光栅尺检出，其读数分辨率为 $1\mu m$，全长准确度为 $5\mu m$。本系统将这两组各四路模拟电压信号，通过 16 位 32 通道 ADC 转换成数字信号，并记录于文件中，供试验结果在线或离线分析使用。

6.1.2　定标中的数据处理

考虑闭轨测量精度的需要，在真空管道横截面（19mm×19mm）上取 19×19 个测量点，根据测量数据经常采用的多项式拟合来描述 BPM 电极上感应电压 V_k 与束流位置的关系[4]，以 X 方向为例，Y 方向类同。

$$X = f_x(V_k), \quad k = 1, \cdots, 4 \qquad (6.1.1)$$

式中，$k = 1, \cdots, 4$ 为四个 pickup 电压。此时，BPM 电极上感应电压 V_k 与束流位置的关系，可用如下多项式表示：

$$X = \sum_{i=0}^{N} \sum_{j=0}^{i} a_{i-j,j} (U - U_0)^{i-j} (V - V_0)^j \qquad (6.1.2)$$

式中

$$U = \frac{(V_1 + V_4) - (V_2 + V_3)}{\sum\limits_{k=1}^{4} V_k}, \quad V = \frac{(V_1 + V_2) - (V_3 + V_4)}{\sum\limits_{k=1}^{4} V_k} \qquad (6.1.3)$$

式(6.1.3)为根据各电极感应信号的幅度计算获得的归一化水平和垂直位置信号。式(6.1.2)中的 U_0、V_0 为 U、V 的原点修正值，即 $X = 0$、$Y = 0$ 点的 U、V 值，也就是 BPM 电中心相对机械中心的偏差；N 为拟合阶数。由于定标系统信号检测和处理电子学线路是采用 BPM Module，它的输出 V_x、V_y 与增益和位置偏移量 x、y 以及 U、V 有如下关系：

$$X(\text{mm}) = \frac{V_x}{G_x} = K_x U = \frac{U}{S_x} = \frac{V_x}{S_x G_{ex}}, \quad Y(\text{mm}) = \frac{V_y}{G_y} = K_y V = \frac{Y}{S_y} = \frac{V_y}{S_y G_{ey}}$$

$$(6.1.4)$$

式中，G_x、G_y 是 BPM 系统 X、Y 方向总的灵敏度；K_x、K_y 和 S_x、S_y 分别为真空室 X、Y 方向的机械定标系数和灵敏度，且 $K_{x,y} = 1/S_{x,y}$；$G_{ex,ey}$ 分别为 Module 电子学灵敏度。所以系统总的灵敏度为 $G_{x,y}(\text{V/mm}) = S_{x,y}(\%/\text{mm}) \cdot G_{ex,ey}(\text{V}/\%)$。由式(6.1.4)可得

$$V_x(\text{V}) = U(\%) \cdot G_{ex}(\text{V}/\%)$$
$$V_y(\text{V}) = V(\%) \cdot G_{ey}(\text{V}/\%) \qquad (6.1.5)$$

如此，在实际运行时，由 Module 输出的电压 V_x、V_y 和已知的 Module 灵敏度，可以计算出 BPM 孔径中各点的 U、V 值，再根据式(6.1.2)就可得该点的 X、Y 位置。

6.1.3　最小二乘法逼近

式(6.1.2)多点测量方程组可以表示为

$$X_{N,p}(U_p, V_p) = \sum_{i=0}^{N} \sum_{j=0}^{i} a_{i-j,j} (U_p - U_0)^{i-j} (V_p - V_0)^j = \sum_{i=0}^{N} \sum_{j=0}^{i} A_{i-j,j} U_p^{i-j} V_p^j$$

(6.1.6)

式中，$p=1,2,\cdots,P$，p 为测量点数；$X_{N,p}(U_p,V_p)$ 是 N 阶多项式第 p 个测量点的拟合值；U_p、V_p 是在第 p 个测量点输入的 U、V 值。用 $X_{m,p}(U_p,V_p)$ 表示在 p 点输入 U_p、V_p 时的测量值。则从要求均方误差为极小的条件，可导出关于系数 $A_{i-j,j}$ 的如下方程组：

$$\sum_{p=1}^{P} \left[X_{N,P}(U_p, V_p) - X_{m,p}(U_p, V_p) \right] U_p^{k-l} V_p^l = 0$$

(6.1.7)

式中，$l=0,1,\cdots,k;k=0,1,\cdots,N$。

整理可得

$$\sum_{p=1}^{P} \sum_{i=0}^{N} \sum_{j=0}^{i} A_{i-j,j} U_p^{i-j} V_p^j U_p^{k-l} V_p^l = \sum_{p=1}^{P} X_{m,p} U_p^{k-l} V_p^l$$

(6.1.8)

交换求和次序，可得

$$\sum_{i=0}^{N} \sum_{j=0}^{i} A_{i-j,j} \sum_{p=1}^{P} U_p^{i-j+k-l} V_p^{j+l} = \sum_{p=1}^{P} X_{m,p} U_p^{k-l} V_p^l$$

(6.1.9)

式(6.1.9)即待求解确定 $A_{i-j,j}$ 的方程组。对每个 BPM 进行 19×19 共 361 点电场分布测量，用矩阵消元法，可求得最小二乘法逼近的 X、Y 两组系数 $a_{i-j,j}$ 和 $b_{i-j,j}$。三阶多项式拟合得 10 个系数，四阶拟合得 15 个系数，五阶拟合得 21 个系数。

1. 误差计算

拟合结果在测试点的误差，可以用如下均方误差来表示。下面仍以 X 方向为例推导。

$$\sigma_{XN} = \left[\frac{1}{P} \sum_{p=1}^{P} (X_{N,p} - X_{m,p})^2 \right]^{1/2}$$

(6.1.10)

式中，$X_{N,p}$ 为第 p 点拟合到 N 阶多项式的计算结果；$X_{m,p}$ 为第 p 点的测量值坐标。

2. 测量误差对拟合结果的影响

根据拟合多项式(6.1.1)和 BPM Module 信号处理关系式：$U=V_x/G_{ex}$，$V=V_y/G_{ey}$。第 p 点由于测量误差引入的 X 方向拟合误差为

$$\delta X_p = \left\{ \left[\frac{\partial X(U,V)}{\partial U} \delta U \right]^2 + \left[\frac{\partial X(U,V)}{\partial V} \delta V \right]^2 \right\}^{1/2}$$

$$= \left\{ \left[\sum_{i=0}^{N} \sum_{j=0}^{i} a_{i-j,j}(i-j)(U-U_0)^{i-j-1}(V-V_0)^j \right]^2 \left(\frac{V_x}{G_{ex}} \right)^2 \right.$$

$$\left. + \left[\sum_{i=0}^{N} \sum_{j=0}^{i} a_{i-j,j} j (U-U_0)^{i-j}(V-V_0)^{j-1} \right]^2 \left(\frac{V_y}{G_{ey}} \right)^2 \right\}^{1/2}$$

$$(6.1.11)$$

为了简化计算,假定 Module 的输出 V_x、V_y 测量误差是相同的, 即

$$\frac{\delta V_x}{V_x} = \frac{\delta V_y}{V_y} = \frac{\delta V}{V} \tag{6.1.12}$$

则由式(6.1.11),并将

$$\left(\frac{\delta V_x}{G_{ex}} \right)^2 = \left(\frac{V_x}{G_{ex}} \right)^2 \left(\frac{\delta V_x}{V_x} \right)^2 = \left(\frac{V_x}{G_{ex}} \right)^2 \left(\frac{\delta V}{V} \right)^2 \tag{6.1.13}$$

代入式(6.1.11),得

$$\delta X_p = \frac{\delta V}{V} \left\{ \left[\sum_{i=0}^{N} \sum_{j=0}^{i} a_{i-j,j}(i-j)(U-U_0)^{i-j-1}(V-V_0)^j \right]^2 \left(\frac{V_x}{G_{ex}} \right)^2 \right.$$

$$\left. + \left[\sum_{i=0}^{N} \sum_{j=0}^{i} a_{i-j,j} j (U-U_0)^{i-j}(V-V_0)^{j-1} \right]^2 \left(\frac{V_y}{G_{ey}} \right)^2 \right\}^{1/2} \tag{6.1.14}$$

当采用 $N=3$ 逼近并测量点(19×19)时,则由于测量误差引入的拟合均方根误差为

$$\sigma_X = \left(\frac{1}{361} \sum_{p=1}^{361} \delta X_p^2 \right)^{1/2} = \left[\frac{1}{361} \left(\frac{\delta V}{V} \right)^2 \left(\sum_{p=1}^{361} \left\{ \left[\sum_{i=0}^{3} \sum_{j=0}^{i} a_{i-j,j}(i-j)(U-U_0)^{i-j-1} \right. \right. \right. \right.$$

$$\left. \left. \left. \left. \cdot (V-V_0)^j \right]^2 U^2 + \left[\sum_{i=0}^{3} \sum_{j=0}^{i} a_{i-j,j} j (U-U_0)^{i-j}(V-V_0)^{j-1} \right]^2 V^2 \right\} \right) \right]^{1/2}$$

$$(6.1.15)$$

3. 系统误差结果的分析

系统测量精度限制了拟合的精度,为此首先计算系统测量误差(或精度)。为了估算系统的测量精确度,从 3 号真空管子的 BPM 机械中心点($X=0, Y=0$)在不同时刻 Module 输出数据出发。因为机械中心点附近的灵敏度呈线性并可解析计算它,再结合式(6.1.4),可估算出整个测量系统的测量误差约为 $\pm 15\mu m$。以上误差主要由约 $10\mu m$ 的机械系统定位误差和约 $10\mu m$ 的 Module 输出误差,以及其他误差组成。其他误差包括机械加工和 204MHz 高频信号源对电子学线路干扰等因素带来的误差。3 号真空管上部 BPM 的 Mapping 曲线和三次多项式拟合的误差分布图如图 6.1.3 和图 6.1.4 所示。

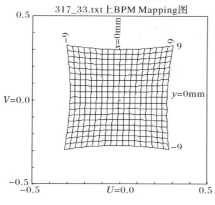

图 6.1.3　BPM Mapping 图

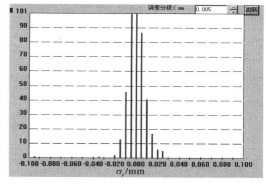

图 6.1.4　BPM X 方向拟合误差分布图

从图 6.1.4 可以看出,3 号真空管道上部 BPM 较为理想,X 方向拟合误差 95% 的测量点落在 $-15\sim15\mu m$。由于采用了调节精度高达 $10\mu m$ 垂直放置真空管道的天线模拟定标装置和工作在 HLS 储存环 RF 频率上的信号源、分辨率高达 $1\mu m$ 的外差式信号处理电子学线路,避免了传统定标系统水平放置模拟天线和 5MHz 低频信号源所带来的误差,并模拟了 HLS 机器的实际工作状态,从而大大提高了测量精度。

通过以上多种方法对测量数据进行处理和分析,得到的结果是自洽的。这证明,测试设备和手段精确可靠,数据处理方法正确,结果是可信的,它能反映出被测系统的真实情况。此时完成了新的束流位置探测器的定标,并验证了新的束流位置探测器的加工质量。

6.2　以边界元素法验证模拟定标

为了验证 BPM 模拟定标的准确性,利用边界元素法(boundary element method,BEM)计算 BPM 探头的灵敏度,并以此检验模拟定标测试数据的可信程度[6]。作为该方法的进一步探讨,尝试由模拟程序直接计算出有机械加工误差时的灵敏度,给出对机械加工要求的一个参考。

6.2.1　边界元素法理论简介

在光滑束流管道中,相对论带电粒子束流在横向因为洛伦兹效应而受到压缩,横截面很小。在稳定的情况下,它的电场相当于无限长线电荷的静电场。当然,束流也有磁场产生,但钮扣电极对其不敏感,所以只需要考虑电场部分。

此时,管道中静电场由标量势 Φ 给出:$E=-\nabla\Phi$,其中,Φ 应满足拉普拉斯方程$\nabla^2\Phi=0$。对于任意形状的真空管道,它满足如图 6.2.1(a)所示的边界条件,用空间电荷来等效替代它,如图 6.2.1(b)所示[7,8]。

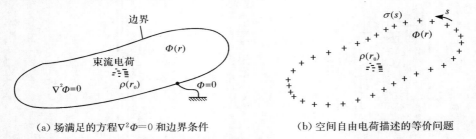

(a) 场满足的方程$\nabla^2\Phi=0$ 和边界条件　　　　　(b) 空间自由电荷描述的等价问题

图 6.2.1　任意形状的真空管道边界空间自由电荷

用解析法直接解这样的微分方程通常是不可能的,利用 BEM 法将其转化成直接解积分方程的近似计算方法,问题便迎刃而解。引用流行的加权余量法的结论,得到在边界内任何一点场分布为

$$\Phi(r) = \int_\Omega \rho(r_0)W(r,r_0)\mathrm{d}r_0 + \int_s \sigma(s)W(r,s)\mathrm{d}s \qquad (6.2.1)$$

式中,$\rho(r_0)$和$\sigma(s)$分别为空间电荷密度和边界上感应电荷密度;$W(r,r_0)$是基本解。二维情况可简单取为格林函数:

$$G = \frac{1}{2\pi\varepsilon_0}\ln\frac{1}{r} \qquad (6.2.2)$$

由于要利用数值积分手段,边界被划分成若干直线段(边界元素),如图 6.2.2 所示。此处 Φ_i 和σ_i 分别为第 i 个元素的场势和感应面电荷密度。

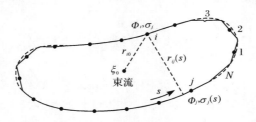

图 6.2.2　边界划分示意图

现在,可以由式(6.2.1)与式(6.2.2)推出第 i 个元素的电势的表达式:

$$\Phi_i = \frac{\xi_0}{2\pi\varepsilon_0}\ln\frac{1}{r_{i0}} + \sum_{j=1}^N\left[\int\frac{\sigma_j(s)}{2\pi\varepsilon_0}\ln\frac{1}{r_{ij}(s)}\mathrm{d}s\right] \qquad (6.2.3)$$

式中,ξ_0 为电荷束流的线电荷密度;r_{i0}为从束流到第 i 个元素中心的距离;$\sigma_j(s)$为第 j 个元素上的感应电荷密度;s 为第 j 个元素上的长度积分参数;$r_{ij}(s)$为从第 i 个元素的中心到第 j 个元素上的各积分点的距离。

式(6.2.3)中第一项代表束流 ξ_0 在面元之处产生的势,第二项是所有边界元素上的感应电荷对面元之处的贡献。当边界元素划分足够小时,σ_j 可近似看成在元素 j 上是常量。将边界分为 N 个元素,由式(6.2.3)得到一个矩阵方程为

$$[\Phi_i] = \frac{\xi_0}{2\pi\varepsilon_0}[G_{i0}] + \frac{1}{2\pi\varepsilon_0}[G_{i0}][\sigma_j] \tag{6.2.4}$$

式中,$G_{i0} = \ln\dfrac{1}{r_{i0}}$,$G_{ij} = \displaystyle\int \ln\dfrac{1}{r_{ij}(s)}\mathrm{d}s$。

因为真空室是接地的,存在一个很有用的条件 $\Phi|_s = 0$,即 $[\Phi_i] = 0$,则式(6.2.4)变为

$$[G_{ij}][\sigma_j] = -\xi_0[G_{i0}] \tag{6.2.5}$$

应用高斯消元法解方程(6.2.5),即可得到 $[\sigma_i]$。

6.2.2　灵敏度的计算

已知计算所得的电极感应电荷是正比于电极输出的双极性脉冲电压信号的幅度的,所以位置表达式中的电压信号也可以用感应电荷代替:

$$U = \frac{(Q_A + Q_D) - (Q_B + Q_C)}{(Q_A + Q_D) + (Q_B + Q_C)}, \quad V = \frac{(Q_A + Q_B) - (Q_C + Q_D)}{(Q_A + Q_B) + (Q_C + Q_D)} \tag{6.2.6}$$

而灵敏度即 X、Y 相对于束流位置 x、y 的微分为

$$S_x = \frac{\partial U}{\partial x}, \quad S_y = \frac{\partial V}{\partial y} \tag{6.2.7}$$

加速器中的束流是若干不连续的束团,它产生的场也被调制成类似于束流的脉冲形状,所以在钮扣电极上感生的信号肯定会有相差存在。但是,检测频率一般在 1GHz 以下,对应的波长大于 30cm,而钮扣电极的尺度在 cm 量级,因而这个问题可以忽略。如此求电极上的感应电荷只需要应用以下积分:

$$Q = \int \sigma(s)w(s)\mathrm{d}s \tag{6.2.8}$$

式中,$w(s)$ 为电极在 s 处的纵向长度。

图 6.0.1 所示的 HLS 钮扣电极结构可以划分出与它对应的边界元素单元,如图 6.2.3 所示。

把边界不等地划分为 $N = 200$ 份,每个钮扣电极直径 25mm,划分为 30 个元素。实际计算时已将式(6.2.8)进行了化简,消去了 ξ_0,即所得的结果与束流强度无关。程序计算的结果请参见表 6.2.1,由程序画出的 Mapping 图如图 6.2.4 所示。

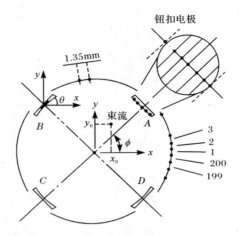

图 6.2.3　HLS 钮扣电极 BPM 边界划分示意图

表 6.2.1　BEM 计算和实测 BPM 灵敏度的比较

实测/(%/mm)		计算/(%/mm)		误差/%	
S_x	S_y	S_x	S_y	E_{sx}	E_{sy}
3.329	3.364	3.367	3.367	1.14	0.1

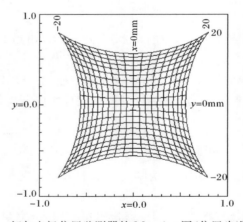

图 6.2.4　钮扣电极位置监测器的 Mapping 图（位置步进为 2mm）

　　也曾经直接计算 BPM 三阶多项式（6.1.9）拟合的系数（其中，a_{10} 和 b_{01} 的倒数即表 6.2.1 中的 S_x 和 S_y，与测量值很接近，最大误差为 1.14%）。除一次项外，各系数都较小，比较符合实际情况，但与实测拟合的系数相差较大，这是因为探测电极为在线设备，不能具体细致测量它，以上计算是建立在理想情况下的。如果能精确地测量出由于机械加工和焊接过程引起的误差，如钮扣大小、电极探出的距离、钮扣的空间偏角 ϕ 和 θ 等数据,再代入计算,由此计算的拟合系数与实际应更逼近。

还尝试模拟由于 ϕ、θ、d(钮扣到 BPM 中心的距离)的加工偏差引起的灵敏度的变化[式(6.2.9)和式(6.2.12)]。计算时假设给定一个最大偏差,比较这三项对总的误差的贡献,这对机械加工精度的考虑是很有参考价值的。

$$\mathrm{d}S_x = \frac{\partial S_x}{\partial \phi_1}\mathrm{d}\phi_1 + \cdots + \frac{\partial S_x}{\partial \phi_4}\mathrm{d}\phi_4 + \frac{\partial S_x}{\partial \theta_1}\mathrm{d}\theta_1 + \cdots + \frac{\partial S_x}{\partial \phi_4}\mathrm{d}\theta_4 + \frac{\partial S_x}{\partial d_1}\mathrm{d}d_1 + \cdots + \frac{\partial S_x}{\partial d_4}\mathrm{d}d_4$$

$$(6.2.9)$$

位置步进为 2mm。对于新加工的 BPM 电极,$\Delta d = \pm 0.1\mathrm{mm}$,$\Delta\phi = \pm 3'$。如果 $\Delta\theta = \pm 3'$(实际加工时没有加以考虑),可以得到四组参数,以第一组为例:

$$\begin{cases} \dfrac{\partial S_x}{\partial \phi_1} \approx 0.0087\%/(\mathrm{mm \cdot rad}), & \mathrm{d}\phi_1 \leqslant 8.73 \times 10^{-4}\,\mathrm{rad} \\[2mm] \dfrac{\partial S_x}{\partial \theta_1} \approx 1.75 \times 10^{-4}\%/(\mathrm{mm \cdot rad}), & \mathrm{d}\theta_1 \leqslant 8.73 \times 10^{-4}\,\mathrm{rad} \\[2mm] \dfrac{\partial S_x}{\partial d_1} \approx 8.86 \times 10^{-5}\%/(\mathrm{mm \cdot mm}), & \mathrm{d}d_1 \leqslant 0.1\mathrm{mm} \end{cases} \quad (6.2.10)$$

由此可知,偏差贡献最大的是 d_1,其次是钮扣电极的空间角 ϕ,最小的是钮扣电极的方向角 θ。所以机械加工精度要求应主要针对 d_j 和 ϕ_j 而定,由它们的单项偏差引起的 $\Delta S_x \approx 0.01$。

实际计算 BPM 位置采用如下多项式拟合:

$$\begin{cases} X = \displaystyle\sum_{i=0}^{N}\sum_{j=0}^{i} a_{i-j,j}\,(U-U_0)^{i-j}\,(V-V_0)^j \\[3mm] Y = \displaystyle\sum_{i=0}^{N}\sum_{j=0}^{i} b_{i-j,j}\,(U-U_0)^{i-j}\,(V-V_0)^j \end{cases} \quad (6.2.11)$$

从灵敏度的定义式可以导出系数:

$$\frac{1}{S_x} = \frac{\partial x}{\partial U} = a_{12} + 2a_{20}(U-U_0) + a_{11}(V-V_0) + 3a_{30}(U-U_0)^2$$
$$+ 2a_{21}(U-U_0)(V-V_0) + a_{12}(V-V_0)^2 \quad (6.2.12)$$

显然当 a_{11}、a_{20}、a_{21} 非零时,S_x 在 U_0 和 V_0 两侧不对称,Mapping 图将出现畸变。比较 $\mathrm{d}d_1 = 0.1\mathrm{mm}$,$\mathrm{d}\phi_1 = 0.000873\mathrm{rad}$,$\mathrm{d}\theta_1 = 0.000873\mathrm{rad}$ 时的这三个系数,可以得到与机械定标相同的结论。

参 考 文 献

[1] Ye K, Ma L, Huang H. The calibration of BEPC beam position monitors. AIP Conference Proceedings, Stanford, 1998:303—309.

［2］王筠华,刘建宏,卢平. HLS 闭轨监测系统的升级与数据获取. 高能物理与核物理,2002,
　　　26(6)：632－638.

［3］Fitzgerald J A,Crisp J,Mccrory E,et al. BPM testing,analysis,and correction. AIP Confer-
　　　ence Proceedings,Stanford,1998：370－377.

［4］王筠华,刘建宏,刘祖平,等. HLS 注入段束流位置探头定标电场的拟合和误差计算. 强激光
　　　与粒子束,2001,13(5)：560－564.

［5］沈连官,王筠华,王贵诚,等. BPM 标定系统的研制及其在合肥国家同步辐射实验室二期工
　　　程中的应用. 强激光与粒子束,2002,14(5)：783－786.

［6］刘建宏,王筠华,刘祖平,等. 边界元素法及其在 NSRL 束测系统调试中的应用. 强激光与粒
　　　子束,2000,12(2)：254－256.

［7］Shintake T,Tejima M,Ishii H,et al. Sensitivity calculation of beam position monitor using
　　　boundary element method. NIM in Physics Research,1987：146－150.

［8］Brebbia C A. The Boundary Element Method for Engineers. London：Pantech Press,1978.

第7章 闭轨测量系统的研制与应用

闭轨测量(COD)是束流位置监测器最基本的运用,也是机器正常运行必不可少的环节。闭轨测量是获得束流接近于直流的平衡轨道的多圈位置平均信息,也是进行闭轨校正的前提。

HLS 是 200MeV 注入,再 Ramping 到 800MeV,在 100~300mA 流强下运行的。储存环高频频率为 204.035MHz。作为专用同步辐射光源,为用户提供高品质高稳定性光源是该装置的主要任务。所以,储存环束流位置在线监测,即在线的闭轨测量系统,在机器调试运行、机器研究和改造,以及插入性设备的联机调试中是不可缺少的关键性测量设备。

7.1 HLS 闭轨测量系统研制的进展

HLS 储存环周长为 66m,全环分布 27 个 BPM,每个象限有 5~8 个,每个 BPM 有 4 个呈 45°放置的钮扣型探测电极,直径均为 25mm,共输出 108 个探测信号。BPM 在储存环上的分布和单个 BPM 的构造如图 7.1.1 所示。早期的 BPM 系统是采用机械的多路开关完成信号的传递。每个象限的 BPM 的信号顺序送至一只 32 选 4 多路选通器 100C1423,此 4 个象限信号分别经过一根多芯长电缆送至中控室的 16 选 4 多路选通器后,再经过 4 选 1 多路选通器送至信号处理系统。BPM 系统是由束流位置探头、射频多路选通器、射频检波器、数据采集系统和 PC 组成的。该系统在完成束流位置数据的采集和处理后,能直观地在屏幕上显示出 BPM 操作顺序和束流闭轨位置,并能打印输出束流位置参数,能进行多次循环测试和单事件处理,系统框图如图 7.1.2 所示。

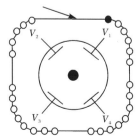

图 7.1.1　HLS 的 BPM 布局图

　　1995 年,重新研制射频检波模块(图 7.1.2 虚线包括的内容),采用了基于高频频率的窄带滤波、单频处理电子学线路,这大大提高了系统的测量精度和分辨率,使 HLS COD 系统以 $50\mu m$ 精度和 $10\mu m$ 分辨率投入正常运行,完成了 Damping 后的平均束流位置的测量和局部凸轨校正的初步试验[1,2]。其所采用的信号检测和数据获取布局图如图 7.1.2 所示。

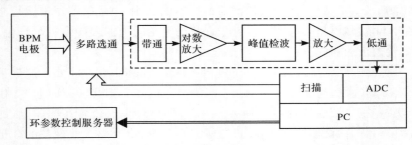

图 7.1.2　BPM 系统的信号检测和数据获取布局

7.2　升级的闭轨测量系统结构与信号处理

　　为进一步提高该系统的精度、可靠性和数据获取的灵活性,更重要的是应满足二期工程储存流强达 $300\sim500mA$,轨道稳定性在 $30\mu m$ 以内的要求,升级了 HLS 储存环 BPM 系统。

　　二期工程改造后的 HLS 储存环 BPM 系统采用了性能稳定可靠的 Bergoz BPM 电子学信号处理器。在此基础上,利用局部凸轨法完成了基于束流准直 (beam based alignment,BBA)和储存环全环闭轨反馈校正试验,使一个完整的 BPM 系统投入 HLS 在线运行。

7.2.1　COD 测量系统硬件和软件结构

　　COD 测量系统由信号检测电极(pickup)、模拟信号处理电子学、数字信号获取系统和数据分析和显示四大部分组成(图 7.2.1)。为研制一套高精度和高稳定性的 COD 测量系统,升级了它的信号传输、处理和数据获取系统,而信号检测仍利用环上原来安装的 pickup 电极。在信号处理上,抛弃了机械式多路选通而采用并行处理来自每个 BPM 信号的方案,即每个 BPM 对应一个信号处理电子学模块,使得所测轨道信息具有同时性。模拟信号处理器选择的是法国 Bergoz 公司生产的 MPX-BPM Module,这大大提高了该监测系统的测量分辨率和精度。在数据获取上,采用基于 VXI 以及网络互连硬件技术和 LabView 软件支持来完成。

在此硬、软件技术基础上,实现了稳定的远距离控制和跟踪快速闭轨变化动态显示。由于 HLS 横向自由振荡频率 $\nu_x = 3.54$、$\nu_y = 2.61$,为满足沿储存环每个自由振荡周期不少于 3 个 BPM 的要求(图 7.4.1),沿环选择了 22 个 BPM 作为位置测量点来完成全环闭轨测量[3,4]。COD 测量系统硬件结构和软件构架以及信号流程如图 7.2.1 和图 7.2.2 所示。

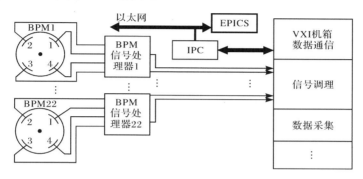

图 7.2.1　COD 测量系统硬件结构

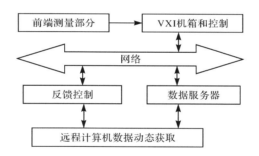

图 7.2.2　COD 测量系统软件架构图

7.2.2　BPM Module

选择法国 Bergoz 公司生产 BPM Module 作为模拟信号处理电子学线路,是因为它具有如下优点:其具有约 60dB 宽的动态范围,对应 HLS 储存流强 500mA 测量时可不需要编程衰减控制。具有分辨率高达 1μm 外差式信号处理器,该处理器带有中心频率为 204MHz(与环 RF 频率匹配)、带宽为 ±200kHz 的带通滤波,这大大提高了线路的信噪比和分辨率。带自动增益,可使电路在不同流强下始终工作在线性较好的区域,同时避免由于温度变化和器件老化引起增益的改变。同时,该线路使用方便、性能优良等。该 Module 由低通滤波 LPF(1GHz)、4 选 1 Gas 开关、带通滤波 BPF、低噪声高频放大、混频器和中频放大等电路组成,最后在 Module 内完成和差矩阵计算,输出表征 X、Y 位置的模拟电压信号 V_x、V_y。该模拟信号经过 ADC 送到后一级数据获取系统,完成束流位置的测量任务。BPM Module 的框图如图 7.2.3[5] 所示。

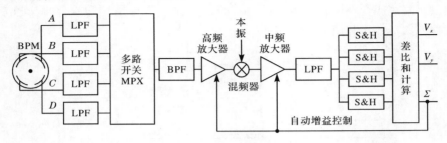

图 7.2.3　Bergoz BPM Module 框图

在以上技术措施的保障下,一套高精度和高稳定性的 COD 测量系统很好地投入了运行。它的长期稳定性小于等于 $10\mu m$,测量分辨率达 $1\mu m$。在该系统所测数据的基础上,还进行了基于束流准直(BBA)测量和闭轨校正,这对提高 HLS 光源品质,为用户提供高稳定的光源具有重要的意义。

7.3　数据获取系统和数据的分析

7.3.1　数据获取系统

BPM 数据获取是由 VXI 硬件技术和 LabView 软件支持完成的。VXI 机箱采用泰克公司生产的智能 13 槽机箱 VX4101。BPM 数据获取系统模块都被集成在 VXI 机箱内。VXI 采用外接式零槽控制器。除前端电路外其余部分均采用网络互连,即反馈控制和数据服务器可以远离测量现场。22 路前端测量模块将处理后的信号送入 VXI-SC-1102 调理模块,然后经 VXI-MIO-64XE-10 模数转换完成数据采集,采集率为 100kHz。

软件方面,采用了 NI 公司的 LabView 开发平台。所测数据经由网络接口发送到独立的数据服务器保存,同时提供网络开放访问。获得的结果从工控机通过 UDP 协议发送到两个服务器,其中一个为数据服务,另一个用于闭轨校正。用户可通过网络访问服务器中的测量数据。由于 HLS 控制系统采用 EPICS,因此需要在 EPICS 环境下开发以上软件的接口。在 EPICS 下,利用 ai 记录读取闭轨位置的数据,每一个 BPM 有两个 ai 记录,分别代表 x 和 y 方向的束流位置。

7.3.2　升级后的 BPM 系统测量精度和分辨率

由前所述可知,磁铁的缺陷和公差使束流偏离了设计的理想轨道的束流轨迹称为闭轨畸变（COD）。为了确保束流在储存环中顺利地积累和运行，需要对畸变的轨道进行校正，即对探测到的束流位置，用水平或者垂直校正子来进行全局校正，使之处于合理的范围内。当然也可以通过少量校正子，在储存环的任意一处，根据需要来改变束流局部轨道，形成局部凸轨来满足试验的要求等。

电子在储存环中的横向（如 x）轨道变化应该包括：自由振荡轨道的改变 Δx_β、能散引起的轨道的改变 Δx_ε、由于磁铁的缺陷和公差等因素引起的闭合轨道的畸变 Δx_c。因此，束团对平衡轨道的总位移 Δx 和 Δy 分别为

$$\begin{cases} \Delta x = \Delta x_\beta + \Delta x_\varepsilon + \Delta x_c \\ \Delta y = \Delta y_\beta + \Delta y_c \end{cases} \tag{7.3.1}$$

通常，y 方向的动量散度较小，可以不予考虑。考虑到 BPM 电子学和数据获取系统的不稳定所引起的位置测量偏移 Δx_n，在线长期束流位置重复误差 $\Delta\chi$ 可表示为

$$\Delta\chi = \Delta x_\beta + \Delta x_\varepsilon + \Delta x_c + \Delta x_n \tag{7.3.2}$$

1. 噪声引起位置偏移的分析

为了获得电子学热噪声所引起位置的偏移，首先估算信噪比。对于频域信号处理系统，根据文献[6]，电极上所获得的感应电压可表示为

$$V_b = \frac{2\pi a^2}{b\beta c} Z A_m f_b I_{\text{avg}} \tag{7.3.3}$$

式中，b 为真空管道半径；a 为电极半径；Z 为同轴阻抗；A_m 为系数（取决于束团形状和使用的谐波数），当谐波数 $m=1$ 时，$A_m=1$；f_b 为束团频率；I_{avg} 为平均束流强度。当平均束流强度为 100mA 时，感应信号的功率为

$$P_s = \frac{1}{2}\frac{V_b^2}{Z} = \frac{2\pi^2 a^4}{b^2\beta^2 c^2} Z A_m^2 f_b^2 I_{\text{avg}}^2 = -22.22\text{dBm} \tag{7.3.4}$$

因为 BPM Module 线路带宽为 400kHz，其噪声功率为

$$P_N = 4K_B TB = -111.8\text{dBm} \tag{7.3.5}$$

式中，K_B 为玻耳兹曼常数。则

$$\text{SNR} = \frac{P_s}{P_N} = 89.8\text{dB} \tag{7.3.6}$$

四个电极的感应电压经过信号处理电子学线路由噪声引起的位置偏移为

$$\delta x = \frac{b}{2\sqrt{2}} \times \frac{1}{\sqrt{\text{SNR}}} = 0.5\mu\text{m} \tag{7.3.7}$$

由以上计算可以看出，理论计算的线路噪声引起的位置偏移是一小量。实际上，此处只考虑了热噪声，而电子学线路和器件还应该具有散弹噪声、分配噪声和 $1/f$ 噪声等，因此线路噪声引起的位置偏移是应远大于该量的。可以通过对信号处理电子学线路检测试验得到，在 $-50\sim10\text{dBm}$ 测量动态范围内，输出均方根噪

声电平 $V_{rms}<3mV$,它将引起的位置偏移约 $5\mu m$。该误差主要是由信号接收、信号传输、处理电子学和数据获取系统等噪声所引起的位置偏移,其他位置偏移应考虑来自上述的其他因素。

图 7.3.1 是 HLS 储存环 1 号 BPM 实际位置测量值的历史曲线。可以看出,升级后的 BPM 系统位置长期稳定性在 $10\mu m$ 以下,即测量系统误差 $\Delta\chi\leqslant 10\mu m$。

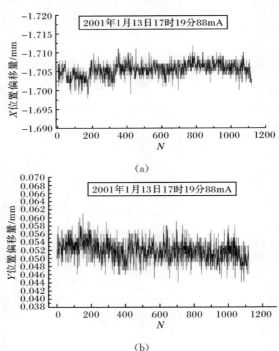

(a)

(b)

图 7.3.1　BPM 运行历史曲线(取样率 0.5Hz)

横坐标说明:N 为取样次数,每 2s 取样一次

2. COD 测量系统的分辨率

为了估算 COD 测量系统的分辨率,可假定在 BPM 测量的短时间内束流是稳定的,即束流轨道是一个确定不变的值,这相当于对探测电极有一个稳恒的输入信号。同时考虑到系统在 BPM 中心附近具有最好的机械和电子学线性,因此,取系统在中心附近测量数据进行统计分析,观察由于系统本身的分辨能力而导致的位置分布(图 7.3.2)。仍然取 HLS 储存环 1 号 BPM 测量数据作误差分布图(图 7.3.3),从分布图上可以大致推算出系统分辨率为 $3.18\mu m$。实际上输入该测量系统的输入信号并不是稳恒的,所以 COD 测量系统的分辨率好于 $3\mu m$[4]。

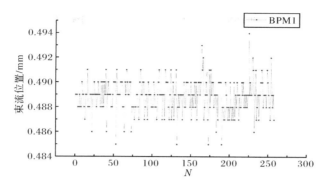

图 7.3.2　1 号 BPM 束流位置曲线(取样率 0.5Hz)

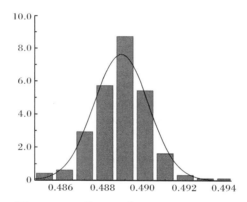

图 7.3.3　1 号 BPM 位置测量误差分布图

7.4　BPM 系统的应用

7.4.1　色散函数的测量

利用升级后的 BPM 测量系统,完成了 HLS 储存环色散函数的测量。当改变高频频率时,测量束流轨道的变化 Δx,即得到色散函数[7]为

$$\eta(s) = -\alpha_c \frac{\Delta x(s)}{\Delta f_{rf}/f_{rf}} \tag{7.4.1}$$

式中,α_c 是动量压缩因子,可以通过测量和计算得到。这里,α_c 选择理论计算值 0.0461。

图 7.4.1 是水平色散函数沿储存环的分布,其中,实线为理论计算值,黑点为实际测量值。从图中可以看出,测量值和理论计算值是非常吻合的。这验证了测试系统的可靠性。

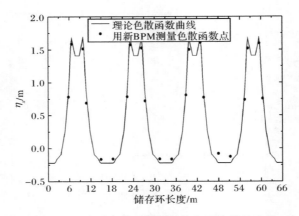

图 7.4.1　水平色散函数测量值与理论值的比较

7.4.2　BBA 方法测量四极磁铁磁中心的位置

有了精确的 COD 测量系统,才能完成基于束流的四极磁铁磁中心位置的测量。四极磁铁的磁中心位置是一个重要的参数,具有很高的准直测量精度要求,在很大程度上代表了理想轨道的位置。因此,它们可作为参考轨道进行全环闭轨校正。

粒子在储存环中运行时,需要一个最优化的闭合轨道,希望它接近于理想轨道。因为四极磁铁是通过严格的准直校正的,误差通常在 0.1mm 范围内,所以四极磁铁磁中心可以作为电子通过的较为优化的点。四极磁铁的磁中心位置可以通过其相邻 BPM 来测量。

BBA 测量四极磁铁磁中心的原理为:当束流不是从四极磁铁的磁中心经过时,将会受到如下一个踢力[8]:

$$\begin{cases} x' = -Kx\Delta l \\ y' = Ky\Delta l \end{cases} \quad\quad (7.4.2)$$

式中,K 为四极磁铁的聚焦强度;x、y 分别为束流离开四极磁铁磁中心的距离;Δl 为四极磁铁的长度。当 x 或 y 不为 0 时,如果 K 值有变化,束流轨道就会相对于原来的位置产生一个畸变。而当 x 或 y 为 0 时,即束流通过四极磁铁磁中心时,K 值的变化在对应平面内不会影响束流的闭轨位置。因此,可以利用局部凸轨的方法不断移动束流在被测量四极磁铁中的位置,改变四极磁铁的 K 值,然后测量改变 K 值前后全环闭轨的畸变情况,就可以求出四极磁铁磁中心位置。

记 rms 为改变 K 值前后全环闭轨的变化的平方和,对所测 rms 进行抛物线拟合:

$$\text{rms} = a_0 + a_1 u + a_2 u^2 \quad\quad (7.4.3)$$

式中,u 代表 x 或 y。求 rms 最小处的束流位置,令 $\dfrac{\partial \text{rms}}{\partial u}=0$,则四极磁铁磁中心的位置为

$$u_q=-\frac{a_1}{2a_2} \tag{7.4.4}$$

根据以上分析可知,局部凸轨是在被测量的四极磁铁附近产生的,凸轨之外轨道的小量偏移不会给结果带来很大的影响。因此这里只单纯地采用局部凸轨,其凸轨系数(各校正铁的强度增量比例)根据测量的响应矩阵采用奇异值分解(singular value decomposition,SVD)方法计算得到。

在 HLS,由于四极磁铁不是单独电源供电的,因此利用电阻分流法构成基于束流的准直系统[8]。

图 7.4.2 是利用校正铁 CQ2W、CQ3W 和 CQ6W 在 Q4W 处形成的垂直方向局部凸轨。图 7.4.3 是利用 BBA 对四极磁铁 Q4W 邻近 BPM 电中心相对于 Q4W 磁中心的位置偏移测量数据的拟合结果。从图中可以看出,该 BPM 的位置偏移为 1.693mm。

rms$=0.0976209-0.0520011y+0.0153533y^2$

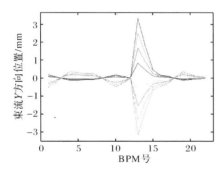 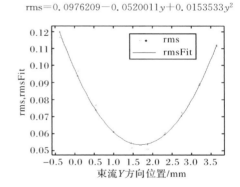

图 7.4.2　四极磁铁 Q4W 附近的局部凸轨　　图 7.4.3　四极磁铁 Q4W 磁中心的拟合结果

因为 BPM 也有机械误差、电信号接收和传输误差以及信号处理系统产生的误差等,BBA 测量的 BPM 位置偏移是这些误差的总体结果,它可以对束流位置测量结果进行修正。

7.4.3　全环闭轨校正

在储存环中,由于存在各种非理想因素,如磁铁的加工或安装误差等,束流的运动轨道并不同于设计的理想闭合轨道,而是与设计轨道有一定偏离的另一条闭合轨道,这种轨道的偏移称为束流闭轨畸变。闭轨畸变分为:①闭轨的偏移,也称为直流畸变;②闭轨的振荡,也称为交流畸变。使束流闭轨发生畸变的原因很多。对于直流畸变,四极磁铁的横向安装误差,可以造成束流轨道位置的偏移。二极

磁铁如果绕纵轴有一个转角，也可以使束流轨道在垂直方向产生变化。高频频率的改变也会因为色散函数的关系，在水平方向产生轨道畸变。此外，其他可能对束流轨道产生影响的因素还有二极磁铁的磁场误差、真空泵磁场的漏磁、各种电缆产生的磁场以及地基变形和温度变化等。交流畸变产生的原因有磁铁电源的抖动、磁铁支架的固有振动以及外来突发事件引起的振动等。束流闭轨的畸变是需要校正的。

首先考虑磁场误差对电子轨道的影响。在理想情况下，储存环中运动的电子相对于理想轨道做 β 振荡，其运动轨迹为[9]

$$u(s) = \sqrt{\varepsilon}\sqrt{\beta(s)}\cos[\phi(s) + \delta_i] \tag{7.4.5}$$

假设电子在 s_0 处存在磁场的二极误差，使束流产生一个偏角 θ，束流在储存环中轨道也就相应地产生变化。这时其运动轨迹方程可以表示为

$$u(s) = \frac{\sqrt{\beta_s}}{2\sin(\pi\nu)}\sqrt{\beta_{s0}}\theta\cos(|\phi_s - \phi_{s0}| - \pi\nu) \tag{7.4.6}$$

由式(7.4.6)可知，闭轨畸变的大小不仅取决于束流偏角的大小，还与误差源处和观察点处的 β 值以及它们之间的相位差有关。为了消除闭轨畸变，利用高精度 COD 测量系统，在基于束流四极磁铁磁中心测量的基础上，根据机器运行和研究的需要，对 HLS 储存环束流闭轨进行了多种形式的调整和相对于理想轨道的全环闭轨校正。

为了满足特殊试验站的特定光源点位置的要求，但同时又不能改变或尽量小地改变其他试验站光源点的位置，利用局部凸轨和 SVD 方法调整特定光源点的位置，然后利用全环闭轨校正的方法将凸轨之外的轨道畸变消除。全环闭轨校正是采用 PID 方法进行的。图 7.4.4 是一个利用 PID 方法对束流轨道进行反馈校正的典型系统结构。图中，S 为参考轨道，增益矩阵 $\boldsymbol{G}$ 包括低通滤波器和 PID 控制器等。

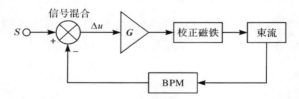

图 7.4.4　PID 束流轨道校正系统结构示意图

图 7.4.5 显示出校正前和校正后的水平、垂直两个方向的轨道位置。结果为：轨道在水平方向从最大偏移 −4.965mm 减小到 −0.260mm，轨道畸变均方差降低到 0.132mm。垂直方向从最大值 −3.646mm 减小到 0.172mm，轨道畸变均方差降低到 0.082mm。校正之后，轨道的抖动被控制在 −0.1～0.1mm。

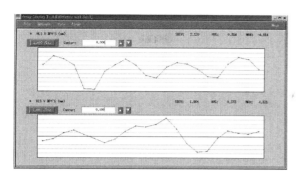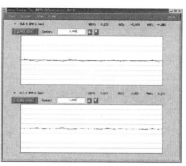

图 7.4.5　水平、垂直方向校正前后的轨道位置（水平 2mm/div，垂直 1mm/div）

　　由上述可以看到,升级后的 HLS COD 测量系统具有宽的动态范围、高的测量精度、远程控制和显示方面使用方便等优点。小于 $10\mu m$ 的在线位置检测精度和测量系统的分辨率小于等于 $3\mu m$,完全满足二期工程结束后对储存环高流强和高品质的要求。而且它还具有运行性能稳定、可靠的特点。在高分辨率 COD 测量系统的基础上,利用局部凸轨法,完成了基于 BBA 的四极磁铁磁中心的测量和储存环全环闭轨校正。2001 年年初,一个完整的 BPM 系统投入了 HLS 储存环的在线运行,这对提高 HLS 的束流品质,为用户提供高稳定的光源具有重要的意义。

参 考 文 献

[1] 王筠华,李京祎,刘祖平,等. NSRL 电子储存环束流位置监测系统的改造与闭轨测量. 中国科学技术大学学报,1998,28(6):732—736.

[2] 李京祎,刘祖平,王筠华,等. 利用最小二乘法实现 HLS 储存环束流闭轨的局部校正. 强激光与粒子束,1998,10(2):291—295.

[3] 王筠华,刘建宏,卢平,等. HLS 闭轨监测系统的升级与数据获取. 高能物理与核物理,2002,26(6):632—638.

[4] 王筠华,孙葆根,刘祖平,等. 升级的合肥光源闭轨测量系统及其运用. 强激光与粒子束,2003,15(8):825—829.

[5] Bergoz. BPM Module User Manual. France:Bergoz 公司,2006.

[6] Smith S R. Beam position engineering. Proceedings of BIW,New York,1996:50—65.

[7] Sun B G,Wang J H,Lu P,et al. Several new beam measurement systems for HLS. Proceedings of PAC,Chicago,2001:2317—2319.

[8] 孙葆根,何多慧,卢平,等. 合肥光源利用电阻分流法的基于束流准直系统的研制. 强激光与粒子束,2001,13(6):777—780.

[9] 李京祎. HLS 束流闭轨校正. 合肥:中国科学技术大学博士学位论文,2002.

第 8 章　数据处理方法

　　HLS 逐圈和逐束团位置测量信息通过集成在 PXI 机箱中的数据采集卡（ADC）采集，可以实现在线处理，也可以记录到磁盘中用于离线分析。此外，HLS 实现了逐束团数字反馈系统的研制，可以直接用数字信号处理器获取和记录逐束团位置信息以供分析用。HLS 的 TBT 测量系统将在第 9 章中论述，而 BxB 测量系统是寄生于逐束团模拟反馈系统中的，其工作原理、线路和试验结果，将在第 10 和 11 章予以呈现。

　　TBT 和 BxB 测量，本质上都是时域测量。TBT 是跟踪某个束团绕环逐圈的位置振荡信息，而 BxB 可以跟踪全环所有填充束团的运动轨迹特性。由于 HLS 储存环只能以全环填充模式（即 45 个束团）运行，所以利用 BxB 测量系统，可以同时获得每圈通过的 45 个束团位置信息来分析束流集体不稳定性（耦合束团不稳定性）；也可以从数据序列中抽出各个束团不同圈数的数据，研究其 β 振荡和同步振荡在时间上的变化规律，以及在频域上观察振荡频率的漂移和每个束团填充的电荷量及其变化等。

　　由于 TBT 和 BxB 测量数据处理中所采用的方法具有共性，在此将一并进行介绍。利用上述两套测量系统，在 HLS 光源上分别测得了 200MeV 注入和 Ramping 到 800MeV 稳定运行后，以及在多种外加激励条件下，工作点的瞬时变化、束团横向位置和纵向相位振荡及其耦合振荡模式和束团电荷填充等信息。

　　耦合束团不稳定性的研究，关注的是每一圈所有束团的相干振荡信息。从绘出的束团运动瞬时振荡波形，可以分辨束流是否处在稳定状态，以及有不稳定性发生时它的增长和阻尼的情况。从第 4 和 5 章介绍的束流不稳定性和信号检测理论可知，45 个束团对应于分布在带宽为 $f_{RF}/2$ 内存在 45 个可能的不稳定耦合模式，详细内容请参阅第 10 章相关内容。

　　决定加速器稳定运行的重要物理量，如相空间、阻尼时间、横向和纵向瞬时振荡信息以及不稳定性振荡模式都与储存环工作点（Tune 值）的变化情况密切相关。无论检测多束团耦合不稳定性，还是考察单个束团不稳定性情况，都涉及工作点的测量与计算，为此，下面将重点阐述 HLS 在工作点测量数据处理和分析中所采用的有关计算方法和理论。

　　本章首先从信号处理过程中用到的基本概念和知识出发，将重点讨论几种稳态和准稳态 Tune 值处理方法。同时也简单介绍在数据处理中用到的其他相关方法。

　　除了极端情况以外，Tune 值变化都局限在设计的工作点附近，所以提高观察和计算各种情况下 Tune 值的变化精准度是至关重要的。最基本的手段是给获得的信号加窗和加大数据长度这两种常规的数据处理方法。然而对于多束团情况，每次转换的数据长度是固定的；对于单束团情况，虽然可以任意选择转换数据的长度，但是如果考虑束团运动的时变特性，也不可能取太长，否则所得到的结果在时间上就不够敏感，而无法跟踪信号的瞬时演变。理想的结果是用尽可能少的数据长度得到尽可能好的分辨能力。这两个要求在本质上是矛盾的，相互限制的，然而采取某些特殊的手段，如傅里叶谱插值法、最大熵法、Prony 法，在合适的数据长度下，可以达到 10^{-4} 量级的分辨率[1]。

即使是采用尽可能短的数据长度，对于束流运动快速变化的情况仍然不能给出令人满意的结果，问题的根本在于使用的算法这个工具本身。将时-频域联系起来的傅里叶变换是一种整体变换，对于信号的表征不是完全在时域，就是完全在频域。它给出的频谱不可能显示其中的某个频谱成分在何时出现以及随时间如何变化。对于周期和平稳信号，可以将逆变换的结果周期延拓得到时间上的形式，对于非平稳信号这显然是不可取的。所以需要这样的算法，它使用时间和频率的联合函数来表示信号，即所谓的信号时频联合表示。典型的线性时频表示有短时傅里叶变换、小波变换和 Gabor 展开等，它们可使分辨率达到 10^{-4} 甚至 10^{-6} 量级。

8.1　离散时间信号的处理

由 BPM 的 pickup 上所获得的连续模拟信号，经过处理后送到数字化仪中进行离散时间采样。为此，在本节首先介绍离散信号时间采样的基本过程和可能遇到的问题及其解决的方法。

8.1.1　采样信号的频谱

采样过程是通过采样脉冲序列 $p(t)$ 与连续时间信号 $x(t)$ 相乘来完成的。对于理想的脉冲采样过程，若其采样脉冲序列为

$$p(t) = \sum_{n=-\infty}^{+\infty} \delta(t - nT_s) \tag{8.1.1}$$

则采样信号为

$$x_s(t) = x(t)p(t) \tag{8.1.2}$$

如果

$$F[x(t)] = X(\omega), \quad F[p(t)] = P(\omega) \tag{8.1.3}$$

那么根据频域卷积定理有

$$X_s(\omega) = X(\omega) * P(\omega)/(2\pi) \tag{8.1.4}$$

可证明采样脉冲序列 $p(t)$ 的频谱是间隔为 ω_s 的周期延拓，并可进一步证明：

$$X_s(\omega) = \sum_{n=-\infty}^{+\infty} X(\omega - n\omega_s) \tag{8.1.5}$$

式(8.1.5)表明,一个连续信号经过理想采样以后,它的频谱将沿着频率轴每隔一个采样频率 ω_s 重复出现一次,即其频谱产生了周期延拓,其幅值被采样脉冲序列的傅里叶系数 $C_n = 1/T_s$ 加权,其频谱形状不变。

8.1.2　采样定理

1. 频谱混叠

频谱混叠效应又称为频混现象,是由于采样信号频谱发生变化而出现高、低频率成分发生混淆的一种现象,如图 8.1.1 所示。信号 $x(t)$ 的傅里叶变换为 $X(\omega)$,其频带范围为 $-\omega_m \sim \omega_m$;采样信号 $x_s(t)$ 的傅里叶变换是一个周期谱图,其周期为 ω_s,并且

$$\omega_s = 2\pi/T_s \tag{8.1.6}$$

式中,T_s 为时域采样周期。当采样周期 T_s 较小时,$\omega_s > 2\omega_m$,周期谱图相互分离如图 8.1.1(b)所示;当 T_s 较大时,$\omega_s < 2\omega_m$,周期谱图相互重叠,即谱图之间高频与低频部分发生重叠,如图 8.1.1(c)所示,此即频混现象,这将使信号复原时丢失原始信号中的高频信息。

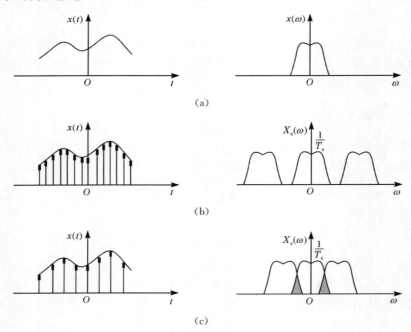

图 8.1.1　频谱混叠在频域的表现

如果从时域信号波形分析这种情况。图 8.1.2(a)是频率正确时的情况,以及其复原信号;图 8.1.2(b)是采样频率过低时的情况,复原的是一个虚假的低频信号。

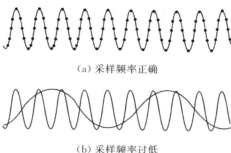

(a) 采样频率正确

(b) 采样频率过低

图 8.1.2　频谱混叠在时域的表现

当采样信号的频率低于被采样信号的最高频率时,采样所得的信号中混入了虚假的低频分量,这种现象称为频率混叠。

2. 采样定理

上述情况表明,如果 $\omega_s > 2\omega_m$,就不会发生频混现象,因此对采样脉冲序列的间隔 T_s 必须加以限制,即采样频率 $\omega_s(2\pi/T_s)$ 或 $f_s(1/T_s)$ 必须大于或等于信号 $x(t)$ 中的最高频率 ω_m 的 2 倍,即 $\omega_s > 2\omega_m$ 或 $f_s > 2f_m$。

为了保证采样后的信号能真实地保留原始模拟信号信息,采样信号的频率必须至少为原信号中最高频率成分的 2 倍,这是采样的基本法则,称为采样定理。工程实际中,采样频率通常大于信号中最高频率成分 3～5 倍。

8.1.3　数字信号处理中截断的影响——泄漏

数字信号处理的主要数学工具是傅里叶变换。而傅里叶变换研究的是整个时间域和频率域的关系。但当进行数字信号处理时,不可能对无限长的信号进行测量和运算,只能取其有限长的时间片段进行分析。通常的做法是从信号中截取一个时间片段,然后对观察的信号时间片段进行周期延拓处理,得到虚拟的无限长的信号,从而就可以对信号进行傅里叶变换以及相关分析等数学处理。无限长的信号被截断后,频谱将不可避免发生畸变,原来集中在 f_0 处的能量被分散到两个较宽的频带中,这种现象称为频谱能量泄漏。为了减少频谱能量泄漏,可采用不同的截断函数对信号进行加权和截断,加权和截断的函数称为窗函数,简称为窗。

信号截断以后产生能量泄漏现象是必然的,因为窗函数 $w(t)$ 是一个频带无限的函数,所以即使原信号 $x(t)$ 是有限带宽信号,而在截断以后也必然成为无限带宽的函数,即信号在频域的能量与分布被扩展了。从采样定理可知,无论采样频率多高,只要信号一经截断,就不可避免地引起混叠。因此信号截断必然导致一些误差。

　　泄漏与窗函数频谱的两侧旁瓣有关,如果两侧旁瓣的高度趋于零,而使能量相对集中在主瓣,就可以较为接近于真实的频谱,为此,在时域中可采用不同的窗函数来截断信号。例如,余弦信号 $x(t)$ 在时域分布为无限长$(-\infty,\infty)$,若用矩形窗函数 $w(t)$ 与其相乘,会得到截断信号 $x_T(t)=x(t)w(t)$。根据傅里叶变换关系,余弦信号的频谱 $X(\omega)$ 是位于 ω 处的 δ 函数,而矩形窗函数 $w(t)$ 的谱为 $\mathrm{sinc}(\omega)$ 函数,按照频域卷积定理,截断信号 $x_T(t)$ 的谱 $X_T(\omega)$ 应为

$$X_T(\omega) = \frac{1}{2\pi}X(\omega) * W(\omega) \tag{8.1.7}$$

　　将截断信号的谱 $X_T(\omega)$ 与原始信号的谱 $X(\omega)$ 比较可知,它已不是原来的两条谱线,而是两段振荡的连续谱。这表明原始信号被截断以后,其频谱发生了畸变,原来集中在 f_0 处的能量被分散到两个较宽的频带中,发生了频谱能量泄漏现象,如图 8.1.3 所示。

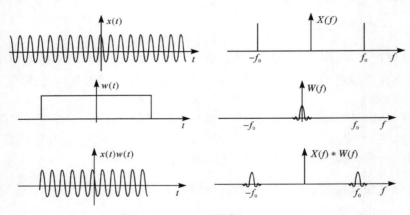

图 8.1.3　数据截断导致的频谱泄漏

8.2　信　号　加　窗

8.2.1　信号加窗意义

　　从算法的角度考虑,无论确定性信号还是随机信号,都可以用谱分析的方法来得到信号的频谱特征。对于随机信号,由于无法预测未来的确定值,而只是根据信号的统计规律来分析,因此被恰当地称为谱估计。在数字信号处理中,谱分析的最基本和最重要的方法就是快速傅里叶变换(fast Fourier transform,FFT)。FFT 是离散傅里叶变换(discrete Fourier transform,DFT)的一种优化的算法实

现。在分析和测定所采集的数据记录时，FFT 和功率谱是非常有用的工具。借助这些工具能够有效地采集时域信号、测定其频谱成分，并对结果进行显示。如果定义 $Y=\text{FFT}(X)$，则功率谱 $P_{YY}=Y*\text{conj}(Y)/N$。很多时候仅考虑幅度效应，可以认为功率谱就是幅度谱的平方。

功率谱图在频率轴(x 轴)上的频率范围和分辨率取决于采样速率和数据记录的长度(采样点数)。功率谱图上的频率点数或谱线数为 $N/2$，N 是信号采样记录中包含的点数。所有的频点间隔为 f_{sample}/N，通常称为频率分辨率或 FFT 分辨率。FFT 算法中，假设离散时间序列可以精确地在整个时域进行周期延拓，所有包含该离散时间序列的信号为周期函数，周期与时间序列的长度相关。然而如果时间序列的长度不是信号周期的整数倍，假设条件就不成立，就会发生频谱泄漏。绝大多数情况下所处理的是一个未知的平稳信号，不能保证采样点数为周期的整数倍(同步采样条件)。频谱泄漏使给定频率分量的能量泄漏到相邻的频率点，从而在测量结果中引入误差。选择合适的窗函数可以减小频谱泄漏效应，所以 FFT 分析中常常要用到窗函数。在基于 FFT 的测量中正确选择窗函数非常关键。

从时间波形上看到，信号周期延拓时在波形的两端出现突变，所以可以采用适当的窗函数对信号进行截断或者增加采样长度，以减少 DFT 算法应用过程的频谱泄漏。任何从零开始平稳上升到顶峰然后又平滑下降到零的函数都可以作为窗函数。典型的窗函数是各种升余弦窗。为进一步了解窗函数对频谱的影响，下面给出窗函数的频率特性。窗函数的两个重要的频域指标是主瓣宽度和旁瓣相对主瓣的衰减。前者决定了加窗后频谱的分辨两个彼此靠近的频率成分的能力，后者则控制采样信号中包含的实际频率成分在变换的频谱中，其能量向附近的频率上泄漏的程度。

输入数据通过一个窗函数相当于原始数据的频谱与窗函数频谱的卷积。窗函数的频谱由一个主瓣和几个旁瓣组成，主瓣以时域信号的每个频率成分为中心。旁瓣在主瓣的两侧以一定间隔衰减至零。FFT 产生离散频谱，出现在 FFT 每个谱线的是在每个谱线上的连续卷积频谱。如果原始信号频谱成分与 FFT 中的谱线完全一致，则采样数据长度为信号周期的整数倍，频谱中只有主瓣。没有出现旁瓣的原因是旁瓣正处在窗函数主瓣两侧采样频率间隔处的零分量点。如果时间序列长度不是周期的整数倍，窗函数连续频谱将偏离主瓣的中心，频率偏移量对应着信号频率和 FFT 频率分辨率的差异，这个偏移导致频谱中出现旁瓣，所以窗函数的旁瓣特性直接影响各频谱分量向相邻频谱的泄漏宽度。

8.2.2　窗函数特性

为简化窗函数的选择，有必要定义一些参数以便对不同的窗进行比较。这些参数有 -3dB 主瓣带宽、-6dB 主瓣带宽、旁瓣峰值和旁瓣衰减速度等。表 8.2.1

列出了典型的四种窗函数的若干特性。更详细的窗函数性能请参考表 8.2.2[1,2]，其中列出了几乎所有常见窗的各项指标。

表 8.2.1　四种典型窗函数的特性参数

窗类型	−3dB 主瓣宽度	−6dB 主瓣宽度	旁瓣峰值/dB	旁瓣衰减速度
矩形（rectangular）窗	0.89bin①	1.21bin	−13	20dB/10oct 6dB/8oct
汉宁（Hanning）窗	1.44bin	2.00bin	−32	60dB/10oct 18dB/8oct
汉明（Hamming）窗	1.30bin	1.81bin	−43	20dB/10oct 6dB/8oct
平顶（flat top）窗	2.94bin	3.56bin	−44	20dB/10oct 6dB/8oct

注：$bin = f_{sample}/N = 1/(Nt_{sample})$。

表 8.2.2　信号频谱与窗函数的选择

窗类型	信号类型	窗特性
矩形窗	宽带随机 分段逼近正弦波	主瓣窄、旁瓣衰减速度低、频率分辨率较低
汉宁窗	窄带随机信号；信号频谱未知 正弦波或正弦信号的组合	瓣幅峰值较大、频率分辨率高、可减小泄漏、旁瓣衰减快
汉明窗	分段逼近正弦波	频谱分辨率高、主瓣窄
平顶窗	要求较高幅度精度的正弦波	幅度精度较高、主瓣较宽、频率分辨率低、频谱泄漏大

每种窗函数有其自身的特性，不同的窗函数适用于不同的应用。要选择正确窗函数，必须先估计信号的频谱成分。若信号中有许多远离被测频率的强干扰频率分量，应选择旁瓣衰减速度较快的窗函数；如果强干扰频率分量紧邻被测频率，应选择旁瓣峰值较小的窗函数；如果被测信号含有两个或两个以上的频率成分，应选用主瓣很窄的窗函数；如果是单一频率信号，且要求幅度精度较高，则推荐用宽主瓣的窗函数。对频带较宽或含有多个频率成分的信号则采用连续采样。信号频谱和窗函数的选择可以参考表 8.2.2。绝大多数应用采用汉宁窗即可得到满意的结果，因为它具有较好的频率分辨率和抑制频谱泄漏的能力。

定义 LF(leakage factor)为泄漏因子，表示在窗函数的旁瓣中包含的功率占整个窗函数频谱功率的比例。图 8.2.1 给出了四个窗函数的波形和频谱。定义 SA(sidelobe attenuation)为旁瓣相对主瓣的衰减，单位为 dB；定义 MW(mainlobe width)为 −3dB 主瓣宽度，单位为二分之一采样率($f_s/2$)，图 8.2.1 中用 π/取样表示。

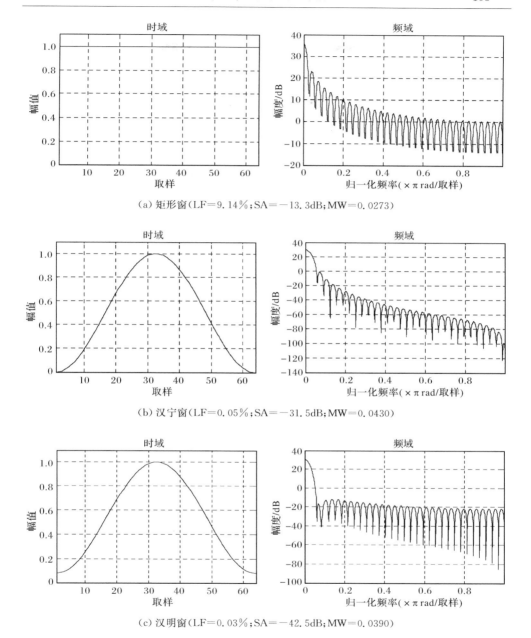

（a）矩形窗（LF＝9.14％；SA＝－13.3dB；MW＝0.0273）

（b）汉宁窗（LF＝0.05％；SA＝－31.5dB；MW＝0.0430）

（c）汉明窗（LF＝0.03％；SA＝－42.5dB；MW＝0.0390）

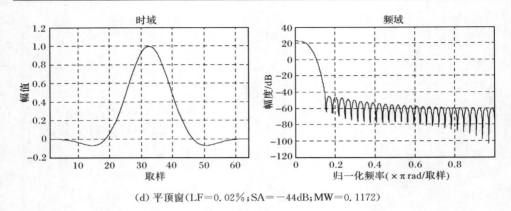

(d) 平顶窗(LF=0.02%；SA=−44dB；MW=0.1172)

图 8.2.1　四种典型的窗函数的时频特性

8.2.3　几个应用中的窗函数

选择合适的窗函数加权可以使被加权序列在边缘附近比矩形窗圆滑而减小陡峭边缘引起的副瓣分量，也就是可以压低等效滤波器频率特性的副瓣，从而抑制频谱泄漏。但加权后通常又会导致频率特性的主瓣加宽，峰值响应降低。

实际应用的窗函数包括矩形窗、三角窗、汉宁窗、汉明窗、布莱克曼窗、凯泽窗、平顶窗、高斯窗和指数窗等[3]。总的来说，可分为三种主要类型：①幂窗，采用时间变量某种幂次的函数，如矩形、三角形、梯形或其他时间 t 的高次幂；②三角函数窗，采用三角函数即正弦或余弦函数等组合成复合函数，如汉宁窗、汉明窗等；③指数窗，采用指数时间函数，如 e^{-st} 形式，如高斯窗等。

几种常用窗函数的性质和特点如下[4]。

1) 矩形窗

矩形窗(rectangular window)是属于时间变量的零次幂窗，其函数形式为

$$w(t)=\begin{cases}\dfrac{1}{T}, & |t|\leqslant T \\ 0, & |t|>T\end{cases} \qquad (8.2.1)$$

相应的窗谱为

$$W(\omega)=\frac{2\sin(\omega T)}{\omega T} \qquad (8.2.2)$$

矩形窗使用最多，信号不加窗就是通过了矩形窗。矩形窗的第一旁瓣比主瓣低 13.3dB。矩形窗的优点是主瓣比较集中；缺点是旁瓣较高，并有负旁瓣，这会导致变换中带进了高频干扰和泄漏，甚至出现负谱现象。

2) 三角窗

三角窗(triangular window)又称为费杰窗(Fejer window)，是幂窗的一次方

形式,其函数形式为

$$w(t) = \begin{cases} \dfrac{1}{T}\Big(1 - \dfrac{|t|}{T}\Big), & |t| \leqslant T \\ 0, & |t| > T \end{cases} \qquad (8.2.3)$$

相应的窗谱为

$$W(\omega) = \left[\frac{\sin(\omega T/2)}{\omega T/2}\right]^2 \qquad (8.2.4)$$

与矩形窗相较,三角窗的第一旁瓣电平比主瓣峰值低 26dB。主瓣宽约等于矩形窗的两倍,但旁瓣小,而且无负旁瓣。三角窗是最简单的一种频谱函数为非负的窗函数。

3) 汉宁窗

汉宁窗(Hanning window)又称为升余弦窗,其函数形式为

$$w(t) = \begin{cases} \dfrac{1}{2T}\Big(1 - \cos\dfrac{\pi t}{T}\Big), & |t| \leqslant T \\ 0, & |t| > T \end{cases} \qquad (8.2.5)$$

相应的窗谱为

$$W(\omega) = \frac{\sin(\omega T)}{\omega T} + \frac{1}{2}\left[\frac{\sin(\omega T + \pi)}{\omega T + \pi} + \frac{\sin(\omega T - \pi)}{\omega T - \pi}\right] \qquad (8.2.6)$$

汉宁窗可以看成 3 个矩形时间窗的频谱之和,或者是 3 个 sinc(t) 型函数之和,而括号中的两项相对于第一个谱窗向左、右各移动了 π/T,从而使旁瓣互相抵消,消去了高频干扰和能量泄漏。汉宁窗的主瓣加宽并降低,旁瓣则显著减小。从减小泄漏观点出发来看,汉宁窗要优于矩形窗;但汉宁窗主瓣加宽,即分析带宽加宽,频率分辨力下降。

4) 汉明窗

汉明窗(Hamming window)也是一种余弦窗,又称为改进的升余弦窗,其时间函数表达式为

$$w(t) = \begin{cases} \dfrac{1}{T}\Big(0.54 - 0.4\cos\dfrac{\pi t}{T}\Big), & |t| \leqslant T \\ 0, & |t| > T \end{cases} \qquad (8.2.7)$$

相应的窗谱为

$$W(\omega) = 1.08\frac{\sin(\omega T)}{\omega T} + 0.46\left[\frac{\sin(\omega T + \pi)}{\omega T + \pi} + \frac{\sin(\omega T - \pi)}{\omega T - \pi}\right] \qquad (8.2.8)$$

汉明窗与汉宁窗都是余弦窗,只是加权系数不同。与汉明窗对比,汉宁窗可写为

$$w(t) = \begin{cases} \dfrac{1}{T}\Big(0.5 - 0.5\cos\dfrac{\pi t}{T}\Big), & |t| \leqslant T \\ 0, & |t| > T \end{cases} \qquad (8.2.9)$$

汉明窗加权的系数能使旁瓣达到更小。汉明窗的频谱也是由 3 个矩形窗频谱合成的,汉明窗的第一旁瓣电平比主瓣峰值低 42dB,旁瓣衰减速度为 20dB/10oct,比汉宁窗慢。

5) 高斯窗

高斯窗(Gaussian window)是种最优化窗,其时域函数为

$$w(t) = \begin{cases} \dfrac{1}{T}e^{-at^2}, & |t| \leqslant T \\ 0, & |t| > T \end{cases} \tag{8.2.10}$$

高斯窗是一种指数窗。式中的常数 a 决定函数曲线衰减的快慢,选取适当值可以使截断点 T(有限值)处的函数值比较小,截断造成的影响就比较小。高斯窗频谱主瓣较宽,频率分辨率低;第一旁瓣比主瓣低 55dB;没有负的旁瓣。高斯窗函数常被用来截断一些非周期信号,如指数衰减信号等。

窗函数的选择,应考虑被分析信号的性质与处理要求。不同的窗函数对信号频谱的影响是不一样的。这主要是因为不同的窗函数,产生泄漏的大小不一样,频率分辨能力也不一样。信号的截断产生了能量泄漏,而用 FFT 算法计算频谱又产生了栅栏效应,这两种误差从原理上讲都是不能消除的,但是可以通过选择不同的窗函数来抑制它们的影响。

矩形窗主瓣窄,旁瓣大,频率识别精度最高,幅值识别精度最低。如果仅要求精确求出主瓣频率,而不考虑幅值精度,则可选用主瓣宽度比较窄而便于分辨的矩形窗,如测量物体的自由振荡频率等。如果分析窄带信号,且有较强的干扰噪声时,则应选用旁瓣幅度小的窗函数,如汉宁窗、三角窗等。布莱克曼窗主瓣宽,旁瓣小,频率识别精度最低,但幅值识别精度最高。对于随时间按指数衰减的函数,可采用指数窗来提高信噪比。

8.3　Tune 测量

8.3.1　工作点测量意义

通常人们以 Tune 描述工作点,数学表达形式为 ν,也有称为 Q。它对机器运行和研究具有重要意义。储存环是否能稳定运行直接取决于工作点的设计和稳定性考量。ν 受多种因素的影响。从色品的定义可以看出,粒子能量的变化将导致振荡频率的偏移,这是横向和纵向振荡之间耦合的途径;粒子头尾不稳定性等现象可以导致粒子振荡频率出现偏移和分散;束团振荡幅度增大时,由于动力学非线性效应导致振荡频率偏离;电源纹波也将通过磁铁引导场干扰工作点等。

从第 2 章可知,储存环的工作点定义为束流在横向(x,y)两个方向每圈的 β

振荡数：

$$\nu = \frac{\phi(L)}{2\pi} = \frac{1}{2\pi}\oint_L \frac{ds}{\beta(s)} \qquad (8.3.1)$$

　　HLS 储存环的横向 Tune(ν_x,ν_y)的设计值分别为 3.58 和 2.58,纵向 Tune 值 (ν_s)为 28～40kHz。实际运行时横向 Tune 值略有变化,约为 3.54 和 2.59。但 是,一般情况下,Tune 漂移和受扰动而改变都是在很小的范围内。实际考察这个 值要求测量系统的分辨率至少要达到 0.001 甚至 0.0001。下述各种 Tune 值估计 算法在数据长度为 256 点的相对分辨率都好于 0.00005。

　　Tune 的测量手段,主要通过用扫频或者白噪声方法激励束流,然后测量相应 的共振峰[5]。除了频谱测量外,更为常用的手段是对激励振荡的束流逐圈采样 (参见第 9 章"注入时的 Tune 测量"小节),然后从采样数据序列中恢复 Tune 值。 在稳态和常规共振情况下,通常的取样数据长度至少为 10^3,这个量级的 FFT 变 换结果可以保证足够小的频率分辨率,对数据加窗则可进一步改善精度。然而, 有时研究者希望从尽可能少的数据中得到尽可能高的频率分辨率,例如,储存环 非线性动力学研究需要观察 Tune 值受振荡幅度影响而变化的规律,试验手段是 在某个时刻外加一个激励到储存的稳定束流上,然后记录由于辐射阻尼、朗道阻 尼和其他因素而发生的振荡衰落过程。一般而言,这个时间尺度表现为 ms 量级。

　　测量横向 Tune 最通常的途径是通过对粒子施加一个激励(详见 10.4.2 节), 迫使其在横向做 β 振荡,而后观察并记录 N 圈粒子的位置轨迹信息,分析储存下 来的位置数据的频谱。本章将介绍获得 β 振荡频率值的频谱分析方法,包括傅里 叶方法(Fourier series,FS)、最大熵法(maximum entropy method,MEM)等。下 面讨论的最大熵法是典型的参量非线性谱估计方法,当对束流振荡信息缺乏足够 的了解,或者所分析的信号成分复杂,无法有效地使用先验知识优化算法时,这种 方法尤其合适。而插值快速傅里叶变换(interpolation fast Fourier transform,IF-FT)、时-频分析(time-frequency analysis,TFA)、基频数值分析(numerical analy-sis of fundamental frequency,NAFF)都是基于频谱变换的非参量方法。在介绍 这些方法之前,首先详细介绍常用的各种窗函数,以便更好地解释上述方法。下 面介绍的方法,是在 HLS 束流测量和反馈系统数据处理系统中最常运用的方法。

8.3.2　工作点估算方法的探讨

　　在信号处理过程中,自始至终都运用到的一种最基本的方法是傅里叶变换。 对信号 $x(t)$ 进行傅里叶变换或傅里叶逆变换运算时,在时域或频域都需要进行 ($-\infty$,$+\infty$)无限长区间的积分运算。若在计算机或者其他数字信号处理器上实 现傅里叶变换的数值计算,则必须将连续信号(包括时域、频域)离散化为可数值 计算的数据;把积分计算的范围收缩到一个有限区间,并且实现傅里叶变换和傅里叶逆变换运算。离散傅里叶变换就是为适应计算机进行傅里叶变换数值计算而引入的计算方法,满足以上条件。

连续时间信号 $x(t)$ 经过加窗函数截断后在区间 $[0,T]$ 上经过 A/D 转换离散化,采样间隔 Δt 按采样频率确定为 $\Delta t = 1/f_s$。在时间点 $\{0,\Delta f,2\Delta f,3\Delta f,\cdots\}$ 进行采样,得到长度为 $N(N=T/\Delta t)$ 的时间序列 $\{X(n)\}$。加函数窗和周期延拓处理后的信号是一个周期信号,其 FT 积分式为[1]

$$H(f) = \int_0^T x(t)\mathrm{e}^{-\mathrm{i}2\pi ft}\,\mathrm{d}t \tag{8.3.2}$$

A/D 采样离散化后的计算公式为

$$H(f) = \sum_{k=0}^{N-1} x(n)\mathrm{e}^{-\mathrm{i}2\pi fn\Delta t}\,\Delta t \tag{8.3.3}$$

周期信号的频谱是线谱和离散谱,$X(f)$ 只能离散取值,频率取样间隔为

$$\Delta f = f_s/N \tag{8.3.4}$$

频率取样点为 $\{0,\Delta f,2\Delta f,3\Delta f,\cdots\}$,有

$$H(k\Delta f) = \sum_{k=0}^{N-1} x(n)\mathrm{e}^{\mathrm{i}2\pi k\Delta fn\Delta t}\,\Delta t = \sum_{k=0}^{N-1} x(n)\mathrm{e}^{\mathrm{i}2\pi kn/N}\,\Delta t \tag{8.3.5}$$

式中,$k=0,1,2,\cdots,N-1$。这就是 DFT 计算公式。式(8.3.5)写成三角函数形式为

$$H(k\Delta f) = \Big[\sum_{k=0}^{N-1} x(n)\cos(2\pi kn/N) + \mathrm{i}\sum_{k=0}^{N-1} x(n)\sin(2\pi kn/N)\Big] \cdot \Delta t \tag{8.3.6}$$

$$\mathrm{Re}[H(k\Delta f)] = \Delta t \cdot \sum_{k=0}^{N-1} x(n)\cos(2\pi nk/N) = \frac{T}{N}\sum_{k=0}^{N-1} x(n)\cos(2\pi nk/N) \tag{8.3.7}$$

$$\mathrm{Im}[H(k\Delta f)] = \Delta t \cdot \sum_{k=0}^{N-1} x(n)\sin(2\pi nk/N) = \frac{T}{N}\sum_{k=0}^{N-1} x(n)\sin(2\pi nk/N) \tag{8.3.8}$$

计算出 FT 实部 $\mathrm{Re}[H(k\Delta f)]$ 和虚部 $\mathrm{Im}[H(k\Delta f)]$ 后,按下式可转换为信号在 $k\Delta f$ 频率点的幅值与相位:

$$|H(k\Delta f)| = [X_R^2(k\Delta f) + X_I^2(k\Delta f)]^{1/2} \tag{8.3.9}$$

$$\theta(k\Delta f) = \arctan[X_I(k\Delta f)/X_R(k\Delta f)] \tag{8.3.10}$$

DFT 的特点是在时域和频域中都只取有限个离散数据。这些数据分别构成周期性的离散时间函数和频率函数。如果直接应用式(8.3.9)和式(8.3.10)计算 DFT,计算量会很大,时间上付出很大代价,因此很长的一段时间内 DFT 的使用受到了限制。直到 1965 年库利(Cooley)和图基(Turkey)提出了一种 DFT 的快速算法,即快速傅里叶变换,才使得 DFT 的计算工作量大为减少。FFT 是实现

DFT 的一种迅速而有效的算法。FFT 算法通过仔细选择和重新排列中间结果，相比 DFT 在速度上有明显的优势。若忽略数值计算中精度的影响，采用 FFT 或 DFT 结果相同。

1. 傅里叶算法

储存环工作点计算通常是通过查看经过 FFT 变换得到的频谱，并选择最大频率响应所对应的频率数值来推断出的。常用插值拟合与窗函数两种最基本的方法来提高频谱分析的分辨率[6~8]。这两种方法都假定束流横向振荡的频谱包含有限数量的峰值。这些峰值对应于运动的本征频率或者本征频率组合而成的合谱。这种本征频率的组合是由线性或非线性的耦合作用或者纵向与横向运动的相互作用驱动的。

1) FS 和 FFT 算法

FS 算法允许使用 N 个连续的轨道数值计算工作点。横向某个方向轨道坐标的一个时间序列 $\{z(1), z(2), \cdots, z(N)\}$ 可以展开为 N 个标准正交函数的线性组合：

$$z(n) = \sum_{j=1}^{N} \varphi(\nu_j) \exp(2\pi i n \nu_j) \tag{8.3.11}$$

系数 $\varphi(\nu_j)$ 对应振幅频谱，由下式给出：

$$\varphi(\nu_j) = \sum_{n=1}^{N} z(n) \exp(-2\pi i n \nu_j) \tag{8.3.12}$$

此处假设信号由周期为 N 并且时间间隔为采样时间的信号 $z(n)$ 扩展而成。如前所述，FFT 方法求频率的精度为 $1/N$。

FFT 方法是利用白噪声或单次激励产生束流横向振荡，并顺序测量 N 圈束流位置信号，然后用 FFT 进行分析得到束流横向振荡频率，从而实现工作点测量。式 (8.3.12) 可以用 FFT 算法计算，对应 φ 的最大频率值被近似认为横向振荡频率。其中，由频率的离散引起的误差为

$$|\varepsilon| \leqslant \frac{C_{FFT}}{N} \tag{8.3.13}$$

式中，$N = 2^M$；$C_{FFT} = 1/2$，C_{FFT} 是一个数值常数。分辨率正比于 $1/N$。因此，对于 1000 圈束流位置数据，工作点的测量分辨率约为 0.001。由此可见，通过 FFT 可以非常快速地完成傅里叶谱估算，但估算出主要频率的精度非常低。

2) 插值 FFT 算法

因为 FFT 估计的误差来源于频谱离散化。对于上述简单的 FFT，为了得到高的工作点测量分辨率，必须增加 N，即增加获取时间。如果在此期间，振荡幅度明显减小，将导致虚假结果。幸而可以采用在主要峰值的附近插值的办法来改善

分辨率。此时工作点就是插值函数最大值的横坐标。这样，在相同的分辨率情况下，可以大大减少 N。

当傅里叶谱的形状已知时，具有待求工作点 ν_{Fint} 的正弦振荡信号可作为插值函数：

$$|\psi(\nu_j)| = \left| \frac{\sin[N\pi(\nu_{Fint} - \nu_j)]}{N\sin[\pi(\nu_{Fint} - \nu_j)]} \right| \qquad (8.3.14)$$

则插值工作点 ν_{Fint} 可以用下式计算：

$$\nu_{Fint} = \frac{k}{N} + \frac{1}{\pi}\arctan\left[\frac{|\psi(\nu_{k+1})|\sin(\pi/N)}{|\psi(\nu_k)| + |\psi(\nu_{k+1})|\cos(\pi/N)} \right] \qquad (8.3.15)$$

式中，$|\psi(\nu_k)|$ 是式(8.3.15)中的傅里叶谱的峰值，$|\psi(\nu_{k+1})|$ 是其相邻峰。这样，可以用两个峰的插值代替 FFT 的峰值。在此情况下，分辨率为

$$|\varepsilon_{Fint}| \leqslant \frac{C_{Fint}}{N^2} \qquad (8.3.16)$$

式中，C_{Fint} 是数值常数。

由此可知，分辨率与 N 的平方成反比。这样，只要取 100 圈左右的束流数据就可以得到足够高的精度。当 $N \gg 1$ 时，式(8.3.15)可以简化为

$$\nu_{Fint} \approx \frac{k}{N} + \frac{1}{N}\arctan\left[\frac{|\psi(\nu_{k+1})|}{|\psi(\nu_k)| + |\psi(\nu_{k+1})|} \right] \qquad (8.3.17)$$

3) 加窗插值 FFT 算法

为了进一步提高 FFT 的计算精度，可以采用具有数据窗内插的 FFT 法。它是在进行内插 FFT 之前，先将数据 $x(n)$ 用一个滤波函数 $\chi(n)$ 进行加权。这样，经过滤波的信号傅里叶系数为

$$\psi(\nu_j) = \frac{1}{N}\sum_{n=1}^{N} x(n)\chi(n)\exp(-2\pi in\nu_j) \qquad (8.3.18)$$

汉宁窗滤波器被证明是最优的滤波器，其滤波器函数为

$$\chi_{Han}(n) = 2\sin^2(\pi n/N) \qquad (8.3.19)$$

在此情况下，频率为 ν_j 的正弦振荡信号为

$$|\psi(\nu_j)| = \left| \frac{\sin^2(\pi/N)\sin[\pi N(\nu_0 - \nu_j)]\cos[\pi(\nu_0 - \nu_j)]}{N\sin[\pi(\nu_0 - \nu_j)]\sin[\pi(\nu_0 - \nu_j + 1/N)]\sin[\pi(\nu_0 - \nu_j - 1/N)]} \right|$$

$$(8.3.20)$$

窗的作用是提高以 ν_0 为中心点的主峰的宽度，并且降低旁瓣的高度。事实上，主瓣的宽度由不加窗时的 $2/N$ 增大到 $4/N$，同时，旁瓣的高度作为 N 的函数已经由不加窗时的 $1/N$ 降为加汉宁窗后的 $1/N^3$。旁瓣的高度降低能有效降低次级谐振频率的影响，这些次级谐振频率峰是实际测量工作点的主要误差来源。

基于与插值 FFT 一例中相同的原因，式(8.3.20)可以使用插值函数，具有待求工作点 ν_{Fint} 的正弦振荡信号可作为插值函数：

$$\nu_{\text{Fint}} = \frac{k}{N} + \frac{1}{2\pi}\arcsin\left\{ A\left[\,|\,\psi(\nu_k)\,|\,,|\,\psi(\nu_{k+1})\,|\,,\cos\frac{2\pi}{N}\right]\sin\frac{2\pi}{N}\right\}$$

$$(8.3.21)$$

式中，A 函数包含 3 个自变量，数学公式由下式给出：

$$A(a,b,c) = \frac{-(a+bc)(a-b) + b\sqrt{c^2(a+b)^2 - 2ab(2c^2 - c - 1)}}{a^2 + b^2 + 2abc}$$

$$(8.3.22)$$

在此情况下，分辨率为

$$|\varepsilon| \leqslant \frac{C_{\text{Han}}}{N^4} \qquad (8.3.23)$$

式中，C_{Han} 是一个数值常数。当然可以应用更高阶的类汉宁滤波器，其滤波器函数为

$$\chi_l(n) = A_l \sin^l(\pi n/N) \qquad (8.3.24)$$

式中，A_l 是归一化常数，$l>2$。当 $N\gg1$ 时，加类汉宁窗给出的插值工作点 ν_{Fint} 为

$$\nu_{\text{Fint}} \approx \frac{k}{N} + \frac{1}{N}\left[\frac{(l+1)\psi(\nu_{n+1})}{\psi(\nu_n) + \psi(\nu_{n+1})} - \frac{l}{2}\right] \qquad (8.3.25)$$

在此情况下，分辨率为

$$|\varepsilon| \leqslant \frac{C_{\text{FHan}}}{N^{l+2}} \qquad (8.3.26)$$

此处，C_{FHan} 同样是个数值常数。由此可知，分辨率与 N 的 $l+2$ 次方成反比。但是对于高阶的类汉宁滤波器，主峰加宽效应的影响已经超越了其削弱次级谐波影响的作用而成为主导因素。此时已经无助于提高工作点测量的精度。

2. 最大熵法估计 Tune 值

广为应用的谱估计可以分为两类：非参变量的算法如加窗的 FFT 和参变量算法如非线性谱估计。若对束流振荡信息缺乏足够的了解，或者所分析的信号成分复杂，无法有效地使用先验的知识优化算法，则谱估计是最佳方式。根据信号的自相关理论和非线性谱估计理论建立算法，如根据 Prony 方法和自相关方法发展的一系列参变量谱估计法。这里重点介绍优化的谱估计方法——最大熵法（MEM）[1,2]。实际测量数据的分析表明，在数据长度为 256 点时，相对精度好于 0.00005。

传统的谱估计方法有 Blackman-Tukey 法和周期图法。Blackman-Tukey 法首先计算取样时间序列的自相关，然后对自相关序列加窗，以保证超出最大可能滞后的部分为零，最后求这个自相关序列的傅里叶变换，从而得到谱密度的估计。而周期图法为首先对取样时间序列进行周期延拓。为了消除这种引入的周期性，同样对序列加窗，然后求序列的 FFT，所得到的傅里叶谱幅度的平方就是待求的

谱密度。得到的各种谱密度估计称为线性估计,这是因为它们对所得到的时间序列只进行线性运算。以上两种方法获得线性估计值的一个重要缺点是,有时它们可能会引出使人误解或虚假的结论,这是由于它们都利用了与所分析随机过程性质毫无关系的窗函数。假如所得到的时间序列长度极为有限,不能满足统计稳定性要求,以致找不到固定窗函数来分辨所感兴趣的各频率分量时,就要求所加窗函数形式特别灵活。

用 MEM 可以避免加窗问题。根据这种方法所得到的谱密度估计称为非线性估计,因为这类估计方法的设计与数据有关。MEM 的基本想法是选择这样一种谱,它对应于最随机、成分不可预测的时间序列,而这个时间序列自相关函数又与一组已知值相一致。这个条件等效于将所得时间序列自相关函数进行外推,外推的原则是使过程的熵最大(熵是平均信息的量度)。因此,MEM 不同于普通线性谱分析方法,它避免了数据周期性延伸的陷阱,也不需要假设所得记录长度之外的数据为零。MEM 估计也称为自回归谱估计。而且相比传统的谱估计方法,MEM 的优点还在于只需要较少的统计数据,即用相当短的时间序列就能得到高分辨率的谱估值。

MEM 的具体过程是取一组时间序列,使其自相关函数与一组已知数据的自相关函数相同,同时使已知自相关函数以外的部分的随机性最强,以所取时间序列的谱作为已知数据的谱估值。它等效于随机过程的熵为最大的原则,利用 N 个已知的自相关函数值来外推其他未知的自相关函数值所得到的功率谱。MEM 理论从根本上减小了谱的畸变,估计的谱峰高度相比 FT 更接近真实谱。对于含有单个正弦波的信号,MEM 谱估计在对应正弦波频率能得到尖锐而易于分辨的谱峰,谱线平滑,且其幅度量级约与信噪比的平方以及阶数的平方成正比。

功率谱的最大熵估计公式为[1,8,9]

$$
\begin{aligned}
P(f) &\approx \left| \sum_{k=-N/2}^{N/2} x_k z^k \right|^2 \\
&\approx \frac{1}{\left| \sum_{k=-M/2}^{M/2} b_k z^k \right|^2} = \frac{a_0}{\left| 1 + \sum_{k=1}^{M} a_k z^k \right|^2} = \frac{a_0}{\left| 1 + \sum_{k=1}^{M} a_k e^{i2k\pi fT} \right|^2}
\end{aligned}
$$

(8.3.27)

式(8.3.27)定义在 z 平面。式中,x_k 为实采样函数(序列),它所属的表达式为实际功率谱的近似表达式,因为只包含了有限项求和。而 b_k 和 a_k 所属的表达式是一个自由参数全部在分母上的有理函数近似形式,这种形式在近似问题中更为有利。这两种形式不仅是形式上的,它们的近似也有不同的特征。最明显的是后者可以有极点,它对应于 z 单位圆上,也就是奈奎斯特(Nyquist)实频率区间上无穷大的功率谱密度。这种极点精确地代表了具有离散陡峭的“直线”或 δ 函数基本功率谱。相比之下,前者在奈奎斯特实频率区间上只有零点,没有极点。因此,必须用多项式才能适合具有尖峰谱的特征。

理论上, b_k 可以根据对它所在的表达式作幂级数如 Laurent 级数展开后,得到的前 $(M+1)$ 个系数应该和 x_k 保持一致的条件来确定;而 a_k 可以根据 z 都在单位圆上由 b_k 求得。实际上,还有更方便实用的方法来确定 b_k 和 a_k。

在经典的数据集线性预测方法中,讨论的是一种特殊情况,即数据点 y_β 在一条线上等间隔分布 $y_j,j=1,2,\cdots,N$,并且要求用 M 个连续点 y_j 来预测第 $(M+1)$ 点。假设其是平稳的,即自相关 $\langle y_j y_k \rangle$ 取决于采样点差值 $|j-k|$,而不单独地依赖于 j 或 k,因此自相关 ϕ 只有一个下标:

$$\phi_j \equiv \langle y_i y_{i+j} \rangle \approx \frac{1}{N-j} \sum_{i=1}^{N-j} y_i y_{i+j} \qquad (8.3.28)$$

式中,近似等式说明了如何用实际的数据组来估计自相关分量[实际上,还有一种更好的方法进行这种估计,参看式(8.3.29)]。在描述的情况下,对感兴趣点真实值的估计式为

$$y_n = \sum_{j=1}^{M} d_j y_{n-j} + x_n \qquad (8.3.29)$$

这是一个包含 M 个未知数 d_j 的 M 个方程的方程组, d_j 称为线性预测系数(LP 系数):

$$\sum_{j=1}^{M} \phi_{|j-k|} d_j = \phi_k, \quad k = 1,\cdots,M \qquad (8.3.30)$$

尽管噪声没有明显地包含在上面的等式中,但如果点与点不相关,它还是被正确地考虑进去了,根据式(8.3.28)用测量值估计的 ϕ_0 实际包含了 $\langle y_a y_a \rangle$ 和 $\langle n_a n_a \rangle$。均方差值 $\langle x_n^2 \rangle$ 可以估计为

$$\langle x_n^2 \rangle = \phi_0 - \phi_1 d_1 - \phi_2 d_2 - \cdots - \phi_M d_M \qquad (8.3.31)$$

为了运用线性预测,首先利用式(8.3.28)和式(8.3.30)计算 d_j,然后计算式(8.3.31)。具体的,就是将式(8.3.29)用于已知的数据记录中而求得差值 x_j 的大小,如果差值小,则继续应用式(8.3.29)进行下一步运算,估计下一步的差值 x_j 直到差值为 0。但是实际应用证明,从数据集来估算均方差 ϕ_k[式(8.3.28)]不是最好的途径。实际上,线性预测所得的结果对 ϕ_k 值估计的精确程度非常敏感。有一种特别好的方法,此方法应归功于 Burg,它是一个迭代过程,每次迭代 M 的阶数加 1。在每一步迭代中重新估计系数 $d_j,j=1,\cdots,M$,以便使式(8.3.30)中的残差尽可能小。

现在再次回到式(8.3.29),若以 x 作为输入信号, y 作为输出信号,线性预测可以视为一个滤波函数,其传输函数为

$$H(f) = \frac{1}{1 - \sum\limits_{j=1}^{N} d_j z^{-j}} \qquad (8.3.32)$$

显然 y 的功率谱等于 x 的功率谱乘以 $|H(f)|^2$。将 $|H(f)|^2$ 与最大熵公式比较后可以看出,系数 a_0 和 a_k 与线性预测系数存在下面的简单关系:

$$a_0 = \langle x_n^2 \rangle, \quad a_k = -d_k, \quad k = 1, \cdots, M \qquad (8.3.33)$$

因为对于任选的 M 值,最大熵公式的级数展开定义了滞后大于 M 的自相关函数的某种外推,事实上甚至可以超过 N,也就是超出了实际所测量的数据范围。从信息论角度可以证明,在所有可能的外推中,这种外推具有最大熵值,因此称为最大熵方法或 MEM。最大熵性质使它获得了广泛的应用,尤其适合用于拟合具有陡峭谱特征的应用。

实际应用中需要注意的是,如果选择的极点个数 M 或数据的数目太大,即使采用双精度,舍入误差也会成为问题。对于具有非常尖的谱线特征的谱,甚至最低阶的算法也可能会将尖峰分开,并且尖峰还会随正弦波的相位变化而移动。另外,对于带有噪声的输入信号,如果选择的阶数太高,会发现很多假尖峰,建议将这种算法和一些保守算法如周期图法结合起来使用,以帮助选择正确的模型阶数,避免被假的谱线特征所迷惑。

由前面的讨论知道,FT 在信号处理领域占有非常重要的地位。尤其在 Cooley 和 Turkey 提出的 FFT 算法问世之后,这种经典的谱估计方法成为信号处理中非常重要的工具。FFT 算法具有计算速度快和谱幅度计算结果准确的突出优点。

在周期已知的情况下,采用整周期截取信号样本长度将很容易得到满意的分析结果。但分析过程中,对所分析的数据区间之外的信号样本值一概假设为 0 明显不确切,这样得到的谱是真实谱和窗谱的卷积。而窗函数频谱主瓣宽度和旁瓣抑制始终是一对矛盾,无法折中。所以采用 FT 所得到的只能是畸变的谱。

为了尽可能得到真实谱的估计,必须最大限度保留测量区间以外的信息,也就是使其熵达到最大。由 Burg 于 1967 年提出的 MEM 是对信号的功率谱密度估计的一种方法。最大熵谱估计算法可以避免加窗,对于测量区间外的信息以最大熵为准则,采用外推的方法。这和傅里叶谱估计方法明显不同。

MEM 功率谱估值是一种可获得高分辨率的非线性谱估值方法,特别适用于数据长度较短的情况。但是分辨率越高,计算工作量就越大。相比 FFT 方法,MEM 的弱点在于计算速度远远不及 FFT。由于 MEM 是非线性的谱估计,因此存在难于估计谐波能量相对大小的问题。

MEM 的主要优点为:①谱分析分辨率与 $1/N^2$ 成比例;②解决了旁瓣泄漏的问题。MEM 的主要缺点为:①非线性谱估计,在研究两个以上信号功率谱时不能运用通常的叠加原理；②对信噪比非常敏感，因为有噪声时，谱估计不再是全极点模型，低噪声下分辨率变得较差，而传统谱估计与信噪比无关。

3. NAFF 法计算 Tune 值

NAFF 频率分析方法首先是作为研究保守动力学系统中的轨道稳定性被提出来的，如太阳系中轨道的微弱混沌行为，它是基于连续谱分析的一种算法，也是一种改进型的傅里叶算法，依靠搜寻连续傅里叶谱最大值来计算 Tune 值[1,10~12]。不同于普通的 FT 的分辨率正比于 $1/N$，NAFF 的频率分辨得到极大的改善，好于 $1/N^2$。

考虑一种简单的一般性解析的周期信号：

$$f(t) = a\mathrm{e}^{\mathrm{i}\nu t} \tag{8.3.34}$$

式中，a 是一个复数幅度。假设信号的一个周期定义在区间 $[T_1, T_2]$ 上，为了形式上的简化，引入变量：

$$T = (T_2 - T_1)/2, \quad t' = t - (T_2 - T_1)/2 \tag{8.3.35}$$

这样表达式在定义区间上是对称的形式。既然是周期信号，那么它可以展开为傅里叶级数：

$$f = \sum_{n=-\infty}^{+\infty} c_n \mathrm{e}^{\mathrm{i}n\pi t/T} \tag{8.3.36}$$

$$c_n = \frac{1}{2T} \int_{-T}^{T} f(t) \mathrm{e}^{-\mathrm{i}n\pi t/T} \mathrm{d}t = a \frac{\sin\left[\left(\nu - n\frac{\pi}{T}\right)T\right]}{\left(\nu - n\frac{\pi}{T}\right)T} \tag{8.3.37}$$

当采样率刚好为 ν 的倍频时，c_n 取值为零。但在实际应用中，一般 $\nu \neq n\pi/T$，所以系数 c_n 一般不为零。这和 DFT 的形式是一致的。c_n 的函数形式就是数据处理中常用的采样函数，如图 8.3.1 所示。在这种情况下，离散傅里叶频谱是一列包络为图 8.3.1 形式的谱线。如果简单认为频谱上的最大值对应的就是待考察频率，从采样函数的形式可知，这意味着分子和分母同为零，那么正如普通 FFT 分析的结果一样，这样计算得到的频率分辨率为 $1/N$。假如是连续傅里叶频谱，同样可以得到

$$\phi(\omega) = \int f(t) \mathrm{e}^{-\mathrm{i}\omega t} \mathrm{d}t = a \frac{\sin\left[(\nu - \omega)T\right]}{(\nu - \omega)T} \tag{8.3.38}$$

当 $\phi(\omega)$ 取极大值时，$\omega = \nu$。所以很明显，假如能改善 DFT 频率的分散程度，频率分辨率就可以得到提高。在数据长度不变的情况下，在离散傅里叶频谱的极大值附近作二次插值或者样条插值，得到一条光滑的曲线，在这条曲线上寻峰得到对应的横向频率就是待考察的简谐信号。

对于信号中包含两个成分的情况，同样可以得到

$$f(t) = a_1 \mathrm{e}^{\mathrm{i}\nu_1 t} + a_2 \mathrm{e}^{\mathrm{i}\nu_2 t} \tag{8.3.39}$$

$$\phi(\omega) = \phi_1(\omega) + \phi_2(\omega) = a_1 \frac{\sin(\nu_1 - \omega)T}{(\nu - \omega)T} + a_2 \frac{\sin(\nu_2 - \omega)T}{(\nu - \omega)T}$$

$$(8.3.40)$$

只要两个信号的频率分得足够开,并在所取的数据长度下没有太大的重叠,依然可以通过寻找两个峰值得到对应的频率。

应用信号加窗知识,给信号加上一个定义在同一个区间上的窗函数。这里使用汉宁窗,信号变为

$$f'(t) = f(t) \cdot \chi(t) = a e^{i\nu t} \left(1 + \cos \frac{\pi t}{T} \right)$$

$$(8.3.41)$$

类似的,得到对应的频谱系数为

$$c'_n = -\frac{\sin[(\nu - \omega)T]}{(\nu - \omega)T} \cdot \frac{\pi^2}{(\nu - \omega)^2 T^2 - \pi^2}$$

$$(8.3.42)$$

这个函数的形状如图 8.3.2 所示,它的旁瓣衰减为 $1/x^3$,比图 8.3.1 中的函数更快,后者为 $1/x^2$。不足的是,主瓣的宽度比图 8.3.1 宽了一倍。如果关注的信号彼此之间分得足够开,由于旁瓣泄漏消失,信号计算精度得到了提高,这是很有意义的。

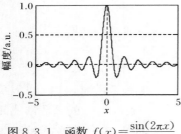

图 8.3.1　函数 $f(x) = \dfrac{\sin(2\pi x)}{2\pi x}$

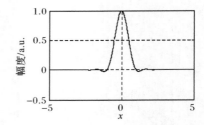

图 8.3.2　函数 $g(x) = -\dfrac{\sin(2\pi x)}{2\pi x(4x^2 - 1)}$

如果待分析信号中包含多个频谱成分,假设它们可以区分,可以按照这样的顺序计算这些频率。首先如前所述,找到最大值点,在这个点附近作插值,寻峰得到第一个频率;以频谱上该点的幅度作为这个信号的幅度,然后从原信号中减去计算出的第一个信号;重新对残余的信号作 NAFF,得到第二个信号。依此类推得到其他所有的频率成分,或者精度不能满足,或者出现计算的某一个频率落在任一个已经计算得到的信号的主瓣里就停止这个计算过程。

无论哪一种算法,得到的信号频率总是一个近似结果,它的精度或准确度是一个很重要的问题。由于插值的效果是直接和实际信号的频谱形状相关的,所以没有办法能得到一个确定的结果。针对每次处理,可以这样来估算计算的精度:定义一个函数 f' 为从信号 f 中计算得到的所有信号成分的和,以这个函数为考察对象,使用 NAFF 方法可以抽取另一组信号,它们的和定义为 f'',则从 f 中计算

得到的各个信号成分的精度就等于从 f' 和 f'' 中计算得到的信号成分的差。实际的仿真证明加窗后的分辨率好于 $1/N^2$。

4. 插值 FFT 计算 Tune 实例

插值 FFT 方法的提出也是为了解决有限数据长度下更好地估计信号的频率、幅度和相位的问题[1,2,13~15]。下面以具体例子来说明。假设检测的信号为简谐的：

$$x_1(t) = A_1 \sin(2\pi f_1 t + \phi_1) \tag{8.3.43}$$

令 $f_1 = (l+\delta)f_0 = \lambda, 0 \leqslant \delta \leqslant 1$，$f_0$ 为频谱的分辨率，等于采样时间长度的倒数。利用 DFT 公式：

$$S(j) = \sum_{k=0}^{N-1} x(k) \exp\left(-\mathrm{i}\frac{2\pi}{N}jk\right) \tag{8.3.44}$$

可以得到

$$S(j) = -\frac{\mathrm{i}A_1}{2}\left\{ \mathrm{e}^{\mathrm{i}[a(\lambda-1)+\phi_1]} \frac{\sin[\pi(\lambda-j)]}{\sin\left(\pi\dfrac{\lambda-j}{N}\right)} - \mathrm{e}^{-\mathrm{i}[a(\lambda-1)+\phi_1]} \frac{\sin[\pi(\lambda+j)]}{\sin\left(\pi\dfrac{\lambda+j}{N}\right)} \right\} \tag{8.3.45}$$

式中，$a = \pi(N-1)/N$。对于不同的 δ，从图 8.3.3 中可以看出，最大的谱线随着 δ 增大而右移。最大的两条谱线一定是 $|S(l)|$ 和 $|S(l+1)|$，频率 f_1 落在这两个频率之间。

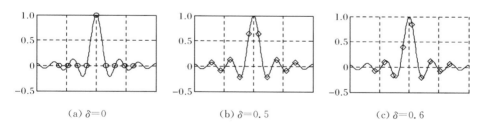

(a) $\delta=0$　　　　　　(b) $\delta=0.5$　　　　　　(c) $\delta=0.6$

图 8.3.3　同步和非同步采样后的离散频谱比较

除非 f_1 为 f_0 的整数倍，否则信号频谱绝对不会是一条谱线，这种现象就是频谱的泄漏。

当 $\lambda \geqslant 20, N \geqslant 1024$ 时，式(8.3.45)中第二项可以略去[15]。这个近似最后只会在求解的频率中引入不大于 0.04% 的误差。因此最大的两条谱线为

$$S(l) = -\frac{\mathrm{i}}{2} A_1 \mathrm{e}^{\mathrm{i}(a\delta+\phi_1)} \frac{\sin(\pi\delta)}{\sin\dfrac{\pi\delta}{N}} \tag{8.3.46}$$

$$S(l+1) = -\frac{\mathrm{i}}{2} A_1 \mathrm{e}^{\mathrm{i}[a(\delta-1)+\phi_1]} \frac{\sin[\pi(1-\delta)]}{\sin\dfrac{\pi(1-\delta)}{N}} \tag{8.3.47}$$

为了改善频谱泄漏对频率估计的影响,将在这里对 FFT 频谱作插值处理。在这之前,可以认为 N 足够大时,进一步将上面两个式子中分母的 sin 去掉,这个近似会引入一个不大于 0.015% 的误差。

$$|S(l)| = \frac{A_1}{2} \frac{|\sin(\pi\delta)|}{\dfrac{\pi\delta}{N}} \tag{8.3.48}$$

$$|S(l+1)| = \frac{A_1}{2} \frac{|\sin[\pi(1-\delta)]|}{\dfrac{\pi(1-\delta)}{N}} = \frac{A_1}{2} \frac{|\sin(\pi\delta)|}{\dfrac{\pi(1-\delta)}{N}} \tag{8.3.49}$$

定义

$$\alpha = \frac{|S(l+1)|}{|S(l)|}$$

相应有

$$\delta = \frac{\alpha}{1+\alpha} \tag{8.3.50}$$

所以,可以得到所关心的频率为

$$f_1 = \lambda f_0 = \left(l + \frac{\alpha}{1+\alpha}\right) \frac{1}{N\Delta} \tag{8.3.51}$$

由式(8.3.48)和式(8.3.49)可以求得信号幅度为

$$A_1 = \frac{2\pi\delta}{N} \frac{|S(l)|}{|\sin(\pi\delta)|} \tag{8.3.52}$$

$$A_2 = \frac{2\pi(1-\delta)}{N} \frac{|S(l+1)|}{|\sin[\pi(1-\delta)]|} \tag{8.3.53}$$

式(8.3.52)和式(8.3.53)都可以用来计算幅度,但是建议选取 $|S(l)|$ 和 $|S(l+1)|$ 两者中较大的项所属的公式。类似的,也可以从式(8.3.46)和式(8.3.47)得到相位的表达式为

$$\phi_1 = \mathrm{Phase}[S(l)] - a\delta + \frac{\pi}{2} \tag{8.3.54}$$

$$\phi_1 = \mathrm{Phase}[S(l+1)] - a(\delta-1) + \frac{\pi}{2} \tag{8.3.55}$$

因为这里主要讨论 Tune 频率值的计算,所以有必要讨论计算所得的频率的误差。同样假定信号是间歇的,现在考虑噪声的影响:

$$S'(l) = (1+\zeta_1)S(l) \tag{8.3.56}$$

$$S'(l+1) = (1+\zeta_2)S(l+1) \tag{8.3.57}$$

式中,ζ_1、ζ_2 为非相关、零均值且方差为 $2.5n\sigma_\varepsilon^2$($n=\mathrm{lb}N$,σ_ε^2 为信号-噪声功率比)。

$$\alpha' = \frac{\mid S'(l+1) \mid}{\mid S'(l) \mid} = (1+\zeta_3)\frac{\mid S(l+1) \mid}{\mid S(l) \mid} = (1+\zeta_3)\alpha \qquad (8.3.58)$$

代入式(8.3.45)和式(8.3.46),得到方差:

$$\mathrm{var}\,\delta' = \mathrm{var}\left(\frac{\alpha'}{1+\alpha'}\right) = \frac{1}{(1+\alpha)^4}\mathrm{var}\,\alpha' \leqslant 5n\sigma_\epsilon^2 \qquad (8.3.59)$$

既然频率 $f_1 = (l+\delta)f_0, l \geqslant 20$,可以得到

$$\frac{\mathrm{var}\,f'}{f^2} \leqslant \frac{5n\sigma_\epsilon^2}{400} \qquad (8.3.60)$$

以 $N=1024$ 为例,频率的小数误差估计为 0.01%,相对于普通的算法的 0.1% 和 1%,误差改善 1 个数量级。

为了改善 DFT/FFT 算法应用过程中的频谱泄漏,在对采样信号进行变换之前加上一个窗对信号进行截断或者增加采样长度。典型窗为各种升余弦函数,汉宁窗的旁瓣最大泄漏为 $-31\mathrm{dB}$,远离主瓣以 $6\mathrm{dB}/$个的速度下降;汉明窗旁瓣最大泄漏为 $-45\mathrm{dB}$,远离主瓣以 $2\mathrm{dB}/$个的速度下降。但是它们的主瓣宽度是矩形窗的两倍,对邻近频率的泄漏比较严重。为了克服这个缺点,采样长度必须至少是信号周期的两倍以上。虽然汉明窗第一旁瓣衰减比汉宁窗略大,但是它的高次旁瓣衰减太慢,而且运算量略大。所以选用汉明窗,通过调节采样长度来减少频谱之间的泄漏。

在满足采样定理的前提下,选择合适的窗截断时的采样长度,使用插值 FFT 算法分析加窗信号。将式(8.2.5)乘以 T 对时间离散化,即得汉宁窗函数 $w_\mathrm{H}(n)$ 为

$$w_\mathrm{H}(n) = \left[\frac{1}{2} - \frac{1}{2}\cos\left(\frac{2\pi n}{N-1}\right)\right], \quad n = 0,1,\cdots,N-1 \qquad (8.3.61)$$

同样假定信号为简谐的:

$$x_2(t) = A_2 \mathrm{e}^{\mathrm{i}(2\pi f_2 t + \phi_2)} \qquad (8.3.62)$$

并设检测信号的频率满足 $f_2 = (k+\delta)f_0$,其中,k 为任意整数,$0 \leqslant \delta < 1$,f_0 为频谱分辨率,对应于采样长度的倒数。与矩形截断时的推导类似,设加窗后的采样序列频谱为 $S_\mathrm{H}(i)$,可得

$$\mid S_\mathrm{H}(k) \mid \approx \frac{NA_2}{4\delta}\frac{\sin(\pi\delta)}{(1-\delta^2)\pi} \qquad (8.3.63)$$

$$\mid S_\mathrm{H}(k+1) \mid \approx \frac{NA_2\sin(\pi\delta)}{4\delta(1-\delta)(2-\delta)\pi} \qquad (8.3.64)$$

令 $\beta = \frac{\mid S_\mathrm{H}(k+1)\mid}{\mid S_\mathrm{H}(k)\mid}$,则 $\delta = \frac{2\beta-1}{1+\beta}$。

可以推导出频率、幅度和相位的估计式为

$$f_2 = \left(k + \frac{2\beta-1}{1+\beta}\right)f_0 \qquad (8.3.65)$$

$$A_2 = \mid S_H(k) \mid \frac{4\pi\delta(1-\delta^2)}{N\sin(\pi\delta)} \quad 或 \quad A_2 = \mid S_H(k+1) \mid \frac{4\pi\delta(1-\delta)(2-\delta)}{N\sin(\pi-\pi\delta)}$$

$$\text{(8.3.66)}$$

$$\phi_2 = \text{Angle}[S_H(k)] - \frac{\delta\pi(N-1)}{N} \quad 或 \quad \phi_2 = \text{Angle}[S_H(k+1)] - \frac{(\delta-1)\pi(N-1)}{N}$$

$$\text{(8.3.67)}$$

信号加窗可以进一步改善频谱估计的精度。加窗的插值 FFT 算法的频率分析精度可以控制在 0.01% 以内,幅度分析精度可以控制在 0.5% 以内。

下面给出插值 FFT 算法谐波分析的两个例子。首先,生成两个离散时间序列:

$$x(n) = \cos(2n\pi \times 0.06667)$$

$$x_2(n) = \sin(2n\pi \times 0.06667) = \cos(2n\pi \times 0.06667 - \frac{\pi}{2})$$

$$\text{(8.3.68)}$$

式中,n 为整数,取序列长度等于 1000。IFFT 和加汉宁窗的 IFFT 分别给出非常接近的结果,分别示于表 8.3.1 和图 8.3.4 中。

表 8.3.1　数据序列加矩形窗和加汉宁窗的 IFFT 分析结果比较

信号	频率/a.u.	幅度/a.u.	相位/rad
初始信号	0.06667	1.0000	0
	0.06667	1.0000	$-\pi/2$
IFFT	0.06667	1.0004	-0.0059
	0.06667	0.9996	-1.5649
汉宁窗 IFFT	0.06667	0.9993	0.0011
	0.06667	0.9993	-1.5697

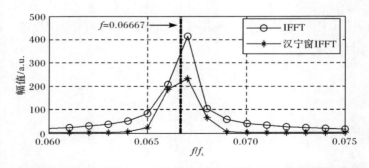

图 8.3.4　数据序列加矩形窗和加汉宁窗的 IFFT 频谱,加窗使频谱形状更接近合理

插值 FFT 方法并非只有以上讨论的这一种方法。到目前为止,从文献发表

的情况来看,出现了解析形式的插值 FFT、线性插值 FFT 和加权插值 FFT 等衍生算法[16~18]。以线性插值 FFT 为例略作说明。它避免了求解非线性方程,信号加窗的形式是灵活的,由具有最小均方近似误差的线性方程决定。信号分析的误差来源不是频谱成分之间能量的泄漏,而是线性方程的近似误差,这个误差依赖于所加窗的参数。对于信号中包含多个成分的情况,与其他方法不同的是,这种插值方法是全局性的,解所得的矩阵方程可以得到所有的信号参数。仿真结果证明这种方法给出的结果误差大概在 10^{-4} 量级。

5. 时频联合分析

传统的信号分析中,信号可以表示为以时间为自变量的函数形式,也可以分解为不同频率分量之和的形式。平稳随机信号常用其二阶统计量来表征:时域用自相关函数,频域为功率谱,两者构成一对傅里叶变换对。基于 FT 的信号频率的表示及其能量频域分布揭示了信号在频域的特征,它们在传统的信号分析与处理方法中发挥了极其重要的作用。但是,FT 是一种整体变换,而在许多实际应用场合,信号是非平稳的,其统计量(如相关函数、功率谱等)是时变函数。只了解信号在时域或频域的全局特性是远远不够的,最希望得到的是信号频谱随时间变化的情况。为此,需要使用时间和频率的联合函数来表示信号,称为信号的时频表示。

时频分析适于研究各种非平稳和时变信号[1]。时频表示分为线性时频表示和非线性时频表示。典型的线性时频表示有短时傅里叶变换(也称为短时频谱,简记为 STFT)、小波变换(wavelet transformation,WT)和 Gabor 展开等。非线性时频表示主要是指各种二次型表示。在很多实际场合,还要求二次型时频表示能够描述该信号的能量分布密度,这种更严格意义下的时频表示称为信号的时频分布。

如果一个确定性信号可以表示为一系列正弦或余弦函数离散和的形式,则该信号是平稳的。在随机情况下,如果一个信号的数学期望值与时间无关,而自相关函数 $E[x(t_1) \cdot x^*(t_2)]$ 仅与时间间隔 $t_2 - t_1$ 有关,则称该信号是广义平稳的,其对应的解析信号具有固定的瞬时幅度和瞬时频率期望值。这些假设中的任一条不成立,则该信号就是不平稳的。例如,一个有限时间区间的信号,或者一个瞬变信号就是非平稳的。

既然研究非平稳的信号,则有必要讨论信号在时间和频率域的局域化。这里关心的是在某一特定的时间和频率范围内信号的能量分布,以及在某一特定时间的频率分布。借用统计分析的概念,将 $|x(t)|^2$ 和 $|x(\nu)|^2$ 看成信号的概率密度,定义如下概念。

(1) 信号能量:

$$E_x = \int_{-\infty}^{+\infty} |x(t)|^2 \mathrm{d}t < +\infty \tag{8.3.69}$$

(2) 时间均值：

$$t_{\mathrm{m}} = \frac{1}{E_x} \int_{-\infty}^{+\infty} t \mid x(t) \mid^2 \mathrm{d}t \qquad (8.3.70)$$

(3) 频率均值：

$$\nu_{\mathrm{m}} = \frac{1}{E_x} \int_{-\infty}^{+\infty} \nu \mid X(\nu) \mid^2 \mathrm{d}\nu \qquad (8.3.71)$$

(4) 时间散布：

$$T^2 = \frac{4\pi}{E_x} \int_{-\infty}^{+\infty} (t - t_m)^2 \mid x(t) \mid^2 \mathrm{d}t \qquad (8.3.72)$$

(5) 频率散布：

$$B^2 = \frac{4\pi}{E_x} \int_{-\infty}^{+\infty} (\nu - \nu_m)^2 \mid X(\nu) \mid^2 \mathrm{d}\nu \qquad (8.3.73)$$

在时频平面内，信号可以用其平均位置 $(t_{\mathrm{m}}, \nu_{\mathrm{m}})$ 和一个面积正比于时间-带宽乘积 $T \times B$ 的能量聚集区域表示。这个乘积具有下限，即 $T \times B \geqslant 1$。这个条件称为 Heisenberg-Gabor 不等式，简称 H-G 不等式，也称为不确定原理或测不准原理。

H-G 不等式的意义在于揭示了这样一个事实：时宽和带宽不可能同时达到任意小，或者时域分辨和频域分辨不可能同时达到任意小。以分析信号时常用的窗函数为例，就是不可能存在同时具有高的时间分辨和频率分辨的窗。需要注意的是，对非平稳信号加窗时，窗的宽度内信号必须是基本平稳的，因此，非平稳信号分析所获得的频率分辨与信号局域平稳长度有关系。

对非平稳信号时域的描述方法有两类：核函数分解法（atomic decomposition）和能量分布法。由于篇幅的限制，在这里仅讨论第一类方法。这种方法的典型代表是 STFT 和 WT。

为了使 FT 与时间联系起来，一种简单而又直观的方法是对信号 $x(u)$ 进行加窗处理，再计算其 FT。对每一时刻都进行这种处理，结果就是 STFT，即

$$F_x(t, \nu; h) = \int_{-\infty}^{+\infty} x(u) h^*(u - t) \mathrm{e}^{-\mathrm{i}2\pi\nu u} \mathrm{d}u \qquad (8.3.74)$$

$h(t)$ 是以 $t=0$ 为中心的短时分析窗，信号 $x(u)$ 与短时窗 $h^*(u-t)$ 相乘可以有效地抑制分析时刻 $u=t$ 的邻域外的信号，所以 STFT 是信号 $x(u)$ 在时刻 t 的邻域内的局部频谱。假定短时窗能量有限，STFT 是可逆的：

$$x(t) = \frac{1}{E_h} \int_{-\infty}^{+\infty} \int_{-\infty}^{+\infty} F_x(u, \xi; h) h(t - u) \mathrm{e}^{\mathrm{i}2\pi t\xi} \mathrm{d}u \mathrm{d}\xi \qquad (8.3.75)$$

这些关系式表明，整个信号可以分解为基本函数加权和的形式。基本函数的作用好像"核"。每个"核"可由窗函数 $h(t)$ 的时域或频域变换得来，这种时域或频域的变换群称为 W-H 群（Weyl-Heisenberg group）。STFT 也可以通过信号谱和窗函数谱的形式来表示，即

$$F_x(t,\nu;h) = \int_{-\infty}^{+\infty} X(\xi) H^*(\xi-\nu) e^{i2\pi(\xi-\nu)t} d\xi \qquad (8.3.76)$$

式中,X 和 H 分别为 x 和 h 的 FT。因此,信号 x 的 STFT——$F_x(t,\nu;h)$ 也可以看成是信号 $x(u)$ 通过一个频率相应为 $H^*(\xi-\nu)$ 的带通滤波器得到的结果,而 $H^*(\xi-\nu)$ 可以由一个基本滤波器 $H(\xi)$ 转化而来。所以,STFT 类似于具有固定带宽的带通滤波器。

STFT 具有如下几个性质。

(1) 时间和频率的平移不变性,即

$$y(t) = x(t) e^{i2\pi\nu_0 t} \Rightarrow F_y(t,\nu;h) = F_x(t,\nu-\nu_0;h)$$

$$y(t) = x(t-t_0) \Rightarrow F_y(t,\nu;h) = F_x(t-t_0,\nu;h) e^{i2\pi\nu t_0} \qquad (8.3.77)$$

信号 $x(t)$ 可以由具有综合窗 $g(t)$ 的 STFT 构成,$g(t)$ 不同于分析窗 $h(t)$,即

$$x(t) = \int_{-\infty}^{+\infty} \int_{-\infty}^{+\infty} F_x(u,\xi;h) g(t-u) e^{i2\pi t\xi} du d\xi \qquad (8.3.78)$$

窗函数 $g(t)$ 和 $h(t)$ 必须满足限制条件 $\int_{-\infty}^{+\infty} g(t) h^*(t) dt = 1$。

(2) 时间和频率分辨率。

STFT 的时间分辨率可以通过令 x 为一个 δ 脉冲来获得:

$$x(t) = \delta(t-t_0) \Rightarrow F_x(t,\nu;h) = e^{-i2\pi t\nu_0} h(t-t_0) \qquad (8.3.79)$$

与分析窗 $h(t)$ 的有效持续时间成比例。STFT 的频率分辨率可以考虑通过复正弦函数(在频域里面是一个 δ 脉冲)来获得:

$$x(t) = e^{i2\pi t\nu_0} \Rightarrow F_x(t,\nu;h) = e^{-i2\pi t\nu_0} H(\nu-\nu_0) \qquad (8.3.80)$$

与分析窗 $h(t)$ 的有效带宽成比例。STFT 在时间分辨率和频率分辨率之间有一个折中:好的时间分辨率结果需要较短的 $h(t)$;此外,好的频率分辨率结果需要较窄的滤波器,也就是较长的 $h(t)$,但是二者不可能同时满足。实际计算需要离散形式的分解和综合公式。

$$F_x[n,m,h] = \sum_k x[k] h^*[k-n] e^{-i2\pi mk}, \quad -\frac{1}{2} \leqslant m \leqslant \frac{1}{2}, k \in \mathbf{Z}$$

$$(8.3.81)$$

$$x[k] = \sum_n \sum_m F_x[n,m,h] g[k-n] e^{i2\pi mk}, \quad m,n \in \mathbf{Z} \qquad (8.3.82)$$

(3) 频谱图。

考察信号的能量时频分布,它是信号的二次变换。对 STFT 的模值取平方,得到局部加窗信号的能量谱密度为

$$\mathrm{SPEC}_x(t,\nu) = \left| \int_{-\infty}^{+\infty} x(u) h^*(u-t) e^{-i2\pi\nu u} du \right|^2 \qquad (8.3.83)$$

式(8.3.83)就是频谱图的定义,可以理解为在时频域中以 (t,ν) 为中心的信号能量

的密度,它是实值非负分布,满足能量分布性质:

$$E_x = \int_{-\infty}^{+\infty} \int_{-\infty}^{+\infty} \mathrm{SPEC}_x(t,\nu)\,\mathrm{d}t\,\mathrm{d}\nu \tag{8.3.84}$$

与线性的 STFT 一样,频谱图也满足时间、频率的平移不变性。时频分析的分辨率也和 STFT 一样,面临时间和频率的折中考虑。对于信号里包含多个成分的情况,由于频谱图是二次型表示的,因此并不是各个信号的简单相加:

$$y(t) = x_1(t) + x_2(t) \Rightarrow S_y(t,\nu) = S_{x_1}(t,\nu) + S_{x_2}(t,\nu) + 2\mathrm{Re}\big[S_{x_1 x_2}(t,\nu)\big]$$

$$\tag{8.3.85}$$

当两个信号在时频域相距足够远时,第三项(相关项)可以忽略。

8.4　其他数据处理方法

8.4.1　基于数字锁相检测阻尼时间

在逐束团反馈系统的调试中,一个重要的参考就是反馈系统对束流提供的阻尼时间。阻尼时间测量基础是在一个探测电极上测量到的束流运动 N 圈的位置信息。这是束流 β 振荡信号的逐圈采样信号,其形式为以工作点频率为周期的幅度呈指数衰减的信号。阻尼时间的计算就是取其包络后按指数衰减规律进行拟合。测量阻尼时间的关键在于包络信号的提取。

使用数字锁相检测(计算)可以有效地检测出某振荡频率的幅度信息[19~22]。锁相检测是微弱信号检测中常用的一种方法,它的应用前提是待测信号频率已知。束流 β 振荡信号正具有这个特点。

1. 数字锁相检测原理

锁相检测可检测具有如下形式的信号[21,22]:

$$s(t) = A_m \sin(\omega_m t + \varphi_m) + \sum_{i=1}^{N} A_i \sin(\omega_i t + \varphi_i) + n(t) \tag{8.4.1}$$

式中,带有 m 下标的信号为待测信号,带有 i 下标的信号为其他频率的干扰信号,$n(t)$ 为噪声信号。这里的噪声信号可以是多种形式的噪声,如热噪声等,它在一定频率范围内可以看成均值为零的高斯白噪声。在已知 ω_m 的前提下,可以生成一个单位幅度的参考信号:

$$s_{\mathrm{rs}}(t) = \sin(\omega_m t + \varphi_r) \tag{8.4.2}$$

将该参考信号与 $s(t)$ 相乘,可得

$$s_{\text{mult}}(t) = s_{\text{rs}}(t) \times s(t)$$

$$= \frac{1}{2} A_m \left[\cos(\varphi_m - \varphi_r) - \cos(2\omega_m t + \varphi_r + \varphi_m) \right]$$

$$+ \frac{1}{2} \sum_{i=1}^{N} A_i \{ \cos[(\omega_i - \omega_m)t + \varphi_i - \varphi_r] - \cos[(\omega_i + \omega_m)t + \varphi_i + \varphi_r] \}$$

$$+ n(t) \sin(\omega_m t + \varphi_r) \tag{8.4.3}$$

式中,第一项是直流,第二、三项是远离直流的单频信号(假设没有 ω_i 靠近 ω_m),第四项仍然是噪声。通过一个低通滤波,即可去除掉第二、三项,得到

$$s_F(t) = \frac{1}{2} A_m \cos(\varphi_m - \varphi_r) + n_F(t) \tag{8.4.4}$$

式中, n_F 在滤波器通带范围内仍然可以看成高斯白噪声。对式(8.4.4)在一个信号周期内求均值, n_F 的均值为零,因此被去除。最后得到的均值信号为 $1/2 A_m \cos(\varphi_m - \varphi_r)$。由于待测信号与参考信号的相移不可预测,因此再使用一个与参考信号(8.4.2)正交的参考信号:

$$s_{\text{rc}}(t) = \sin\left(\omega_m t + \varphi_r + \frac{\pi}{2}\right) = \cos(\omega_m t + \varphi_r) \tag{8.4.5}$$

同样经过上述处理,得到最终值为 $1/2 A_m \sin(\varphi_r - \varphi_m)$,最后信号幅值可以由式(8.4.6)确定:

$$[A_m \sin(\varphi_r - \varphi_m)]^2 + [A_m \cos(\varphi_m - \varphi_r)]^2 = A_m^2 \tag{8.4.6}$$

2. 利用 MATLAB 实现阻尼时间计算

同步加速器或储存环中做回旋运动的束流,当受到扰动时,探测到的逐圈位置信号通常具如下形式:

$$f(n) = A_i \sin(2\pi \nu_i n + \varphi_i) + f_{\text{noise}} \tag{8.4.7}$$

式中, ν_i 为工作点频率,下标 i 指水平或垂直或纵向;幅度 A_i 通常具有指数衰减 $e^{-t/\tau + t_0}$ 的形式。阻尼时间定义为指数衰减常数 τ,阻尼率定义为指数衰减常数的倒数,即 $1/\tau$。

阻尼时间的计算使用如下的步骤:

(1) 对离散时间信号序列进行高通滤波。在 $f(n)$ 中,通常含有较大的直流分量和其他一些低频分量,对信号首先进行一个高通滤波处理有利于去除不必要的干扰。

(2) 计算振荡信号频率。产生参考信号需要的频率 ν_i 通常从信号中提取。对于阻尼时间计算,采用 FFT 方法提取的 ν_i 就能满足要求。要求高时可以采用 NAFF、插值 FFT 等方法获得。

(3) 产生参考信号序列。使用第(2)步得到的 ν_i,产生与 $f(n)$ 信号序列等长

度的参考信号序列 $s_{rc}(n) = \cos(2\pi n\nu_i)$ 和 $s_{rs}(n) = \sin(2\pi n\nu_i)$。

(4) 将 $f(n)$ 分别与 $s_{rc}(n)$、$s_{rs}(n)$ 相乘,得到的信号通过一个低通滤波,滤除干扰分量,最后得到 $f_c(n) = \dfrac{1}{2}A_m\cos\varphi_i$ 和 $f_s(n) = \dfrac{1}{2}A_m\sin\varphi_i$。

(5) 最后合成需要的幅度信号 $\sqrt{f_c^2(n) + f_s^2(n)} = \dfrac{1}{\sqrt{2}}A_m$。

(6) 对得到的幅度信号,取自然对数运算,然后进行线性拟合,其斜率即为阻尼率。

上述步骤通过 MATLAB 很容易实现。

3. 仿真计算

下面给出一个仿真的例子以直观说明这种方法。假设有如下参数的逐圈测量数据:$\nu = 0.572, \tau = 1000, A = 20$,加上 20% 的噪声,忽略 Tune 值随幅度的变化。

$$x(n) = A\cos(2\pi n\nu)\exp(-n/\tau) \tag{8.4.8}$$

计算结果如图 8.4.1 所示。图 8.4.1(a) 为带噪声的束流逐圈运动仿真数据,红色曲线为使用数字锁相提取的幅度包络;图 8.4.1(b) 蓝色曲线为对包络信号取自然对数,红色曲线为直线拟合的数据(另见文后彩插)。

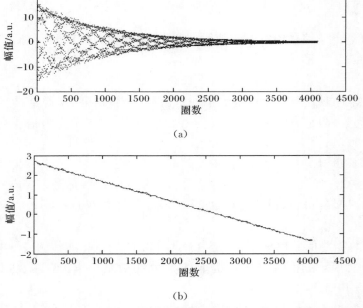

(a)

(b)

图 8.4.1 逐圈采样的束团运动仿真与包络提取[21]

8.4.2　小波方法在束测信号处理中的应用

小波分析是一种新兴而有前途的时频分析方法。1981 年,法国物理学家 Morlet 在分析地震数据时首先提出了小波分析的概念。1985 年,法国数学家 Meyer 提出了光滑的正交基——Meyer 基,紧接着 Meyer 及其学生 Lemarie 在 1986 年提出了多尺度分析的思想。1988 年,年轻的女数学家 Daubechies 提出了 具有紧支撑集的光滑正交基——Daubechies 基,极大地促进了小波的研究和应 用。后来信号分析专家 Mallat 提出了多分辨分析的概念,并在此基础上建立了 Mallat 塔式算法(即快速小波算法,fast wavelet algorithm,FWA)[23]。这一算法 的作用,相当于傅里叶分析中的 FFT,使小波从理论研究走向更为宽广的应用研 究。1992 年,Coifman 和 Wickerhauser 提出了小波包的概念和算法,推广了 Mallat 塔式算法,构成一种更精细的分解方法,对信号特性具有较强的自适应能力。

小波变换由于采用了自适应窗口,可以在低频部分具有较高的频率分辨率和 较低的时间分辨率;在高频部分具有较高的时间分辨率和较低的频率分辨率,所 以在时域和频域上可同时进行局部分析。需要一提的是,在小波分析中频率表现 为时间尺度。因此小波分析方法能有效处理束团振荡信号,有广泛的应用前景。

本节将展示采用小波分析方法,对束团信号中包含直流的闭轨偏移和低频干 扰等的基线漂移成分和振荡成分进行分离和提取,以及对横向振荡幅度包络的提 取,并用以拟合计算增长率和阻尼率的情况。采用小波方法,能跳过求频率抽取 横向振荡包络的步骤,得到符合实际情况的结果。对信号的预处理尤为重要。

1. 小波变换理论

小波分析(wavelets analysis,WA)的基础是小波变换。小波分析有两个主要 的组成部分,一个是小波级数,另一个是积分小波变换。类似于在数学和工程中 早已熟知和广泛应用的傅里叶积分和傅里叶级数理论,它把一物理现象时间过程 的表现和频率分布的特征相互联系起来。这里只是为了应用而对它进行简略介 绍,不企图涉及较深的数学,如勒贝格积分、测度、可测函数等。

下面首先对什么是小波和什么是小波级数进行阐述。在傅里叶分析中,熟悉 的波是所谓的单色波,数学上用 $\cos\varphi$ 或 $e^{i\varphi}=\cos\varphi+i\sin\varphi$ 来描述。它是周期为 2π 的函数,在所谓的 $L^2[0,2\pi]$ 空间,它是平方可积的,可以从 $e^{i\varphi}$ 的膨胀获得一个正 交和归一的函数序列 $e^{in\varphi}$,$n\in\mathbf{Z}$,它生成整个 $L^2[0,2\pi]$ 空间,所有 $L^2[0,2\pi]$ 中的函 数都可以用它展开为无穷级数。小波是类似于 $e^{i\varphi}$ 的波,但它不是 $L^2[0,2\pi]$ 空间的 波,而是 $L^2(\mathbf{R})$ 空间的波,即在实数域里是平方可积的。它不是单色波,而是处在 $L^2(\mathbf{R})$ 有限空间里的小波。用 $\psi(t)$ 来表示它,当 $t\rightarrow\pm\infty$ 时,$\psi(t)\rightarrow0$。若从 $\psi(t)$ 构 成一个小波的序列或小波的基,它需要两个参数,如 $a,b\in\mathbf{R}$ 或 $j,k\in\mathbf{Z}$,其中一个

(a,j)去膨胀它,另一个(b,k)去平移它,从而得到一个正交或非正交的两参数双无限的序列,例如,对于连续的函数(实的或复的):

$$\psi_{a,b}(t) = \frac{1}{\sqrt{|a|}} \psi\left(\frac{t-b}{a}\right), \quad a,b \in \mathbf{R}, a \neq 0 \qquad (8.4.9)$$

或对于离散的情形:

$$\psi_{j,k}(t) = 2^{j/2} \psi(2^j t - k), \quad j,k \in \mathbf{Z} \qquad (8.4.10)$$

它们分别能生成$L^2(\mathbf{R})$空间,所有$L^2(\mathbf{R})$中的函数$f(t)$(实的或复的),可用它们之一展开为小波级数。

例如,对离散的小波序列,有

$$f(t) = \sum_{j,k=-\infty}^{\infty} c_{j,k} \psi_{j,k}(t) \qquad (8.4.11)$$

1) 小波变换

小波变换类似于用函数序列$e^{-i\omega t}$对$L^2(\mathbf{R})$中的函数$f(t)$进行傅里叶积分变换,也可用小波序列,对函数$f(t)$进行积分小波变换:

$$(W_\psi f)(b,a) = |a|^{-\frac{1}{2}} \int_{-\infty}^{\infty} f(t) \overline{\psi\left(\frac{t-b}{a}\right)} dt = \langle f, \psi_{b,a} \rangle \qquad (8.4.12)$$

若把连续变换的$\psi_{b,a}(t)$替换为离散的$\psi_{j,k}(t)$,其中,$(b,a) = (k/2^j, 1/2^j)$,可得离散序列的小波变换:

$$(W_\psi f)\left(\frac{k}{2^j}, \frac{1}{2^j}\right) = 2^{\frac{j}{2}} \int_{-\infty}^{\infty} f(t) \overline{\psi(2^j t - k)} dt = \langle f, \psi_{j,k} \rangle \qquad (8.4.13)$$

已知式(8.4.11)和式(8.4.12)所给出的函数$(W_\psi f)(b,a)$或序列$(W_\psi f)(k/2^j, 1/2^j)$,若$\psi(t)$有足够好的表现,如其傅里叶变换$\tilde{\psi}(\omega)$满足容许条件:

$$C_\psi = \int_{\mathbf{R}} \frac{|\tilde{\psi}(\omega)|^2}{|\omega|} d\omega < \infty \qquad (8.4.14)$$

则可以通过所谓复原的运算,重新获得函数$f(t)$。注意傅里叶级数和傅里叶变换是在不同的函数空间,因此它们之间的关系并不是十分密切的。小波级数和小波变换都是在同一的函数空间$L^2(\mathbf{R})$里进行的,因此它们间的关系要紧密得多。例如,正交归一的离散小波序列的级数展开式,它的展开系数$c_{j,k}$就是相应的积分小波变换同一的(j,k)分量。

在傅里叶变换中,存在的一个很大的问题是,为了从时域的信息提取频域的信息,必须知道无限的信息量。一个极端的例子是,只在一个简单点有信息的$\delta(t-t_0)$函数,它的傅里叶变换$e^{it_0\omega}$却覆盖着无限的频率范围。在傅里叶变换里,解决的方案之一是所谓的加窗函数。在小波变换里,这个窗函数的性质却由小波函数自身具有,且这个性质可以自动移近或移远和伸缩。这可由要求小波函数满足某些条件来达到。例如,不仅$\psi(t)$平方可积,$t\psi(t)$也平方可积,且有$\int_{-\infty}^{\infty} \psi(t) dt = 0$

等。此处不详述。

2）多分辨分析

多分辨分析是小波理论中的一个重要内容。若 $\psi_{j,k}(t)$ 是一个正交归一的小波基，对于每个 $j \in \mathbf{Z}$，令

$$W_j = \text{clos}_{L^2(\mathbf{R})} \langle \psi_{j,k} : k \in \mathbf{Z} \rangle, \quad j \in \mathbf{Z} \tag{8.4.15}$$

它表示 W_j 是 $\psi_{j,k}, k \in \mathbf{Z}$ 在 $L^2(\mathbf{R})$ 空间里线性张成的一个子空间的闭包，如此 $L^2(\mathbf{R})$ 可分解为闭的子空间的正交和：

$$L^2(\mathbf{R}) = \bigoplus_{j \in \mathbf{Z}} W_j = \cdots \oplus W_{-1} \oplus W_0 \oplus W_1 \oplus \cdots \tag{8.4.16}$$

式中，$\oplus$ 号表示空间的正交和。每个 $L^2(\mathbf{R})$ 空间的函数 $f(t)$，均可分解为这些子空间里的子函数之和：

$$f(t) = \cdots + g_{-1}(t) + g_0(t) + g_1(t) + \cdots \tag{8.4.17}$$

再考虑 $L^2(\mathbf{R})$ 空间的另一闭子空间序列：

$$V_j = \cdots \oplus W_{j-2} \oplus W_{j-1}, j \in \mathbf{Z} \tag{8.4.18}$$

子空间 W_j 和 V_j 有如下关系和性质：

$$W_j \bigcap W_k = \{0\}, \quad j \neq k \tag{8.4.19}$$

$$\bigcap_{j \in \mathbf{Z}} V_j = \{0\} \tag{8.4.20}$$

$$\text{clos}_{L^2(\mathbf{R})} (\bigcup_{j \in \mathbf{Z}} V_j) = L^2(\mathbf{R}) \tag{8.4.21}$$

$$\cdots \subset V_{-1} \subset V_0 \subset V_1 \subset \cdots \tag{8.4.22}$$

$$V_{j+1} = V_j \oplus W_j, \quad j \in \mathbf{Z} \tag{8.4.23}$$

$$f(t) \in V_j \Leftrightarrow f(2t) \in V_{j+1}, \quad j \in \mathbf{Z} \tag{8.4.24}$$

这些公式说明，子空间 V_j 的序列是嵌套的［式(8.4.22)］。$L^2(\mathbf{R})$ 中的每个函数 $f(t)$ 都能用它在 V_j 中的投影 $P_{V_j} f$ 很好地逼近［式(8.4.21)］。当 $j \rightarrow -\infty$ 时，$f(t)$ 逐步被剥离，每一次剥离掉的部分，被保存在同一 j 值的 W_j 补子空间［式(8.4.23)］。V_j 可由同一函数 ϕ 生成，就像 W_j 可以由一个函数 ψ 生成一样。

$$V_j = \text{clos}_{L^2(\mathbf{R})} \langle \phi_{j,k} : k \in \mathbf{Z} \rangle, \quad j \in \mathbf{Z} \tag{8.4.25}$$

而

$$\phi_{j,k}(t) = 2^{j/2} \phi(2^j t - k), \quad j, k \in \mathbf{Z} \tag{8.4.26}$$

ϕ 称为尺度函数。如此，每个 $L^2(\mathbf{R})$ 空间中的函数 f，能用 V_N 中的一个函数 f_N 非常接近地逼近。因为 $V_j = V_{j-1} \oplus W_{j-1}$，$f_j$ 可唯一地分解为 $f_j = f_{j-1} + g_{j-1}$，其中，$f_{j-1} \in V_{j-1}, g_{j-1} \in W_{j-1}$，重复这个分解过程，可得

$$f_j = g_{j-1} + g_{j-2} + \cdots + g_{j-M} + f_{j-M} \tag{8.4.27}$$

而 f_j 和 g_j 可展开为如下级数：

$$f_j(t) = \sum_k c_k^j \phi(2^j t - k) \tag{8.4.28}$$

$$g_j(t) = \sum_k d_k^j \phi(2^j t - k) \tag{8.4.29}$$

因为尺度函数 $\phi \in V_0$，小波函数 $\psi \in W_0$，它们都属于 V_1，而 V_1 是用 $\phi_{1,k}(t) = 2^{1/2}\phi(2t-k)$ 生成的，所以 ϕ 和 ψ 都能表示为 $\phi_{1,k}$ 的级数：

$$\phi(t) = \sum_k p_k \phi(2t - k) \tag{8.4.30}$$

$$\psi(t) = \sum_k q_k \phi(2t - k) \tag{8.4.31}$$

这两个公式分别称为尺度函数与小波函数的两尺度关系。进一步地，因 $\phi(2t)$ 和 $\phi(2t-1)$ 都属于 V_1，且 $V_1 = V_0 \oplus W_0$，因此又能将 $\phi(2t)$ 和 $\phi(2t-1)$ 都展开为 $\phi(t-k)$ 和 $\psi(t-k)$ 的级数，又有

$$\phi(2t) = \sum_k \left[a_{-2k}\phi(t-k) + b_{-2k}\psi(t-k) \right] \tag{8.4.32}$$

$$\phi(2t-1) = \sum_k \left[a_{1-2k}\phi(t-k) + b_{1-2k}\psi(t-k) \right] \tag{8.4.33}$$

它们可合并和推广为

$$\phi(2t-l) = \sum_k \left[a_{l-2k}\phi(t-k) + b_{l-2k}\psi(t-k) \right], \quad l \in \mathbf{Z} \tag{8.4.34}$$

当 $l=0$ 和 $l=1$ 时，分别得到式(8.4.32)和式(8.4.33)。为了得到任意 l 的表示式，只需要取 $2t \to 2t'-l$ 的代换即可。此式是 ϕ 与 ψ 的分解关系。式(8.4.30)和式(8.4.31)中的 $\{p_k\}$ 和 $\{q_k\}$ 是 ϕ 与 ψ 的重构序列，而式(8.4.34)中的 $\{a_k\}$ 和 $\{b_k\}$ 是 ϕ 的分解序列。建立在多分辨率分析理论基础上的小波快速分解和重构的算法，即 Mallat 算法或称为塔式算法。

3) 分解算法

利用式(8.4.34)、式(8.4.28)和式(8.4.29)可得

$$\begin{cases} c_k^{j-1} = \sum_l a_{l-2k} c_l^j \\ d_k^{j-1} = \sum_l b_{l-2k} c_l^j \end{cases} \tag{8.4.35}$$

分解算法的过程如下：

$$\begin{array}{ccccccc} d^{j-1} & & d^{j-2} & & & d^{j-M} & \\ \nearrow & & \nearrow & & & \nearrow & \\ c^j \to c^{j-1} & \to & c^{j-2} & \to & \cdots & \to & c^{j-M} \end{array} \tag{8.4.36}$$

被处理的第 j 阶 c^j 小波，分解为更低一级低频率的逼近部分 c^{j-1} 和高频率的细节部分 d^{j-1}。

4) 重构算法

利用式(8.4.28)～式(8.4.31)可得

$$c_k^j = \sum_l \left(p_{k-2l} c_l^{j-1} + q_{k-2l} d_l^{j-1} \right) \tag{8.4.37}$$

重构算法的过程如下:

$$
\begin{array}{cccc}
d^{j-M} & d^{j-M+1} & & d^{j-1} \\
\searrow & \searrow & & \searrow \\
c^{j-M} \to c^{j-M+1} \to & \cdots & \to c^{j-1} \to c^{j}
\end{array}
\tag{8.4.38}
$$

低一级低频率的逼近部分 c^{j-1} 和高频率的细节部分 d^{j-1} 合成为高一级的 c^{j}。

2. 小波变换在 HLS 测量数据处理中的应用[4]

1) 测量数据预处理需要解决的问题

HLS 200MeV 能量的电子被注入储存环,并被加速到 800MeV 能量运行。注入过程使用两组 kicker 磁铁(K_1、K_2 和 K_3、K_4)形成局部凸轨。采用的是全束团多圈注入方式,四块 kicker 磁铁的磁场径向积分场的不均匀和不一致性(参见第 9 章),即 $\sum \theta_i \neq 0$,会引起循环束流的残余振荡。

此前,束团横向振荡数据的预处理过程一般通过基于傅里叶变换的频域滤波实现。其后的处理通过基于傅里叶变换、希尔伯特变换和数字锁相检测等方法实现对束团跟踪测量,追踪束团振荡强度、相位、频率和模式随时间的变化关系。

HLS 逐束团测量和反馈系统的前端电子学模块使用差信号来获得束流位置信号。此信号中不仅含有反馈需要的束流位置振荡信号,还包含直流分量,以及 BPM 电中心和平衡轨道不重合带来的直流偏置。束流平衡轨道在 200MeV 注入状态与在 800MeV 运行状态并不一样。在平稳状态下,HLS 的束团横向振荡幅度较小。而当束团受到激励(如注入过程)时,振幅则急剧变大,由于聚焦力横向分布的非线性,振荡幅度大时工作点随振幅的变化而漂移,相应的振荡相位超前并不是某一固定值。

例如,在 200MeV 能量注入时,利用数字逐束团反馈系统采集某个束团 45 万圈的横向位置信息(图 8.4.2),其中包括束团横向振荡被激励的增长过程和被抑制的衰减过程。由图 8.4.2(a)可见,原始信号的基线偏离零点,并具有不可预知的较大抖动。基线漂移是代表平衡轨道位置的变化,实际上是闭轨偏移、测量系统偏置、注入 kicker 激励,以及外界各种低频干扰等共同造成的结果。在平稳时段,基线漂移远大于束团振荡的振幅,如图 8.4.2(b)所示,其瞬时干扰抖动也大于横向振荡的振幅。此时,采用基于傅里叶变换的方法(如 FFT、FFT 插值或者 NAFF 等方法)来计算工作点频率会有较大的误差。由于束团振荡幅度的增长和衰减过程也都是典型的非平稳过程,以往分析平稳过程的方法不足以处理这种情况。因此,引入小波分析方法来处理测量数据将更精确有利。

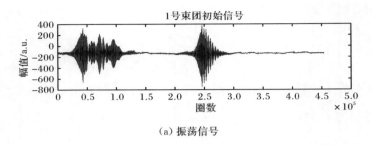

（a）振荡信号

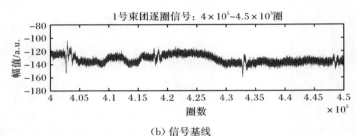

（b）信号基线

图 8.4.2　束流原始位置信号

2）对信号进行小波分析

从逐束团探测系统得到的束流位置信号可以写为 p_n^k，其中包括束流位置振荡信号 s_n^k、近似直流的闭轨偏移和其他低频干扰的噪声信号 n_n^k，即

$$p_n^k = s_n^k + n_n^k \tag{8.4.39}$$

式中，s_n^k 表达式为某一固定值：

$$s_n^k = a_n^k \cos(2\pi n\nu + \phi_n^k) = \mathrm{Re}\, u_n^k \tag{8.4.40}$$

$$u_n^k = a_n^k \mathrm{e}^{\mathrm{i}(2\pi n\nu + \phi_n^k)} \tag{8.4.41}$$

其中，u_n^k 包含完整的束团振荡幅度和相位信息，这里，n 代表束团号，而 k 代表采样的圈数。u_n^k 可以通过 s_n^k 及其希尔伯特变换或者希尔伯特滤波后的序列 $\tilde{s}_n^k$ 由下式得到：

$$u_n^k \approx s_n^k - \mathrm{i}\, \tilde{s}_n^k \tag{8.4.42}$$

于是可以采用小波分析方法对信号进行分层分解，将其分解为不同时间尺度信号的叠加，即将信号按频率大小分解到从高频到低频的各个正交的频率空间。分解后各时间尺度成分在时间轴上的位置不变，原有的线性关系也保持不变。利用基线漂移成分与束团振荡成分的频率差别，就能实现信号的分离和提取。即可通过对束流振荡数据进行小波分解后重构，分别得到振荡部分和基线漂移部分的信号。

一般而言，提取振幅包络的方法有三种：①信号取平方处理后开平方，再低通滤波的方法；②信号希尔伯特变换先求模再低通滤波的方法；③数字锁相检测法。

束团振荡信号是实离散信号,故将滤去噪声之后的信号进行希尔伯特变换,用下式即可计算其幅度:

$$|u_n^k| \approx \sqrt{(s_n^k)^2 + (\widetilde{s}_n^k)^2} \tag{8.4.43}$$

希尔伯特变换对噪声比较敏感,所以变换之后需要再根据束团振荡的时间尺度选择适当的分解层数,进行小波分解并重构即可得到束团横向振荡的包络信号。

3) 小波分析的结果

采用小波分析方法对信号进行分层分解后,各时间尺度成分在时间轴上的位置不变,原有的线性关系也保持不变。利用基线漂移成分与束团振荡成分的频率差别,就能实现信号的分离和提取。图 8.4.3 即为对图 8.4.2 所示束团的数据进行小波分解后重构得到的结果。其中在束团横向振荡比较平稳的阶段,代表轨道的基线信号的漂移远大于束团振荡信号本身。

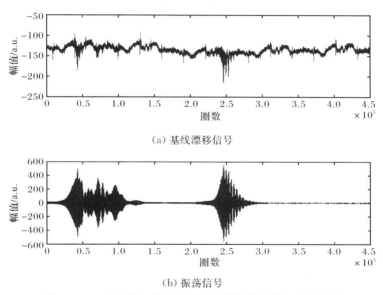

(a) 基线漂移信号

(b) 振荡信号

图 8.4.3　小波分解重构得到的基线漂移信号和振荡信号

图 8.4.4 即为平稳阶段,利用小波分解和重构的结果。图 8.4.4(a) 为原始的基线信息;图 8.4.4(b) 为提取的基线振荡信息;图 8.4.4(c) 为提取的表现为直流和低频噪声的基线信号。

对采用小波分解重构方法滤波前后的信号进行频谱分析(图 8.4.5)。在平稳状态下,原始信号的频谱主要表现为平稳状态的某一束团功率谱,直流和低频占主要成分[图 8.4.5(a)]。相应的小波分解重构滤除噪声后的功率谱,信噪比得以提高,横向振荡成分被极大地增强[图 8.4.5(b)]。

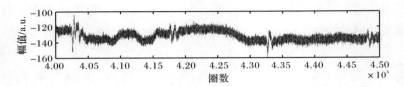

(a) 1 号束团初始数据：$4 \times 10^5 \sim 4.5 \times 10^5$ 圈

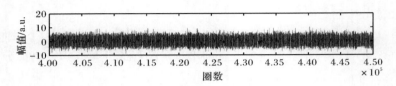

(b) 去除基线漂移后的信号

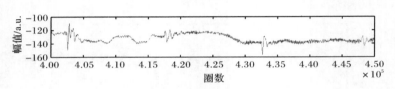

(c) 基线漂移

图 8.4.4　束团振荡成分和表现为直流和低频噪声的基线信号

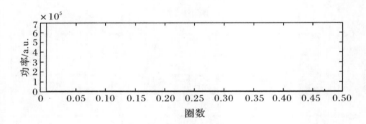

(a) 带有基线漂移，束团平均原始信号谱

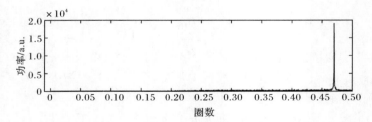

(b) 去除基线漂移后，束团平均信号谱

图 8.4.5　原信号功率谱和小波分解重构滤除噪声后的功率谱

4) 提取束团振荡幅度包络

在本节 2) 中提到的提取振幅包络的三种方法。而由于小波分解重构的算法具有高效率的优点,前述三种求取振幅包络的方法中,数字滤波部分若采用小波滤波方法能有效降低运算量和提高计算速度。如前所述,小波滤波过程分解前后各时间尺度成分在时间轴上的位置不变,原有的线性关系也保持不变,不会引起信号相位的变化,所以结果也更可靠。

束团振荡信号是实离散信号。故将滤去噪声之后的信号进行希尔伯特变换,用式 (8.4.43) 即可计算其幅度。

希尔伯特变换对噪声比较敏感,所以变换之后,需要再根据束团振荡的时间尺度,选择适当分解层数进行小波分解并重构,即可得到束团横向振荡的包络信号。图 8.4.6 为先进行希尔伯特变换后进行小波分解并重构,采用两个步骤所得的试验结果。图 8.4.6(a) 包括原始信号、基线和包络;图 8.4.6(b) 是在图 8.4.6(a) 的基础上再作进一步处理得到的 β 振荡幅度包络。此包络信号与之前提取到的信号一样,在时间轴上的位置与原信号相同,原有的线性关系也都保持不变。这表明使用希尔伯特变换和基于小波分解和重构的尺度滤波方法可以有效提取 β 振荡包络信号,而且整个处理过程不受工作点变化的影响。

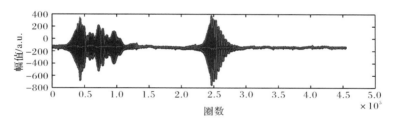

(a) 原始信号、基线和包络

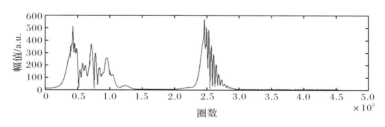

(b) β 振荡幅度包络

图 8.4.6　用希尔伯特变换以及小波方法提取的幅度包络

在图 8.4.6 中,通过对此束团振荡幅度包络的一段增长过程 (220000～280000 圈) 进行指数拟合,可以得到束团的此次振荡幅度增长时间为 1.59ms。

5）三种处理方法的比较

实际信号处理过程都需要先滤除直流、基线等低频信号，可以采用中值滤波提取此类低频信号并从原信号中减去，或者通过高通滤波来实现。此外，还需要通过带通滤波使信号更加纯粹。

此前在 HLS 逐束团测量信号的处理中采用了频域加窗的方法。频域加窗方法需要截取一段数据，用 FFT 变换到频域再加窗，然后 IFFT 变换回时域。数据截断过程相当于时域加矩形窗，而矩形窗的第一旁瓣衰减很小，还有负旁瓣，会导致严重的频谱泄漏等问题。相应的，频域加窗过程会导致在时域中旁瓣叠加在之前和之后的信号上，造成信号波形失真，如图 8.4.7 所示。储存环的工作点漂移并不严重，频域加矩形窗不会有严重的后果。但 HLS 注入过程中，工作点短时间会有较大程度的漂移，采用此方法就可能带来一些问题。

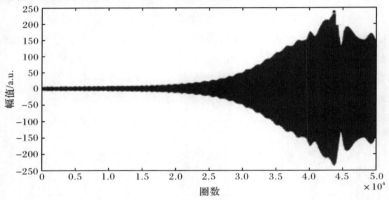

图 8.4.7　FFT 频域加矩形窗得到的振荡信号

采用有限冲激响应（FIR）滤波方法所获得的振荡波形（ini）和原信号（fir）以及 FIR 滤波后的信号与原信号的差信号（ini−fir）一起绘于图 8.4.8 中（另见文后彩插）。

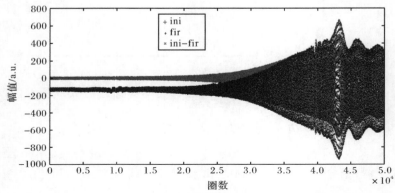

图 8.4.8　FIR 滤波得到的振荡信号和原信号对比

在图 8.4.8 所介绍的 FIR 滤波过程中,数据在时间轴上会有平移,与原信号在时间轴上不能一一对应,导致相位变化。当然,这可以通过相位校正解决,但又会带来另一个问题,FIR 滤波虽然是线性过程,但相位频率响应毕竟不是一条水平线,频率变化的信号经 FIR 滤波之后相位会偏移。对于 HLS 束团横向振荡频率有较大范围漂移的信号,如果后续过程中还需要得到相位,这种方法就不那么让人满意。而基于小波分解和重构的多分辨率滤波方法是一种时域上的滤波方法,过程中不会引入以上波形失真、相位偏移等复杂问题。由此可见,基于小波分解和重构获得的结果更真实准确,如图 8.4.9 所示。

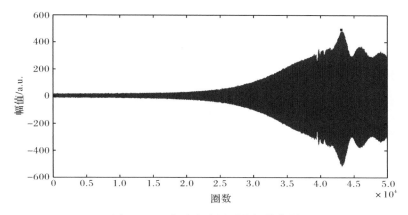

图 8.4.9　小波滤波得到的振荡信号

为便于对比,将小波分析、FFT 频域加窗函数和 FIR 滤波三种方法处理前 5×10^4 圈数据的结果绘于图 8.4.10 中。

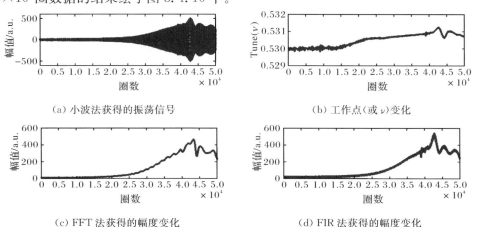

（a）小波法获得的振荡信号　　　　　　　　（b）工作点（或 ν）变化

（c）FFT 法获得的幅度变化　　　　　　　　（d）FIR 法获得的幅度变化

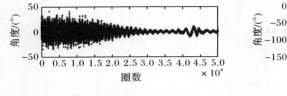
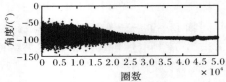

（e）相差（小波法和 FFT 法）　　　　　　（f）相差（小波法和 FIR 法）

图 8.4.10　　WA、FFT 和 FIR 处理前 5×10^4 圈数据的结果比较

图 8.4.10(a)是小波分析方法提取的信号振荡部分。从频域来看，基于小波分解和重构的多分辨率滤波方法，在高频处窗口较宽，所以具有较高的时间分辨率，能适应工作点漂移的情况，不会导致信号幅度失真和相位偏差。图 8.4.10(b)为相位超前法得到的工作点随时间的演化。相位超前是某一束团在相邻两圈里横向振荡相位的增加值，根据频率的定义，相位超前就是振荡信号的角频率，相位超前法能真正逐圈地求得工作点。由图可见振荡频率变化范围不小，并且与振幅有相关性。因为工作点测量值在大范围的漂移，基于 FT 的方法如 FFT、FFT 插值或者 NAFF 等计算的总是平均效果，此时若采用这些方法来计算工作点频率都将会和实际物理过程有较大的偏差。傅里叶分析方法适用于描述平稳过程，描述非平稳状态不够准确。图 8.4.10(c)是频域加矩形窗得到的幅度，可以看到信号波形失真。图 8.4.10(e)是 FFT 方法得到的相位与小波分析得到相位的差值，波形失真造成的相位偏差和失真的振幅对应。图 8.4.10(d)是 FIR 滤波后求得的振幅包络。FIR 滤波方法能提取包络，但是由于窗口开得很大，噪声较大，需要处理；数据还会产生初始偏移，时间点并不能一一对应。图 8.4.10(f)是 FIR 滤波后求得的相位与小波分析所得结果的差值。FIR 滤波处理过的信号大都会带有不为零的初始相移。而且，由于 FIR 滤波器相位-频率响应曲线为线性并有斜率，信号也会由于工作点变化引入相移，见图 8.4.10(f)右端对应工作点变化剧烈的位置。

本节提出利用小波分析来处理束团横向振荡数据的方法，揭示了逐束团位置信号的结构。小波分解重构的方法可以完全将直流和低频成分滤除，从而使工作点的频率成分被强化。采用小波分解重构的方法滤除基线漂移和低频噪声的过程能适应工作点的变化，且滤波过程中不会导致信号幅度和相位的变化。束团振荡幅度的包络被成功地提取，并用于增长率和阻尼率的计算。

另外，希尔伯特变换以及希尔伯特变换的数据处理和应用，将在第 11 章加以阐述。

参 考 文 献

[1] 刘建宏. HLS BxB 测量系统研制及束流不稳定性的初步研究. 合肥:中国科学技术大学博士

学位论文,2005.

[2] Harris F J. On the use of windows for harmoic analysis with the discrete Fourier transform. IEEE Proceedings,1978,66(1):51—83.

[3] 王世一. 数字信号处理. 北京:北京理工大学出版社,2006.

[4] 陈园博. 合肥光源逐束团系统及相关理论和分析. 合肥:中国科学技术大学博士学位论文, 2011.

[5] Sun B G,He D H,Xu H L,et al. Application research of tune measurement system in Hefei light source. High Power Laser and Particle Beams,2002,14(2):208—212.

[6] Gasior M,Gonzalez J L. Improving FFT frequency measurement resolution by parabolic and Gaussian spectrum interpolation. AIP Conference Proceedings,2004,732(1):276—285.

[7] Andrio G. Windows and interpolation algorithms to improve electrical measurement accuracy. IEEE Transactions on Instrumentation and Measurement,1989,38(4):856—863.

[8] Hofner T C. 高速模数转换器动态参数的定义和测试. 电子产品世界,2001,(2):34237.

[9] 海金 S. 谱分析的非线性方法. 北京:科学出版社,1986.

[10] Press W H. Numerical Recipes in C:The Art of Scientific Computing. 2nd Edition. Cambridge:Cambridge University Press,1992.

[11] Laskar J. The measurement of chaos by the numerical analysis of the fundamental frequencies. Application to the Standard Mapping,Physica D,1992,56:253—269.

[12] Hsu K T. Experimental study of tune variation at the storage ring of SRRC. EPAC,Vienna, 2000:1500—1503.

[13] Jain V K. High accuracy analog measurements via interpolated FFT. IEEE Transactions on Instrumentation and Measurement,1979,28(2):113—122.

[14] Andrio G. Windows and interpolation algorithms to improve electrical measurement accuracy. IEEE Transactions on Instrumentation and Measurement,1989,38(4):856—863.

[15] Zhang F S. The algorithms of interpolating windowed FFT for harmonic analysis of electric power system. IEEE Transactions on Instrumentation and Measurement,2001,16(2): 160—164.

[16] Grandke T. Interpolation algorithms for discrete Fourier transforms of weighted signals. IEEE Transactions on Instrumentation and Measurement,1983,32(2):350—355.

[17] Agrez D. Weighted multipoint interpolated DFT to improve amplitude estimation of multifrequency signal. IEEE Transctions on Instrumentation and Measurement,2002,51(2): 287—292.

[18] Borkowski J. LIDFT—The DFT linear interpolation method. IEEE Transactions on Instrumentation and Measurement,2000,49(4):741—745.

[19] Kromer P,Robinett R,Bengtson R,et al. PC-based digital lock-in detection of small signals in the presence of noise. Austin:Department of Physics,University of Texas at Austin, 2001.

[20] 徐守时. 信号与系统理论、方法和应用. 合肥:中国科学技术大学出版社,1999.

[21] 杨永良,王筠华,孙葆根,等. 数字锁相检测在合肥光源逐圈测量系统的应用. 强激光与粒子束,2010,22(9):2143—2146.

[22] 张磊,焦毅,王九庆,等. BEPC 横向阻尼时间的测量. 强激光与粒子束,2006,18(2):273—276.

[23] Mallat S G. A theory for multiresolution signal decomposition:The wavelet representation. IEEE Transactions on Pattern Analysis and Machine Intelligence,1989,11(7):674—693.

第 9 章　HLS 逐圈测量系统的研制与应用

无论在加速器研制和总调过程,还是在机器正常运行中,逐圈信号信息都是非常重要的。因为利用它不仅可以获得储存环调试过程中束流丢失的地点,由此分析出丢束的原因,还可以监测注入时的束流位置,逐圈跟踪束流 β 振荡信息。利用此信息,可以计算获得工作点、阻尼时间、相空间图像、XY 耦合度等束流运行过程中的重要信息。工作点的监测是成功调试的可靠保证,因此,逐圈测量系统是新研制加速器和运行后的加速器升级改造工程中必不可少的设备。为了判定 HLS 二期工程升级后的储存环注入效率、阻尼率以及研究 β 振荡轨迹瞬时变化,进而研究储存环上束流不稳定性和动力学孔径等,在 2000 年,HLS 就开始了逐圈测量系统的研制工作。

HLS 储存环周长小,电子回旋周期只有 $0.22\mu s$,要满足该旋转频率的信号获取,需要采用快速数据处理和传输技术。为了满足高性能和低成本的要求,采用了窄带滤波、频域信号处理技术。为此,选择了当时广受重视的 Bergoz 公司研制的对数比电路(log-ratio beam position monitor,LR-BPM)来完成束流位置信号的处理。由于 LR-BPM 可直接工作在束团频率上,因此信号传输电子学线路变得简单且易执行。同时,它的信号输出线性远好于 Δ/Σ 和 AM/PM 信号处理技术(见第 5 章),而且还具有低噪声、高带宽、宽的动态范围和较低耗费等优点。在系统中,采用窄带滤波和频域处理可以降低对器件的频率响应要求,从而降低了成本和研制难度[1~3]。

本章介绍的 TBT 测量系统的应用,进一步证明了该系统能精确、可靠地完成逐圈测量的任务,完全可以利用该系统开展储存环的非线性动力学研究,观察动力学孔径和 ν 值随时间的变化等。

9.1　TBT 测量系统的研制

HLS TBT 测量系统是于 2002 年初步构建成功的[4]。该系统由束流位置探测器、对数比模块、低通滤波器、NIM 控制器、数字化仪和计算机等构成,具有线性范围大、测量精度高,能在线实时监测和数据分析等优点。

9.1.1　TBT 测量系统参数选定

HLS 储存环二期改造后,在多束团运行模式时,流强将高达 350mA,单束团设计指标为 50mA。储存环 RF 系统频率为 204.035MHz,全环共有 45 个束团,束团长度 $\sigma=3\sim8$cm。为了逐圈跟踪某个束团和测量两个 BPM 之间的相空间,设计的 TBT 系统参数如表 9.1.1 所示。

表 9.1.1　　HLS TBT 测量系统参数

参数	取值
动态范围/(dBm)	−50～10
输出的信噪比/dB	40
系统线性度/%	<1
脉冲重复周期/ns	220
触发延时、调节步距/ns	0.5
调节精度/ns	0.1
总体时间抖动/ns	0.2

9.1.2　电子学线路及各部分的功能

HLS TBT 测量系统框图如图 9.1.1 所示,由前端 BPM 探头、对数比电子学电路、定时系统以及放置在工控机中的 ADC 数据转换和采集模块组成。该系统采用两个 BPM,用于逐圈和相空间两项功能的测量。

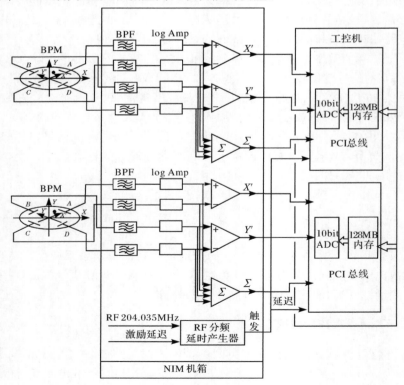

图 9.1.1　HLS TBT 测量系统示意图

TBT 测量系统各主要组成部分的功能为:对数比位置信号处理模块负责对 BPM 钮扣电极输出的信号进行信号解调和运算,获得束流逐圈运动位置信息;定时时钟模块对储存环高频信号进行 45 分频后,产生一个与束流回旋频率同步的 4.533MHz 的 TTL 方波信号,作为数据采集卡的时钟信号;滤波模块去除无用信号成分;数字化仪用于将束流逐圈位置信号采集到计算机内存中;主控软件通过以太网访问数字化仪,完成测量流程的控制和数据分析显示等功能。

对数比信号处理电路具有两路输入的特点,很适合测量电极是水平或垂直放置的 BPM。而 HLS BPM 电极是沿水平和垂直轴倾斜 45°放置的(图 9.1.2),因此需要将电极拾取的信号转换为水平和垂直分量来处理,通常是采用功率分离/合成器 (hybrid junctions)[5],它的结构复杂且成本高,本身还具有几度不平衡,所以通过软件实现转换,可以大大地简化线路,提高测量精度。对于 HLS 储存环真空管道中 $I_b(r,\theta)$ 点(图 9.1.2),两个坐标之间有以下矩阵关系($\alpha=45°$):

$$\begin{bmatrix} X \\ Y \end{bmatrix} = \begin{bmatrix} \cos\alpha & -\sin\alpha \\ \sin\alpha & \cos\alpha \end{bmatrix} \begin{bmatrix} X' \\ Y' \end{bmatrix} \tag{9.1.1}$$

经坐标变换,该线路处理的数据能够真实地反映束流 X、Y 位置。

1. 对数比处理器

HLS 对数比处理器以前是自行研制的,由 204.035MHz RF 频率的带通滤波器、频率响应为 500MHz 的商业 AD8309 对数放大器和差分放大器组成。其原理图如图 9.1.3 所示。

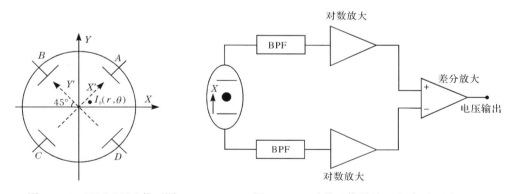

图 9.1.2　HLS BPM 截面图　　　　　图 9.1.3　对数比信号处理电路原理图

1) Bergoz LR-BPM 信号处理模块功能

为了获得性能更稳定的逐圈测量信号,在自行研制获得经验的基础上,参考中国台湾 TLS 研究的经验,选择了法国 Bergoz 公司生产的对数比信号处理模块 LR-BPM,它可直接工作在 408MHz 即 2 倍 HLS RF 频率下。该 LR-BPM 模块由带通滤波、对数放大和差分放大等电路组成,输出范围为 $-2\sim2$V,并带有轴旋转计算的功能。具有低噪声、高带宽、宽动态范围和较低耗费等优点。该处理器能工作在采样保持、跟踪保持和连续跟踪三种模式下。Bergoz LR-BPM 信号处理模块功能示意图如图 9.1.4 所示[6]。来自 BPM 四个电极的信号先经过低通滤波器 LPF，再经过带通滤波器 BPF 后送入对数处理器 log，对数处理后的信号经缓冲送入后续的和差运算单元获得束流位置信号。对于 HLS 储存环 BPM 电极，还需要进行额外的 45°旋转角的运算。经过 LR-BPM 信号处理模块得到的 X、Y 束流位置信号被快速数字化仪量化后存入计算机内存。

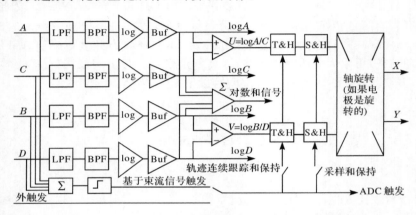

图 9.1.4　Bergoz LR-BPM 信号处理模块功能示意图

2) LR-BPM 处理模块性能的测试

为了测量验证 LR-BPM 信号处理模块的动态范围和响应曲线，可以采用如图 9.1.5 所示的测试电路[7]。从快脉冲源输出的脉冲信号经一分四功分器后，产生四路完全一样的信号模拟 BPM 钮扣电极输出信号。通过使用不同衰减幅度的衰减器模拟束流位置偏移，改变脉冲源的输出功率即相对于改变束流流强。在大小不同衰减下，通过改变脉冲源的输出功率，测量 LR-BPM 信号处理模块 X、Y 输出信号幅度大小，即得到动态范围和响应曲线如图 9.1.6 所示。从图 9.1.6 可以看出，LR-BPM 信号处理模块的动态范围约为 45dBm。

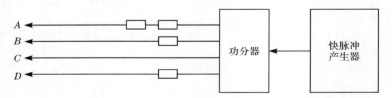

图 9.1.5　Bergoz LR-BPM 信号处理模块性能测试电路示意图

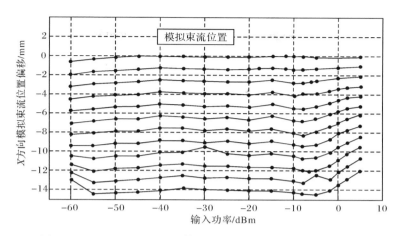

图 9.1.6　Bergoz LR-BPM 信号处理模块动态范围和响应曲线

通过对 LR-BPM 信号处理模块动态范围的检测,证明了该逐圈测量系统电子学线路有宽的动态范围。在线定标不仅检验了桌上定标的可信性,也检验了它的精确性。

2. 定时系统

定时时钟模块的主要功能是对储存环高频信号进行 45 分频后,产生一个与束流回旋频率同步的 4.533MHz 的 TTL 方波信号,作为数据采集卡的时钟信号。时钟模块具有时钟信号的滤波、放大和延时功能[8]。

1) 定时系统原理与要求

为了实现逐圈测量,希望精确跟踪单个束团位置。而储存环中有 45 个束团,因此,TBT 系统首先要求对 204.035MHz 的储存环高频信号进行 45 分频,并且还要求对 45 分频后的信号再进行二次分频。由于测量系统有两个 BPM,因此定时系统要提供两路输出,两路的延时独立可调。定时系统的高精度延时分为粗调和细调两级,粗调范围为 0～220ns,调节步距为 10ns;细调范围为 0～10ns,调节步距为 500ps,延时精度为 100ps。整个定时系统的时间抖动要求小于 200ps。由于试验环境的要求,定时系统的分频与高精度延时必须实现远程控制。在进行相空间测量时要使用外部激励信号源激励环中束团,此激励信号的开关也要求由定时系统程控实现。为了增加系统的抗干扰能力,整个定时系统做成一个 NIM 插件。

2) 定时系统构造

HLS TBT 测量系统结构框图如图 9.1.7 所示,它由脉冲成形、分频电路、定时延迟、激励信号开关以及计算机控制系统组成。选用两只采样率为 20MHz 的 ADC 用于两个 BPM 数据获取。在 200MeV 注入模式下,相干振荡的辐射阻尼时间大约是 1.38s,而在 800MeV 运行模式下,辐射阻尼时间大约是 22ms。为了适合两种运行模式,并提供足够的信息,采用 ADC 获取并实时写入硬盘的方案,一次最大采样时间可达 2s。

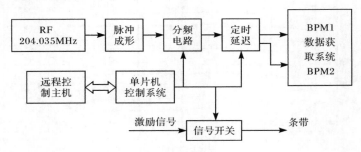

图 9.1.7　TBT 定时系统结构框图

3) 定时系统时间抖动试验

时钟系统的关键点是要保证两路输出的触发抖动小于 200ps。定时输出信号触发抖动的测试是使用 HP 公司的 HP8648A 高频信号发生器,输出 204.035MHz 的时钟基准信号。输出信号连接一个功分器,功分器的输出一端接定时系统作为外时钟,另一端接 Tektronix 公司的宽带示波器观察时间抖动,示波器触发信号来自定时系统一路输出。测试结果如图 9.1.8 所示,由图可见,两路信号的时间抖动小于 200ps。

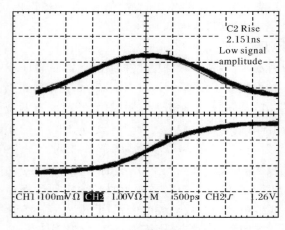

图 9.1.8　定时输出信号触发抖动的测量

3. 激励信号的形成

为了测量 β 束流振荡阻尼率和两个 BPM 之间的相空间,一般要设计专门激励的快速 kicker 系统，这需要大的投资，目前只能利用环上现有的 75cm 条带电极（stripline）（详见 10.4.2 节）。在定时系统中加入激励信号控制模块，根据需要随时输出一个适当的触发控制信号驱动激励条带，激起束流的 β 振荡，在激励关断时启动 TBT 数据采集系统进行束流位置逐圈测量。这里选择延迟触发时间约为 50ms，满足条带电极激励所需要的时间。这样，用一个 BPM 可以进行相干振荡阻尼时间的测量，而用两个 BPM 就可以进行常规的束流相空间图形测量。

4. 信号采集模块

选用 Gage 公司生产的 CS1250 信号采集卡来完成位置信号采集[9]，并对其进行系统集成。CS1250 有两个数据采集通道，配备多达 4MB 的板载内存。双通道模式下，可以连续采集长达近 0.5s 的束流两个方向的逐圈位置数据。数据采集通道 A 和 B 可以设置输入阻抗为 1MΩ 或 50Ω，输入信号幅度范围为 ±100mV～±5V，均可由软件进行设置。CS1250 具有 12bit 分辨率，配有外时钟模块和外触发模块。使用 CS1250 采集卡提供的 API 获取束流逐圈位置数据到计算机内存并进行后续处理。

5. 数据获取与显示

CS1250 采集卡提供编程接口有 VC++ 和 LabView，考虑到后续数据处理，选择 VC++ 作为编程语言。CS1250 驱动程序包通过动态链接库（dynamic links library）提供数据采集所需要的接口函数。程序采用 MS Visual C++ 6.0 集成开发环境，通过驱动程序提供的 API 进行硬件读写相关操作。使用 CompuScope C/C++ Software Development Kit 开发套件提供的头文件和库文件，可以方便地在程序中调用相关 API 函数。

9.2　逐圈测量系统定标

为了获得瞬时位置数据，需要对整套 TBT 测量系统进行定标。

9.2.1　系统定标计算

根据对数比处理器性能，束流 X、Y 位置分别是相对两个电极电压对数比的线性函数。以 X' 为例，它可表示[7]为

$$X' = \frac{20}{SG_{ex}}\lg\frac{A}{C} = \frac{1}{SG_{ex}}(20\lg A - 20\lg C) = \frac{1}{SG_{ex}}V_{out} = \frac{1}{G_x}V_{out} = K_x V_{out}$$

$$(9.2.1)$$

式中，S 为 BPM 探测电极机械灵敏度，单位为 dB/mm；A 和 C 为探测电极电压；G_{ex} 是电子学增益，单位为 mV/dB，包括对数放大器、差分放大器和系统其他的增

益;G_x 为 X 方向系统总的灵敏度;K_x 为比例系数;V_{out} 为差分放大器输出。由于对数放大器输出被归一化,该线路输出信号与束流流强无关。

考虑倾斜水平和垂直轴 45°放置的探测电极,两个坐标之间有以下关系:

$$\begin{bmatrix} X \\ Y \end{bmatrix} = \begin{bmatrix} \cos\alpha & -\sin\alpha \\ \sin\alpha & \cos\alpha \end{bmatrix} \begin{bmatrix} X' \\ Y' \end{bmatrix} \tag{9.2.2}$$

9.2.2　探测电极灵敏度

假设束流(线电荷 η)在 45°线上偏向电极 A 处,距离中心为 r(图 9.2.1)。根据镜像法,在管道外距离中心 l 处有一个线电荷($-\eta$),且保证边界零电势,即 $r \times l = R^2$。用高斯定律可得两电荷在电极 A 和电极 C 处所产生的电场分别为

$$E_A = \frac{\eta}{2\pi\varepsilon}\left(\frac{1}{R-r} + \frac{1}{l-R}\right), \quad E_C = \frac{\eta}{2\pi\varepsilon}\left(\frac{1}{R+r} - \frac{1}{R+l}\right) \tag{9.2.3}$$

式中,R 为真空室半径。

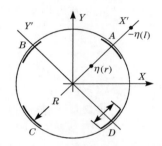

图 9.2.1　具有镜像线电荷位置检测器示意图

电极上感应电荷密度 $\sigma = E \cdot \Delta B$($\Delta B$ 为电极单位面积),假设电极嵌入管道表面足够小,且 $r/R \ll 1$,则

$$\ln\left(\frac{\sigma_A}{\sigma_C}\right) = \ln\left[\frac{1+\dfrac{r}{R}}{1-\dfrac{r}{R}}\right]^2 \approx 4\frac{r}{R} \tag{9.2.4}$$

即

$$r = X' = \frac{R}{4}\ln\left(\frac{\sigma_A}{\sigma_C}\right) = \frac{R}{80}\ln 10 \times 20\lg\left(\frac{\sigma_A}{\sigma_C}\right) = K'_x \lg\left(\frac{\sigma_A}{\sigma_C}\right) \tag{9.2.5}$$

所以,探测电极机械灵敏度为

$$S = \frac{80}{\ln 10}\frac{1}{R}(\text{dB/m}) \tag{9.2.6}$$

9.2.3　BPM 电子学增益定标

BPM 电子学增益桌上定标试验框图类似 LR-BPM 模块动态范围的测试试

验。这里,通过改变输入功率,获得输出曲线如图 9.2.2 所示。图 9.2.2 是 X 方向定标拟合曲线,Y 方向类同。

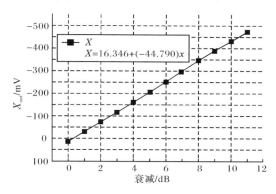

图 9.2.2 BPM 电子学定标曲线图

根据式(9.2.1)(包括机械灵敏度),并考虑到电子学模块输出已经进行 45°转换,则 $X' = \sqrt{2}X$,所以系统总的定标系数为

$$K_x = \frac{1}{SG_{ex}} = \frac{1}{G_x} = 0.0195(\text{mm/mV}) \qquad (9.2.7)$$

9.2.4 系统的在线定标

为了检验桌上定标的可信性,可以利用 COD 测量系统,采用局部凸轨法对系统进行在线定标。参照图 7.4.2,利用校正磁铁 CQ8E、CQ8S 和 CQ5S 在 Q7S 处形成水平方向局部凸轨,这相当于不断改变束流的位置,然后分别测出在 Q7S 附近的 BPM 处的位置变化量和 TBT 系统对数比处理模块的输出电压,它们的关系曲线如图 9.2.3 所示。

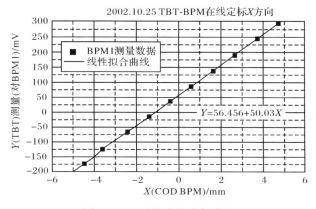

图 9.2.3 系统在线定标曲线

从图 9.2.3 可知，$K_{xl}=1/G_x=0.0199(\text{mm/mV})$。对比式(9.2.7)，两种定标非常接近，这充分说明了桌上定标的可靠性。通过对 LR-BPM 模块动态范围的检测，证明了 TBT 测量系统电子学线路有宽的动态范围。在线定标不仅检验了桌上定标的可信性，也检验了其精确性。

9.3　逐圈测量系统应用

9.3.1　逐圈位置测量

储存环在某点的逐圈位置由方程 $y(s)=A\sqrt{\beta(s)}\cos\left(\int\dfrac{\mathrm{d}s}{\beta}+\Phi_0\right)$ 决定。假定在 T_0 时刻(第 0 圈)的相位为 Φ_0，则从此开始的各测量点依次为 $\Phi_0+2\pi n\nu$。令 Φ_0 取 0°，图 9.3.1 为不同值($\nu_x=3.1$、3.33、3.48、3.49)时环上可以预见的某点束流位置的变化曲线。

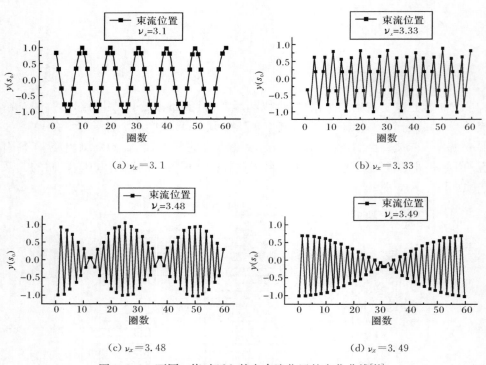

(a) $\nu_x=3.1$　　　　　　　　　　　(b) $\nu_x=3.33$

(c) $\nu_x=3.48$　　　　　　　　　　　(d) $\nu_x=3.49$

图 9.3.1　不同 ν 值时环上某点束流位置的变化曲线[10]

$$n<\nu_1<\nu_2<\nu_3<\nu_4<n+0.5$$

从图 9.3.1 可以看出，ν 越接近半整数，可以越明显地观察到束流位置振荡幅度被调制的现象,而且调制周期也越长。如果数据点足够多,从一系列粒子轨迹可获得随着 ν 变化的阻尼-时间关系。数据处理一般要变换到频域分析,应用较多的基频数值分析(numerical analysis of fundamental frequency,NAFF)可从尽可能少的数据点得到较高的频率分辨率。

　　当 LR-BPM 信号处理模块工作在连续跟踪模式时,利用储存环的 BPM 实现逐圈测量。首先,在 200MeV 注入模式,采用单台注入 kicker 激励束流时,获得 LR-BPM 输出波形如图 9.3.2 所示。从图中明显看到反映 kicker 磁场变化的轨道畸变波形(宽约 3.5μs)。它的幅度与传输矩阵计算基本一致。同时进行了束流谱的测量。当储存环在 800MeV 运行时,在没有任何激励的情况下,获得了 TBT 测量数据的谱线(图 9.3.3)。从中看到了明显的 Q_x、Q_y 和清洗电极的谱线存在。

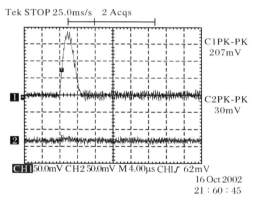

图 9.3.2　单台注入 kicker 激励束流波形图　　　　图 9.3.3　对数比 BPM 输出束流频谱

9.3.2　二期工程总调新注入系统的检测

　　二期工程改造中的一个重要组成部分是重新构建新的注入系统。新升级的注入系统是由一块脉冲切割磁铁(septum)和四块 kicker 磁铁($K_1 \sim K_4$)组成的。脉冲切割磁铁由脉宽为 18ms 的半正弦波驱动,它使得来自输运线的注入束流在水平方向产生 6° 的偏移(图 9.3.4)进入储存环的轨道。由安放在注入区长直线节、底宽为 3.5μs 的半正弦波驱动四块 kicker 磁铁,在注入区域将形成一局部凸轨(图 9.3.5),以便俘获由直线来的束流。

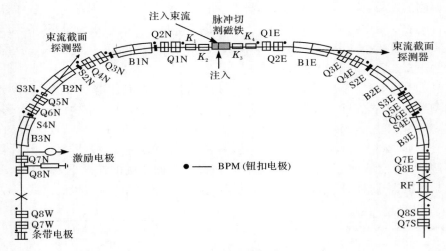

图 9.3.4　新注入系统磁铁布局图

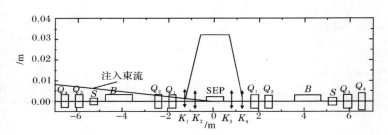

图 9.3.5　新注入系统局部凸轨示意图

　　注入系统的工作原理是[11]，K_1、K_2、K_3 和 K_4 分别使束流偏转 $+52\text{mrad}$、-52mrad、-52mrad 和 $+52\text{mrad}$，向环外形成理想的水平局部凸轨，凸轨高度为 32mm，使由直线来的注入束流进入储存环运行轨道。新的注入系统将独立于储存环聚焦参数的变化，避免以前三块 kicker 磁铁形成的局部凸轨内部包含聚焦磁铁而影响环参数的调整。为了不影响局部凸轨外部的轨道，显然要求 $\theta_1 = -\theta_2 = -\theta_3 = \theta_4$，即 $\sum \theta_i = 0$。如果各 kicker 磁铁的磁场不均匀，造成积分场不一致，即当 $\sum \theta_i \neq 0$ 时，将引发循环束流的横向振荡。

　　在四 kickers 注入系统与 HLS 储存环联调时，由于四块冲击磁场积分场不一致，注入束流的积累限制在 80mA，注入阶段并有明显的暴散（beam blow-up, BBU）现象发生[12]。TBT 测量系统 LR-BPM 模块输出波形如图 9.3.6 所示。

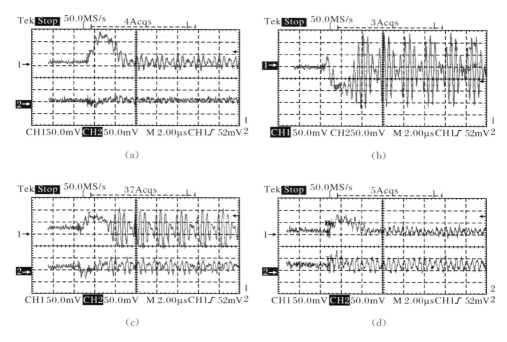

图 9.3.6　LR-BPM 输出波形图

上、下曲线分别代表水平、垂直位置

当 K_1 和 K_2、K_3 和 K_4 分别加上大小相等、方向相反的功率时,波形(通道 1)分别如图 9.3.6(a)和(b)所示。而当四 kicker 磁铁线圈同时加功率时,如图 9.3.6(c)所示。从波形图明显看出,每一对 kicker 磁铁的积分场是不一致的(尤其是 $\theta_3 \neq \theta_4$),进而引起循环束大的 β 残余振荡,使束流不能很好地积累。在对 kicker 腔体的镀膜工艺改进后,重新制造陶瓷真空室,使磁场滞后时间的不一致性从 200ns 降至 4ns 以下。β 残余振荡振幅从 150mV 下降至 30mV,见图 9.3.6(d),注入束流积累迅速升至 200mA 以上,效果相当明显。

9.3.3　低频窄带反馈系统的初步尝试

为了提高注入束流的积累,抑制由于注入系统引起较大的 β 残余振荡,可以利用 TBT 测量系统探讨束流不稳定性,开展抑制注入 β 残余振荡的反馈系统线路的设计与试验研究,获得了初步试验结果[13,14]。利用该简单搭建的低频窄带反馈系统(亦即 single mode feedback),看到了明显的对阻尼时间和振荡幅度的抑制作用,积累了经验,为随后的逐束团反馈系统的研制,以及抑制束流横向和纵向不稳定性的研究打下了良好的基础。

如前所述,为了注入不影响局部凸轨外部的运行轨道,一定要求注入 kicker

的 $\sum \theta_i = 0$。反之注入 kicker 磁场误差将引起束流残余振荡。注入误差包括：①脉冲磁场延时误差；②冲击磁场径向不均匀性，积分场不一致性引起的误差。这里仅讨论冲击磁场径向不均匀性误差，即当 K_1 和 K_2 之间或 K_3 和 K_4 之间的偏转角度不一致时，束流离开凸轨区域时有一个角度扰动。例如，如果 K_3 和 K_4 之间存在着误差，即 $\theta_3 \ne \theta_4$ 时，引发 $\Delta x = \dfrac{\beta \cos(\pi \nu_x)}{2 \sin(\pi \nu_x)} \Delta x'$ 的横向振荡。在通用光源模式（GPLS）下，两个 kicker 之间偏转 1‰ 角度误差时，全环闭轨受到扰动的情况如图 9.3.7 所示[11]。

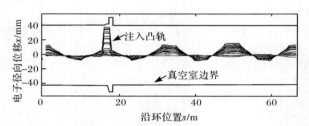

图 9.3.7　MULIN 程序给出的通用光源模式下沿环闭轨扰动的计算结果

由于上述原因，希望采用低频窄带反馈系统来抑制大的 β 残余振荡，减少因振荡过大而造成的束流损失，从而有利于束流积累。为此，可以在 HLS 储存环上尝试研制和试验一个低频窄带反馈系统。

1. 低频窄带反馈系统

HLS 试验用的低频窄带（频域）反馈系统是由信号检测电极、信号处理电路、模拟带通滤波和移相电路、高功率放大和条带激励器组成的，系统框图如图 9.3.8 所示。

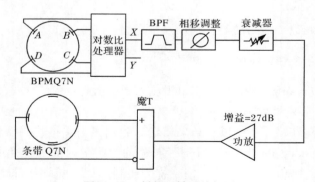

图 9.3.8　低频反馈系统框图

　　信号检测和激励都是利用环上原来存在的钮扣型探测电极和条带激励电极来完成的。处理来自探测电极信号电路是借助于 TBT 测量系统的 LR-BPM 模块。模拟带通滤波和移相电路为自制。高功率可编程放大由 HP8347A 和 HP11713A 组成。为了补偿从 BPM 检测到的 β 振荡信号,经 LR-BPM 模块、带通滤波电路、功率放大器和电缆等带来的相移,采用魔 T(hybrid)和移相电路共同完成。低频反馈电路的工作原理是,利用自制的中心频率为 2.5MHz、带宽为 0.4MHz 的模拟滤波器和 180°可调的相移器,取出 LR-BPM 模块输出的与 x 方向振荡有关的信号,并对电缆、放大器等带来的相移进行补偿,保证反馈激励器点的激励信号相位与束流反相位,以此达到抑制大的 β 残余振荡的作用时间和幅度,这也是频域反馈系统的例子。

2. 束流信号

　　假设注入 kicker 引发的 β 振荡振幅因子为 A_β。只考虑 x 方向,将储存环的电流看成时间与位置的函数,可得

$$I_b(t) = \frac{eN}{\sqrt{2\pi}\sigma} \sum_{k}^{\infty} \sum_{n=0}^{M-1} \left[u_0 + A_\beta \cos(\nu_x \omega_0 t + \psi_n) \right] \delta \left(t - kT_0 - \frac{nT_0}{M} \right)$$

$$\cdot \exp \left[-\frac{(t - kT_0 - nT_0/M)^2}{2\sigma^2} \right] \tag{9.3.1}$$

式中,k 为圈数;M 为束团总数($M=45$);σ 为均方根束团长度;$\nu_x = [\nu_x] + q$ 为 x 方向的工作点数值,其小数部分 q 为 0.5~0.6。

3. 钮扣型电极上感应信号

　　为了简化,现只讨论一对电极(图 9.3.7)时的情况,并假设管道中的电流 I_b 在 x 方向偏离管道中心而位于 (r, θ) 处,管道的半径为 $r_0 \approx b$,b 为电极到管道中心的距离。在此情况下,电极中心线位于管壁 (b, φ) 处的镜像电流为

$$i(b, \varphi, t) = -\frac{I_b(t)}{2\pi b} \left[\frac{b^2 - r^2}{b^2 + r^2 - 2br\cos(\varphi - \theta)} \right] \tag{9.3.2}$$

　　在图 9.3.9 中,取 $\theta = 0$,即极坐标的横轴取在管道中心到束流的连线上,将要取的 φ 值是 0° 和 180°,分别对应右边和左边的电极。考虑到束流位置在中心点附近,$x \ll b$,即 $x/b \ll 1$ 时,将式(9.3.2)展开,并保留至一次项,可得

$$i(b, \varphi, t) = -\frac{I_b(t)}{2\pi b} \left[1 + \frac{2r}{b}\cos(\varphi - \theta) \right] \tag{9.3.3}$$

　　钮扣电极上的感应电流是式(9.3.3)对 dφ 的积分,代入电极中心坐标 $\varphi = 0$,π,得到

$$I_{0,\pi} = \int_{\varphi_{0,\pi} - \frac{\phi}{2}}^{\varphi_{0,\pi} + \frac{\phi}{2}} \mathrm{d}\varphi\, i(b, \varphi_{0,\pi}, t)\, \mathrm{d}\varphi = -\frac{I_b(t)}{2\pi b}\phi \left[1 + \frac{4b}{\phi}\sin\frac{\phi}{2}\cos(\varphi_{0,\pi} - \theta) \right] \tag{9.3.4}$$

式中，ϕ 为电极宽度方向对管道中心的张角。忽略钮扣电极的电容，设其电阻为 R，则两电极上感应电压为

$$V_R = RI_R, \quad V_L = RI_L \tag{9.3.5}$$

电极上感应电压和储存流强的关系可见图 9.3.10。

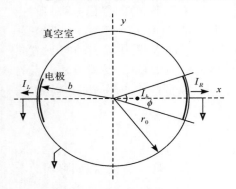

图 9.3.9   钮扣电极示意图   图 9.3.10   钮扣电极感应电压与储存流强的关系

4. 电极信号处理

钮扣电极输出的信号被送到 LR-BPM 模块。设 A、B 为两路输入信号 V_R、V_L，则 LR-BPM 差分放大器输出可表示为

$$V_{\text{out}} = G'_x(\log V_R - \log V_L) = G_x x \tag{9.3.6}$$

式中，G_x 为系统总的灵敏度，可以由试验确定 $G_x = 51.28\text{mV/mm}$。从式(9.3.6)可以看到，RL-BPM 的输出与偏移量 x 成正比。至此，已得到了所需要的反馈信号。把对数比的输出信号滤波、移相和放大后，加到激励条带电极上。

5. 对数比模块输出信号的处理

LR-BPM 模块输出信号后的处理是由自制的中心频率为 2.5MHz、带宽为 0.4MHz 的模拟滤波器和 180° 可调相移器组成的滤波相移电路完成的，其作用是取出 LR-BPM 模块的输出与 x 方向振荡有关的信号，并补偿电缆、放大器等带来的相移。

针对较大的残余振荡振幅，滤波器的中心频率确定原则为：当 x 方向自由振荡频率 $\nu_x = 3.56$ 时，$f_x = 0.56 f_0$（f_0 是旋转频率 4.533MHz）。可以采用 4 阶巴特沃斯有源滤波器，其对中心频率的信号有很强的放大作用，滤波器的频率响应曲线如图 9.3.11 所示。相移功能则通过 RC 网络完成。图 9.3.12 描述了移相电路，通过调节可调电阻 R_{19}，相移范围可在 0°~180° 变化。

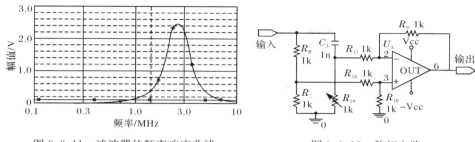

图 9.3.11　滤波器的频率响应曲线　　　　　　图 9.3.12　移相电路

实际的 LR-BPM 模块输出除了 x、y 方向的位置信号外,还掺杂了基频信号 f_0 及其和频、差频、倍频等,如图 9.3.13(a)所示。经过滤波后,杂频信号基本去除,得到较好的 x 方向 β 振荡信号,如图 9.3.13(b)所示,在 2.55MHz 处有明显的峰存在。

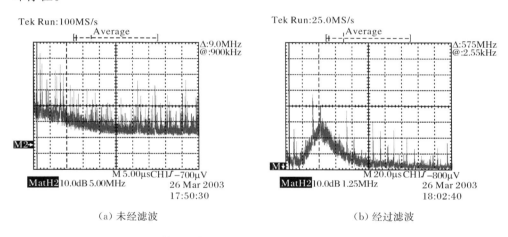

（a）未经滤波　　　　　　　　　　（b）经过滤波

图 9.3.13　反馈开环情况下,LR-BPM 模块输出信号的 FFT 分析

6. 条带激励反馈与作用力

此处使用的是位于储存环第三象限直线段上的 75cm 条带电极作为反馈系统的激励 kicker,结构如图 9.3.14 所示。

电极的上游以 50Ω 电阻接管壁(地),下游接收来自功率放大器输出的激励信号。条带电极上存在着所加电压产生的交变电流,它在空间感应出电场和磁场,所求的是一个天线问题。由于频率较低(2.5MHz),波长远大于结构的特征尺度,电流可看成同相位的。

首先,从量级上考虑激励电极上电场与磁场对束流的影响[15]。从法拉第电磁感应定律$\nabla \times \boldsymbol{E} = -\partial \boldsymbol{B}/\partial t$ 来估计,由

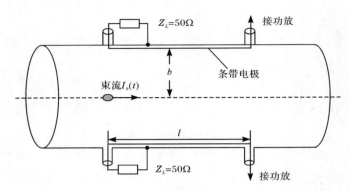

图 9.3.14　条带激励电极示意图

$$\left| \nabla \times \boldsymbol{E} \right| \approx \left| \frac{E}{L} \right| \qquad\qquad (9.3.7)$$

$$\left| \frac{\partial \boldsymbol{B}}{\partial t} \right| \approx \left| \frac{B}{T} \right| \qquad\qquad (9.3.8)$$

可知

$$\left| \frac{E}{B} \right| \approx \left| \frac{L}{T} \right| \approx 10^5 \, (\mathrm{m/s}) \qquad\qquad (9.3.9)$$

式中，L 为特征尺度，为 $10^{-2}\,\mathrm{m}$ 量级；T 为特征时间，为 $10^{-7}\,\mathrm{s}$ 量级。由洛伦兹力 $\boldsymbol{f} = q(\boldsymbol{E} + \boldsymbol{v} \times \boldsymbol{B})$，考虑到束流中电子是接近相对论的（$v \sim c$），可导出

$$\left| \frac{\boldsymbol{E}}{\boldsymbol{v} \times \boldsymbol{B}} \right| \approx \frac{1}{c} \left| \frac{E}{B} \right| \approx 10^{-3} \qquad\qquad (9.3.10)$$

由此可以看出，电场仅为磁场的千分之一。这种情况下，只需要计算磁场。

对于磁场对束流影响的计算，使用了 Ansoft 公司专用于天线计算的有限元软件 HFSS 8.0。整个结构划分为 6 万个节点，使用了 1GB 的存储空间。当管道中心附近通过 1A 电流时，磁场与电场的值分别为

$$H = 3.43792 \times 10^2 \, \mathrm{A/m}$$
$$E = 1.46201 \times 10 \, \mathrm{V/m}$$

可以得出，$E/B = E/(\mu H) = 1.25 \times 10^5$（$\mu$ 为磁导率），与前面的估算是一致的。

7. 反馈效果（阻尼时间）

由于注入系统存在误差，注入凸轨外的平衡轨道受到一个 δ 扰动。环中存在的各种阻尼使得振荡幅度逐渐减小。如果存在反馈系统，δ 扰动后最初的时间内反馈阻尼正比于扰动量 Δx，远大于其他阻尼，因此，只需要考虑反馈阻尼而忽略其他阻尼作用。由于反馈阻尼与扰动同步减小，一段时间后其他因素不能再忽

略,束流将达到平衡。

从利用反馈系统所做的一系列试验看,当注入 kicker 打开的瞬间,图 9.3.15(a)示出了 LR-BPM 模块输出的束流振荡信号峰峰值大约为 70mV,对应的 β 振荡幅度约为 1.4mm,此时滤波放大输出电压峰峰值为 350mV,如图 9.3.15(b)所示,功放增益为 17dB。经过魔 T 后,每根条带电极上通过 17mA 的电流(此时管道中心磁场 $H=11.7\mathrm{A/m}$)。

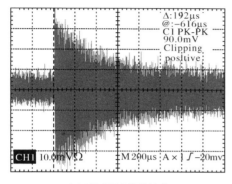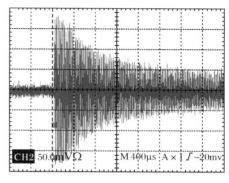

(a) LR-BPM 模块输出　　　　　　　　(b) 经滤波器的输出

图 9.3.15　四注入 kicker 同时加载时,LR-BPM 模块输出示波图

束流初次经过条带 kicker,速度改变量可以用动量方程 $ft=m\Delta v$ 来估计。其中,m 由相对论能量公式 $E=mc^2$ 决定,由注入束流能量为 200MeV,计算得 $m\approx 3.6\times10^{-28}\mathrm{kg}$。阻尼力由洛伦兹力方程计算为 $|f|=|e(c\times B)|\approx 7.2\times10^{-16}\mathrm{N}$,得到电子飞越条带 kicker 的时间 $t=2\mathrm{ns}$,这相对于 2.5MHz 的信号是很短的,在这段时间内,f 可看成定值。理想情况下,加的信号总是与束流 β 振荡反相的,束流将受到一个平均的阻尼作用,速度平均改变 $\Delta v=3.4\times10^3\mathrm{m/s}$。

同时,可以估算初始时刻 β 振荡的速度。在储存环的 66m 周长内,电子将振荡大约 3.5 个周期,即 7 次从最大值到最小值。每次所花时间 $t=31\mathrm{ns}$。由此可以得出,β 振荡的平均速度 $v_\beta=4.5\times10^4\mathrm{m/s}$。由于整个系统是线性的,以后 β 振荡与反馈依然成正比,$\Delta v/v_\beta$ 将保持不变。在大幅度振荡时,仅考虑反馈阻尼,振荡速度衰减到 $1/e$ 所需的圈数可以由下式得出:

$$(1-\Delta v/v_\beta)^n = 1/e \qquad (9.3.11)$$

得到 $n=13$,即阻尼时间 $T=2.9\mu\mathrm{s}$,如图 9.3.16 和图 9.3.17 所示。

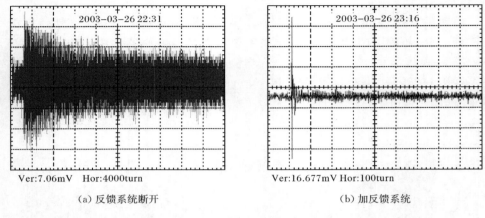

Ver:7.06mV Hor:4000turn   Ver:16.677mV Hor:100turn

（a）反馈系统断开   （b）加反馈系统

图 9.3.16   四注入 kicker 同时加载时 ADC 采集的 β 振荡数据

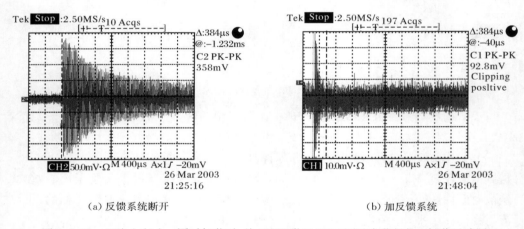

（a）反馈系统断开   （b）加反馈系统

图 9.3.17   四注入 kicker 同时加载时，从（Q7S）附近 BPM 测试点获得的 β 振荡示波图

从 ADC 采回的数据图和示波图中可以看到明显的抑制作用，当反馈系统断开时，束流振荡的阻尼频率在 6000 圈左右，当加反馈系统时，阻尼频率在 50～100圈，与计算量级一致。需要指出的是，束流基本稳定后，反馈阻尼将退居次要位置，束流状态与反馈系统断开时没有明显差别。

试验结果进行的初步分析是在很多近似的情况下进行的，最后仅得到了量级上相同的结果。此效果在垂直方向更明显。当施加垂直反馈时，束斑明显由长变圆，并且亮度加强。对于有多个插入件设备的 HLS 小环，采用反馈系统抑制垂直方向束流不稳定性显得尤其重要。

9.3.4　HLS 若干物理参数的测量和不稳定性分析研究

1. Tune 测量系统

无论在 800MeV 运行模式还是在 200MeV 注入模式时，HLS 储存环的横向边带不稳定出现，此时用 Tune(即测量系统)激励束流，进而出现水平和垂直方向的边带，以便各种参数的测量和反馈系统的调试。HLS Tune 测量系统如图 9.3.18 所示[16]。

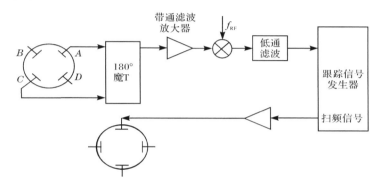

图 9.3.18　HLS Tune 值测量系统框图

整个系统由条带电极束流位置检测器、180°魔 T、混频器、带扫频信号输出的频谱分析仪、功率放大器和激励电极构成。首先，将频谱分析仪输出的扫频信号送至激励电极，对束流进行横向激励。180°魔 T 取出束流位置的差信号，该信号经过一个带通滤波器和放大器后送至混频器，与来自高频系统的 RF 信号进行混频。混频后的信号再经过一个低通滤波器，则可得到束流横向位置振荡信号。

由于束流在水平和垂直方向上存在耦合，实际上只要对垂直方向上的激励电极进行激励就可以同时激励出垂直和水平方向上的 β 振荡边带。

2. 注入时的 Tune 测量

HLS 在 200MeV 注入时，在有八极磁铁情况下，束流注入通常在流强 250mA 徘徊。此时水平方向 Tune 测量结果如图 9.3.19[17] 所示，图 9.3.19(a) 是时域波形，图 9.3.19(b) 是对应的 Tune 值随时间的变化图。Tune 值对应的频率采用 NAFF 方法计算，每个 Tune 值点使用 128 个数据点进行计算。从图中可以看到，在注入过程中(对应时域波形中的振荡部分)，Tune 值约有 0.01 的变化。

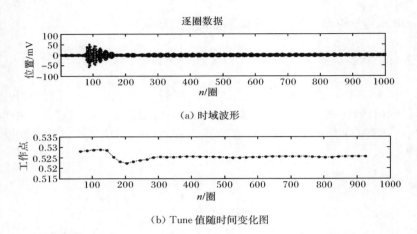

（a）时域波形

（b）Tune 值随时间变化图

图 9.3.19　有八极磁铁注入状态下 X 方向 Tune 值

3. 横向相空间测量

1）相空间测量理论

相空间通常有两种定义：其一为物理相空间，坐标是位移和动量，如 x、P_x、y、P_y，其中，动量常用 $m_0 c$ 为单位（m_0 是粒子的静止质量，c 是光速）；其二称为几何相空间，坐标是轨迹的几何参量，即位移和角度，如 x、x'、y、y'，其中，位移和角度的单位分别为 mm 和 mrad。以横向垂直方向为例，逐圈采样得到垂直方向的位置 y 和计算得到的角度 y' 构成垂直方向的束流运动几何相空间。

在粒子横向振荡中有一个特别的规律，即如果横向振荡的振幅不超过系统的接受度，那么粒子的相空间坐标 (x, x') 和 (y, y') 总处在一个相空间的轨道椭圆上，这个椭圆面积正比于振幅的平方，是一个不变量。下面更具体地推导和描述这一现象。

由横向振荡方程式（2.3.13）或式（2.3.14），以及它们对 s 的微商（略去 x 方向的非齐次项），易得束流中粒子横向振荡的相空间坐标为

$$\begin{cases} u = a\sqrt{\beta}\cos\displaystyle\int \frac{\mathrm{d}s}{\beta} + \psi_0 \\ u' = -\sqrt{\dfrac{a}{\beta}}\left(\alpha\cos\displaystyle\int \frac{\mathrm{d}s}{\beta} + \psi_0 + \sin\displaystyle\int \frac{\mathrm{d}s}{\beta} + \psi_0\right) \end{cases} \tag{9.3.12}$$

在推导过程中，使用了关系式 $\beta' = -2\alpha$。消去 ψ 可得

$$a^2 = \frac{1}{\beta}\left[u^2 + (\alpha u + \beta u')^2\right] \tag{9.3.13}$$

这是相空间中的一个椭圆方程，u 的极大值是

$$u_{\max} = a\sqrt{\beta_{\max}} \tag{9.3.14}$$

　　当粒子的这个横向振荡的最大振幅超过管道的半径 b 时,粒子将丢失。因此可定义系统的接受度为

$$A = \frac{\pi b^2}{\beta_{\max}} \tag{9.3.15}$$

　　若已知两位置 s_1 和 s_2 上的 Lattice 参数 β_1、α_1 和 β_2、α_2,以及 s_1 和 s_2 之间的相移 $\Delta\varphi$,可以导出从一点的相空间坐标 (u_1, u_1') 到另一点的相空间坐标 (u_2, u_2') 的传输矩阵 $\boldsymbol{M}$。由式(9.3.12)可得到两点的相空间坐标的表达式,简写为

$$\begin{cases} u_1 = a\sqrt{\beta_1}\cos\psi_1 \\ u_1' = -\dfrac{a}{\sqrt{\beta_1}}(\sin\psi_1 + \alpha_1\cos\psi_1) \end{cases} \tag{9.3.16}$$

$$\begin{cases} u_2 = a\sqrt{\beta_2}\cos(\psi_2 + \Delta\varphi) \\ u_2' = -\dfrac{a}{\sqrt{\beta_2}}[\sin(\psi_2 + \Delta\varphi) + \alpha_2\cos(\psi_2 + \Delta\varphi)] \end{cases} \tag{9.3.17}$$

由式(9.3.16)和式(9.3.17)可解出转移矩阵 $\boldsymbol{M}$ 为

$$\begin{bmatrix} u_2 \\ u_2' \end{bmatrix} = \begin{bmatrix} \sqrt{\dfrac{\beta_2}{\beta_1}}(\cos\Delta\varphi + \alpha_1\sin\Delta\varphi) & \sqrt{\beta_1\beta_2}\sin\Delta\varphi \\ -\dfrac{(1+\alpha_1\alpha_2)\sin\Delta\varphi + (\alpha_2 - \alpha_1)\cos\Delta\varphi}{\sqrt{\beta_1\beta_2}} & \sqrt{\dfrac{\beta_1}{\beta_2}}(\cos\Delta\varphi - \alpha_2\sin\Delta\varphi) \end{bmatrix} \begin{bmatrix} u_1 \\ u_1' \end{bmatrix}$$

$$= \boldsymbol{M} \begin{bmatrix} u_1 \\ u_1' \end{bmatrix} \tag{9.3.18}$$

对式(9.3.18)略进行变换,就可以得到由束流位置信号 (u_2, u_1) 表示的角度信号 (u_2', u_1'):

$$\begin{bmatrix} u_1' \\ u_2' \end{bmatrix} = \begin{bmatrix} -\dfrac{\cos\Delta\varphi + \alpha_1\sin\Delta\varphi}{\beta_1\sin\Delta\varphi} & \dfrac{1}{\sqrt{\beta_1\beta_2}\sin\Delta\varphi} \\ -\dfrac{1}{\sqrt{\beta_1\beta_2}\sin\Delta\varphi} & \dfrac{\cos\Delta\varphi - \alpha_2\sin\Delta\varphi}{\beta_2\sin\Delta\varphi} \end{bmatrix} \begin{bmatrix} u_1 \\ u_2 \end{bmatrix} \tag{9.3.19}$$

　　为了简化计算和减小误差,实际通常选择两个合适的位置探测器,它们之间的 β 振荡相位差接近 $\pi/2$,与 Twiss 参数接近或一致。这样 $\sin\Delta\varphi \approx 1$,$\cos\Delta\varphi \approx 0$,于是式(9.3.19)简化为

$$\begin{bmatrix} u_1' \\ u_2' \end{bmatrix} = \begin{bmatrix} -\dfrac{\alpha_1}{\beta_1} & \dfrac{1}{\sqrt{\beta_1\beta_2}} \\ -\dfrac{1}{\sqrt{\beta_1\beta_2}} & \dfrac{\alpha_2}{\beta_2} \end{bmatrix} \begin{bmatrix} u_1 \\ u_2 \end{bmatrix} \tag{9.3.20}$$

　　如果已知束流运动的相空间特性,可得到束团振荡的瞬时相位、瞬时频率、振荡的强度、信号的包络和振荡的模式信息等。横向相空间测量通常有三种常见

方法。

（1）两位置 BPM 单圈计算。

此方法是目前各大加速器通用的测量方法。通过测量储存环上束流在两个不同 BPM 上的位置信号 (u_2, u_1)，由式（9.3.20）计算得到 (u_2', u_1')，再由两点间传输矩阵可得到两 BPM 之间任何一点的相空间坐标 (u_0, u_0')，因而得 $(u_0, \beta_0 u_0' + \alpha_0 u_0)$，由此可以绘出相空间椭圆。参照图 9.3.20，下面将给出详细推导。

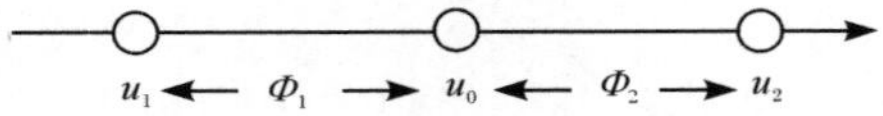

图 9.3.20　相空间测量示意图

令

$$\begin{cases} u_j = a\sqrt{\beta_j}\cos\psi_j \\ u_j' = -\dfrac{a}{\sqrt{\beta_j}}(\sin\psi_j + \alpha\cos\psi_j) \end{cases} \qquad (9.3.21)$$

式中，$j=0,1,2$ 分别对应三个点。$\psi_0 = \psi_1 + \Phi_1 = \psi_2 - \Phi_2$，$\Delta\psi = \psi_2 - \psi_1 = \Phi_1 + \Phi_2$。因此

$$\begin{cases} u_1 = a\sqrt{\dfrac{\beta_1}{\beta_0}}(\cos\Phi_1 - \alpha_0\sin\Phi_1)u_0 - \sqrt{\beta_0\beta_1}\sin\Phi_1 u_0' \\ u_2 = a\sqrt{\dfrac{\beta_2}{\beta_0}}(\cos\Phi_2 + \alpha_0\sin\Phi_2)u_0 + \sqrt{\beta_0\beta_2}\sin\Phi_2 u_0' \end{cases} \qquad (9.3.22)$$

由此可得

$$u_2\sqrt{\frac{1}{\beta_2}}\sin\Phi_1 + u_1\sqrt{\frac{1}{\beta_1}}\sin\Phi_2$$

$$= u_0\sqrt{\frac{1}{\beta_0}}\big[\sin\Phi_1(\cos\Phi_2 + \alpha_0\sin\Phi_2) + \sin\Phi_2(\cos\Phi_1 - \alpha_0\sin\Phi_1)\big]$$

$$\qquad (9.3.23)$$

即

$$u_0 = \frac{u_2\sqrt{\beta_0/\beta_2}\sin\Phi_1 + u_1\sqrt{\beta_0/\beta_1}\sin\Phi_2}{\sin(\Phi_1 + \Phi_2)} \qquad (9.3.24)$$

类似的运算可得

$$u_0'\beta_0 + u_0\alpha_0 = \frac{1}{\sin(\Phi_1 + \Phi_2)}\left(u_2\sqrt{\frac{\beta_0}{\beta_2}}\cos\Phi_1 - u_1\sqrt{\frac{\beta_0}{\beta_1}}\cos\Phi_2\right) \qquad (9.3.25)$$

根据相空间椭圆方程的形式，若采用两个 BPM 进行 TBT 相空间测量，在选取 BPM 时应遵循两个原则：①该处的自由振荡幅度 β 要大；②两个 BPM 之间的

相位差最好接近 $\pi/2$ 或 $3\pi/2$。理由如下。由式(9.3.13)可得

$$\Delta W = \Delta a^2 = 2u_0 \Delta u_0 + 2(\beta_0 u'_0 + \alpha_0 u_0)\Delta(\beta_0 u'_0 + \alpha_0 u_0)$$

$$= \frac{1}{\sin(\varPhi_1 + \varPhi_2)}\left[\frac{2\beta_0 u_2 \Delta u_2}{\beta_2 \sin(\varPhi_1 + \varPhi_2)} + \frac{2\beta_0 u_1 \Delta u_1}{\beta_1} - \frac{\beta_0 \cos(\varPhi_1 + \varPhi_2)\Delta(u_1 u_2)}{\sqrt{\beta_1 \beta_2}}\right]$$

$$\text{(9.3.26)}$$

　　由此可知,要使相空间测量由于位置测量引入的误差最小,即 ΔW 最小,最后归结为要求分母中 $|\sin(\varPhi_1 + \varPhi_2)| = 1$,即两测量点相位差为 $\pi/2$ 或 $3\pi/2$。同时还可以看出,仅从误差角度考虑,处于分母中的 β 值也要尽可能大。根据以上原则可知,不仅要注意到选择 β 函数较大,还要选择非线性设备少的地方,以便提高测量的分辨率。

　　(2) 单位置 BPM 双圈计算。

　　此方法的计算原理和第一种方法是一样的,不同之处在于对测量数据的处理。考虑到电子储存环中电子的运行轨迹是无限不重复的,因此,一个 BPM 观测到的连续两圈的数据具有不变相位差的信号,其相位差数值可以由工作点的分数部分很容易得到。代入式(9.3.19),就可以计算得出 y'。这种测量方法只用到了一个 BPM。

　　(3) 单位置 BPM 单圈计算。

　　从横向振荡轨迹方程的特殊性质推出,使用单个位置上测量的连续数据,可以计算相空间图像。以 y 方向为例,束流位置可表示为

$$y(s) = \sqrt{\alpha_y \beta_y}\cos\left(\int_0^s \frac{1}{\beta_y(s)}\mathrm{d}s\right) \tag{9.3.27}$$

取一阶导数有

$$y'(s) = \frac{1}{\beta(s)}\left[-\alpha y(s) - a\sqrt{\beta(s)}\sin\left(\int_0^s \frac{\mathrm{d}s}{\beta(s)} + \varphi_0\right)\right] \tag{9.3.28}$$

式中,$\alpha = -\dfrac{\beta'(s)}{2}$。

　　比较式(9.3.28)与式(9.3.27)可以看到,式(9.3.28)的第二项其实就是 $y(s)$ 移相 $\pi/2$。所以可以从一个位置探测器的测量数据 y 计算得到该点的振荡轨迹的方向 y'。

　　具体的做法是,首先对测量数据进行离散傅里叶变换,交换复数结果的实部和虚部值,然后改变新得到的复数实部的符号,对这个新生成的复数序列进行傅里叶逆变换得到一列时域波形,这个就是原信号移相 $\pi/2$ 的结果。代入式(9.3.28)就可以得到与各圈测量的束流位置 y 对应的振荡轨迹方向 y'。

　　2) 相空间测量图像[17]

　　(1) 相空间仿真计算。

　　根据电子储存环中粒子的横向振荡轨迹方程,设置对应的参数和数据后,可

得到仿真数据。此处仍采用 HLS 上的参数,模拟 HLS 储存环上的束团运动。设置初始水平工作点为 0.57,经过 2048 圈后变化到 0.571,得到由式(9.3.29)产生的需要的数据,其中,n 表示圈数。

$$y_1 = \cos[2\pi n \times (0.57 + 0.1 \times n/2048)] \times \exp(-n/2048) \quad (9.3.29)$$

当 $n = 2048$ 圈,模拟逐圈轨迹如图 9.3.21 所示。

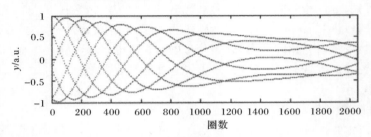

图 9.3.21　逐圈采样的束团运动轨迹

　　分别使用单位置 BPM 双圈法和单位置 BPM 单圈法计算出 y',并绘出相图如图 9.3.22 所示。图 9.3.22 很好地演示了相空间的变化:随着束团垂直振荡振幅的衰减,椭圆从外向内收缩。比较图 9.3.22(a)和(b)两个图像,用两种方法计算出来的相图是一致的。图中可以看到 7 条摆臂,计算后可知 $\nu = 0.571 \approx 4/7$。

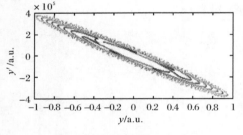

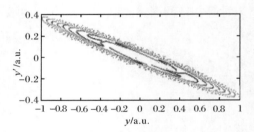

　　　(a) 通过第 2 种方法计算出的相空间　　　　　(b) 通过第 3 种方法计算出的相空间

图 9.3.22　用逐圈测量数据计算出来的相空间图像

(2) 试验数据验证。

　　图 9.3.23 为 HLS 在 200MeV 下,通过扫频激励后同步触发 TBT 测量系统采集到的数据,数据采样率为回旋频率 4.533MHz。图 9.3.23(a)是 13 号 BPM 上的数据图形,图 9.3.23(b)是 16 号 BPM 上的数据图形,均以 y 方向测量数据为例。

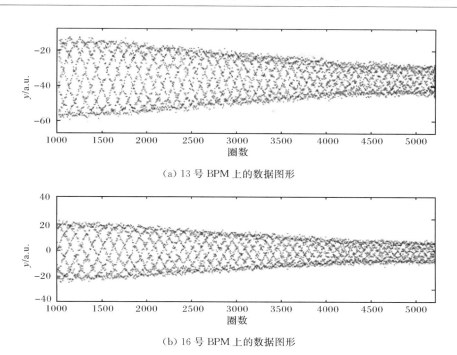

（a）13 号 BPM 上的数据图形

（b）16 号 BPM 上的数据图形

图 9.3.23   13 号和 16 号 BPM 上采集到的逐圈位置信号

通过对数据取 4096 个数据点分别进行 FFT，可以计算得到储存环的工作点的小数部分 q。当然，还有更精确地计算 ν 值的方法，如 NAFF 法和插值 FFT 方法等，这里不再详叙。图 9.3.24 是 FFT 变换后的图形，横坐标是归一化频率 f / f_0，f_0 为回旋频率，纵坐标是幅度。图 9.3.24 中的标记点，表示在 0.4299 的地方有一个峰值，峰值点对应的就是 Tune 值。通过计算可以得到工作点的小数部分 $q = 1 - 0.4299 = 0.5701$。两个 BPM 上采集的数据计算出来结果是一致的。这表明两组数据是准确的，可以用来计算相空间图像。

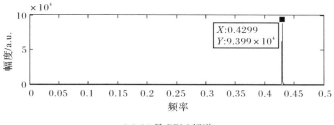

（a）13 号 BPM 频谱

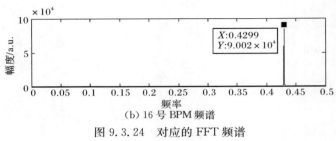

(b) 16 号 BPM 频谱

图 9.3.24　对应的 FFT 频谱

峰值点对应的就是 Tune 值

对这组数据分别采用双位置 BPM 单圈法、单位置 BPM 双圈法和单位置 BPM 单圈法计算,并绘出相图如图 9.3.25 所示。

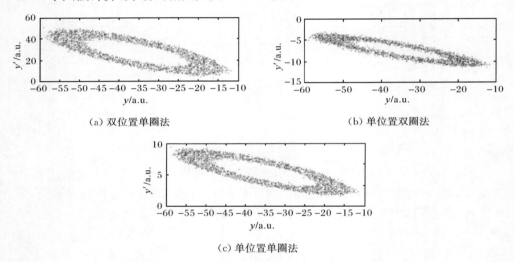

(a) 双位置单圈法　　　　　　　　　　　　　　(b) 单位置双圈法

(c) 单位置单圈法

图 9.3.25　用试验数据获得的相空间图像

从图 9.3.25 可以看出,三种方法计算得到的同一组实测数据的相空间图像是一致的。表明这三种方法都可以很好地运用在 HLS 的相空间测量和计算中。然而这三种方法需要的条件和测量技术是不同的:①双位置 BPM 单圈法需要选择两个相差 90°的 BPM,可以减少计算量,将误差最小化。这种方法的难点在于测量硬件平台上,需要极其精确地同步两套 TBT 测量系统来获取所需要的数据,所要求的技术难度高,费用比较昂贵。②单位置 BPM 双圈法和单位置 BPM 单圈法是对双位置 BPM 单圈法的一种巧妙改进,只需要一个 BPM 上的数据,也就是只需要一套 TBT 测量系统。但是计算表达式里含有 Lattice 参数,通常 Lattice 参数难以全部精确测量和计算出来,需要采用仿真软件(如 MAD)计算出参数,必然会导致计算的相图和真实相图有一定程度上的差异。③单位置 BPM 单圈法是从运动公式的特殊性得出的。但毕竟公式是在一些假设和近似条件下推出来的,与束流的实际运动还是有差异的,因此在分析这种方法得出的相图时,需要考虑这点。

(3) 注入时相空间图像演变分析。

图 9.3.26 描述了注入过程 X 方向相图的分析。从图 9.3.26(a)~(f)变化过程可以看到,束流开始时振荡幅度很小,到注入时,束流在注入 kicker 铁磁场的作用下,振荡幅度变得很大,然后逐渐变小。从图 9.3.26(c) 和(d)中可以看到有两条摆臂。对比图 9.3.19 的瞬时工作点的变化曲线,发现对应的工作点尾数有一个大的波动,变化到靠近 0.52。也就是,注入过程中 X 方向工作点向半整数共振线靠近,不利于束流进一步积累。

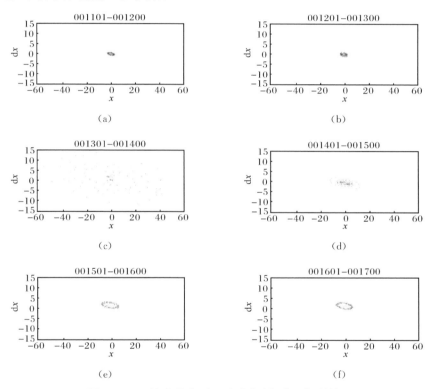

图 9.3.26 注入状态下 X 方向相图(有八极磁铁)

4. 通过试验数据探讨某些不稳定性

1) 反馈系统和八极磁铁阻尼效果比较

HLS 储存环注入时通常一定要加八极磁铁以增加阻尼作用,因此,通过频谱仪观测注入过程时,可以看到有明显的边带存在,而加反馈系统后边带就消失了。注入过程中的边带包括注入 β 残余振荡的效果(参见 9.3.2 节)。

图 9.3.27 和图 9.3.28 是在调试模拟反馈系统时,带有八极磁铁注入情况下

获得的束流位置振荡波形。图 9.3.29 是仅加八极磁铁时获得的束流位置振荡波形。从三组图明显地看到,反馈系统闭环后,不仅抑制了多束团不稳定性模,而且也有效地减小了注入束流 β 振荡的阻尼时间,而仅靠八极磁铁是做不到的[17]。

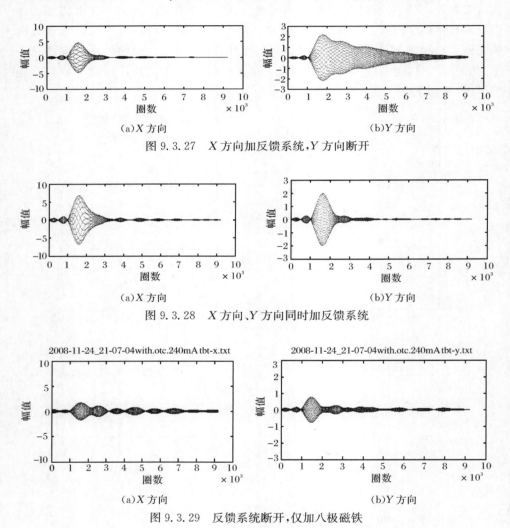

(a)X 方向　　　　　　　　　　　　　(b)Y 方向

图 9.3.27　X 方向加反馈系统,Y 方向断开

(a)X 方向　　　　　　　　　　　　　(b)Y 方向

图 9.3.28　X 方向、Y 方向同时加反馈系统

(a)X 方向　　　　　　　　　　　　　(b)Y 方向

图 9.3.29　反馈系统断开,仅加八极磁铁

2) 束流不稳定阶段工作点与相空间变化关系

为了检验数字反馈系统(12.8.2 节)的反馈效果,在 800MeV 运行时,通过降低六极磁铁电流而降低储存环的色品,进而模拟观察横向不稳定边带的出现,从而获得不稳定性增长和阻尼过程,以及不稳定性增长过程中 Tune 值随时间的变化等[17]。

用 10Hz 的方波信号调制数字反馈系统的 DAC 输出控制反馈系统的开关。

TBT 测量系统在双通道模式下可以采集长达 400ms 的数据,所以不需要使用外部触发就能跟踪到反馈系统加和断开之间切换时的束流状态变化全过程。在反馈系统断开的情况下,当六极磁铁电流降低到一定值时,采集得到的束流振荡信息如图9.3.30 所示,可以明显看到束流在水平方向开始出现振荡,束流频谱上出现水平方向的边带,同时同步光斑尺寸变大。当加反馈系统的情况下,同步光斑尺寸明显缩小变亮。可以验证得出,反馈系统可以很好地抑制束流不稳定性。利用这一试验数据进行以下研究。

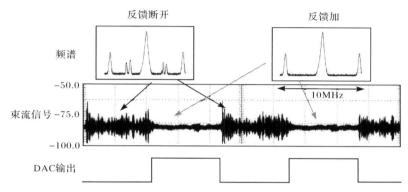

图 9.3.30　带有 10Hz 门控开关模拟反馈系统加和断开时观察束流振荡波形

(1) 不稳定性增长时间分析。

选取测量数据中间一段的振荡过程,采用 8.4.1 节数字锁相法计算不稳定性的增长时间。结果如图 9.3.31 所示,其中,图 9.3.31(a)为原始数据,包含整个增长过程;图 9.3.31(b)蓝色曲线为高通后的数据,红色曲线为提取的包络信号;图 9.3.31(c)为对包络信号取对数运算后的结果,红色曲线为对增长过程一段曲线进行线性拟合(另见文后彩插)。

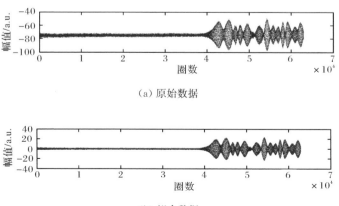

(a) 原始数据

(b) 拟合数据

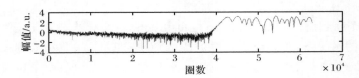

（c）包络信号进行对数运算后的结果

图 9.3.31　800MeV 运行时束流不稳定性增长时间分析

通过拟合计算得到的振荡增长时间为 1.172×10^3 圈，也就是 0.258ms。

（2）不稳定阶段束流工作点与相空间分析。

数字反馈系统调试运行时，需要根据工作点计算相关反馈系数，并最终生成 .CSV 文件下载到反馈系统处理器中。但实际调试时发现，束流在注入时工作点会发生漂移，这会对反馈效果造成一定影响。为了验证反馈效率，采用 TBT 测量系统测得的数据进行分析。

工作点的测量和计算原则是使用尽可能少的数据获得尽可能高的频率分辨率，而用 NAFF 方法进行 Tune 值估算在数据长度为 256 点时相对分辨率好于 10^{-5}。

试验中，根据注入过程中采集得到的数据，即图 9.3.30 中的束流数据，选取振荡增长过程的一段数据，使用 NAFF 算法计算瞬时 Tune 值随时间的变化，结果如图 9.3.32 所示。从图 9.3.32 中可以直观地看到工作点发生了一定的上下波动。

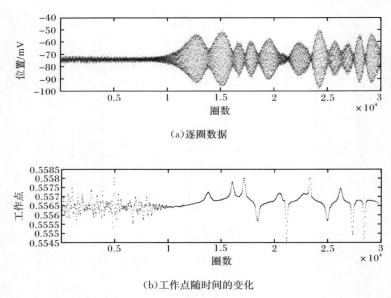

（a）逐圈数据

（b）工作点随时间的变化

图 9.3.32　不稳定性增长过程中 Tune 值随时间的变化

　　从测量数据中选取含有不稳定性阻尼过程的一段,使用数字锁相法提取包络信号,计算阻尼时间,如图 9.3.33 所示。其中,图 9.3.33(a)为原始数据;图 9.3.33(b)为滤波后的数据,红色曲线为提取的包络信号;图 9.3.33(c)为对检测出的包络信号取对数,可以看到图 9.3.33(c)中的两段阻尼过程,分别是 $2.2 \times 10^4 \sim 3 \times 10^4$ 圈以及 3.2×10^4 圈(另见文后彩插)。因此,在阻尼时间的计算过程中,分别选取了这两段数据进行线性拟合,得到的阻尼时间分别为 1.172ms 和 1.179ms。

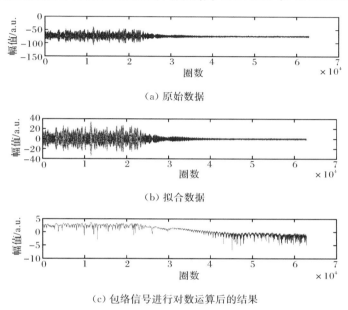

(a) 原始数据

(b) 拟合数据

(c) 包络信号进行对数运算后的结果

图 9.3.33　800MeV 运行时束流不稳定性阻尼过程

　　再截取工作点变化最快的一段进行相空间分析,得到如图 9.3.34(a)~(f)所示的相空间图像。可以看到,其中包含了振荡经历的先大幅度衰减,然后又增长的一次变化过程。每个相图使用 200 圈的逐圈数据长度分析。

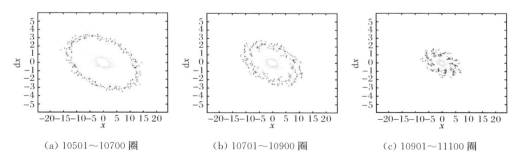

(a) 10501~10700 圈　　　　(b) 10701~10900 圈　　　　(c) 10901~11100 圈

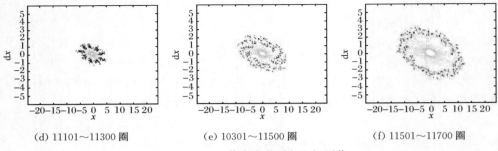

(d) 11101~11300 圈　　　　　　(e) 10301~11500 圈　　　　　　(f) 11501~11700 圈

图 9.3.34　工作点变化时相空间图像

经过观察发现,中间段的相图出现了 9 条明显的摆臂,随后摆臂慢慢消失。这个相图变化过程所对应的瞬时 Tune 值情况如图 9.3.35 所示。在瞬时 Tune 值曲线中,工作点小数部分发生了由 0.5568 到 0.5556 再到 0.5566 的变化。计算得到 $\nu_x=0.5556\approx5/9$。相图和工作点的变化都表明束流振荡有一次靠近 5/9 共振线的过程。

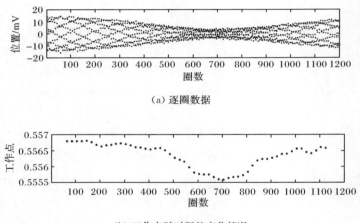

(a) 逐圈数据

(b) 工作点随时间的变化情况

图 9.3.35　相空间图像对应的工作点变化

再仔细观察图 9.3.34(c)、(d)、(e)会发现,图 9.3.34(e)中摆臂的弯曲方向相对图 9.3.34(c)反向了。为了进行进一步验证,采用 MATLAB 进行仿真。分别使用 $\nu=5/9+0.001$ 和 $\nu=5/9-0.001$ 得到逐圈仿真相空间如图 9.3.36 所示。

根据仿真结果可知,观察摆臂的方向可以知道工作点是大于还是小于共振点值。而且,摆臂的弯曲度越大表明工作点离共振点越远。从摆臂的数目可以大致知道工作点靠近哪条共振线。而此时再观察图 9.3.32,会发现图中工作点快速变化时,出现了多次靠近或穿过 5/9 共振线的情况。

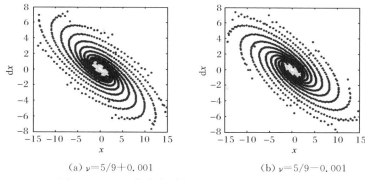

(a) $\nu=5/9+0.001$ 　　　　　　　(b) $\nu=5/9-0.001$

图 9.3.36　工作点在共振点附近时的仿真相空间

5. 横向 V-H 耦合

β 振荡在水平和垂直两个方向上存在的耦合也是需要考虑的问题。耦合使机器的实际动力学孔径减小，垂直方向的发射度增加，这对于储存环工作是很不利的。工作点若落在差比和共振点附近的某个范围时，可以认为发生了共振，这个范围定义为[18]

$$|\kappa_{\pm}| = \frac{1}{2\pi}\oint ds\, K_s(s)\, \sqrt{\beta_x(s)\beta_y(s)}\exp\left\{i\left[\psi_x \pm \psi_y - (\nu_x \pm \nu_y - q_{\pm})2\pi s/L\right]\right\}$$

(9.3.30)

假定 Tune 值接近共振即接近满足条件 $\nu_x \pm \nu_y + q_{\pm}=0$。式 (9.3.30) 中，$\kappa_{\pm}$ 为驱动差比和共振的两个因子；K_s 为归一化的斜四极磁铁场梯度；L 为储存环周长；$q_{\pm}$ 为整数值。通过激励束流的横向运动，观察两个平面上的束流运动来测量上述参数。实际工作点接近差共振模式时，水平和垂直 β 运动的包络表现为差拍形式：能量在两个平面之间交换。假设 $x_{\min}$、$x_{\max}$ 分别为调幅波形的最小幅度和最大幅度，T 是调制 (差拍) 周期，定义

$$S = \frac{x^2}{x_{\max}^2}$$

(9.3.31)

则

$$|\kappa_-| = \frac{\sqrt{1-S}}{f_{\mathrm{rev}}T}$$

(9.3.32)

在工作点接近差共振时，尽管横向两个方向之间存在连续的能量交换，但是束流运动仍然局限在某个有限的范围；然而如果接近和共振时，束流就不能保持稳定了。虽然 $|\kappa_+|$ 测量比较困难，但是通过调整斜四极磁铁补偿可以尽可能地压缩这个值。可以证明，为了改善垂直方向的发射度，需要同时校正 $|\kappa_-|$ 和 $|\kappa_+|$。

HLS 束流注入局部凸轨是在水平方向的。注入时，kicker 磁铁会在水平方向对束流产生扰动。当在水平方向激励时，不仅存在水平方向的共振峰，而且存在

垂直方向的共振峰,垂直方向的共振是由横向振荡的耦合引起的。如果激励幅度不太大,则在线性近似的情况下,耦合系数可以简单表示为

$$k = \frac{a_y^2}{a_x^2} = \frac{A_y^2}{A_x^2} \frac{\beta_x}{\beta_y} \tag{9.3.33}$$

对注入时逐圈测量两个方向的振荡数据进行 FFT,取其工作点处幅度代入式(9.3.33),即可得到注入时 X 和 Y 的耦合度约为 10%[17]。

参 考 文 献

[1] Aiello G,Mills M R. Log-ratio technique for beam position monitor systems. Proceedings of BIW,Berkeley,1992:301—302.

[2] Shafer R E. Log-ratio signal processing technique for beam position monitors. Proceedings of BIW,Berkeley,1992:120.

[3] Aiello G,Mills M R. Log-ratio technique for beam position monitor systems. Nuclear Instruments & Methods in Physics Research A,1994,346:426—432.

[4] 王筠华,李为民,孙葆根,等. 基于对数比电路的 HLS Turn-By-Turn 系统. 强激光与粒子束,2002,14(4):485—488.

[5] Hu K H,Chen J,Kuo CH,et al. Turn-by-turn BPM electronics based on 500MHz log-ratio amplifier. Proceedings of Particle Accelerator Conference,New York,1999,3:2069—2071.

[6] Bergoz. Log-ratio Beam Position Monitor User's Manual. France:Bergoz Inc. ,2006.

[7] 王筠华,刘建宏,孙葆根,等. 合肥光源逐圈测量系统定标及其应用. 高能物理与核物理,2004,28(5):544—547.

[8] 詹志锋,马庆力,王筠华. 合肥光源逐圈束流位置监测系统中的定时系统. 强激光与粒子束,2003,15(5):517—520.

[9] Gage Applied,Inc. CompuScope 1250 User's Manual. Lachine:Gage Applied,Inc. ,2011.

[10] Liu J H,Wang J H. Log-ratio circuit and low frequency feedback system Proceedings of Particle Accelerator Conference,Knoxville,2005.

[11] 尚雷. HLS 新注入系统物理设计与陶瓷真空室的研制. 合肥:中国科学技术大学博士学位论文,1999.

[12] Wang J H,Li W M,Liu Z D,et al. Experiment result of the turn-by-turn system and its application in injection commission of HLS. 强激光与粒子束,2004,16(1):101—104.

[13] 王筠华,贡顶,刘建宏,等. 模拟低频反馈系统的初步尝试. 强激光与粒子束,2004,16(4):521—525.

[14] 王筠华,贡顶,刘建宏,等. 反馈抑制 HLS 注入过程中 β 振荡的尝试. 高能物理与核物理,2004,28(4):426—430.

[15] 金建铭. 电磁场有限元方法. 王建国译. 西安:西安电子科技大学出版社,1998.

[16] 孙葆根,何多慧,高云峰,等. 合肥光源的工作点测量系统. 核技术,2001,24(1):47—50.

[17] 杨永良. 合肥光源束流不稳定性测量和横向模拟反馈. 合肥:中国科学技术大学博士学位论文,2009.

[18] Zimmermann F. Measurement and correction of accelerator optics. SLAC-PUB-7844,1998:67.

第 10 章　逐束团测量系统研制与应用

HLS 储存环在近几年的调试运行过程中,与其他实验室同样也观察到不同类型的束流不稳定性现象,包括离子俘获、束腔作用、束团伸长以及积累高流强时出现的与多束团耦合不稳定性现象[1~5]。尽管加速器界对不稳定性研究已经非常深入细致,但具体到某个储存环的稳定性要给出足够精确的有关束流限制的判据,仍需要花大力气进行细致的研究工作。因为束流环境太复杂,而且影响束流不稳定性诸多因素或是同时出现或是交叉作用的,所以在机器各种工作条件下开展束流不稳定性测量和研究有其重要意义。

10.1　逐束团测量系统研制的必要性和意义

10.1.1　研制的必要性

观察束流不稳定性的最简单有效的方法是频谱分析法。如果束流产生振荡而流强未急剧丢失,在束流频谱上应该可以反映出对应的模式。实际的测量信号来自钮扣和条带 BPM,取出的束流信号包含束流的所有频率分量。图 10.1.1～图 10.1.3 是利用频谱仪等实际测量的若干频谱图。从图中可以看到存在各种不稳定性模式和明显的调制边带。图 10.1.1 反映出同步振荡边带和存在明显的贝塞尔函数 J_1 形式的包络。图 10.1.2 反映出束腔等不稳定性模式。图 10.1.3 是由于不稳定导致的束流振荡频率的发散和偏移。

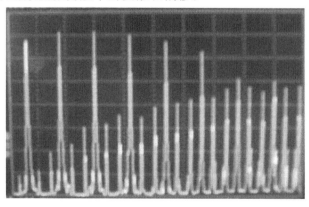

图 10.1.1　频谱仪所获得的束流谱

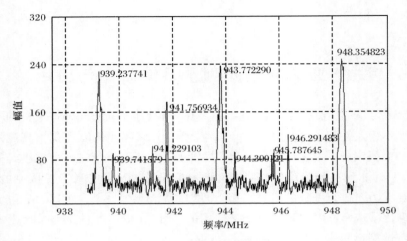

图 10.1.2　横向不稳定性模式

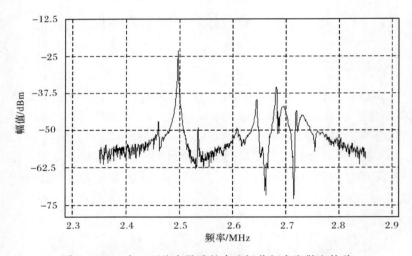

图 10.1.3　由于不稳定导致的束流振荡频率发散和偏移

在 HLS 储存环中,也可以发现存在非常明显的纵向不稳定性,如图 10.1.4 所示。图 10.1.4(a)是研究横向不稳定性时,利用数字反馈系统采集到的横向和纵向边带;图 10.1.4(b)是研究纵向不稳定性时观测到的纵向边带。而丰富的纵向边带必将严重影响横向反馈系统调试的效率和效果。

由于束流不稳定性现象是一种很复杂的过程,涉及机器的各个方面。某些不稳定现象发展非常快,如束团中不稳定性模的增长时间是在 ms 量级,观察这样的快过程,传统的平均测量已失去意义,频域扫描又无法实时跟踪,因此,需要引入新的诊断工具,如逐束团等测量手段。目前世界上各大加速器室装置,如 ALS、

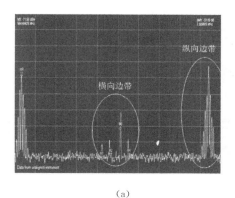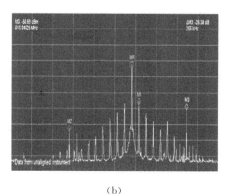

（a）　　　　　　　　　　　　　　　（b）

图 10.1.4　HLS 储存环束流频谱

KEKB 等都已进行相关的研究。HLS 储存环同世界上很多实验室的机器一样，也观察到了多束团不稳定性现象，为此，拟先研制一套 BxB 实时测量装置。通过测量每个束团通过探测器时的横向位置和纵向相位，可研究束团耦合振荡、快离子不稳定性等现象的产生机理和对整个机器性能的影响等。为进一步提高机器性能采取相应措施（如抑制腔的 HOM，或研制宽带或窄带反馈系统），为克服束流不稳定性提供可靠的试验和理论依据。

除此之外，该 BxB 测量设备也可用于研究机器的其他性能，如在线工作点监测、测量每个束团的相对流强、研究注入填充模式效率和对机器运行性能的影响等。这是一个崭新而灵活的研究手段。更主要的是，它的前端是快速束流反馈系统的重要组成部分，在其后直接加上必要的信号处理和执行单元即可实现横向和纵向反馈。前端输出信号的准确性，将直接影响反馈效果。因此，开展这方面的研究是非常必要和重要的。

10.1.2　BxB 测量的意义

电子储存环中存在多种可能影响束流运行状态和稳定性的因素，如电阻壁阻抗、高频腔 HOM、束团头尾相互作用、离子俘获和储存环插入设备的高阶矩等。观察束流运动的传统方法是利用频谱仪测量回旋频率谐波附近的同步和横向振荡边带，或者在时域监测平均轨道变动，即闭轨和逐圈位置测量。无论时域还是频域，传统的方法本质上都是窄带测量。时域平均显然无法观察快速运动的细节。频域测量，由于束团振荡边带可能出现在每个回旋频率谐波，则理论上需要至少 N（运行束团数目）个带通测量电路，其中心频率分别调在各阶谐波上，所以频域测量模式下，电路规模实现代价太大。而且，频域测量对于各个束团大小、形状不一致的情况，结果过于复杂，这是因为其本质上都是基于所谓稳态测量的原

理。所以,目前世界各大实验室都应用宽带电路实现时域快速测量,即所谓 BxB
测量,也称为暂态(transient domain)方案。

10.2　国内外发展状况

其实在较早时期,加速器界就实现了束团运动测量。但是这类机器均为大环
(回旋频率低为 kHz 量级)且运行束团数少,在当时的技术水平就可以实现,甚至
出现了快速的反馈系统。而现在的加速器,大小环都存在,而且束团数也在不断
地增加,少则几十,多则上千。随着高频器件和电子学(如 FPGA、DSP 等)的发
展,快速束团监测和反馈系统的设计研究在近几十年得到长足的发展。

目前,世界高性能加速器一般都拥有横向和纵向两套宽带反馈系统,而 BxB
测量只是其中的一部分。国内外几个典型机器及 BxB 反馈系统的主要参数详见
表 10.2.1。

表 10.2.1　世界几个典型高能加速器及 BxB 反馈系统主要参数

型号 参数	PEP-II		KEKB		ALS	PLS	BESSY II	BEPC II	HLS	SSRF
能量/GeV	9	3.1	8	3.5	1.5	2/2.5	1.7	1.89	0.8	3.5
流强/A	0.99	2.14	1.1	2.6	0.4	0.4	0.2	0.91	0.3	0.3
RF 频率 /MHz	476	476	508.9	508.9	499.6	500	499.6	499.8	204	500
回旋频率 /MHz	0.136	0.136	0.099	0.099	1.523	0.001	1.249	1.26	4.53	0.694
流强/束团 /mA	0.59	1.29	0.22	0.51	1.22	0.53	0.5	9.8	6.67	0.4
谐波数	3492	3492	5120	5120	328	468	400	396	45	720
束团间隔/ns	4.2	4.2	1.97	1.97	2.0	2.0	2.0	2.0	4.9	2
横向工作点 /(Q_x/Q_y)			44.53/ 42.20	45.35/ 44.41		14.28/ 8.18	6.73/ 17.84	6.57/ 7.61	3.58/ 2.58	22.22/ 11.32
横向反馈	模拟	模拟	数字	数字	模拟	模拟	模拟	模拟	模拟/ 数字	数字
纵向反馈	数字	数字	数字	数字	数字	数字	数字	数字		

BxB 反馈系统的几个典型方案可参阅文献[6]～[10]。设计者采用不同的措
施(电子学线路)实现了束团运动监测、反馈参量的计算和反馈信号的调制。

10.3　HLS 逐束团测量系统的研制

HLS BxB 测量系统的硬件结构、各部件工作原理和系统组成如图 10.3.1[11] 所示。本章还从射频测量的相关概念出发,解释了常用器件(滤波器和混频器)的参数及其意义和在 BxB 测量系统中的运用。同时,还介绍了 PXI 测量总线平台、锁相倍频 PXI 模块和高速数据采集模块等。

横向逐束团振荡的测量,通过对四个电极差运算合成的信号进行带通滤波、变频、低通滤波处理,然后对所得到的信号以束团重复频率采样,采样得到的信号带宽足以覆盖所有不稳定性模式。束团填充电荷测量与横向类似,如果只是测量束团的电荷量,则与束团长度无关,而要通过测量四个电极和信号的电压幅值来得到束团流强,则必须考虑束团长度变化的影响。

纵向测量是通过对四个电极信号和运算合成的信号进行带通滤波、检相、低通滤波,然后以束团重复频率采样射频前端输出信号,得到的信号带宽也足以包含所有的纵向相位振荡模式。

10.3.1　系统带宽的确定

为了获得所有可能的不稳定 CB 模式,整个系统各部件带宽必须不小于束团频率的一半,对于 HLS 储存环,即要求各反馈部件的带宽不小于

$$\Delta f \geqslant \frac{1}{2} f_{\mathrm{RF}} = \frac{1}{2} \times 204\mathrm{MHz} = 102\mathrm{MHz} \qquad (10.3.1)$$

从保证信噪比的角度出发,系统测量电路带宽越窄越好,但是太窄则无法区分各个束团的信息。此处用一个简化的束团情况来估算最小所需带宽。假设束团呈点状,重写式(3.4.10)和式(3.4.11):

$$f(\omega) = \frac{A_\beta M \omega_0}{2} \sum_{l=-\infty}^{\infty} \sum_{k=-\infty}^{\infty} \left\{ J_l \left[(\omega - \nu\omega_0 - l\omega_\mathrm{s})\tau \right] \delta \left[(1+l)\mu - k \right] \sum_{m=-\infty}^{\infty} \delta(\omega - \omega_1) \right.$$
$$\left. + J_l \left[(\omega + \nu\omega_0 - l\omega_\mathrm{s})\tau \right] \delta \left[(1-l)\mu - k \right] \sum_{m=-\infty}^{\infty} \delta(\omega - \omega_2) \right\}$$

$$(10.3.2)$$

式中

$$\omega_1 = \{ mM + [\nu] - (l+1)\mu \} \omega_0 + q\omega_0 + l\omega_\mathrm{s}$$
$$\omega_2 = \{ mM - [\nu] - (l-1)\mu \} \omega_0 - q\omega_0 + l\omega_\mathrm{s}$$

从式(10.3.2)和其他有关的公式可以看到,关心的频率是 $q\omega_0$ 和 ω_s,只要知道它们,所有的频谱都可以计算出来。而 q 总是取小于 0.5 倍非整数部分,$\omega_\mathrm{s} \ll \omega_\beta$,故需要测量的频率范围在 $0.5\omega_0$ 之内。即使测量 $q\omega_0 \pm \omega_\mathrm{s}$,一般的,它值也不

会超过 $0.5\omega_0$。详细束流的频谱可参考第 3 章和第 4 章相关部分的公式和图。因此，要想测出和抑制所有的 CB 模，电子学系统的带宽只需要为 $f_{RF}/2$。

由于 BxB 测量系统要对不同束团的振荡分别进行测量，系统的响应时间必须能够分辨出相邻的两个束团，相当于以束团频率进行采样。以这样带宽设计的系统，只能分辨出不同的束团，而不能对束团内部的头尾进行不同的处理。

10.3.2　测量系统的组成

1. 系统框图及工作原理

HLS BxB 测量系统设计的功能包括：逐束团横向水平和垂直位置的检测、纵向同步振荡相位检测以及逐束团电荷检测三套电路。该系统各个子模块包括：RF 前端检测单元，高速、宽带信号处理单元，激励单元（参见第 9 章），锁相倍频电路，高速数据采集单元。该系统各个测量模式的带宽均为 $f_{RF}/2$，工作频率分别为：横向 X、Y 和束团电荷检测中心频率为 $3f_{RF}$ 即 612MHz；纵向同步相位振荡检测的中心频率为 $6f_{RF}$ 即 1224MHz。数据采集模块以 204MHz 采样率工作，可同时进行横向和纵向测量。系统原理框图如图 $10.3.1^{[11,12]}$ 所示。

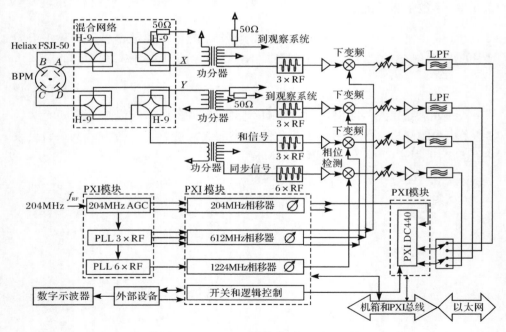

图 10.3.1　HLS BxB 测量系统原理框图

来自钮扣 BPM 四个电极的信号具有相似的波形和相同的相位，幅度正比于通过束团的电荷量,它们之间细微的幅度差反映了通过的束团质心相对于探测器中心的偏移。这 4 路信号经过相移严格匹配的 4 根 Heliax FSJ1-50 螺纹屏蔽半硬电缆,连接到由 MA-COM H-9 Hybrid 构成的阵列作为初步电压信号到位置信号的转换运算。H-9 是 0°/180°魔 T 器件,工作频率为 2～2000MHz,足以覆盖感兴趣的工作频段。H-9 可输出三个信号$(A+D)-(B+C)$、$(A+B)-(C+D)$ 和 $(A+B+C+D)$。$(A+D)-(B+C)$ 包含两个信息,束团质心横向偏移和束团电荷量,可以近似认为是二者的乘积(详见第 5 章)。简单观察束团稳定情况和用于宽带反馈系统时,测量信号$(A+D)-(B+C)$ 就足够了。严格的束团振荡信息测量则需要对信号进行归一化处理$[(A+D)-(B+C)]/(A+B+C+D)$,以消除不同束团电荷量对横向位置偏移的影响。

$(A+B+C+D)$ 信号反映了束团电荷填充和同步振荡的信息,严格来说,这个信号也受束团横向位置的影响,但是这个影响在束团振荡偏离管道中心不是太大(10mm×10mm 范围内)时可以忽略。用边界元素法计算四个电极信号的和与束团横向位置的关系,图 10.3.2 给出了它们关系的三维显示。可以看出,束团在足够大的范围内变动时,和信号变化非常小。

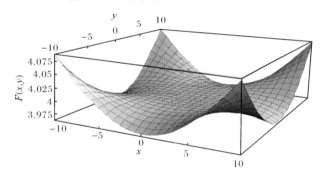

图 10.3.2　BPM 四个电极信号和与束流横向位置的关系

从贝塞尔函数的包络图中可以看出(详见第 3 章),为获得较大的测量信号和提高信噪比,将 β 振荡和束团填充电荷测量的中心频率选定为 3 倍 f_{RF},同步相位振荡测量的中心频率选定在 6 倍 f_{RF} 是有利的。尽管理论上希望这个频率尽可能高,但是实际上受真空管道的截止频率(2.044GHz)和实际束流频谱的限制,若工作频率超过真空管道的截止频率,探测器容易受到沿着真空管道传播的高频噪声的干扰。

测量电路中,为了保持足够的信号幅度和信噪比,多处需要插入低噪声放大器来放大和缓冲信号,因为电路设计为多通道同步工作方式,所以除了噪声抑制、信号匹配之外,还需要注意各级信号增益和各通道之间的平衡。为了改善信号通道中的信噪比,自然的想法是插入带通滤波器提取感兴趣的频段。这里采用梳状带通滤波器,模拟延时实现 n 级 FIR 滤波,使得束流频谱集中在检测频率附近。该滤波器的另一个特点是在通带内具有非常好的线性相频响应。

滤波后的信号馈入下一级与各阶 RF 谐波进行混频或鉴相处理,这是一个下变频过程。混频器的作用是将测量频段变换到 DC～102MHz 的范围内,对于横向和电荷测量而言是 $3f_{RF}$,对于纵向同步振荡检测是 $6f_{RF}$(此时混频器作为鉴相器件)。它们的输出都需要经过 100MHz 低通滤波器以滤除高频混叠信号。输出的信号反映了各个束团的 β 振荡(横向)和同步振荡(纵向),其幅度为束团振荡最大相移和填充电荷量的乘积。鉴相输出同样需要归一化处理。

低通滤波后的信号经过适当的放大后送入数据采集卡采样储存。采集模块工作受外部时钟的控制,这个外部时钟来自倍频模块驱动的 RF 信号。因为无论变频、鉴相还是 BxB 采样,都需要分别调整射频模块输出信号,以便得到最大幅度的输出,所以任何一路射频输出都必须插入移相器,如图 10.3.1 所示,这些移相器的可调范围不小于 360°。

PXI 机箱就近安装在储存环 BPM 的附近,测量电缆尽可能短,以减小噪声和干扰,保证多路信号的相位匹配。通过内嵌控制器以太网接口,连接到 HLS 加速器控制子网,实验人员可以通过远程访问,在控制室控制测量系统的运行。试验中,有时需要主动激励束流,这需要外部设备来配合(参考第 9 章),控制器通过 GPIB 等接口控制外部配套设备。

2. 模拟检测前端

1) HLS 位置信号的特点

HLS 储存环周长为 66m,沿圆形真空管道环上分布 31 个电容型钮扣 BPM。为了避免同步光的轰击,将其倾斜 45° 放置,每个 BPM 有 4 个与 X、Y 方向呈 45° 分布的信号拾取电极,其直径为 25mm。束流反馈系统前端信号拾取就是采用电容型钮扣电极的。参考第 5 章给出的 HLS 钮扣电极与真空室截面图(图5.2.3),用 (b,ϑ) 表示电极上某点的位置。由于以下将讨论各极片信号幅度的差值,它与 β 振荡幅度相关,在此,从式(5.2.41)出发,采用静电镜像法可求解得电极上的壁电流密度为

$$i_w(b,\vartheta,t) = -\frac{I_b(t)}{2\pi b}\left[\frac{b^2-r^2}{b^2+r^2-2br\cos(\vartheta-\theta)}\right] \tag{10.3.3}$$

考虑到束流位置在中心点附近,即 $r \ll r_0$,将式(10.3.3)展开可得

$$i_w(b,\vartheta,t) = -\frac{I_b(t)}{2\pi b}\left\{1 + \sum_{n=1}^{\infty}\left(\frac{2r}{b}\right)^n \cos[n(\vartheta-\theta)]\right\} \tag{10.3.4}$$

因此,对呈 45° 放置的 4 个电极上 $i_w(b,\vartheta,t)$ 进行积分,当忽略高次项时,其电流分别为

$$\begin{cases} I_A(t) = -\dfrac{I_b(t)\phi}{2\pi b}\left\{1 + \dfrac{4}{\phi}\sum_{n=1}^{\infty}\dfrac{1}{n}\left(\dfrac{2r}{b}\right)^n\cos\left[n\left(\dfrac{\pi}{4}-\theta\right)\right]\sin\left(n\dfrac{\phi}{2}\right)\right\} \\[2mm] \qquad \approx A_0\left[1 + B_0 r\cos\left(\dfrac{\pi}{4}-\theta\right)\right] \\[3mm] I_B(t) = -\dfrac{I_b(t)\phi}{2\pi b}\left\{1 + \dfrac{4}{\phi}\sum_{n=1}^{\infty}\dfrac{1}{n}\left(\dfrac{2r}{b}\right)^n\cos\left[n\left(\dfrac{3\pi}{4}-\theta\right)\right]\sin\left(n\dfrac{\phi}{2}\right)\right\} \\[2mm] \qquad \approx A_0\left[1 + B_0 r\cos\left(\dfrac{3\pi}{4}-\theta\right)\right] \\[3mm] I_C(t) = -\dfrac{I_b(t)\phi}{2\pi b}\left\{1 + \dfrac{4}{\phi}\sum_{n=1}^{\infty}\dfrac{1}{n}\left(\dfrac{2r}{b}\right)^n\cos\left[n\left(\dfrac{5\pi}{4}-\theta\right)\right]\sin\left(n\dfrac{\phi}{2}\right)\right\} \\[2mm] \qquad \approx A_0\left[1 + B_0 r\cos\left(\dfrac{5\pi}{4}-\theta\right)\right] \\[3mm] I_D(t) = -\dfrac{I_b(t)\phi}{2\pi b}\left\{1 + \dfrac{4}{\phi}\sum_{n=1}^{\infty}\dfrac{1}{n}\left(\dfrac{2r}{b}\right)^n\cos\left[n\left(\dfrac{7\pi}{4}-\theta\right)\right]\sin\left(n\dfrac{\phi}{2}\right)\right\} \\[2mm] \qquad \approx A_0\left[1 + B_0 r\cos\left(\dfrac{7\pi}{4}-\theta\right)\right] \end{cases}$$

$$(10.3.5)$$

为表述简便,定义式(10.3.5)中

$$A_0 = -\frac{I_b(t)\phi}{2\pi b}, \quad B_0 = \frac{2\sin(\phi/2)}{\phi/2}\frac{1}{b}$$

通过对 4 个电极信号进行运算即可获得束流相关信息。

在电极到真空室中心的距离 b 固定的情况下,位置灵敏系数度与电极张角的关系如图 10.3.3 所示。

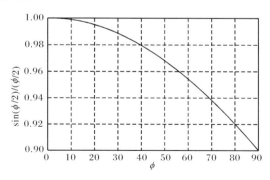

图 10.3.3　位置灵敏系数度与电极张角的关系

2) 逐束团测量和横向反馈系统前端信号处理

由逐束团横向测量和模拟反馈系统框图 10.3.3 可知,HLS BxB 测量和模拟反馈系统使用的是差信号。对式(10.3.5)的 4 个电极信号进行求差处理,则有

$$\begin{cases} (I_A+I_D)-(I_B+I_C)\approx 4\sqrt{2}A \cdot \dfrac{\sin{(\phi/2)}}{\phi/2}\dfrac{1}{b}x \\[2mm] (I_A+I_B)-(I_C+I_D)\approx 4\sqrt{2}A \cdot \dfrac{\sin{(\phi/2)}}{\phi/2}\dfrac{1}{b}y \end{cases} \tag{10.3.6}$$

差运算中位置灵敏度系数 S_Δ 为

$$S_\Delta = 4A \cdot \frac{\sqrt{2}}{b}\frac{\sin{(\phi/2)}}{\phi/2} = -\frac{I_b(t)\phi}{2\pi b}\frac{4\sqrt{2}}{b}\frac{\sin{(\phi/2)}}{\phi/2} \tag{10.3.7}$$

所以,用于 HLS 反馈系统前端信号中包含流强成分。

3) 前端信号接收和处理硬件

对于使用 BPM 对束流位置信号进行探测的相关概念,前面已经进行了详尽的说明和阐释,此处不再赘述。此处采用 MA-COM 的 H-9 模块来完成位置的模拟计算,其工作原理如图 10.3.4 所示。线路中,配以高精度、高品质的 TFlex 电缆组件,同组电缆之间最大的信号延迟时间 Δt 不大于 5ps。因为 HLS 模拟反馈系统采用的是双 BPM 测量,所以共有两套完全相同的前端信号处理设备。横向测量只用到一组 BPM 信号,而纵向测量和束团流强测量均是利用它的和信号。

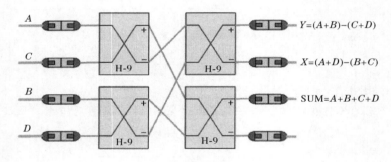

图 10.3.4　前端模拟信号运算电路

在图 10.3.4 中,利用 H-9 模块输出的 BPM 探测电极的电信号 A、B、C、D,经过加减运算,得到 X、Y 方向位置振荡和和信号为

$$\begin{cases} X=(A+D)-(B+C) \\ Y=(A+B)-(C+D) \\ SUM=A+B+C+D \end{cases} \tag{10.3.8}$$

4) 梳状滤波器制作

为了改善信号通道中的信噪比,减少在变频或者鉴相过程中无用频带通过交调或者端口耦合混入输出信号的干扰,需要采用带通滤波器提取感兴趣的频段。由于 HLS 储存环的束团间隔只有 5ns,为避免束团间信号的耦合,设计的带通滤波器需要具有较低的 Q 值,否则当束团信号通过后容易产生残留的振铃,混入下一个束团中,结果产生虚假的高阶耦合振荡信息。

技术上有两种常见的方法实现这种 FIR 滤波器,工作原理如图 10.3.5 所示。一种是使用功分器/合成器和几根不同长度传输线的组合,见图 10.3.5(a);另一种是通过微带线之间的耦合实现信号的延时和混合,见图 10.3.5(b)。

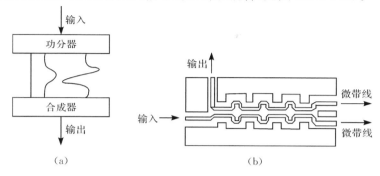

图 10.3.5 用于束团检测的两类带通滤波器

由于 HLS BxB 测量电路设计的中心工作频率为 $3f_{RF}=612\text{MHz}$ 和 $6f_{RF}=1224\text{MHz}$,对于 PCB 微带线方法,这两个频率比较低,特征波长相应比较大,若使用这种方法则该电路板的物理尺寸偏大,若处于开放状态则会感应可观的环境电磁干扰信号,势必要外加屏蔽壳,这样就略显麻烦。所以,最后采用功分器/合成器加传输线电缆的方法来实现 n 级 FIR 梳状带通滤波器。

选用功分器 MA-COM DS409,通频带为 2~2000MHz,功分器和传输线电缆都采用良好的屏蔽性,信号不易受外部噪声影响。该滤波器如果为 3-tap,则其输出横向振荡信号的数学表达式 $V_1(t)$ 为

$$V_1(t)=V(t)+V(t-T)+V(t-2T) \tag{10.3.9}$$

式中,$T=1/(3f_{RF})$。滤波后的频域信号为

$$V_1(\omega)=V(\omega)[1+\exp(-\mathrm{i}\omega T)+\exp(-2\mathrm{i}\omega T)] \tag{10.3.10}$$

即在 $3f_{RF}$ 频率处相当于带通。模拟计算 FIR 滤波后的频域结果如图 10.3.6 所示。

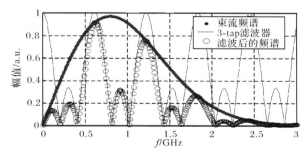

图 10.3.6 模拟计算 FIR 滤波后的频域结果[11]

按照测量电路中心的工作频率为 612MHz 和 1224MHz，一个 DS409 功分器，4 路同相（0 度）功率分配，另一个作为 4 路同相功率合成，根据其 tap 数目，分别配合 3 根和 4 根双屏蔽同轴电缆，各电缆之间长度分别相差工作频率下一个周期的固定延时，就可以实现这个功能。该滤波器的另一个特点是其具有通带内非常好的线性相频响应，这是 FIR 滤波器的一个特点。例如，612MHz，$3f_{RF}$ 模拟计算和实际制作的滤波器幅频和相频响应曲线分别如图 10.3.7 和图 10.3.8 所示。

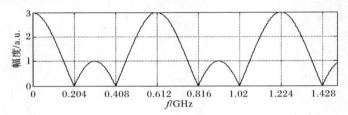

(a) 3-tap 滤波后幅频响应

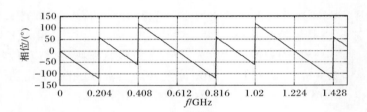

(b) 3-tap 滤波后相频响应

图 10.3.7　3-tap FIR 滤波器模拟幅频和相频响应

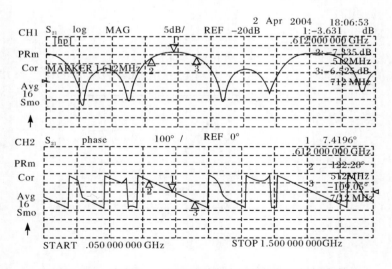

图 10.3.8　自制 3-tap FIR 滤波器实测的幅频和相频响应

5) 混频下变频

由第 4 章内容可知,横向振荡频谱主要存在于低频段。受真空管道的截止频率和实际束流频谱的影响,X 和 Y 束流信号在 $3f_{RF}$ 频率处拥有最高的幅度和信噪比。利用 DBM 和低通滤波器来提取振荡信号的原理如图 10.3.9 所示。

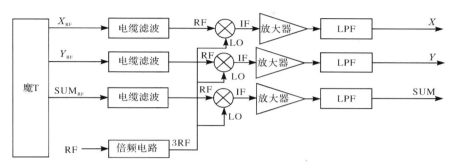

图 10.3.9 混频下变频检波前端

经过 3-tap FIR 滤波之后的 X 和 Y 信号与 $3f_{RF}$ 本振信号 LO 混频,此时的频谱如图 10.3.10 所示,将 3 倍 RF 频率处的横向振荡边带搬移到基带上。最后经过低通滤波器提取这个基带信号。

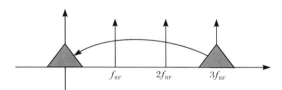

图 10.3.10 频谱搬移效果

从数学表达式可以分析信号频谱的搬移过程。$V(t)$ 为经过运算的 BPM 横向振荡信号,梳状滤波器输出信号与 $3f_{RF}$ 本振信号混频后,得

$$V_2(t) = V_1(T)\sin(3\omega t) \tag{10.3.11}$$

其频谱为

$$V_2(\omega) = V_1(\omega)[\exp(i3\omega T) + \exp(-i3\omega T)]/(2i) \tag{10.3.12}$$

$V_2(\omega)$ 将 $V_1(\omega)$ 搬移了 $3f_{RF}$ 频率,低通滤波器将提取 $0 \sim 1/2f_{RF}$ 的基带信号。

3. 射频合成和控制模块

在 BxB 信号检测中,最重要的是保证各个信号之间的相位同步,所以检测电路中的 $3f_{RF}$ 和 $6f_{RF}$ 本振信号需要相位锁定到来自高频系统的 f_{RF} 信号,此处采用锁相环(phase locked loop,PLL)技术产生倍频信号,系统中的射频合成和控制模块就是用于这个目的。射频合成与控制模块的核心部分是多路锁相环,从输入信号倍频出高次谐波。输入信号来自加速器设备的本振源(即高频信号源 f_{RF},该信号同时送往高频腔),输入电路加入了自动增益控制电路,自动适应不同的输入功率,同时消除幅度波动导致的相位抖动。此外,为了便于工程应用,增加了功率监控、射频开关、幅度控制(可调电控衰减)和相位控制(可调电控移相器)等功能模块。

所采用的锁相环(PLL)倍频电路本质上可以归类为二阶二型,具有有源比例积分滤波器的锁相环。在 PLL 设计中,增加类型号码时,系统的准确度提高,然而稳定性变差。综合考虑稳态准确度和相对稳定性,选用二阶二型环路,其特点为输入相位的任何变化都能跟踪,不会产生稳态误差;由频率阶跃产生的稳态误差为零;只要环路增益足够大,由频率斜升引起的稳态误差可以很小。环路设计参数如表 10.3.1 所示,而在图 10.3.11 中给出了 PLL 电路的开环增益和相位裕度的关系[11]。

表 10.3.1 PLL 模块的设计参数

参数	取值	参数	取值
闭环 BW/kHz	44	$K_{vco}/(MHz/V)$	92
相位检测频率/MHz	1.59375	$K_o/(V/rad)$	0.4297
相位裕度/(°)	66	f_{out}/MHz	1224,612
相位噪声	<−67dBc/Hz 在 10kHz 频偏处		

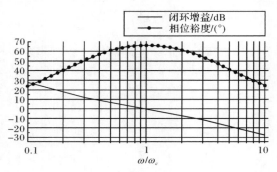

图 10.3.11 PLL 电路的闭环增益和相位裕度

射频控制模块包括 204MHz、612MHz 和 1224MHz 移相器,移相范围大于 360°,12 位分辨率,步进为 0.087°;可调衰减电路,12 位分辨率,步进小于 0.01dB;DC～5GHz 50Ω 匹配吸收型射频开关。以上所述射频 PLL 合成和射频控制模块均为 6U PXI 模块。

4. PXI 测量平台

HLS BxB 测量系统设计为基于 PXI 总线的,类似于测量领域广为应用的 VME 和 VXI 总线。PXI 是 PCI 总线及其欧式板卡标准版本 CPCI(compact PCI) 专为测量和控制应用的扩展。作为专业的面向测控应用的工业标准,该协议的实现从经典的欧式板卡尺寸标准,致密和可靠的插针式连接器,四种电源,高速背板,内部通风和电磁兼容环境,系统时钟和触发,PCI-PCI 扩展桥路连接到软件结构上的 PNP 和 PCI 兼容都堪与苛刻的 VXI 比拟。

主机箱采用 MEN 公司 6U PXI 机箱 GX7000 系列,带有嵌入式控制器。前面所述射频合成模块和控制模块均作为其插入件工作。测量系统的另一个核心设备数据采集模块采用 Aquiris 公司 6U PXI 模块 DC440,具有 12bit 分辨率,可选外部时钟,最高采样率 400MS/s,四通道输入,每通道具备 2MB 储存深度,可以保存 10ms 的束团运动信息。

10.3.3　关键器件性能的介绍

双平衡混频器(double balanced mixer,DBM)在本书所涉及的 TBT、BxB 测量和反馈系统中有广泛应用,充当一个重要的角色。所以,这里将对它的性能和原理以及使用进行简单概括的介绍。

混频器是用来把信号从一个频率变换到另一个频率的电路器件。具体而言,是通过把相对较小的射频信号与一个较大的本振信号加到非线性器件来完成的。任何外差式设备都离不了混频器。常用的混频电路有三极管混频电路、双差分对模拟乘法器混频电路、二极管双平衡混频电路和变容/变感参量混频电路。其中二极管双平衡混频电路在射频和微波波段应用最为广泛,也是本书重点介绍的内容。它具有电路简单、噪声低、组合频率分量少和工作频带宽等优点,主要缺点在于混频增益小于 1。

1. 双平衡混频器工作原理

二极管 DBM 是由两个二极管单平衡混频器组成的。视其输出分量的形式,DBM 可以有多种结构,但是它们的工作原理是相同的。目前通用的 DBM 组件内部电路如图 10.3.12 所示[11,13]。

如果各个二极管的特性严格一致,变压器中心抽头上下完全对称,各端口良好匹配,环形混频器的一个重要特点就是各端口之间的良好隔离。中频输出中 (R_I) 可以看到只有中频和射频的差频成分,而本振 (R_L) 和射频 (R_R) 信号完全被抵消,换言之即射频和本振端口对中频输出端口是隔离的。而本振信号通过 D_2 和

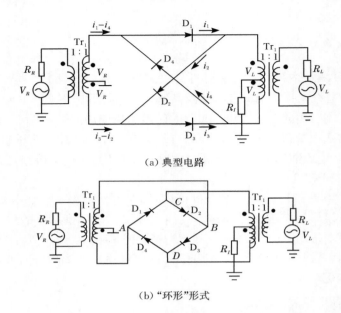

(a) 典型电路

(b) "环形"形式

图 10.3.12　二极管 DBM 组件

D_3在 B 点产生的压降与通过 D_1 和 D_4 在 A 点产生的压降相等,因而本振信号也不会出现在射频输入端口;类似的,输入射频信号电压通过 D_1 和 D_2 在 C 点产生的压降与通过 D_3 和 D_4 在 D 点产生的压降相等,因而输入信号也不会出现在本振端口,即两者之间是完全隔离的。

2. 双平衡混频器的主要性能指标

本质上,单平衡混频器是利用 3dB 混频器电路将射频和本振输入分配到两个二极管上,利用开关电路特性合成差频与和频分量的。3dB 混合电路采用 90°或 180°型。大体说来,90°型驻波好,隔离度差;180°型隔离度好,驻波差。关键问题是如何将本振和射频信号均等地分配到每个二极管上,以及如何保证二极管配对。

而 DBM 使用 180°型耦合网络,在 5GHz 以下的频率范围内这种耦合网络可以用传输线变压器完成。由于电路的平衡性都是以电压电流的振幅相等以及二极管特性一致为基础的,因此,对于 DBM,变压器的宽带平衡和二极管的精密配对就成为关键问题。其主要性能指标如下。

1) 变频损耗

变频损耗(conversion loss)是评价变频性能的重要指标,定义为在规定大小的本振输入和最大功率传输(50Ω 匹配)条件下,输出中频的单边带功率相对于输入射频信号的衰减比率,用 dB 表示。

2）变频压缩

变频压缩(P1dB)是混频器线性运用状态下最大射频输入电平的量度。正常情况下，射频输入远小于本振激励，此时中频输出随射频输入的增长而线性增长。但是，当射频输入增加到某个电平时，混频器开始饱和，输入输出之间的线性关系开始变差。

3）噪声系数

噪声系数与混频器的变频损耗 L_c、前置中放噪声因子 F_{IF} 以及混频二极管的噪声温度比 T 有如下关系：

$$NF = L_c + 10 \lg(F_{IF} + T - 1) \tag{10.3.13}$$

式中，T 的典型值为 1。不考虑前放中的噪声系数，即单独估算混频器的噪声系数时，习惯上可以将变频损耗加 0.5dB 即可。

4）动态范围

动态范围是指混频器在规定本振电平下，射频输入电平的可用范围。除非对变频失真有特别的要求，一般认为动态范围的上限就是 1dB 压缩点，而动态范围的下限受测量通道的灵敏度限制。

5）组合频率干扰

输出频谱中包含一系列由本振频率(f_L)和射频频率(f_R)组合而成的频率成分。严格地说，除了 $|f_L \pm f_R|$ 之外所有的输出都是假的响应。由于二极管 I-V 特性并非严格的线性，因此二极管电路输出信号中必然包含输入的各次谐波成分。为了消除这些不感兴趣的成分，实际应用中信号变频前后都必须经过如滤波等必要的处理。

6）非线性失真、包络失真和强信号阻塞

假设馈入输入端的信号是一个调幅信号，当输入足够大时混频器输出结果中除了可能产生的干扰噪声之外，还会因中频的幅度调制信号并非输入射频信号的线性函数，输出信号不能正确反映输入的变化规律。通常将这类失真称为调幅信号的包络失真。

当失真变严重时，幅度项中的正负项相互抵消，往往导致输出中频幅度几乎不随输入而变化，这种现象称为强信号阻塞。

7）交叉调制失真

当输入端同时有有用信号 V_R 和干扰信号 V_N 作用时，混频器除了对某些特定频率的干扰形成寄生通道干扰外，还会在电流分量的幅度调制信息中混入干扰信号，即对任意频率的干扰信号产生交叉调制失真。简单地说，这种失真就是将干扰信号的包络交叉地转移到输出有用中频信号上，简称为交调失真。交调失真的一个特点是干扰信息仅伴随有用信号而存在，当有用信号消失时，输出中的干扰信号分量也随之消失。

8）互调失真

当混频器输入端同时有两个干扰信号 V_{N1} 和 V_{N2} 作用时，混频器还可能产生互相调制失真。

以上几种非线性失真现象都是由非线性 I-V 特性的四次方项（以及更高的偶次方项）产生的。其中三阶互调失真对信号接收和检测的危害最大，而且三阶互调失真严重，其他非线性失真（都是由特性的四次方项引起的）也相应比较严重。因此不必逐一分析各种非线性失真，而集中用三阶互调失真系数作为评价混频器失真大小的性能指标。

3. 双平衡混频器应用

1）平衡混频器

这是最基本的应用。在给定的频率范围内，不仅可以作为向下的变频器，还可以作为向上的变频器。四个性能一致的肖特基二极管与两个严格平衡的宽带变压器相连，使射频 RF 和本振 LO 端口泄漏到中频 IF 输出的电压显著地减少。平衡越好，对中频端所需的滤波器的要求就越低。

理论上，三个端口互相隔离，根据应用情况端口，可以互换使用。但是对于下变频工作，建议采用如图 10.3.13 所示方式连接信号。当作为上变频时，由于输入频率较低，可以把中频端口作为低频输入，而把射频端或者本振端作为输出端。

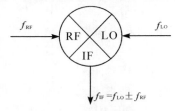

图 10.3.13　混频器应用

2）鉴相器

当两个频率相同而相位不同的信号加至 RF 和 LO 端时，在 IF 端将获得与两个输入信号的相位差成正比例的直流输出。凡是中频端为直流耦合的混频器都可以作为鉴相器，一种合理的做法是保证两个输入的振幅相等。DBM 作为鉴相器时，用适当的滤波器剔除混频的和频和高次频率项，其输出特性与相位差的关系为余弦函数：

$$V_{\text{out}} = K\cos(\phi_L - \phi_R) \tag{10.3.14}$$

式中，K 为常数，与内部二极管特性与外部负载有关；ϕ_L 与 ϕ_R 分别为两输入信号的相位。当相位差为 90° 时，理论上输出为 0，在 90°±30° 范围内，可认为是鉴相器的良好线性区域。

大多数 DBM 的 IF 端为直流耦合,再加上各端口之间有很高程度的隔离,是作为鉴相器的理想器件。DBM 作为鉴相器应用于 BxB 系统的纵向测量。

3) 电流控制衰减器和开关

平衡混频器的一个特点是,在 LO 端和 RF 端之间的隔离或者衰减是可变的,这两个端口之间的隔离度取决于流过 IF 端的直流电流。当 IF 端没有直流输入时,LO 端到 RF 端存在着最大的衰减;当控制电流超过 20mA 时,衰减可能降至3dB。将二极管用开关等效代替,图 10.3.12(b)可以简化为图 10.3.14 和图10.3.15 中的两个等效电路。

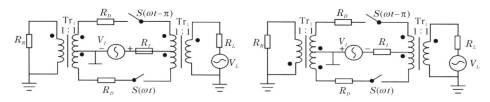

图 10.3.14　中频端加正向电流,D_2、D_4 导通　　图 10.3.15　中频端加负向电流,D_1、D_3 导通

当 IF 端加一个正向电流时,LO 端的信号同相位传输至 RF 端口;而当中频端加一个负向电流时,LO 端的信号反相传输至 RF 端口。改变中频电流的大小就可以改变 LO 端到 RF 端之间的衰减。作为一个极端情况,中频电流的通和断决定了 LO 端到 RF 端通道的开关。作为衰减器,DBM 的意义在于为宽带信号甚至低频信号提供一种实用的方法。在低频段,PIN 二极管不再适合作为衰减用,因为在频率低于 1MHz 时,它的开关特性已经消失。

DBM 作为开关或者衰减器的缺点是输出包含输入的谐波。尽管由于具有高的内部隔离,但是对于系统设计来说仍然需要加以考虑。

DBM 作为电流控制衰减器和开关应用于 BxB 反馈系统的反馈相位控制等。

4) 脉冲调制器

工作原理与前面的衰减器/开关一致,只是加到 IF 端的控制信号为脉冲电压。将载波信号加至 LO(RF)端,调制后的信号从 RF(LO)端输出。对于宽带混频器,它的 IF 端口一般也具有相当的带宽,可以提供非常清楚的脉冲阶跃和最小的载波泄漏。

DBM 作为脉冲调制器应用于单束团形成电路。

5) 二倍频器

DBM 作为二倍频器时,相当于上变频的情况,只是两个输入信号的频率相同而已。输出和频率是输入频率的二倍。电路接法是把 IF 端和 RF 端相连作为输入,LO 端作为输出端。输入电平应该足够大,变频损耗为 10~14dB。

DBM 作为二倍频器应用于 HLS 的倍频电路,用于形成 RF 三倍频和六倍频信号。

DBM 还可应用在双相、四相调制器,正交中频混频器中。

6)双相、四相调制器

DBM 作为双相调制器能够把数字信号调制到载波上。数字信号必须能够在 IF 端提供约 ±10mA 的电流。理想情况是正负电流的振幅相等。射频载波进入调制器后,根据 IF 端激励电流的极性,可使输出相位改变 180°。双相调制器的主要指标是载波抑制、相位偏差、振幅平坦度和驻波。载波抑制约 30dB,相位偏差为 ±5°～±10°。

将双相调制器进行推广,利用两个混频器,一个 90° 分配器和一个 0° 分配器,可以组成一个四相调制器。四相调制可以将两倍的数字信息传递到载波上。

7)正交中频混频器

正交中频混频器产生两个等幅度的中频输出,两个中频的相位互差 90°(正交)。它由两个混频器和两个分配/合成器组成。加到混频器的 LO 端是同相的,而 RF 端互差 90°,结果两个混频器输出的中频,振幅相等而相位为正交。

这种正交中频混频器,可用于多普勒系统。根据多普勒信号的相位,测定移动目标的位置,如防盗报警器、雷达高度计和网络分析仪。正交中频混频器还可用于数字解调器(PSK),解调一个 QPSK 数字相位码和恢复两个数据输出。QPSK 输入加至 RF 端,而再生的载波加到 LO 端,解调数据可以从两个 IF 端输出。

10.4　相关物理量测量与分析

决定加速器稳定运行的重要物理量包括相空间、阻尼时间、束团电荷量、横向和纵向瞬时振荡信息以及不稳定性振荡模式等。利用 TBT 和 BxB 测量系统,测量获得横向水平和垂直位置、纵向同步相位振荡以及上述相关的重要物理量。测量和分析的结果直观地反映了束流每圈和各个束团(电荷)质心运动的细节,从而研究聚束束流的相干和非相干运动的时域和频域变化规律,以便物理学家研究机器性能和采取适当的措施保证储存环束流稳定和高亮度运行。

测量所获得的所有束团的运动轨迹,时域波形反映了束团振荡运动的不稳定性增长或者阻尼的过程。再对试验数据进行分析和计算,可得到储存环阻抗的分布和存在什么类型的高次模,来估计储存环不稳定性的来源和严重程度,考虑应采取什么样措施来抑制储存环中不稳定性,如八极磁铁、窄带或者宽带反馈系统等。同时也能验证储存环设计模型的正确性,以及检验应用相关措施克服束流不稳定性的效果。

10.4.1　HLS 储存环 Twiss 函数

在物理量测量之前,首先要对 HLS 储存环的 Twiss 参数有一认识。在 HLS 通用光源模式下(GPLS),利用闭轨测量系统,通过改变 RF 频率的方法测量 200MeV 注入能量和 800MeV 储存能量下的水平色散曲线和 Twiss 参数沿环分布情况,结果分别如图 10.4.1 和图 10.4.2 所示[14]。

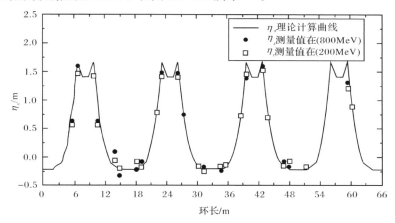

图 10.4.1　色散函数沿全环的分布

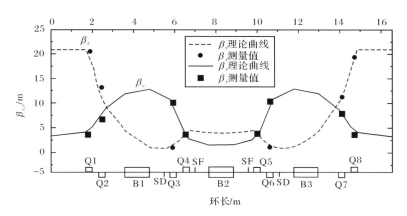

图 10.4.2　β 函数沿环的变化(800MeV)

10.4.2　激励束流设备和线路

为了获得储存环中束流运动的相关细节,首先需要激励束流。而 HLS 储存环上现阶段没有安装快速脉冲冲击磁铁,尝试使用两种方法来扰动束流:①相对较慢地注入冲击磁铁;②条带电极共振方法。

　　HLS注入系统采用四块脉冲磁铁,布局如图 10.4.3 所示。磁铁的驱动信号为一个周期的半余弦信号,各个冲击磁铁偏转角度分别为 θ_{1-4},应该是 $\theta_1 = -\theta_2 = -\theta_3 = \theta_4$,即 $\sum \theta_i = 0$,详细参见 9.3.2 节。

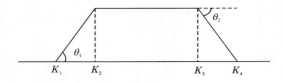

图 10.4.3　注入冲击磁铁

　　当仅考虑二极磁场作用时,容易知道当 K_1 和 K_2(或者 K_3 和 K_4)的偏转角度不一致时,束流离开凸轨区域会受到一个角度扰动,而若这两对之间有一个偏差,束流将感受到位移干扰。所以在试验中开通一对磁铁扰动稳定储存的束流,从测量结果中看到了正如期望的束流对这个扰动的响应。

　　此外,更多的激励束流试验是利用位于储存环第三象限的直线段长条带电极($l=75\text{cm}$)进行的。详细参见 9.3.3 节中"条带激励反馈与作用力"小节。

10.4.3　激励门电路的研制

　　为了研究 HLS 储存环的各种性能,经常需要激励束流,尤其需要在单束团情况下进行各种测量、调试和研究,如阻尼时间的测量、反馈系统延迟时间和反馈相位的调整等。而 HLS 储存环目前只能运行在全环填充模式,因此,激励门电路的研制对选择单束团信号和储存环形成单束团运行是至关重要的,也是反馈系统调验研究和成功的保证[11,15]。

　　1. 采用扫频激励形成的单个开关门

　　产生横向和纵向激励的线路如图 10.4.4 所示。对于稳定的束流,无论扫频激励还是根据测量工作点计算的单频激励,都可以得到很好的结果。

　　在横向共振激励束流时,由于条带分路阻抗特性适合采用低频段信号驱动条带电极,而若是作为纵向激励则需要将信号变频到中频段。上述电路中,函数发生器 33120A 工作在脉冲串(burst mode)方式,作为一个单次输出的方波信号源以控制混频器。混频器内部是射频变压器和混频二极管,所以有必要在它前面插入一个衰减器,既可起到限制电流的作用,又改善了信号传输和匹配情况。函数发生器 33250A 输出连续多扫频或单频信号。采用宽度为 10ms 的扫频激励,获得45 个束团三维振荡信号如图 10.4.5 所示。

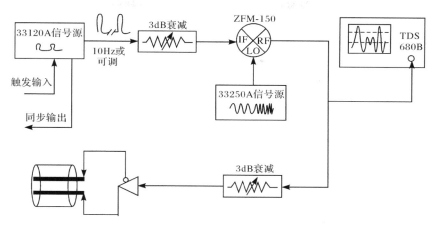

图 10.4.4 使用条带电极在横向或纵向激励束流

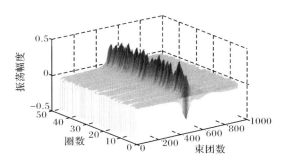

图 10.4.5 采用 10ms 单个门电路扫频激励形成的 45 个束团信号的三维图

混频器在这里作为一个响应速度在 ns 量级的快速门,其开通期间的输出信号送入后继的射频宽带功率放大器推动激励器件。函数发生器 33250 受外部触发控制,而且它在信号输出和终止的两个时刻分别给出的上升和下降两个跳变沿,可以作为 BxB 测量系统的同步触发信号,输出连续多扫频或单频信号。测量系统的数据采集卡在激励输出的瞬间开始工作。

2. 单束团检测原理框图

单束团检测的原理框图如图 10.4.6 所示,检测到的单束团见图 10.4.7。在储存环所有 45 个 bucket 满填充情况下,通过快速门选通单个束团信号进入测量电路,其他束团的信号被屏蔽。从检测电路的角度看,就好像储存环中仅填充了单个束团,束团信号的检测和分析可以大大简化。以前面提及的 TBT 测量为例,探测器输出信号经过这个快速门筛选后,后继检测电路就相当于跟踪某个固定的束团。与真正的单束团填充不同的是,这个束团在不同的填充模式下,受到的束流环境尾场的作用也不同,也即跟踪的这个束团的运动反映了储存环不同填充模式的束流稳定性。

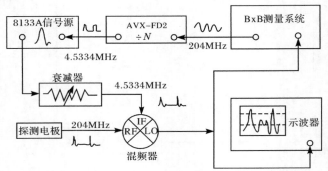

图 10.4.6　检测单束团原理框图

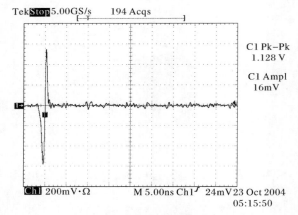

图 10.4.7　通过门电路检测到的单束团

3. 采用两个高速开关门形成单束团

HLS 注入系统是多圈全填充注入,无法直接得到单束团的运行模式。为此,可以为 HLS 储存环研制出简洁、易操作的高频剔除系统(RFKO),利用 RFKO 可使 HLS 多束团储存环形成并运行在单束团环境下。RFKO 原理可参考文献[16],而这里采用两个混频器,利用不同的接法实现不同的用途,完成 HLS 储存环的单束团运行,保证反馈系统的顺利成功地调试,HLS RFKO 系统框图如图 10.4.8所示。

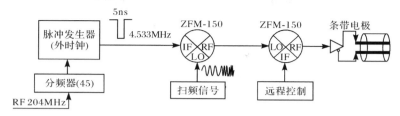

图 10.4.8　HLS RFKO 系统框图[17]

HLS RFKO 系统由脉冲发生器、时钟电路、放大器、波形发生器和 DBM 组成。时钟电路将 RF 高频信号 45 分频后的,将占空比为 50% 的方波信号输入脉冲发生器作为触发,输出脉宽为 215ns、重复频率为 4.533MHz 的方波信号(对 5ns 方波信号取反)。方波信号输入 DBM ZFM-150 的 IF 端作为一个门信号控制扫频信号的输出。扫频信号由信号源提供,送入 DBM 的 LO 端,并在 RF 端得到一个门宽为 5ns 的扫频信号。扫频信号是以 Tune 值为中心频率的调频信号。该信号将激励起束团的横向振荡,而使门脉冲以外的束团丢失,5ns 的门宽内没有扫频信号,因而单个束团得以保存。使用条带电极在横向激励束流获得对应的单束团波形如图 10.4.9 所示。

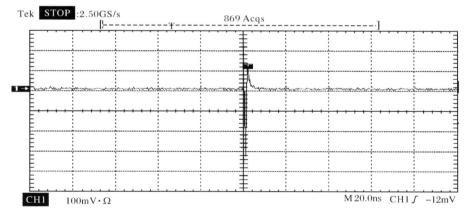

图 10.4.9　采用两个高速开关门在储存环中形成的单束团信号

10.4.4　逐束团测量系统的应用

本节利用第 8 章介绍的数据处理方法,比较和分析横向和纵向耦合束团不稳定性振荡及其相关物理量[11,12]。

BxB 测量系统包括横向水平和垂直位置测量、纵向同步振荡相位测量,以及相关重要物理量,如相空间、阻尼时间和不稳定性模的分析等。测量所有束团的运动轨迹,时域波形反映了束团不稳定性振荡阻尼或者增长的过程、用试验的手段验证模型计算得到的结果,以及耦合束团不稳定性的严重程度。若在储存环中加入抑制不稳定性的手段,如八极磁铁、窄带或者宽带反馈系统,可以检验应用这些措施的效果。

各束团 β 振荡初始相位之间满足如下特殊的束团相位关系:

$$\psi_n = \psi_0 + 2\pi \frac{n\mu}{M}, \quad n = 0, 1, \cdots, M-1, \mu = 0, 1, \cdots, M-1 \qquad (10.4.1)$$

对以上述相位关系相干振荡的束团逐圈采样,得到 45 行×N 列的数据矩阵。逐列进行 FFT 变换,得到 45 行×N 列的复数频域表示,每行代表一个随时间变化的模式。

1. 阻尼时间

束流阻尼时间的测量是至关重要的。它是判断束流是否能稳定运行、抑制束流不稳定性的反馈系统效能的重要判据。只有迅速阻尼,才能提高流强的积累,也才能保持束流在储存环中稳定运行。为此,本小节对储存环中的阻尼时间进行分析。

如果束流受到干扰而产生振荡且幅度有限不至于导致束流丢失,在储存环中固有阻尼机制作用下,束流的运动将逐渐衰减而最终趋于稳态。在适当的近似条件下,可以认为这个过程服从指数衰减 $Ae^{-\frac{t}{\tau}}$。以横向阻尼为例,衰减时间因子包含若干因素的贡献[18]:

$$\frac{1}{\tau_{\text{total}}} = \frac{1}{\tau_{\text{rad}}} + \frac{1}{\tau_{\text{headtail}}} + \frac{1}{\tau_{\text{sex}}} + \frac{1}{\tau_{\text{oct}}} + \frac{1}{\tau_{\text{mb}}} \qquad (10.4.2)$$

式中,τ_{rad} 为辐射阻尼时间;τ_{headtail} 为头尾阻尼时间;τ_{sex} 为六极磁铁朗道阻尼时间;τ_{oct} 为八极磁铁朗道阻尼时间;τ_{mb} 为多束团阻尼时间。

六极磁铁和八极磁铁对于横向耦合束团振荡起阻尼的作用,这个机制称为朗道阻尼(参见第 4 章)。具体而言,高阶磁场分量的作用,束团中的各个粒子之间的 Tune 频率分散与幅度之间是非线性的关系。随着幅度增加频率分散加剧,最后大多数粒子将能量传递给少数保持共振频率的粒子后衰落直至稳定区。与此同时,也伴随着束团中粒子分布的变化。储存环中 Tune 值与束团振荡幅度关系中,八极磁铁的影响是一阶的,而六极磁铁是二阶的。

以 HLS 储存环为例,在 800MeV 运行时,辐射阻尼设计参数值分别为 $\tau_x = 21.15\text{ms}, \tau_y = 21.65\text{ms}, \tau_\varepsilon = 10.95\text{ms}$。储存环的模拟计算可以精确地给出这三个参数,而且与实际测量值符合得相当好。

HLS 储存环的自然色品分别为 $\xi_x = -6.13$ 和 $\xi_y = -2.41$,加六极磁铁校正后的色品分别为 $\xi_{x,\text{corr}} = 2.1137$ 和 $\xi_{y,\text{corr}} = 2.3657$[19]。较大的色品保证了足够强的头尾阻尼,但是非线性场也限制了束流动力学孔径。

与其他的阻尼时间相比,头尾阻尼受束团电荷的影响。保持能量和色品不变,在不同的储存流强下,测量束团相干振荡的阻尼时间,得到一条曲线。若其他阻尼因素贡献有限,对所测曲线进行过零线性拟合,即可得到头尾阻尼时间-流强曲线,所以试验要求测量不同束流时的阻尼时间。假设其他阻尼时间不依赖于流强,对所测量的阻尼时间-流强曲线线性外推就得到了头尾阻尼时间-流强关系。

为了改善束流稳定性,HLS 储存环采用了一组八极-斜四极磁铁以增强注入状态下的朗道阻尼和调节横向耦合[11,20,21]。在未增加八极磁铁时,HLS 非线性场主要来自于六极磁铁和离子清洗电极,它们产生的频散很小,在注入状态下利用 TBT 测量得到束流的阻尼时间为 10ms 量级。计算表明,在储存环的 B_6 和 B_9 弯铁前分别安装一块八极磁铁,其强度均为 $k_3 l = B''' l /(B \rho) = (500 \sim 2000) \times 0.0725 \mathrm{m}^{-3}$,即使考虑到各种公差会令动力学孔径减小,也应该能够满足 HLS 的注入要求。计算表明,此时产生朗道阻尼时间应当在 ms 量级。当八极磁铁强度 $k_3 = 1200 \mathrm{m}^{-4}$ 时,可以产生 $\Delta \nu = 2.0 \times 10^{-4}$ 的频移,朗道阻尼时间 $\tau_{\mathrm{oct}} = 1.9 \mathrm{ms}$。

从各个实验室发表的实际测量和观察结果来看,多束团阻尼效应在大多数时候远远小于其他阻尼机制,可以忽略。

2. 束团振荡信息

1) 稳态运行时

测量所有束团横向振荡和围绕同步相位的纵向振荡,可以发现不稳定性增长和阻尼时间以及存在的耦合模式。如果存在纵向不稳定性,则很容易在横向测量结果中反映出来,这是因为 β 振荡的相位被其调制所致,详细讨论见相关章节。

在没有外界激励情况下,获得了 45 个束团横向幅度振荡和纵向相位振荡随时间变化的图像(图 10.4.10 和图 10.4.11)。从图 10.4.11 可以看到,在没有外部激励或扰动稳态运行时就存在明显的纵向不稳定性。

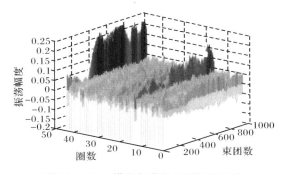

图 10.4.10　横向振荡振幅随时间变化

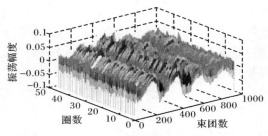

图 10.4.11　同步振荡振幅随时间变化

　　由于测量和反馈系统中一般采用超外差技术方案,以测量为例,输入的高频信号(位于 n 倍 f_{RF} 载波上)被变频到两路低频 I/Q 正交电路,相当于分别采集束流信号的实部与虚部,进而恢复出完整的复数频谱。I/Q 测量(相当于信号解调)电路的原理如图 10.4.12 所示,图中 f_0 即 n 倍 f_{RF}。采用两路 I/Q 测量电路可以采集到带宽所有有效频谱成分和耦合模数。

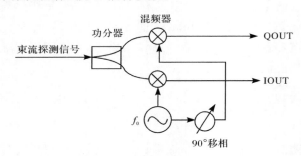

图 10.4.12　I/Q 正交测量电路原理

　　下面列举一个具体的例子[11]。当流强为 202mA,能量为 800MeV,未加扭摆磁铁(wiggler),轨道未校正,束团电荷填充略呈不均匀性,在没有外部激励或扰动情况下,各束团纵向相位振荡幅度随时间的变化和在频域对应的耦合模式测量结果分别如图 10.4.13 和图 10.4.14 所示(另见文后彩插)。

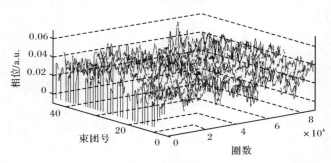

图 10.4.13　同步相位振荡幅度随时间的变化

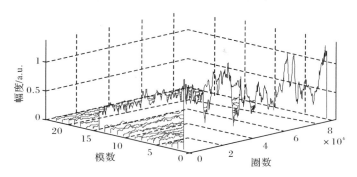

图 10.4.14　同步振荡多束团耦合模式

由于客观条件限制,当时采集的是单路输出(即 I/Q 输出的一路)信号。从前面讨论的束流频谱和逐束团采样部分可知,对这个信号直接进行频谱分析最后得到的有效频谱成分只有束团谐波数的一半,即显示的某个模式既可以为$(n+Q_s)$也可以为$(n-Q_s)$,分别代表增长或阻尼贡献。后面出现的模式数小于 45 的数据均按照同样的思路进行处理和分析。

从图 10.4.14 反映的各束团相位振荡的幅度和在频域对应的耦合模式的变化可以看出,束团基本处于准稳定状态,耦合模数(mode ID)分别为 $\mu=0$ 和 $\mu=14$ 的两种模式的振幅较大,而后者幅度只有前者的一半。

用单路束流测量信号也可以分析出所有模式,例如,可采用希尔伯特变换对数据进行处理得到另一路正交信号,用两路信号组成复数计算出所有 45 个模式。这种方法适合进行离线分析处理,由于速度较慢不适于在线的高速束团反馈系统。工程上,实用的系统应当同时实现两路正交测量和两路正交反馈信号,实时计算出所有模式进行快速反馈。

束流具体处于增长还是阻尼状态还需要参考模式随时间的变化。就上述例子,从测量结果图 10.4.15～图 10.4.17 中可以看出,瞬时的不稳定性由于增长率有限(换句话说,HLS 储存环的阻尼能力较强),在较短的时间内就被阻尼掉而保持近似稳定。

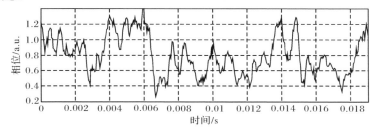

图 10.4.15　模 $\mu=0$ 的耦合模式振幅随时间变化,增长阻尼时间尺度为 ms 量级

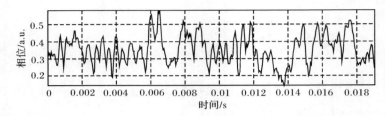

图 10.4.16　$\mu=14$ 的耦合模式振幅随时间变化,增长阻尼时间尺度为 ms 量级

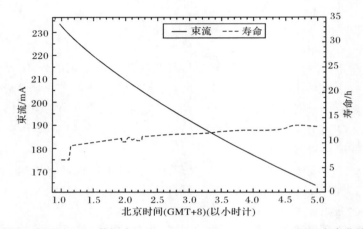

图 10.4.17　HLS 数据库记录:2004.10.23 1:00~5:00 流强-寿命曲线

同理,图 10.4.18 和图 10.4.19 描绘出 800MeV 通用光源模式,未加激励和扭摆磁铁,X 方向横向振荡幅度和在频域对应的不稳定性振荡模式。

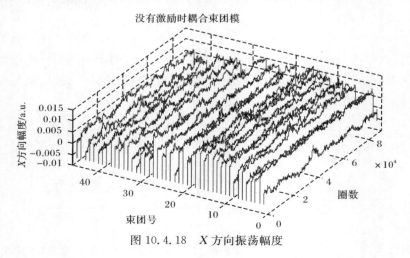

图 10.4.18　X 方向振荡幅度

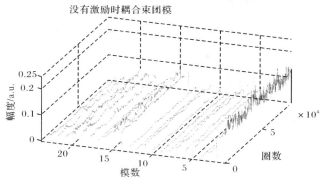

图 10.4.19　X 方向横向束团振荡耦合模式

2) 条带共振激励条件下的测量

采用条带电极在水平方向共振激励束流(2.4428MHz,带有一个 10ms 门),获得不稳定性振荡和阻尼信息。束流能量为 800MeV,流强为 168.3mA,$\nu_x = 3.5385, \nu_y = 2.5966$,没有启用扭摆磁铁,各束团水平 β 振荡幅度随时间的变化和耦合模式如图 10.4.20 和图 10.4.21 所示。

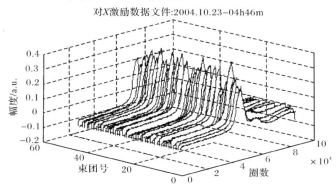

图 10.4.20　各束团水平 β 振荡幅度随时间的变化

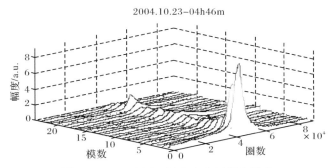

图 10.4.21　水平 β 振荡多束团耦合模式

对图 10.4.20 和图 10.4.21 中的模式的幅度阻尼部分进行指数拟合,得到如图 10.4.22 所示的三个主要模式的阻尼时间分别为:$\mu=0,\tau_0=0.83$ms;$\mu=1,\tau_0=0.59$ms;$\mu=19,\tau_0=1.27$ms。这些数值远远小于辐射阻尼时间,可见主要是头尾阻尼和八极磁铁(以及六极磁铁)朗道阻尼的贡献。从前两个数值可以判断,头尾阻尼时间应该小于 1ms。

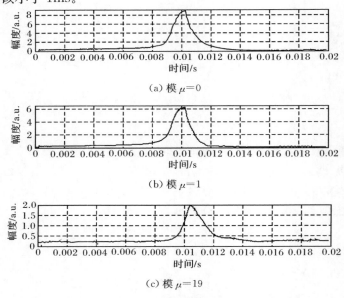

(a) 模 $\mu=0$

(b) 模 $\mu=1$

(c) 模 $\mu=19$

图 10.4.22　三个主要模式的增长和阻尼

3) 阻尼时间、工作点随幅度变化、相空间的演变等测量

测量当激励信号撤去后振荡信号的阻尼过程。图 10.4.23 为逐束团测量中的部分束团数据演示。18~23 号束团 X 方向逐圈振荡波形如图 10.4.23 所示。

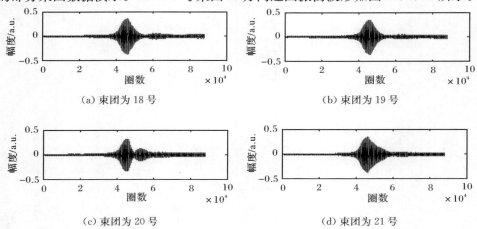

(a) 束团为 18 号

(b) 束团为 19 号

(c) 束团为 20 号

(d) 束团为 21 号

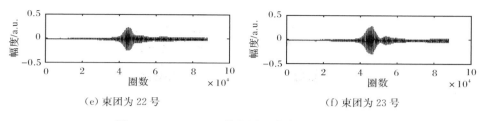

(e) 束团为 22 号　　　　　　　　　　(f) 束团为 23 号

图 10.4.23　18~23 号束团 X 方向逐圈振荡波形

选择一个束团(如 13 号),逐圈振荡波形如图 10.4.24 所示,与其对应的时频联合表示图如图 10.4.25 所示(另见文后彩插)。

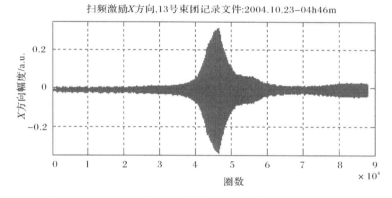

扫频激励 X 方向,13 号束团记录文件:2004.10.23-04h46m

图 10.4.24　13 号束团在激励前后的 X 方向逐圈振荡波形

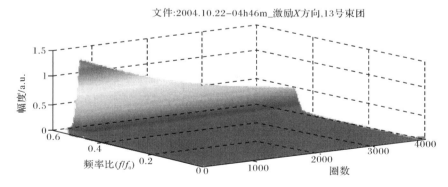

文件:2004.10.22-04h46m_激励 X 方向,13 号束团

图 10.4.25　与图 10.4.24 对应的时频联合表示(色彩标记参见图 10.4.31)

对图中对应于 Tune 值的频率成分的阻尼衰减过程进行指数拟合,得到的阻尼时间为 0.734ms,远小于设计的辐射阻尼时间。显然除了辐射阻尼之外,还存在更强的阻尼作用。重复前面讨论过阻尼时间公式:

$$\frac{1}{\tau_{\text{total}}} = \frac{1}{\tau_{\text{rad}}} + \frac{1}{\tau_{\text{headtail}}} + \frac{1}{\tau_{\text{oct}}} + \frac{1}{\tau_{\text{sex}}} + \frac{1}{\tau_{\text{mb}}}$$

令 $\tau_{\text{rad}} = 21.15\text{ms}, \tau_{\text{oct}} = 1.9\text{ms}(\tau_{\text{oct}} = 1.1 \sim 4.6\text{ms}$,此处取八极磁铁强度 $k_3 = 1200\text{m}^{-4})$,忽略六极磁铁 τ_{sex} 和多束团阻尼 τ_{mb} 的贡献,可以得到 $\tau_{\text{headtail}} = 1.2677\text{ms}$。在几项横向阻尼机制中,头尾阻尼的作用最大,这也与前面讨论的 HLS 储存环工作时的校正色品值较大这个事实相应。事实上,八极磁铁是通过非线性场影响束流运动的,从其定义知道,束流偏离中心越大,非线性场的作用越强,所以当束流不稳定性比较弱时主要阻尼力来自头尾阻尼。

束流能量为 800MeV,流强为 98.4mA,水平方向激励功率为 4W,频率约为 2.5MHz,没有启用扭摆磁铁。分析其中 13 号束团,IFFT 方法计算的水平 β 振荡幅度阻尼过程如图 10.4.26 所示,阻尼过程中水平 Tune 值随时间的变化如图 10.4.27 所示,阻尼过程的 Tune-Ampl^2 曲线如图 10.4.28 所示。

图 10.4.28 中横坐标是 X 方向幅度的平方,正比于 ε 或 W。Tune 值随幅度变化的曲线正如理论所预测的,为一条近似线性的曲线。

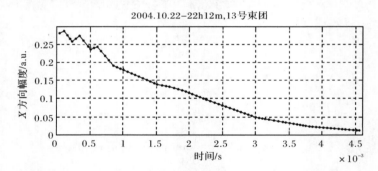

图 10.4.26　IFFT 方法计算的水平 β 振荡幅度阻尼过程

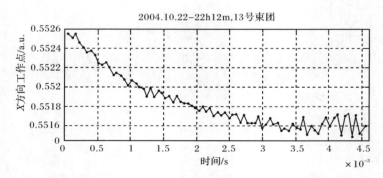

图 10.4.27　IFFT 方法计算的阻尼过程中水平 Tune 值随时间的变化

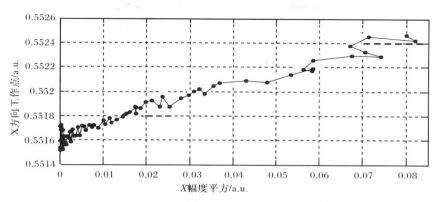

图 10.4.28 阻尼过程的 Tune-Ampl^2 曲线

图 10.4.29 和图 10.4.30 显示两者之间存在差别,因为 IFFT 计算的是一个频率与幅度缓慢变化的准简谐波的瞬时幅度,计算结果排除了较大的直流和低频干扰,所以相对于直接对波形包络进行指数拟合更为合理。

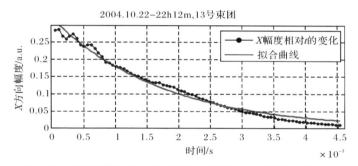

图 10.4.29 对 IFFT 计算的幅度曲线进行指数拟合,得到阻尼时间 $\tau=1.73$ms

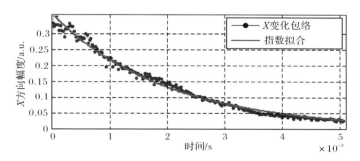

图 10.4.30 直接对测量的水平振荡波形的包络进行指数拟合,得到阻尼时间 $\tau=2.00$ms

随着振荡幅度的阻尼,从图 10.4.31 时频平面的伪彩色颜色变化和分布(另见文后彩插),以及图 10.4.32 可以看出,与 Tune 对应的能量随之衰减,同时

Tune 分散和漂移(spread and shift)逐渐收缩。

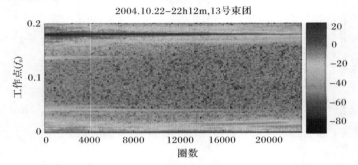

图 10.4.31　伪彩色光谱图表示的 Tune 分散和漂移在时频空间的演化

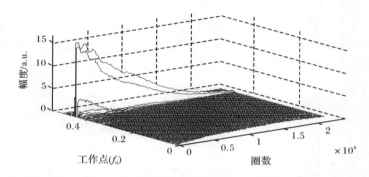

图 10.4.32　分散和漂移在时频空间的演化(三维图)

　　已知 BPM 所处位置的 Twiss 参数,根据本节"相干振荡的相空间表示"部分所述的关系,可以从采样得到的束团横向运动轨迹 X 计算对应的 X',分别以二者为坐标轴的平面分布就是相空间图像。这个计算的前提假设是已知该测量点 BPM 处的 β 函数。对于恒定振幅运动的束团,这个图像应该是一个椭圆,视其 Twiss 参数的不同,可以为正椭圆,更多的情况是斜椭圆。椭圆的面积正比于束流发射度(或运动幅度),所以可以想象与阻尼过程对应的相空间表示应该是收缩的椭圆,反之则为扩张的椭圆。图 10.4.33 和图 10.4.34 作为实际测量结果很好地验证了这点。

　　对应的相空间变化过程如图 10.4.34 所示。图像表现为自外向内收缩的趋势,即发射度减小,对应为束团振荡幅度的阻尼。

　　对如图 10.4.35 反映的阻尼过程进行指数衰减拟合得到 $s(t) = ae^{bt} = 0.2082e^{-\frac{t}{0.00176}}$,即这个衰减系数为 1.76ms,此值与上述计算值相仿。这个值也远远小于辐射阻尼时间(约为 20ms),所以可以进一步判断储存环中存在较强的头尾阻尼和朗道阻尼,后者来源于八极磁铁和六极磁铁。

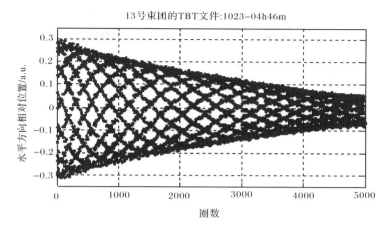

图 10.4.33　13 号束团水平激励后的束团横向振荡振幅随时间衰减

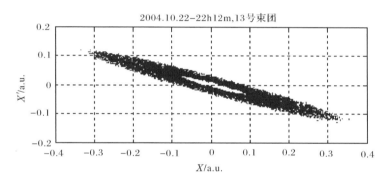

图 10.4.34　13 号束团振荡的阻尼过程在相空间的演变

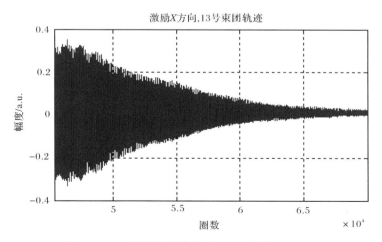

图 10.4.35　激励信号撤去后束团振荡的阻尼过程

4) 不同的数值处理方法的相互验证

不同数值处理方法在数值精度、计算复杂性、采样序列长度等方面有细微的区别,处理结果呈现的信号特征轮廓、变化趋势和时间特性应当一致。以 Tune 值监测曲线为例,使用 NAFF、最大熵、线性插值方法对实际试验数据进行处理,计算结果非常接近,当变化比较缓慢时与 FFT 曲线基本一致。

对于时变信号,工程上的实用方法是采用短时傅里叶变换同时观察时域和频域的变化情况,能够给出直观的结果,便于进行分析和二次处理。下面分别列出两组处理数据加以说明。第一组演示了 NAFF 法计算 Tune 值与短时 FFT 处理结果之间的对应关系,原始数据反映的是振荡的自然阻尼过程。图 10.4.36 为时频联合表示的振荡阻尼过程,伪彩色图中高亮部分表示主要能量成分即工作点相关信息,可以看出在振荡时工作点明显发散(另见文后彩插)。图 10.4.37 为对应的振荡模式-时间三维图,相当于图 10.4.36 的立体表示。同样的数据,分别采用 NAFF 方法和线性插值 FFT 方法得到了非常一致的结果。NAFF 法计算的工作点随幅度变化关系如图 10.4.38 所示。

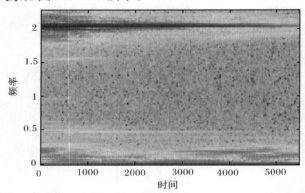

图 10.4.36　振荡阻尼过程的时频分析结果,可以看出在振荡时工作点明显发散

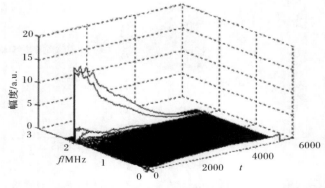

图 10.4.37　图 10.4.36 的三维表示,发散频率随着幅度的阻尼逐渐收敛

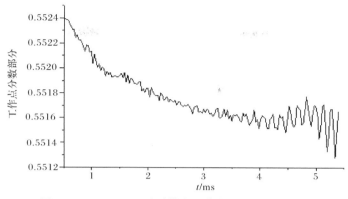

图 10.4.38　NAFF 法计算的工作点随幅度变化关系

　　第二组数据与第一组不同,描述的是振荡被激起随后自然阻尼的过程,图10.4.39同时绘出了激励束流出现的耦合振荡模及其幅度随时间变化的过程。图 10.4.40说明的是采用线性插值算法得到的 Tune 值随时间和幅度的变化过程,与预期结果一致。采用线性插值需要的采样点少,计算简单,特别适合跟踪解析变化的 Tune 值。

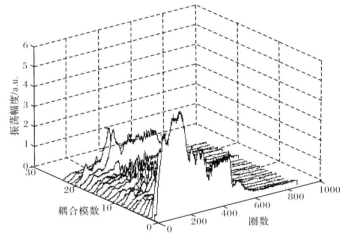

图 10.4.39　激励束流出现的耦合振荡模及其幅度随时间变化

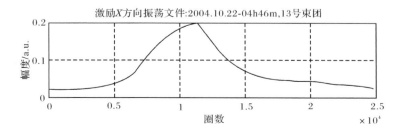

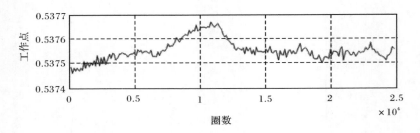

图 10.4.40　线性插值 FFT 计算得到的某个束团振荡幅度与 Tune 值随时间变化情况

5）激励前后耦合模式的变化

　　当束流能量为 800MeV，流强为 101mA，扭摆磁铁没有运行。垂直方向激励，功率为 6W，激励频率为 2.6814MHz，记录 4 号束团 Y 方向激励前后的 β 振荡，如图 10.4.41 和图 10.4.42 所示。图 10.4.43 中描述了模数 0、1、14 随时间的变化。

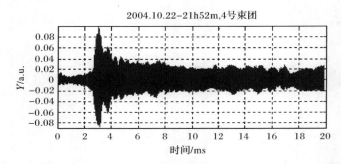

图 10.4.41　4 号束团垂直方向逐圈运动的轨迹

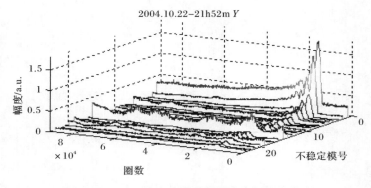

图 10.4.42　垂直方向激励起的多束团耦合模式

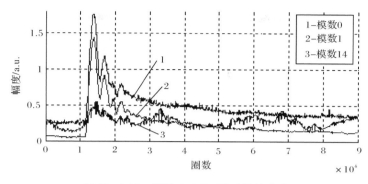

图 10.4.43 模数 0、1、14 随时间的变化

对图 10.4.43 中所包含的三个略呈不规则阻尼的曲线的包络进行指数拟合，得到近似的阻尼时间，分别为 $\mu=0,\tau=1.53\text{ms}$；$\mu=1,\tau=1.68\text{ms}$；$\mu=14,\tau=20.0\text{ms}$。

储存环上试验测量发现，不加激励时，束团自由振荡幅度在垂直方向比水平方向更大，但是垂直方向激励效率比较差。从上述耦合模式的阻尼时间可以看出，垂直方向阻尼机制比较弱。Tune 值变化和相空间演变分别如图 10.4.44（另见文后彩插）和图 10.4.45 所示。

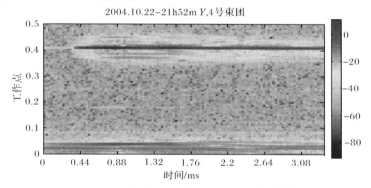

图 10.4.44 以伪彩色表示的 Tune 在时频域的变化
幅度从强到弱，分散从大到小

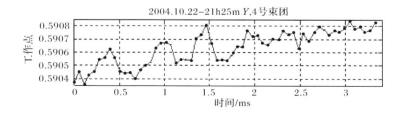

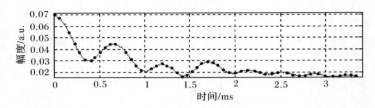

图 10.4.45　4 号束团阻尼过程的 Tune 值和幅度的变化

10.5　逐束团流强测量系统

无论测量信号的低频分量还是进行时域平均,都是基于 BxB 系统采集束团脉冲信号的幅值。在电子储存环中,逐束团流强测量是从钮扣 BPM 的四个拾取电极上面采得束团和信号的。在束团长度不变的情况下,该和信号大小与束团电荷量之间存在很好的线性关系。在 HLS BxB 横向探测系统的基础上,选择从前端模拟信号运算电路 H-9 输出的和信号作为待测信号,经过 3-tap 梳状带通滤波器,与 3 倍高频正弦信号进行混频,下变频后的信号再送往低通滤波器,最后将该低通滤波后的信号送往 ADC,通过对 3 倍高频正弦信号的相位调整,使低通滤波后的信号输出为正且幅值最大,图 10.5.1 为 HLS BxB 束团流强探测系统[22]。

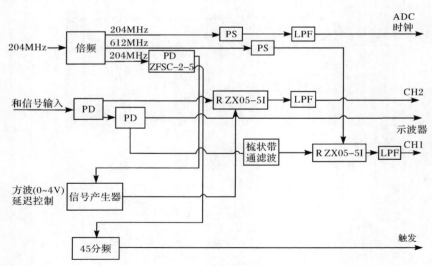

图 10.5.1　HLS 束团流强监测系统框图

10.5.1 新的检波方案的应用

在该系统的设计中,应用一种新的脉冲信号检波方式。频率为 RF 的方波信号替代了 RF 倍频正弦波信号,其工作原理如图 10.5.2 所示[23]。方波检波是利用 DBM 的一个特点:在 LO 端和 RF 端之间的隔离或者衰减是可变的,这两个端口之间的隔离度取决于流过 IF 端的直流电流。当 IF 端(方波)没有直流输入时,LO 端到 RF 端存在最大的衰减;在 IF 端加一个正向电流时,LO 端的信号同相位传输至 RF 端;而当 IF 端加一个负向电流时,LO 端信号反相传输至 RF 端。改变 IF 端电流大小就可以改变 LO 到 RF 之间的衰减。方波检波使用储存环高频频率的方波信号和双极性的 BPM 信号,分别送入双平衡混频的 IF 端和 LO 端,RF 端输出为单极性的双峰信号,最后通过低通滤波器提取双峰信号的幅度。

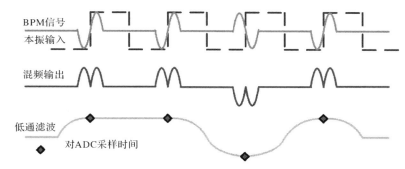

图 10.5.2　脉冲方波信号检波原理示意图

BPM 的双极性束流信号的幅度正比于束团电荷量,以及偏离束流管道中心点的位移。在电荷量不变的情况下,某个束团某圈在 BPM 输出的信号幅度正比于 BPM 处束流偏离管道中心的位移量。对于 BxB 反馈系统,关心的是束团相对于 BPM 管道中心的位移量,所以只需要将反映束团振荡的 BPM 幅值信息提取出来。方波检波将双极信号转换为双峰信号,效果相当于频谱搬移,高频分量变换成低频分量,再通过低通滤波器提取这个信号的包络。

实际信号波形如图 10.5.3 所示,分别为图 10.5.1 的 SUM 输入信号和 CH2 输出的低通滤波前的信号,上、下两路信号在时间上并未严格对应,不便进行幅度比较。该检波方案可以提供廉价的模拟 diplexer 方式,将信号分路送往 ADC,有效地降低了数字式 BxB 的成本,是 BxB 系统升级的一项关键的技术改造。

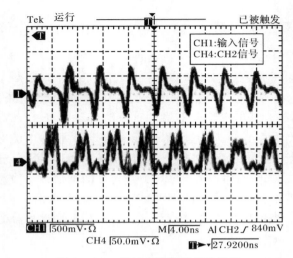

图 10.5.3　脉冲方波信号检波效果

10.5.2　测量系统准确性验证

　　为了比较不同方法的准确性,在该试验的设计中,将图 10.5.1 H-9 输出的束流和信号分为 3 路,分别送往示波器、正弦波检波电路(图 10.5.1 中 CH1)和方波检波电路(图 10.5.1 中 CH2)。

　　将从示波器读取的束团和信号与 ADC 的两个通道(图 10.5.1 中通道 CH1 和 CH2)采得的数据进行比较,曲线吻合很好[24]。说明这两套系统均可以正确地探测束团和信号。图 10.5.4～图 10.5.6 为试验探测结果。图 10.5.4 为示波器读取的束团和信号,由三幅图片合并而成 45 个束团;图 10.5.5 为 ADC 探测信号,其中,CH1 为正弦波检波结果,CH2 为方波检波结果。图 10.5.6 为 ADC 检波结果的均方误差,该误差主要是由不同束团纵向振荡的幅度引起的。由图 10.5.5 和图 10.5.6 可见,正弦波检波和方波检波的结果并无太大的区别。其幅度上的差别是为了便于区分而调整 DBM 的 LO 输入端的信号幅度而致。

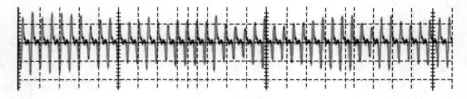

图 10.5.4　示波器探测的束团和信号

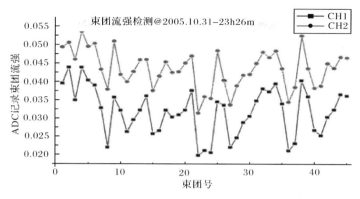

图 10.5.5 ADC 探测得到的束团和信号

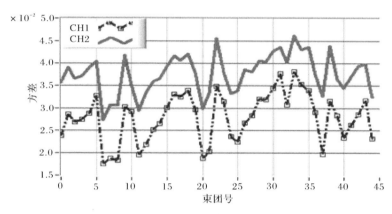

图 10.5.6 ADC 探测的束团和信号的方差

10.5.3 在线定标结果

1. 单束团测量

为了得到准确的测量结果,需要在单束团运行的状态下对流强进行定标。不过 HLS 的实际运行状态为多束团全填充方式,所以就需要采用 RF KNOCK-OUT 系统(见 10.4.3 节中"采用两个高速开关门形成单束团")来实现单束团运行。

试验时,通常在 200MeV 时进行试验,因为这时的束流更容易被激励和剔除。典型的试验参数为:中心频率为 20.056MHz,扫频宽度为 0.6kHz,扫频速率为 0.1kHz,信号源输出功率为 −5dBm。信号源功率的选择是参考 DBM 的工作参数而定的,目的在于实现最理想的信号包络。试验中通过 GPIB 实现仪器的通信。

所谓单束团定标试验,即单束团运行时,将 ADC 测量的流强数据与 DCCT 的流强数据相比较得到一一对应的关系。同时采用正弦波检波和方波检波两种方法对流强信号进行监测,得到 270 组数据,数据处理后的结果如图 10.5.7 所示。

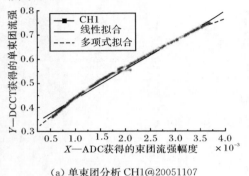 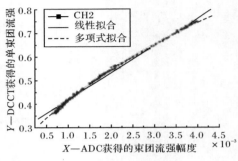

(a) 单束团分析 CH1@20051107　　　　　　(b) 单束团分析 CH2@20051107

图 10.5.7　单束团流强定标试验

将得到的数据进行一阶和二阶拟合的结果如表 10.5.1 所示。

表 10.5.1　单束团情况下 ADC 测量数据与 DCCT 探测数据拟合结果

	通道	A	误差	B_1	误差	B_2	误差	R	均方差
CH1	一阶拟合	0.31332	0.00132	119.96	0.6555			0.99602	0.01119
	二阶拟合	0.27503	0.00128	170.81	1.544	−12180	363.40	0.99848	0.00491
CH2	一阶拟合	0.32566	0.0012	102.85	0.5362			0.99638	0.01068
	二阶拟合	0.29456	0.00107	141.81	1.1919	−8435.5	252.94	0.9986	0.00471

一阶线性拟合的效果已经基本满足要求,二阶拟合的均方差小于 0.5%,测得的束团幅值与束团流强之间可以认为存在很好的线性关系,并且从图 10.5.7 中可以看出在流强稍高时,两数据吻合地很好。

2. 多束团测量

在机器正常运行的情况下,每 5min 记录 9kB 数据,测量结果如图 10.5.8 和图 10.5.9 所示。探测得到的幅度大小与输入信号幅度、检波输入幅度都有关。无论时域(TD)平均的[图 10.5.10(b)]或者频域(FD)求值,皆表现出很好的线性。将不同天所采数据相比较,也可以得到很好的一致性,如图 10.5.10 所示(另见文后彩插)。

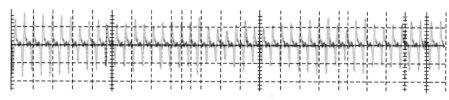

图 10.5.8　示波器探测束团和信号

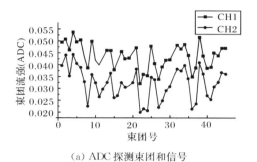

（a）ADC 探测束团和信号

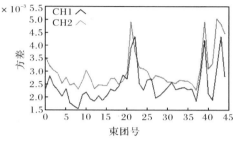

（b）ADC 探测束团和信号的方差

图 10.5.9　ADC 探测束团和信号

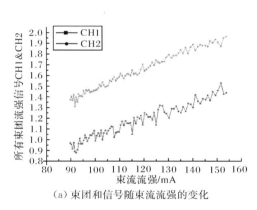

（a）束团和信号随束流流强的变化

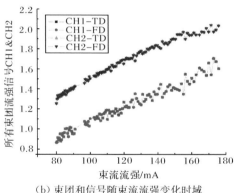

（b）束团和信号随束流流强变化时域
和频域测量结果比较

图 10.5.10　束团流强测量结果分析

10.5.4　逐束团纵向振荡测量系统

对于纵向振荡幅度的测量比流强测量需要考虑更多的因素。首先应该明确的是该测量是鉴相的过程，而载波信号本身又可以看成被束流流强所调制的一个调幅信号，这样两者叠加就使得该问题异常棘手。而考虑使用一个足够宽带的鉴相器往往只是设计过程中一厢情愿的事情。所以解决该问题的第一步应该放在剔除非均匀填充对鉴相结果产生的影响上。在这里，参考 KEK-PF 的纵向相位振荡测量的方案[24,25]，如图 10.5.11 所示。采用一个限幅放大器，去除载波信号中调幅波的影响。

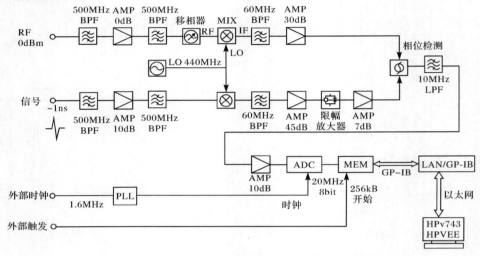

图 10.5.11　KEK-PF 的纵向相位监测系统框图

　　限幅放大器的引入可以保证输出信号中的载波信号分量相等，再利用混频器的鉴相功能对该信号进行鉴相，即可完成纵向振荡的监测。从图 10.5.11 可以看出，系统组成的原理很简单，就是在检波之前加入一个限幅放大器。这里主要对限幅放大器和鉴相用的混频器进行测试和选择。

　　HLS 纵向振荡测量选择的中心频率为 6 倍的 RF 频率，即 1.224GHz，所以测量限幅放大器性能时，选择的输入连续波信号也为 1.224GHz，连续改变输入信号的幅度，观察输出信号的大小，从而确定该限幅放大器的工作区（图 10.5.12）。

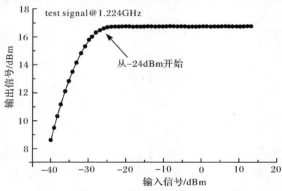

图 10.5.12　限幅放大器工作区的测定

　　为了选择合适的混频器进行鉴相，这里对不同的混频器进行了相同条件下的测量,测量结果如图 10.5.13 所示,最后选择 ZX05-5 作为工作器件。

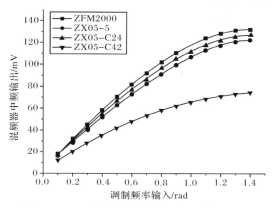

图 10.5.13　用于鉴相的混频器的线性区测试

　　通过对器件基本性能的测试和掌握,配合 HLS 实际的工作条件,组装完毕后的纵向测试系统需要进行离线定标。定标的方法就是对已知的相位调制信号的幅度进行调制后,将其送往纵向检测线路,记录检测线路输出结果,再与输入对应起来即可。试验线路图如图 10.5.14 所示。

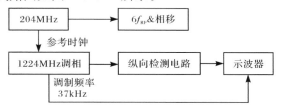

图 10.5.14　纵向测量系统离线定标线路框图

　　定标结果与图 10.5.13 中 ZX05-5 的特性基本相似。对测量数据进行指数拟合结果如图 10.5.15 所示。

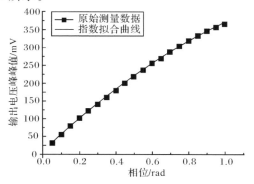

图 10.5.15　纵向测量系统离线定标结果

最后,可以得到测量信号的电压大小(x)与调制相位(y)之间的关系为

$$y = -1.5\ln(1.0087 - 0.002676x) \tag{10.5.1}$$

该测量系统的动态范围也可由上面的定标试验得出,在 $6f_{RF}$ 对应 1rad 动态范围,则 204MHz 时即为 0.16rad,对应的时间振幅为 130ps。

10.5.5　纵向振荡对横向测量影响分析

1. 对测量幅度的影响

在储存环色散段,纵向振荡将直接影响水平方向的幅度;其他情况下,将影响反馈系统检波。HLS 横向模拟反馈系统中,检波电路使用的是外差检波方式,束流信号中存在的纵向振荡会影响反馈效果。其影响表现在检波时,检测到的单路束流信号在幅度上有一个以纵向振荡频率的调制。单路束流信号幅度的变化,在束流信号矢量合成时,就表现为合成信号的相位变化。

由式(3.4.3)可以看出,受到纵向影响最大的横向振荡,是当 $\tau\sin(\omega_s t + \varphi_n) = \tau$ 的时刻,此时

$$
\begin{aligned}
f(t) &= A_\beta\cos(\omega_\beta t + \psi_n)\sum_{k=-\infty}^{\infty}\delta\left(t + \tau - \frac{m}{M}T_0\right) \\
&= A_\beta\cos\left[\omega_\beta\left(\frac{m}{M}T_0 - \tau\right) + \psi_n\right] \\
&= A_\beta\left[\cos\left(\frac{m}{M}\omega_\beta T_0 + \psi_n\right)\cos(\omega_\beta\tau) + \sin\left(\frac{m}{M}\omega_\beta T_0 + \psi_n\right)\sin(\omega_\beta\tau)\right]
\end{aligned}
\tag{10.5.2}
$$

考虑到 τ 和 ω_β 的乘积应为一小量,所以将 sin 项忽略,式(10.5.2)可以近似等于

$$f(t) \approx A_\beta\cos\left(\frac{m}{M}\omega_\beta T_0 + \psi_n\right)\cos(\omega_\beta\tau) \tag{10.5.3}$$

也就是说,纵向振荡对横向测量影响的最大程度,与横向振荡频率和纵向振荡的幅度有关。

2. 对横向反馈检波的影响

纵向振荡的影响在反馈系统的信号处理线路中表现在下变频运算中。在有纵向振荡的影响下,下变频运算为

$$
\begin{aligned}
&A\cos[3\omega_{RF}t + 3\varphi_s(t) + \varphi_1]\cos(3\omega_{RF}t + \varphi_2) \\
&\approx \frac{A}{2}\{\cos[6\omega_{RF}t + 3\varphi_s(t) + \varphi_1 + \varphi_2] + \cos[3\varphi_s(t) + \varphi_1 - \varphi_2]\}
\end{aligned}
\tag{10.5.4}
$$

式中,A 为振荡幅度;ω_{RF} 为高频频率;φ_1 和 φ_2 分别为振荡的初始相位与下变频 $3f_{RF}$ 信号的初始相位;$\varphi_s(t)$ 为纵向振荡相位。式中第一项通过滤波器滤掉了,于

是得到低通滤波后的信号为

$$\frac{A}{2}\cos[3\varphi_s(t)+\varphi_1-\varphi_2] \tag{10.5.5}$$

通常在反馈系统参数调整时,会调 $3f_{RF}$ 的相位 φ_2,使 $\varphi_2=\varphi_1$。因此,在 $3f_{RF}$ 处检波时,横向检波的输出幅度与纵向振荡相位的关系为

$$\text{Amp.} \propto \frac{A}{2}\cos[3\varphi_s(t)] \tag{10.5.6}$$

以上两个计算结果等价。所以检波幅度变化 10% 时,对应的纵向振荡相位变化为 8.61°。将 HLS 电子储存环束流的纵向振荡幅度代入式(10.5.6),得到纵向振荡对横向检波幅度的影响为 11.3%。

3. 对横向反馈相位影响

纵向振荡不仅会对横向反馈信号的幅度有影响,还会对横向反馈系统的相位有影响。这个影响表现为两路位置信号进行矢量合成时,两路信号幅度变化会导致反馈相位变化。当有纵向振荡影响时,合成信号的相位按如下公式计算:

$$\phi=\arctan\frac{1}{\sqrt{\beta_1/\beta_2}\cdot\left(\dfrac{a_1+\Delta a_1}{a_2+\Delta a_2}\right)+\dfrac{1}{\tan\Delta\varphi}} \tag{10.5.7}$$

式中,β_i 表示 β 振荡的幅度;a_i 表示系数;$\Delta\varphi$ 表示两个探测 BPM 处的 β 振荡的相位差。HLS 电子储存环纵向振荡频率为 $1/T_s=37\text{kHz}$,横向反馈系统使用的两个探测 BPM 处,纵向振荡相位差为

$$\Delta\varphi_s=0.92° \tag{10.5.8}$$

由于纵向振荡对两个 BPM 的影响是同步的,与两个 BPM 处的纵向振荡相位有关。两个 BPM 处得到横向振荡幅度大小可以比拟,设 $a_1=a_2=1$,则

$$\Delta a_{max}=\max\,(\Delta a_1-\Delta a_2)\approx0.113\times\sin\Delta\varphi_s=2.88\times10^{-4} \tag{10.5.9}$$

得到

$$\Delta\phi_x=\varphi_{x,max}-\varphi_{x,min}=0.031°$$
$$\Delta\phi_y=\varphi_{y,max}-\varphi_{y,min}=0.024° \tag{10.5.10}$$

在这种情况下,纵向振荡对横向反馈相位的影响可以忽略;当 $a_1/a_2\neq1$ 时,相应的 $\Delta\varphi$ 与此结果不同,但可以预计都是一个可以忽略的小量。总的来说,纵向振荡的影响在横向检测和反馈系统调试中,可以忽略。因为在调试线路中,都有滤波电路,滤波电路的带宽足够将其滤除。

参 考 文 献

[1] Serio M. Multibunch instabilities and cures. Proceedings of Particle Accelerator Conference,

New York,1999.

[2] Chen L K,Sun B G,Wang J H,et al. Single bunch instabilities in HLS ring. Proceedings of the Workshop on Beam Instabilites in Storage Ring,1994:65—71.

[3] Liu H S,Liu N Q,An Y B,et al. Beam-cavity interaction in HLS storage ring. Proceedings of the Workshop on Beam Instabilities in Storage Ring,1994:78—86.

[4] Mosnier A. Cures of coupled bunch instabilities. Proceedings of Particle Accelerator Conference,New York,1999,1:628—632.

[5] Serio M,Zobov M. Measurement of transverse and longitudinal spectra. Frascati,1997.

[6] Kohaupt R D. Theory of multi bunch feedback systems. Deutsches Elektronen Synchrotron,1991.

[7] Kasuga T,Hasumoto M,Kinoshita T,et al. Longitudinal active damping system for UVSOR storage ring. Japanese Journal of Applied Physics,1988,27(1):100—103.

[8] Ehert M,Heins D,Klate J,et al. Transverse and longitudinal multi-bunch feedback systems for PE-TRA. Hamburger:DESY,1991.

[9] Teytelman D,Claus R,Fox J,et al. Operation and performance of the PEP-Ⅱ prototype longitudinal damping system at the ALS. Proceedings of Particle Accelerator Conference,Dallas,1995,4:2420—2422.

[10] Kikutani E,Tobiyama M. Strategy for developing fast bunch feedback systems for KEKB. Proceedings of Particle Accelerator Conference,Vancouver,1997,2:2332—2334.

[11] 刘建宏. HLS Bunch-by-Bunch 测量系统研制及束流不稳定性的初步研究. 合肥:中国科学技术大学博士学位论文,2005.

[12] Wang J H,Liu J H,Zheng K,et al. Development of measurement and transverse feedback system at HLS. Proceedings of Particle Accelerator Conference, Knoxville, 2005:2974—2976.

[13] 成都亚光电子股份有限公司. 射频、微波信号处理组件. 成都:成都亚光电子股份有限公司,2011.

[14] 孙葆根. 束流诊断讲义. 合肥:中国科学技术大学,2010.

[15] 王筠华,郑凯,刘建宏. 合肥光源逐束团测量和横向反馈系统及初步反馈效果实验. 中国科学技术大学学报,2007,37(4):483—492.

[16] 李为民,周安奇,李永军,等. 储存环高频剔除系统. 强激光与粒子束,2000,12(3):380—381.

[17] 周泽然. 合肥光源数字横向逐束团反馈系统. 合肥:中国科学技术大学博士学位论文,2009.

[18] 国智元. 环形加速器中的聚束束流不稳定性. 第二华人加速器学习班教材,黄山,2000.

[19] 孙葆根,徐宏亮,何多慧,等. 合肥 800MeV 电子储存环的色品测量与校正. 原子能科学技术,2001,(2):158—163.

[20] 王琳. 合肥光源储存环粒子动力学问题研究. 合肥:中国科学技术大学博士学位论文,2006.

[21] 王琳. HLS 八极铁研制报告. 合肥:中国科学技术大学国家同步辐射实验室,2003.

[22] 郑凯,王筠华,刘祖平,等.改进的合肥光源逐束团流强测量方案.强激光与粒子束,2006,18(7):1178—1182.

[23] 周泽然.合肥光源数字横向逐束团反馈系统.合肥:中国科学技术大学博士学位论文,2009.

[24] 郑凯.合肥光源逐束团测量和模拟反馈系统.合肥:中国科学技术大学博士学位论文,2007.

[25] Kobayashi Y,Izawa M. A longitudinal phase space monitor at the photon factory storagering. Proceedings of Particle Accelerator Conference,Vancouver,1997,2:2171—2173.

第 11 章　横向模拟反馈系统研制与应用

在电子储存环中,束团之间的相互作用,以及束团与真空管道环境的电磁场相互作用和束团与管道中存在粒子的相互作用,导致束流质量变坏和大量电子损失,这些都归为由束流不稳定性引起的。而高频腔和阻抗壁引起的耦合束团(coupled bunch,CB)不稳定性成为制约流强提升和束流品质提高的一个十分关键的因素。在束流储存和积累过程中,束流会呈现出不稳定性,它轻则导致束流品质下降,重则造成束流丢失。不稳定性可分为横向不稳定性和纵向不稳定性,详见第 4 章。

在 HLS 储存环调试运行和流强积累研究过程中,发现了明显的 CB 引起的纵向和横向不稳定性,如注入过程中常有束团在 Y 方向尺寸突然拉长和光斑抖动现象发生,并伴随束流丢失。通常采用六极磁铁校正负色品和八极磁铁增加朗道阻尼等抑制头尾不稳,但是,六极和八极磁场将可能分别激励三阶和四阶非线性振荡,限制 Tune 值的选择。另外,过强的八极磁矩还会带来动力学孔径减小等问题,使调试过于复杂,并潜在调试不重复现象,常有事与愿违的结果。因此,在对 HLS 储存环开展横向和纵向 CB 不稳定性观测的同时,进行了 BxB 束流反馈系统的研制,以期抑制 CB 不稳定性,使光源的质量得到进一步的提高。

HLS 储存环是运行在多束团、大流强下,存在束团间耦合不稳定性,严重影响了束流品质,并限制了束流流强的进一步提高。利用传统的频谱仪获得的频谱图(见图 10.1.1~图 10.1.4 和图 11.0.1),可以明显地看到存在着纵向和横向不稳定性模。

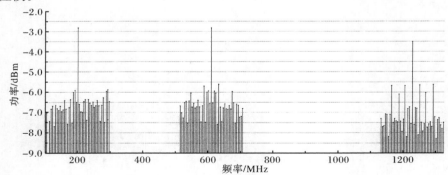

图 11.0.1　束流频谱(1、3、6 阶 RF 谐波及边带)

　　目前,国内外各大实验室都采用 BxB 反馈系统(横向和纵向,模拟或数字)来抑制耦合束团不稳定性。这也是世界各大实验室充分发挥装置能力的唯一措施。

　　BxB 反馈系统是近十几年来新建或改造的大型加速器普遍采用的成熟技术,如 PEP-Ⅱ、KEKB、ALS、PLS、BESSY Ⅱ、TLS 等[1~7]。国内 HLS,BEPC Ⅱ、SSRF 也先后开展了反馈系统的研制工作[8~10]。世界几个典型高能加速器 BxB 系统概况请参考表 10.2.1。

11.1　反　馈　原　理

　　BxB 反馈系统的工作原理是通过测量每个束团的质心振荡信息,再以适当相位配合,通过激励部件将反馈信号作用于同一个束团上,起到抑制该束团质心振荡的作用,达到抑制 CB 不稳定性的目的。同时该反馈系统也能阻尼注入过程中束团瞬时大幅度振荡和光电子不稳定性。

11.1.1　反馈系统理论

　　反馈系统就是把从束流那里探测到的不稳定性信号重新以某种方式作用到束流上,它是一个闭环系统,用一种最为简单的振荡模型来描述这个系统:

$$\frac{\mathrm{d}u^2}{\mathrm{d}t^2}+\gamma\frac{\mathrm{d}u}{\mathrm{d}t}+\omega_\beta^2 u=U_{\mathrm{ext}} \tag{11.1.1}$$

式中,u 是横向振荡坐标(水平或者垂直);γ 是自然阻尼率(辐射阻尼);而 ω_β 是 β 振荡频率;U_{ext} 是外加的驱动力。驱动力不同,抑制的效果也不同。普通较易实现的反馈系统的驱动力大体有下述三种:

$$U_{\mathrm{ext}}=\begin{cases}-\alpha u(t)\\[2mm]-\alpha\displaystyle\int_{t_0}^{t}u(\tau)\mathrm{d}\tau\\[2mm]-\alpha\dfrac{\mathrm{d}u(t)}{\mathrm{d}t}\end{cases} \tag{11.1.2}$$

　　图 11.1.1～图 11.1.3 分别示出了采用其中之一的反馈时,频域和时域的振荡变化(由实线描绘)。

　　首先,考虑施加的力正比于振荡位移的情形 $U_{\mathrm{ext}}=-\alpha u(t)$,反馈的结果如图 11.1.1 所示。从图中可以看到,该反馈力改变了原来信号的频率和带宽[1]。

　　其次,考虑作用力与位置信号的积分成正比,$U_{\mathrm{ext}}=-\alpha\displaystyle\int_{t_0}^{t}u(\tau)\mathrm{d}\tau$,如图 11.1.2 所示。从响应的频域上可以看到,直流分量和低频扰动可以得到有效的抑制,但是原有振荡频率并未得到有效的抑制或改善。

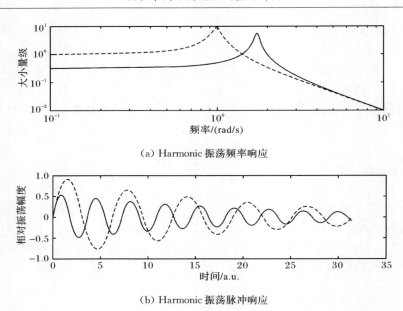

（a）Harmonic 振荡频率响应

（b）Harmonic 振荡脉冲响应

图 11.1.1　外加力与振荡位移成正比时的振荡响应

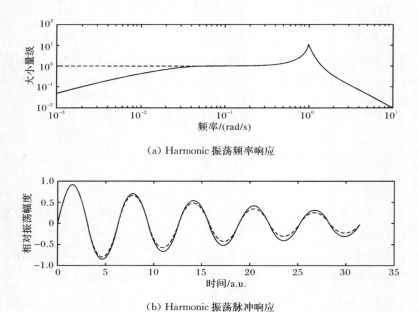

（a）Harmonic 振荡频率响应

（b）Harmonic 振荡脉冲响应

图 11.1.2　外加力与位移积分成比例时的振荡响应

最后，是位置信号的微分信号 $U_{ext} = -\alpha \mathrm{d}u(t)/\mathrm{d}t$，以一定比例作用于振荡上

所得的结果,如图 11.1.3 所示。图 11.1.3 中显示了 α 为正或者为负时对振荡的影响,可以通过控制 α 的值来改变系统的阻尼效果。如果 $\alpha<0$,则系统的阻尼效果变差,系统的 Q 值增加,如果 $\alpha+\gamma<0$,系统将变得不稳定。

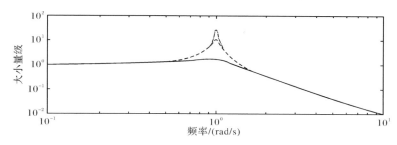

(a) Harmonic 振荡频率响应

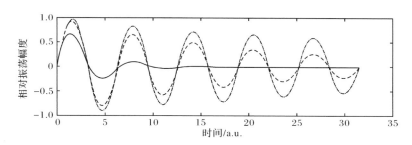

(b) Harmonic 振荡脉冲响应

图 11.1.3　外加力与位移微分成比例时的振荡响应

作为反馈系统,采取以上三种反馈方式中的哪一种,取决于信号运算的方式。

可以根据束流横向振荡方程来进一步探讨反馈系统的作用过程。在没有外力,当考虑辐射阻尼等自然阻尼情况下,振荡方程(11.1.1)可视为类谐振子振荡方程进行讨论[5],即

$$\frac{\mathrm{d}u^2}{\mathrm{d}t^2}+\gamma\frac{\mathrm{d}u}{\mathrm{d}t}+\omega_\beta^2 u=0 \tag{11.1.3}$$

如果 $\omega_\beta\gg\gamma$,式(11.1.3)的近似解是一个阻尼的正弦振荡:

$$u(t)=k\mathrm{e}^{-t/\tau_\gamma}\sin\left(\omega_\beta t+\varphi\right) \tag{11.1.4}$$

式中,$\tau_\gamma=2/\gamma$ 是阻尼常数。束团间的耦合振荡可以由式(11.1.1)来进行描述。在考虑多束团的情况下,单个束团的振荡开始变得和其他束团状况相关,从而导致该束团质心与其他束团振荡相关的耦合束团振荡。此耦合束团的振荡对于振荡方程就有关于耦合驱动力 G 的增长项:

$$\frac{\mathrm{d}u^2(t)}{\mathrm{d}t^2}+(\gamma-G)\frac{\mathrm{d}u(t)}{\mathrm{d}t}+\omega_\beta^2 u(t)=0 \tag{11.1.5}$$

如果 $\omega_\beta \gg \gamma$，近似解为

$$u(t) = k\mathrm{e}^{-\frac{t}{\tau_{\gamma-G}}} \sin(\omega_\beta t + \varphi) \tag{11.1.6}$$

式中，$1/\tau_{\gamma-G} = 1/\tau_\gamma - 1/\tau_G$。$\tau_G = 2/G$ 称为增长常数。如果 $\gamma > G$，振荡的幅度会衰减，如果 $\gamma < G$，振荡幅度就会指数增长。

当给反馈系统加功率时，相当于增加一个阻尼项 α 到运动方程中，这其实也就是在式(11.1.5)右边增加一个外力项 U_{ext}，且 $U_{\mathrm{ext}} = -\alpha \mathrm{d}u(t)/\mathrm{d}t$，则有

$$\frac{\mathrm{d}u^2(t)}{\mathrm{d}t^2} + (\gamma - G + \alpha)\frac{\mathrm{d}u(t)}{\mathrm{d}t} + \omega_\beta^2 u(t) = 0 \tag{11.1.7}$$

只需要 $\gamma - G + \alpha > 0$，式(11.1.7)为衰减的类正弦振荡。反馈系统就是为每个振荡的束团提供振荡的阻尼量。由式(11.1.7)知，如果想阻尼这个振荡，反馈阻尼力必须和束团振荡的微分项成比例，比例常数应满足 $\gamma - G + \alpha > 0$。既然束团的振荡是类正弦形式的，逐圈信号就是对这个正弦信号进行采样的离散信号，微分项即为采样的离散正弦信号的 $\pi/2$ 相移。反馈就是提供横向踢力作用于束团，踢力大小与条带电极激励器处束团振荡信号 $\pi/2$ 相移后的信号成比例。

11.1.2　反馈系统工作原理

通过探测束团质心振荡信号，经过适当的电子学处理，再以适当方式作用于同一个束团，起到抑制该束团质心振荡的作用，能对所有 CB 不稳定性模式进行阻尼。BPM 束流探头拾取到的是束流位置信息，而 kicker 作用在束团上是角度，位置和角度正好有 90°的相差。因此，电子学处理系统需要对 BPM 的位置信号进行 90°相移。

模拟反馈系统原理如图 11.1.4 所示，而位置和动量关系示意如图 11.1.5 所示。

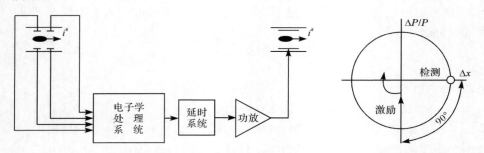

图 11.1.4　模拟反馈系统原理图　　　　图 11.1.5　位置和动量关系示意图

11.1.3　反馈系统类型和要求

从处理探测到的束团信号方法来分析和选择，通常采用两种较为常见的时域

反馈系统和频域反馈系统。时域反馈系统,若要将探测到的束流信号信息恰到好处地反馈到该束团自身,只需要通过一圈或几圈信号处理时间的延时。频域反馈系统需要应用一些特制的窄带滤波器,每个滤波器针对某种特定的耦合振荡模式,通过对测量到的频域信号进行适当的相位调整后作用到束团上,从而达到抑制不稳定模式的作用。对应时域反馈和频域反馈系统,分别称为逐束团束流反馈系统和逐模式(mode-by-mode)束流反馈系统。

逐模式的束流反馈系统对已知的不稳定模式分别进行阻尼。对于一个有 N 个束团的储存环,就有 N 个耦合模式。如果 N 的数目比较小,或者仅有个别已知的耦合振荡模式不稳定,可以考虑设计一个逐模式反馈系统(一个例证可见第 10 章)。不过现在储存环的 N 一般比较大,少则几十,多则上千,逐模式反馈系统会遇到增长模式很多的难题。所以,现在对于多束团储存环,采用时域反馈系统,即逐束团束流反馈系统,会更简单和经济,这也是各大高能加速器实验室的首选。

以上两种反馈系统的区别,只是设计理念和工程建设上的不同,如果仅把它们看成一个二端口网络,全模式的频域反馈系统和多束团时域反馈系统是没有任何区别的。该二端口网络在信号处理方面应该具备如下特点:①足够的带宽,使反馈信号可以区分相邻的两个束团;②可调增益和可调相位(或延时),以确保该反馈系统可以应对不同的不稳定增长模式;③DC隔离设备,以克服束流闭轨(回旋频率分量)等造成的直流信号,降低反馈功率和避免放大器饱和;④滤波功能,以便将有用的反馈信号放大;⑤足够的线性范围,以使在不同束团流强下都能正常工作;⑥控制和分析功能,使之能够监测机器的运行状态,并且作出相应的调整。还需要为非从事反馈系统研究的机器运行人员提供一个简洁易操作的界面,使反馈系统能够在机器的日常运行中完成其设计功能。

根据所采用的信号处理电路类型,束流反馈系统又可分为模拟反馈和数字反馈两种。在反馈系统发展的早期,分别用模拟和数字的手段滤除回旋频率分量,保证反馈系统末级功率放大器不会饱和。随着技术的发展,数字反馈系统除了原来的功能之外,又被赋予调整反馈信号相位的任务。不过数字反馈系统始终被动态范围的问题所困扰,当输入 ADC 的束流信号中包含过大的回旋频率分量时,ADC 有效动态范围减少,有效分辨率下降,反馈效果变差。另外,更主要的原因是模拟系统较数字系统更直观和易理解。为了探索研制反馈系统的经验,首先从模拟反馈系统入手。

11.2　HLS 横向宽带反馈系统设计思想

11.2.1　系统的主要参数

HLS 储存环 BxB 横向反馈系统的主要参数包括系统带宽、最大输出电压、最大输出功率和最大阻尼率等,这些参数与储存环运行参数紧密联系。表 11.2.1 列出了与反馈系统设计相关的 HLS 储存环主要参数[9]。

表 11.2.1　HLS 储存环主要参数

参数名称	单位	数值
能量,E	MeV	800
周长,C	m	66
每环总流强,I_0	mA	300
束团流强,I_b	mA	6.67
回旋频率,f_0	MHz	4.53
高频频率,f_{RF}	MHz	204.035
高频谐波数,h		45
振荡频率,$\nu_x/\nu_y/\nu_s$		3.54/2.58/0.036
辐射阻尼时间,$\tau_x/\tau_y/\tau_s$	ms	21.15/21.65/10.95
最小束团间距,s_b	ns	4.9
束团频率,f_B	MHz	204.035
横向振荡最大振幅,$\triangle x$	mm	1
纵向振荡最大振幅,$\triangle E/E$		0.1%
pickup/kicker 处 β 函数,$\beta_{pickup}/\beta_{kicker}$	m	10

　　抑制 CB 不稳定性增长,一般需要由横向和纵向两套相辅相成的系统组成。考虑到 HLS 储存环周长较短,首先决定采用全模拟系统进行反馈试验研究,即研制一套逐束团监测(横向位置和纵向相位)和 BxB 横向反馈系统。该系统包括 RF 前端检测单元,高速、宽带信号处理单元(包括 3 倍频和 6 倍频电路),逐束团观察单元,激励单元(由宽带功率放大器和激励器组成)。系统指标如表 11.2.2 所示。

表 11.2.2　HLS 储存环 BxB 测量和横向反馈系统参数

参数名称	数值	
工作频率	横向	612MHz($3f_{RF}$)
	纵向	1.224GHz($6f_{RF}$)
系统带宽	102MHz	
调整精度	10ps	
相位可调范围和精度	$0.09°,\geqslant360°$	
动态范围	$\geqslant35$dB	
本机振荡器	$\geqslant7$dBm,相位噪声$\leqslant-80$dBc	
反馈功率	$\leqslant100$W	
反馈阻尼时间	$\leqslant0.2$ms	

该模拟反馈系统的 RF 前端检测单元以及高速、宽带信号处理和观察单元的原理,可参阅第 10 章中介绍的内容。这里将重点介绍反馈执行单元相关内容,以及整个反馈系统的工作过程和试验结果。

1. 系统带宽

为了抑制所有可能的 CB 不稳定模式,整个反馈系统各部件带宽必须不小于束团频率的一半。对于 HLS 储存环,即

$$\Delta f \geqslant \frac{1}{2} f_B = \frac{1}{2} \times 204 \text{MHz} = 102 \text{MHz} \tag{11.2.1}$$

从提高信噪比的角度出发,测量电路带宽越窄越好,但是太窄则无法区分各个束团。在第 10 章采用了一个简化的束团情况来估算最小所需带宽。

2. 最大输出电压

束团每运动一圈反馈系统能够提供给束团的 kicker 电压决定了束团一圈的 x'、y' 的变化量,直接决定了反馈系统可以提供的阻尼率。物理上,每圈反馈系统提供的 kicker 电压 V_{FB} 必须不小于环上所有其他阻抗加在束团上的激励电压,只有这样才能够起到阻尼束团振荡的作用。在实际的反馈系统设计中,可以由环上阻抗计算出束团运动的增长率,使反馈系统提供与之相当的阻尼率。这样,对于横向系统(以 x 方向为例),每圈需要提供给束团反馈所需电压 $V_{FB\perp}$ 为

$$V_{FB\perp} = 2 \frac{T_0}{\tau_{FB}} \frac{E}{e} \frac{\Delta x}{\sqrt{\beta_m \beta_k}} \tag{11.2.2}$$

式中,T_0 为回旋周期;β_m 和 β_k 分别为探测 BPM 和激励 kicker 处的 β 函数($\beta_m = \beta_k = 10\text{m}$);$\Delta x$ 为 x 方向最大振荡幅度,对于 HLS 不加扭摆磁铁的正常供光状态,$\Delta x = 1\text{mm}$,取 $\tau_{FB} = 0.2\text{ms}$,小于通常横向 CB 模式增长时间(ms)。由以上参数计算得,$V_{FB\perp} \approx 200\text{V}$。

3. 最大输出功率

通过反馈作用器件 kicker 作用到束团上的最大输出功率,取决于要求反馈系统每圈提供给束团的电压和 kicker 的分流阻抗 $R_{K\perp}$,因为束团感受到的是电压,要产生一定的电压,kicker 的分路阻抗越高,需要的功率就越小。它们之间的关系为

$$P = \frac{1}{2} \frac{\Delta V_{FB}^2}{R_{K\perp}} \tag{11.2.3}$$

对于 HLS 储存环横向反馈系统,当 $R_{K\perp} \approx 400\Omega$ 时,$P \approx 50\text{W}$。

11.2.2　pickup 选择

　　横向模拟反馈系统需要通过选择环上两个相位差 90°的 BPM 信号合成,通过两个 BPM 合成的位置信号,很容易调试得到在条带激励处的束流信号与激励信号之间 90°的相位差,以期抑制束流不稳定性模。示意图如图 11.2.1 所示。

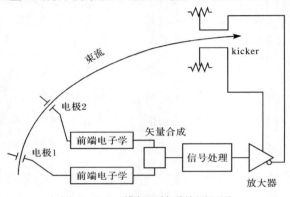

图 11.2.1　模拟反馈系统原理图

　　选择两个相位差 90°的 BPM,是因为通过矢量合成,两个相位相差 90°的 BPM 信号的线性组合,可以在任意反馈 kicker 位置和任意储存环工作点的情况下,方便地得到所需要的 90°相移。BPM 选择原则应该是选择在色散函数较小,而 β 函数相对较大的地方。

　　下面介绍具体的实现原理,当选择两个相位差大致为 90°的 BPM,它们的位置信号(以 x 为例)分别为 x_1 和 x_2:

$$\begin{cases} x_1 = a_1\sqrt{\beta_1}\sin[\varphi_1(s)] \\ x_2 = a_2\sqrt{\beta_2}\sin[\varphi_1(s)+\varphi_0] \end{cases} \tag{11.2.4}$$

因此,它们组合和为

$$\begin{aligned} x_1+x_2 &= a_1\sqrt{\beta_1}\sin[\varphi_1(s)]+a_2\sqrt{\beta_2}\sin[\varphi_1(s)+\varphi_0] \\ &= [(a_1\sqrt{\beta_1}+a_2\sqrt{\beta_2}\cos\varphi_0)^2+(a_2\sqrt{\beta_2}\sin\varphi_0)^2]^{1/2}\sin[\varphi_1(s)+\Delta\varphi] \end{aligned} \tag{11.2.5}$$

式中

$$\Delta\varphi = \arctan[a_2\sqrt{\beta_2}\sin\varphi_0/(a_1\sqrt{\beta_1}+a_2\sqrt{\beta_2}\cos\varphi_0)] \tag{11.2.6}$$

其中,β_1 和 β_2 分别为两个 BPM 处的 β 函数,是已知值。因此只要调节两路的衰减系数 a_1 和 a_2,就可以在 $0\sim2\pi$ 内自由地控制相移。

11.3　模拟横向反馈系统样机的研制

　　HLS 储存环模拟横向反馈由逐束团横向位置、纵向相位和束团相对流强监测系统以及横向宽带反馈四大系统组成[11]。其中,横向位置、纵向相位和束团流强监测是采用多通道数字化仪进行数据采集的,并且很多部件可以共享。测量系统的任务是完成逐束团横向振荡信号和纵向相位振荡信号的检测,只要一组 BPM (见图 11.3.1 中的第二组 BPM 至 ADC)。纵向相位靠鉴相电路提取,利用一组 BPM 的和信号来处理。而横向反馈系统是在束团振荡信号正确检测的基础上,再通过反馈执行回路和器件,对不稳定性模进行反馈抑制。横向反馈系统由以下几大部分组成:信号检测前端(与测量系统共享)、回旋频率滤除(notch filter)、高频宽带功率放大器和反馈激励腔(条带电极 kicker)等部件。

11.3.1　总体设计框图

HLS 储存环 BxB 测量反馈系统总体框图如图 11.3.1 所示,系统主要包含以下模块:①前端模拟信号计算模块;②梳状滤波器模块;③横向检波反馈控制模块;④和信号检波控制模块(束团流强信号和纵向相位振荡信号);⑤时钟和高频倍频信号产生模块;⑥反馈信号控制模块;⑦数字化采集模块;⑧反馈延时控制模块;⑨notch 滤波器模块;⑩预放大模块;⑪末级放大模块。

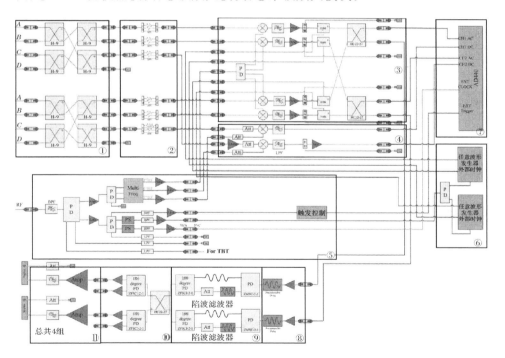

图 11.3.1　HLS 储存环 BxB 测量反馈系统结构框图

横向宽带反馈系统前端需采用两组 BPM 的 pickup 信号,目的是通过调节衰减器(a_{x1}/a_{x2},b_{y1}/b_{y2})进而控制信号相移,保证 pickup 和 kicker 间 $\pi/2$ 的相位差;横向位置和纵向相位的检测、横向宽带反馈系统都需要利用 hybrid 对四路电极电信号进行加减运算,得到 X 和 Y 方向上的束流位置振荡信号和四电极的和信号(SUM)。四电极和信号不仅可用来计算束团流强分布,用于束团填充模式的研究,同时也可用来测量纵向相位;X、Y 和 SUM 信号通过梳状带通滤波后与 3 倍频或 6 倍高频进行混频(DBM),然后通过低通滤波器(LPF)得到带宽为 100MHz 束流下变频位置振荡信号(或者纵向相位振荡信号)。梳状滤波器将使束流频谱集中在中心频率为 3 倍频或 6 倍高频频率附近,如此可得到高的信噪比和检测灵敏度。中心频率的选择要求低于真空管道的截止频率(约 2.044GHz),避免受到在束流管道中传播的 HOM 信号的干扰。利用陷波滤波器滤除回旋频率分量,节约反馈功率。皮秒级精密可编程延迟部件(program delay)调节 pickup 和 kicker 之间的时延,以保证反馈信号真正作用到对应的束团上。

11.3.2　各组成部分

前端信号接收、处理电路和梳状滤波器的制作,可参考第 10 章。

1. 矢量运算单元的实现

反馈系统的关键在于为束流提供一个合适的反馈力。前面提到信号处理模块需要对检测到的束流位置信号进行 90°的相移,最简单的实现方法莫过于从储存环中寻找某束流位置探测器,其与反馈 kicker 处的 β 振荡相位有 90°的相位差,但是考虑水平和垂直两个方向以及 HLS 储存环三种运行状态,该方法很不现实。因而选择采用双 BPM 系统进行矢量运算得到需要的 90°相移。

矢量运算的原理是分别对两个 BPM 探测的信号进行系数为 a_1 和 a_2 的衰减,再将衰减后的信号相加。相移的大小可参考式(11.2.6)。

从式(11.2.6)可以得知,当 BPM 选定之后,β_1、β_2 和 $\cos\varphi_0$ 都是确定的值,改变系数 a_1 和 a_2,就可以完全达到改变反馈信号相位的目的。并且从 $\Delta\varphi$ 的表达式中可以看出,φ_0 越接近 90°,$\Delta\varphi$ 的可调范围就越大。这也就是选择横向振荡相位靠近 90°的两组 BPM 的原因。在实际应用中,还应当注意 a_1 和 a_2 应该尽量大,若两者都过小,会导致输出信号过小而湮没于噪声之中。

在以前选择使用衰减器改变 a_1 和 a_2 的系统中,存在一个重要的问题就是 a_1 和 a_2 必须为正数,$\Delta\varphi$ 的调节范围不可能大于 90°,如果需要改变反馈的极性还需要对硬件进行更改,不是十分便利。

鉴于这些原因,选择了利用压控混频器改变衰减值的方法,因为提供计算机可控的电压是廉价而且可行的方法,控制电压与衰减系数的关系如图 11.3.2 所示。基于该思想,在不改变硬件电路的前提下实现了反馈相位的 360°调整,从而可以随意进行束流的反馈或激励。但实际操作中,同时调节 a_1 和 a_2 两个自由度实现某一效果是十分不现实的,通过软件将两个衰减量的调节转化为相位和反馈幅度的调节,从而大大方便了试验和操作,相位和衰减因子 a_1 和 a_2 的关系如图 11.3.3 所示[11]。

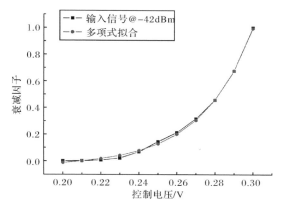

图 11.3.2　控制电压与衰减系数的关系

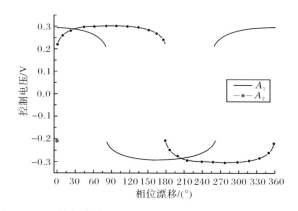

图 11.3.3　控制衰减因子的电压(A_1 和 A_2)与输出相移关系

利用快速可编程控制信号对反馈信号进行控制的方法,不仅为不同束团提供不同的反馈/激励力,提供特定时间长度的反馈开关功能,还可以实现指定束团的剔除,从而为束流的反馈阻尼率、自然增长率,以及部分填充模式的研究提供必要的硬件保障。

2. notch 滤波器

反馈系统中的另外一个重要的组成部件是 notch 滤波器(也称为陷波滤波器

或者梳状滤波器,comb),该滤波器的作用在于滤除反馈信号中无用的回旋频率分量,节约反馈功率。由于束流闭轨并非通过 BPM 的电中心,因此在束流信号中会有很大的回旋频率分量,其功率通常会比 β 振荡本身大 40dB 左右。如果这样的频率分量不进行抑制,后端的放大器就很容易达到饱和,而放大信号中的有用信号也会被巨大的回旋频率分量噪声湮没。

　　制作 notch 滤波器最简单的方法就是使用两根传输电缆、一个 $0°$ 的功分器和一个 $180°$ 的合成器。两根传输线的长度不同,在传输时间上两者相差一个束流回旋周期 T,但是两根传输线的衰减和频散特征应该是一致的。首先信号通过 $0°$ 功分器分为等幅的两路信号,在不同长度的两根电缆上传输,然后通过 $180°$ 合成器相减。相减后的信号就是经过处理的信号。

notch 滤波器工作原理图如图 11.3.4 所示。

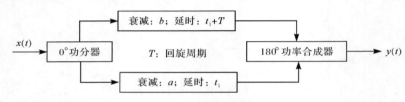

图 11.3.4　notch 滤波器原理图

　　notch 滤波器的工作原理也可以通过下面的一些式子来表示。输出信号为

$$y(t) = ax(t-t_1) - bx[t-(t_1+T)] \tag{11.3.1}$$

式中,T 为回旋时间。传输函数为

$$|H(\omega)| = |y(\omega)/x(\omega)| = [a^2 + b^2 - 2ab\cos(\omega T)]^{1/2} \tag{11.3.2}$$

滤波深度为

$$R = -20\log[|H(\omega)|_{\max}/|H(\omega)|_{\min}] = -20\log[(a+b)/(a-b)] \tag{11.3.3}$$

相位移动为

$$\mathrm{d}\varphi_{x,y} = \arctan\{b\sin(2\pi\nu_{x,y})/[a-b\cos(2\pi\nu_{x,y})]\} \tag{11.3.4}$$

如果考虑 $a=b$,则

$$\mathrm{d}\varphi_{x,y} = \arctan[\cot(\pi\nu_{x,y})] = \pi/2 - \nu_{x,y} \tag{11.3.5}$$

　　从描述 notch 滤波器工作原理的式(11.3.1)可以看出,如果一个稳定的束流在前后两圈产生的信号幅度是一样的,那么输出的结果就会为零。当束流发生振荡时,由于非整数的振荡频率,前后两圈的信号幅度就不一样,其差别应该是相对于束流中心位置的 β 振荡,前后两圈的信号相减,将束流中心位置的分量抵消,$y(t)$ 只保留 β 振荡引入的偏差。于是输出的结果正比于两者幅度的差值,这个输出信号就可以作为反馈误差信号被放大去激励反馈 kicker。

通常用滤波深度来衡量 notch 滤波器的好坏。从上面的推导很容易看出,滤波深度完全是由 a 和 b 的一致性决定的,如果 a 和 b 的差别小于 1‰,则滤波深度 R 好于 40dB。在这里,假设 a 和 b 相同,则得到理想的滤波效果,幅频响应和相频响应如图 11.3.5 所示。

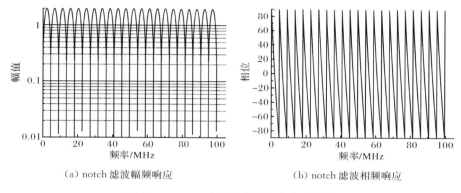

(a) notch 滤波幅频响应　　　　　　　　(b) notch 滤波相频响应

图 11.3.5　notch 滤波器的理想频率特性

对于同轴电缆滤波,衰减是随传输频率的升高和电缆长度的增加而增加的。而不同的同轴电缆衰减和频率之间的对应关系又存在差别,再加上连接头引入的衰减,从而使两路的良好平衡很难实现。由图 11.3.6 就明显地看到使用两根电缆幅频响应的不一致性。

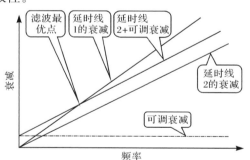

图 11.3.6　电缆延时滤波器的幅频响应

为了克服同轴电缆的弊端,提出了使用光信号,利用光纤作为延时手段的方法。因为光信号传输具备信号衰减小(0.25dB/km)、信号衰减与传输模拟信号频率无关的特点。为此,NSRL 与美国 YY Lab 合作研制开发了世界第一台利用光纤进行延时的光电 notch 滤波器。光纤 notch 滤波器各方面皆优于使用电缆制作的 notch 滤波器的效果,具备更好的滤波深度和频率响应,而且体积小巧,带宽高(高频可到 1GHz)。该光纤技术是 HLS 一个新的有益的尝试。该技术随后应用到世界其他实验室相关领域。光纤 notch 滤波器的原理框图如图 11.3.7 所示[12]。

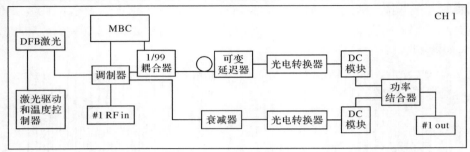

图 11.3.7　光纤 notch 滤波器原理框图

　　为了实现光信号的通信，首先需要为系统提供光源。这里，选用的光源为 10mW 的 DFB(distributed feedback)激光器。使用该激光器的好处在于能够提供功率稳定的光信号，单色性好，偏振性好。然后将光信号和从 RF in 输入的电信号送往调制器(modulator)，调制器的作用就是将电信号加到光信号上，选用的调制器具备双臂平衡反相输出。为了保证调制器可以稳定地工作于线性工作点，该系统内加入了 YY Lab 的 MBC(modulator bias controller)，该模块的作用在于给调制信号中加入一个 1kHz 的微扰，再从输出信号中分出 1% 的功率送回控制器进行比较，通过反馈调整使二次谐波分量最小，以保证调制器工作在其线性区内而不会漂移。将两路反相的信号分别经过延时和衰减，利用光电转换器(photo detector)还原成电信号后再进行功率合成，即完成了整个滤波过程。图 11.3.8 显示了两种滤波器的性能比较。

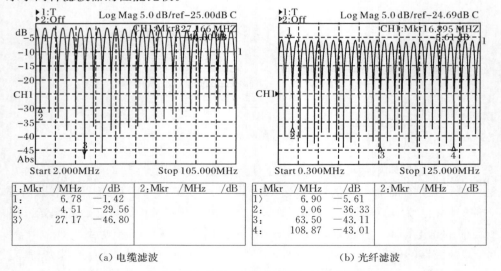

（a）电缆滤波　　　　　　　　　　　　（b）光纤滤波

图 11.3.8　电缆和光纤 notch 滤波器幅频响应特性比较

仔细比较图 11.3.8(a)和(b)可以观察到,对于两种滤波器,在滤波深度上存在很大的差异,利用电缆制成的 notch 滤波器会出现明显的滤波效果极好点(滤波深度大于 45dB),其他频点的滤波深度会以该频率为中心递减。而光纤 notch 滤波的滤波深度并未出现明显和频率相关的联系。如果将图 11.3.8 放大看,会发现各频点的滤波深度基本相同。其原因在于电缆的衰减与输入信号频率相关,而可调衰减器衰减系数的频率响应基本又是平坦的,只能为电缆 notch 滤波器选择一个相对合适的平衡点。而光纤滤波有一个最好平衡点,采用网络分析仪,分别获得光纤 notch 滤波器幅频特性和相频响应,如图 11.3.9 和图 11.3.10 所示。

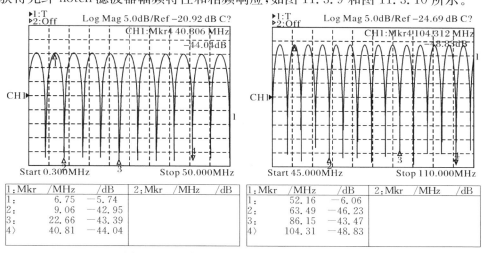

图 11.3.9　光纤 notch 滤波器通道 1 幅频特性

对于光纤 notch 滤波器,还有一个疑问就是在电光-光电的变换中,系统是否保持了很好的相频特性,很幸运这里得到了很好的结果。

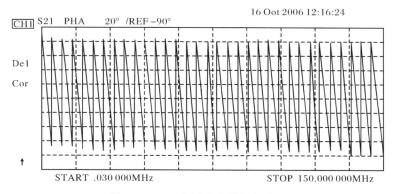

图 11.3.10　光纤滤波器相频响应

通过对两种 notch 滤波器性能的测试,可以看出,电缆 notch 滤波器造价相对低廉,在一定的带宽内(100MHz 左右)表现很好,仅涉及射频传输的知识和技术应用;而光纤 notch 滤波器造价比较昂贵,所应用的技术也更多样,几乎覆盖了光纤通信中的所有方面,但它具备宽频(1GHz)和频响均匀的特点。如果储存环周长较大,而高频频率又较高,那么光纤 notch 滤波器将是一个很好的选择。

3. 可编程延时器

反馈系统调试中,首先必须考虑将反馈信号调整作用到该信号探测的束团上(即对应的是同一个束团),所以,需要具有一个对反馈信号时序进行连续可调的装置。选择 GigaBaudics 公司的 DC-GHz 四通道可编程延时器来实现该功能。其中的两通道可以对模拟反馈系统的反馈信号进行延时调整。可编程延时器的原理框图和性能如图 11.3.11 和图 11.3.12 所示。

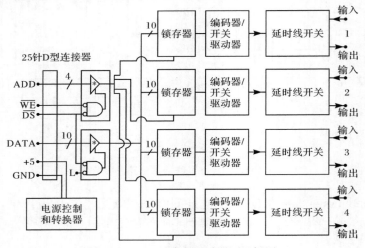

图 11.3.11　可编程延时器原理框图

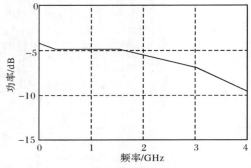

图 11.3.12　可编程延时器插入阻抗与频率的关系

4. 功率放大器

功率放大器是反馈系统中的有源器件,是反馈系统的重要部件之一。反馈系统对功率放大器的要求是宽带、高增益、高输出功率。对于 HLS,系统要求的带宽不小于 102MHz,但由于在功率放大器的响应时间中还必须包含反馈 kicker 的建场时间、功率放大器的上升时间等,所以实际对功率放大器的带宽要求要进一步提高。功率放大器的增益直接关系到系统的增益,它决定了反馈系统的最大阻尼率。在一定价格条件下,选择尽可能高的增益。

功率放大器直接驱动反馈作用器件 kicker。放大器的输出功率越高,可以阻尼束流振荡的幅度就越大。根据式(11.2.3)的计算,HLS 储存环横向反馈系统每圈需要功率放大器提供的功率 $P \approx 50W$,考虑到注入时的振荡幅度会更大,反馈抑制能力需要更强快些,所以采用两台 AR 公司的 75A250A 型功率放大器以差分形式与反馈 kicker 相对的两个电极相连接,图 11.3.13 是 75A250A 的输出特性曲线。

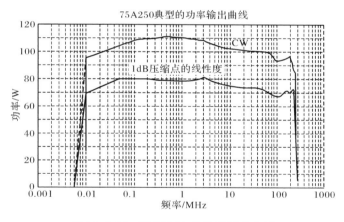

图 11.3.13　75A250A 的输出特性曲线

逐束团反馈系统要求为反馈激励器提供足够大的宽带功率,以抑制 $f_{RF}/2$ 频率范围内出现的所有 CB 不稳定模式。这里效仿成功的加速器反馈系统,选择 AR 公司的产品,75A250A 最大输出功率为 75W,带宽为 250MHz。它的最大增益为 49dB,可调增益为 18dB。可以通过 IEEE-488 或者 RS-232 接口对 75A250A 进行远程控制。

5. 反馈激励单元

反馈信号作用于束流运动需要一个横向 kicker 将反馈电压信号转变成电磁

场来阻尼束团振荡,所以,反馈 kicker 是反馈系统重要的功率设备。在反馈系统样机的研制和试验过程中,借用了位于 HLS 储存环第三象限直线段上的 73cm 条带电极作为反馈 kicker。后期改进的模拟反馈系统的试验中,采用了由 NSRL 与中国科学院高能物理研究所合作研制的专门用于反馈激励的 20cm 条带kicker。

1) 73cm 条带反馈 kicier

73cm 条带反馈 kicker 的外形结构参见第 5 章,电极参数如表 11.3.1 所示。条带长 73cm,覆盖角度为 13.1°,上游端接管壁(地),下游端接收来自功率放大器的输出。

表 11.3.1　73cm 条带的几何参数

条带形状	垂直水平放置
长度/mm	730
宽度/mm	10
真空室半径/mm	44
条带半径/mm	39.6~40.6

2) 20cm 条带 kicker 研制

由于反馈 kicker 运行在超高真空和高功率的条件下,在综合考虑储存环物理尺寸和束流情况,以及反馈电压、功率等的基础上,利用仿真软件完成了 HLS 储存环条带反馈 kicker 的物理和机械结构设计。在对反馈 kicker 的性能参数进行测量后安装到储存环中。

(1) 条带设计。

HLS 储存环周长为 66m,只能在储存环 Q2E 直线节处提供 31.5cm 的直线段,此空间也只能设计一个 20cm 长的条带反馈 kicker。设计参考了 SPring-8 的短条带电极。

$$ET\frac{1}{\tau}\Delta = CF_k L\sqrt{\beta} = C\sqrt{P}L\sqrt{\beta} \tag{11.3.6}$$

式中,E 为储存环运行能量;T 为回旋周期;τ 为反馈系统阻尼时间;P 为放大器功率;L 为反馈 kicker 长度;β 为横向最大振荡幅度。式(11.3.6)的左边为所需要的激励量,右边为可能提供的激励量。

该条带 kicker 腔体采用不锈钢制造,其内表面和条带的外表面镀铜,其特性参数和机械结构见表 11.3.2 和图 11.3.14[13,14]。

表 11.3.2　20cm 条带反馈 kicker 参数

参数	数值
电极长度/mm	200
电极半径/mm	33
电极厚度/mm	2
电极张角/(°)	60
管道半径/mm	43
带宽/MHz	100

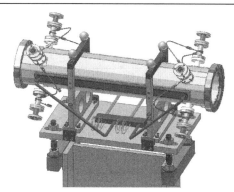

图 11.3.14　20cm 条带反馈 kicker 机械构造外观

（2）电场和磁场模拟计算。

当四条带电极同时加功率时，采用 HFSS 程序模拟计算，获得条带的电场和磁场分布如图 11.3.15 和图 11.3.16 所示（另见文后彩插）。

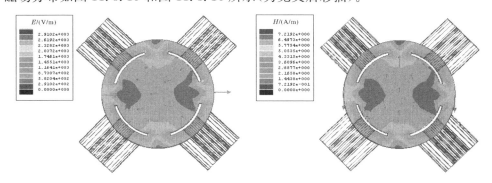

图 11.3.15　x、y 方向的电场分布　　　　图 11.3.16　x、y 方向的磁场分布

（3）性能测试。

衡量条带 kicker 有两项参数，即特性阻抗和分流阻抗。测量激励条带 S_{11}（带宽 100MHz 频域反射）可得其反射系数为 3.15%，即反射功率不大于 1%，如

图 11.3.17 所示。同时测量条带 TDR(时域反射),除个别连点外,大部分都匹配很好,如图 11.3.18 所示。图 11.3.18 中标记 2 是起始端,也就是 N 型转接头开始,标记 1 是末端,同样是另一个电极的 N 型端,图中较平的一段当属条带。其余阻抗失配的地方应该是 Feedthrough 的陶瓷连接以及它和条带连接和其他连接处。20cm 条带 kicker 的特征阻抗和分路阻抗如图 11.3.19 所示。

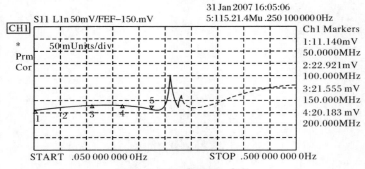

图 11.3.17　条带 S_{11} 参数

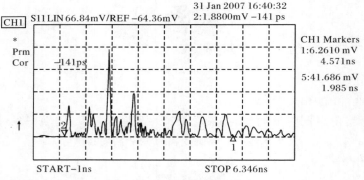

图 11.3.18　条带 TDR 测试

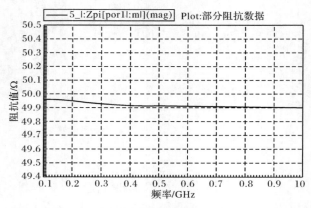

(a) 特征阻抗图

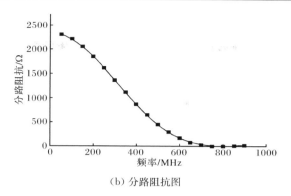

(b) 分路阻抗图

图 11.3.19　20cm 条带 kicker 的特征阻抗和分路阻抗

（4）分路阻抗。

提供给束团的最大功率受到条带 kicker 分路阻抗的直接影响，因为束团感受到的是电压，要产生一定的电压，条带 kicker 的阻抗越高，需要的功率就越小。它们之间的关系如式(11.2.3)所示，而条带电极分路阻抗 $R_{K\perp}$ 为[7]

$$R_{K\perp} = 2Z_L \left[g_\perp \frac{l}{a} \frac{\sin(kl)}{kl} \right]^2 \tag{11.3.7}$$

式中，Z_L 为条带电极的特征阻抗(50Ω)；a 为条带电极的半径；$k = \omega/c = 2nf/c$ 为输入信号的波数；l 为条带电极的长度；g 为覆盖因子(或形状因子)。

$$g_\perp = \frac{4}{\pi} \sin \frac{\theta}{2} \tag{11.3.8}$$

对于所采用的条带电极长度为 75cm 或 20cm，其覆盖因子 g 通过计算为 0.16 或 0.637。

（5）两条带性能比较。

20cm 短条带 kicker 的条带张角为 60°，则此时对应的覆盖因子为 0.637。对于这两个条带 kicker 的阻抗和反馈所需功率的计算如图 11.3.20 所示。

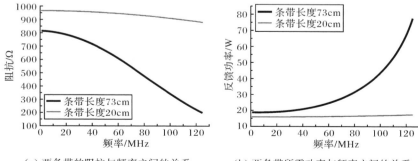

(a) 两条带的阻抗与频率之间的关系　　　(b) 两条带所需功率与频率之间的关系

图 11.3.20　73cm 条带和 20cm 条带 kicker 的性能比较

从这两幅图可以看出,20cm 条带 kicker 对频率的响应更为平坦。因为该条带 kicker 的分流阻抗较高,所以反馈效率也较高,各方面性能都优于原 73cm 的长条带 kicker。

11.4　逐束团测量和横向反馈系统的调试

11.4.1　测量系统的调试

首要要对测量系统的可靠性加以确认,只有在确保测量系统的探测结果确实真实可信的基础上,才可以进行测试和数据分析,并将数据应用到反馈系统的调试中[15]。

测量系统的可靠性表现在两个方面:①双 BPM 系统的时序严格相符,保证送往矢量运算模块的信号是来自同一束团;②检波电路的输出真实可信。

1. 双 BPM 系统的时序关系

测定双 BPM 系统的时序关系,就是当储存环在单束团运行状态下,观测两个 BPM 检测到的束团信号,只要输入混频器 RF 端的信号第一个上/下脉冲峰值时间上重合,就认为双 BPM 系统时序相符。试验测定结果如图 11.4.1 所示,图中的两路信号分别是从两个 BPM 处 hybrid 模块的输出经长电缆送往本地站的束流水平方向的信号。

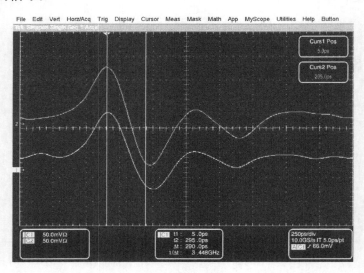

图 11.4.1　测试本地站接收到的 x_1 和 x_2 信号的延时

为了保证研制的测量系统工作可信,利用仿真束流信号对测量系统进行测试。仿真束流信号应具备以下特点:①应为间隔 4.9ns、脉宽不大于 1ns 的双极性脉冲信号;②在幅度上应该有一已知的调制,用于测量结果的输出和与已知信号相比较。鉴于以上两点原则,开发了如图 11.4.2 所示的试验电路。

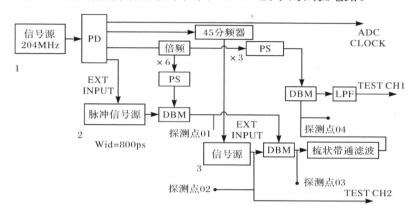

图 11.4.2　测量线路正确性验证试验电路框图

在该试验中,三个信号源分别为:①输出 RF 信号;②输出脉冲信号;③输出待验证的基带有用信号。BxB 的测量系统倍频模块(multiple)和三个双平衡混频器(DBM)模拟从 BPM 获取的束流信号,对信号源 3 的检验是为了证明 BxB 测量系统的可靠性。该试验设计,充分应用了 DBM 的变频、电调衰减等功能,也是门电路应用于加速器束流测量的有益尝试。

试验原理如下。将门宽为 800ps、间隔约为 4.9ns 的脉冲信号通过 DBM 作用于 $6f_{RF}$ 频率的正弦信号,产生一个等幅脉冲串(如图 11.4.3 左上波形所示,从图 11.4.2 中的探测点 01 处测得)。用信号源 3 产生的与回旋频率同步的正弦波或者三角波,或者某种未经同步的任意频率的正弦波(如图 11.4.3 右下波形所示,从图 11.4.2 中的探测点 02 处测得)来调制该等幅脉冲串。经过调制的脉冲信号串就可以认为是一种可预知的待测束流振荡信号(如图 11.4.3 左下波形所示,从图 11.4.2 中的探测点 03 处测得)。这样的信号再经过 notch(comb)滤波器(如图 11.4.3 右上波形所示,从图 11.4.2 中的探测点 04 处测得)后与 $3f_{RF}$ 混频,经过低通滤波器,最后送往 ADC 的一个通道。信号源 3 的信号经过功分器后送往 ADC 的另外一通道。对 ADC 的 CH1 和 CH2 两路信号进行同步采样,采样长度均为 4.2MB,其中,x 为 CH1 信号,y 可为 CH2 信号,比较两信号的输出结果,对归一化两个通道的值求取均方差,得到

$$\text{MSE} = \frac{1}{n}\sum_{i=0}^{n-1}(x_i - y_i)^2 = 1.49\% \tag{11.4.1}$$

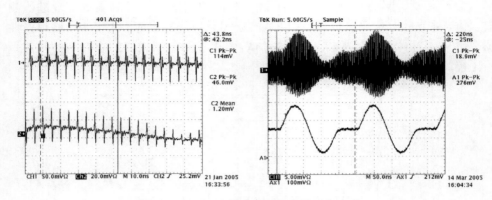

图 11.4.3　正确性试验中示波器采集波形

在该试验方案中，还可以通过改变信号源 3 的输出信号模式，分别测量该系统的时间抖动、频率分辨率等各种性能参数。

2. 注入过程中 Tune 漂移的测量及分析

受到 ADC 内存的限制，每次采样的深度最大为 4 194 192B。利用回旋频率来同步 ADC 的外触发，使不同记录的相同束团可以对应起来，以便于跟踪某个长时间机器运行过程所有束团位置的变化并进行相关的研究。

利用 BxB 测量系统测得的数据，可以短程或者长程跟踪 Tune 的漂移。图 11.4.4 记录了注入全过程中的 y 方向 Tune 值漂移的测量结果。试验数据均来自于一次注入时的 x 和 y 方向的位置信号（从束流注入到正常供光的全过程）。图中记录编号对应机器运行状态如表 11.4.1 所示，这些记录并非等时间间隔的。

表 11.4.1　记录编号及其对应的机器状态

记录编号	机器状态
001～046	注入（injection）
047～123	慢加速（ramping）
124～160	降频，RF 频率从 204.0554MHz 降至 204.016MHz
161～200	闭轨校正（correcting closed orbit）
201～267	扭摆磁铁充电（wiggler charging）
268～305	加斜四极磁铁（adding skew-quadrupole）
306～400	用户供光（open for users）

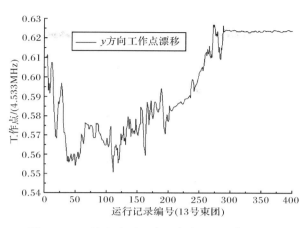

图 11.4.4　注入全过程中 y 方向 Tune 值的漂移

每个记录的采样长度为 2048B×45＝92160B。图中的 No. 12 和 No. 28 记录处所出现的两个峰值对应的是注入过程中出现的束流突然崩溃。在扭摆磁铁充电的过程中，对应 No. 201～No. 267 记录，由于扭摆磁铁强磁场的影响，ν_y 连续增长，变化趋势与理论计算相同，但是测量到的 $\Delta\nu_y$ 却大于理论值。还注意到该图中还有几处记录的 ν_y 值在 0.55 左右，这是由于 x 方向的耦合影响，在 y 方向检测到幅度大于 ν_y 的 ν_x 频率分量。No. 306～No. 400 是对用户开放的供光过程，ν_y 在该过程中相对稳定，漂移为 0.0014。

11.4.2　模拟反馈样机的调试

模拟反馈样机搭建完成之后，为了使系统能够正确执行反馈任务，必须调节该反馈系统的时序关系和反馈相位关系[11]。

1. 时序关系调整

调整时序关系是第一步，目的在于将反馈信号作用到对应的束团上，这需要储存环中只有一个束团，方能辨认。利用单束团系统（见 10.4 节）实现储存环处于单束团运行状态。

时序调整方法可简述如下：在反馈条带 kicker 上游端接入一个大功率的衰减器，观测上游端耦合输出的信号，应该可以明显看到束流信号及反馈信号的包络，通过对可编程延时器进行调解，即可以使两信号重合，如图 11.4.5 所示。

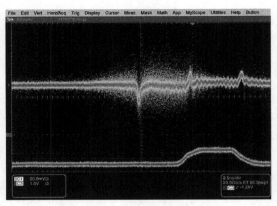

图 11.4.5　反馈信号时序调整

2. 相位关系调整

在完成了时序调整后,需要进行反馈信号相位和反馈信号功率大小的调解。对 HLS 储存环的三种机器运行状态、六组反馈参数分别进行试验研究。因为束团的耦合不稳定性振荡本身就是一个偶然出现的现象,难以用来衡量反馈效果。为此,在单束团稳定运行时,利用 Tune 测量设备,以某一 β 振荡频率为中心频率来激励束团,模拟出现不稳定性模(参考 10.4 节)。该信号经过功率放大后,加在条带 kicker 的下游端,在监测束流振荡的频谱仪上可以看到稳定的谐振峰,如图 11.4.6(a)所示。

在条带 kicker 上加反馈信号时,通过调节反馈信号的相位可以看到束流的 β 振荡在频谱仪上的振幅变大或者变小,从而得到合适的反馈相位。

试验效果可由如图 11.4.6 所示的一组束流频谱显示:图 11.4.6(a)为单加外部激励;图 11.4.6(b)为在加外部激励的同时加负反馈信号;图 11.4.6(c)为有外部激励的同时加正反馈信号。从图 11.4.6 可以看出,在负反馈时,可以明显地看到激励的束团振荡得到了抑制,幅值减小;当在正反馈时,不仅原来的激励振荡信号的幅度增大了,它旁边的一个 β 振荡的峰值也从无到有。

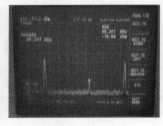

　(a) 加激励束流频谱　　　　(b) 激励加负反馈束流频谱　　　(c) 反相反馈(正反馈)束流频谱

图 11.4.6　反馈试验中束流频谱变化

3. 反馈效果的验证

1) 不稳定性边带的抑制

单从 CB 不稳定模式的抑制来说,反馈系统可以起到很好的作用,可由如图 11.4.7 所示的频谱图来说明。在 200MeV 注入状态下,未使用反馈系统时,可以从频谱中观测到明显的横向振荡边带,但使用反馈系统之后,即使在注入过程中,也很难观测到 β 振荡的频率边带。这两张图显示的均为以 25MHz 为中心频率、5MHz 为带宽的频段,其中包含相邻的两个回旋频率分量。

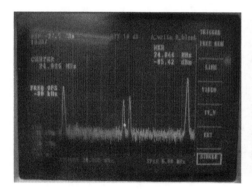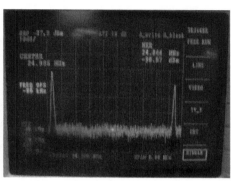

(a) 反馈系统断开时频谱曲线　　　　　　　(b) 加反馈系统时频谱曲线

图 11.4.7　注入时反馈效果

2) 对运行性能的影响

在 800MeV 运行状态下,反馈系统能有效地减小束团尺寸。由表 11.4.2 和图 11.4.8 可明显看到反馈系统对发射度和束斑尺寸影响的对应关系。表 11.4.2 中第一列给出的图号与图 11.4.8 对应。在同样的六极磁铁电流情况下,加反馈系统时,水平和垂直发射度和束流截面明显变小,而断开后不稳定性发生。

表 11.4.2　800MeV 运行时反馈系统对发射度的影响

图号	反馈	六极磁铁	水平发射度/(nm · rad)	垂直发射度/(nm · rad)
(a)	断开	71.35A	323.2	7.72
(b)	加	71.35A	198.3	5.67
(c)	断开	60.30A	495.9	6.92
(d)	X-加,Y-断开	60.30A	215.3	10.94

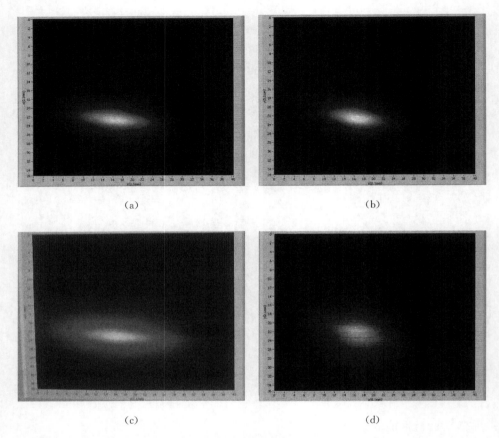

图 11.4.8　800MeV 运行时反馈系统对束流截面的影响

11.5　希尔伯特变换相空间重建方法

11.5.1　希尔伯特变换相空间重建理论

　　希尔伯特(Hilbert)变换揭示了由傅里叶变换联系时域和频域之间的一种等价互换关系,它和傅里叶变换的对称性质有紧密的联系,由希尔伯特变换所获得的概念和方法,在信号和系统以及信号处理的理论和实践中有重要的意义和实际应用[11,16~18]。

1. 因果时间函数傅里叶变换实部和虚部的相关性

　　若 $f(t)$ 为一因果时间函数,即 $f(t)=0$,当 $t<0$ 时,在 $t=0$ 处不包含 $\delta(t)$ 及

其导数。定义一阶跃函数为

$$u(t) = \begin{cases} 1, & t \geqslant 0 \\ 0, & t < 0 \end{cases} \tag{11.5.1}$$

则有 $f(t) = f(t)u(t)$，对此式进行傅里叶变换，并写成复数的形式，得

$$\tilde{f}(\omega) = R(\omega) + iI(\omega) = \frac{1}{2\pi}[R(\omega) + iI(\omega)] * \left[\pi\delta(\omega) - \frac{i}{\omega}\right] \tag{11.5.2}$$

式中，$*$ 表示两函数的乘积是卷积。在推导此式时，已使用了阶跃函数的傅里叶变换函数：

$$\tilde{u}(\omega) = \int_{-\infty}^{\infty} u(t)e^{i\omega t}dt = \pi\delta(\omega) - \text{P. V.}\frac{i}{\omega} \tag{11.5.3}$$

式中，P. V. 表示积分主值。令式(11.5.2)等号两边实部和虚部分别相等，整理后得到

$$R(\omega) = \frac{1}{\pi}I(\omega) * \frac{1}{\omega} = \frac{1}{\pi}\int_{-\infty}^{\infty}\frac{I(\sigma)}{\omega - \sigma}d\sigma \tag{11.5.4}$$

$$I(\omega) = -\frac{1}{\pi}R(\omega) * \frac{1}{\omega} = -\frac{1}{\pi}\int_{-\infty}^{\infty}\frac{R(\sigma)}{\omega - \sigma}d\sigma \tag{11.5.5}$$

式(11.5.4)和式(11.5.5)称为希尔伯特变换。它表明，对于任意满足 $f(t) = f(t) \cdot u(t)$ 的因果时间函数，无论实因果时间函数或复因果时间函数，其傅里叶变换的实部和虚部构成希尔伯特变换对。也就是，它们的实部和虚部是互不独立的，由实部可以唯一确定虚部，反之也对。

2. 因果离散序列傅里叶变换实部和虚部的相关性

离散因果序列也有对偶的特性。假设一个实序列 $x[n]$，与其相伴的虚部信号 $\hat{x}[n]$ 构成一个复序列 $\nu[n]$，即

$$\nu[n] = x[n] + i\hat{x}[n] \tag{11.5.6}$$

对它可进行离散时间傅里叶变换：

$$\tilde{\nu}(\Omega) = \sum_{n=-\infty}^{\infty}\nu[n]e^{i\Omega n} \tag{11.5.7}$$

$$\nu[n] = \frac{1}{2\pi}\int_{\langle 2\pi \rangle}\tilde{\nu}(\Omega)e^{-i\Omega n}d\Omega \tag{11.5.8}$$

让 $\nu[n]$ 为一般复因果序列，即当 $n < 0$，$\nu[n] = 0$ 时，有 $\nu[n] = \nu[n]u[n]$。其中，离散形式的阶跃函数形如

$$u[n] = \begin{cases} 1, & n \geqslant 0 \\ 0, & n < 0 \end{cases} \tag{11.5.9}$$

其傅里叶变换函数为

$$\tilde{u}(\Omega) = \frac{1}{1-e^{-i\Omega}} + \pi \sum_{k=-\infty}^{\infty} \delta(\Omega-2\pi k) = \frac{1}{2} - i\frac{1}{2}\cot\frac{\Omega}{2} + \pi\sum_{k=-\infty}^{\infty}\delta(\Omega-2\pi k)$$

$$(11.5.10)$$

由于 $\nu[n]=\nu[n]u[n]$，对它的两边进行傅里叶变换，得到如下等式：

$$\tilde{x}(\Omega) + i\tilde{\hat{x}}(\Omega) = \frac{1}{2\pi}[\tilde{x}(\Omega)+i\tilde{\hat{x}}(\Omega)]*\left[\pi\sum_{k=-\infty}^{\infty}\delta(\Omega-2\pi k)+\frac{1}{2}-i\frac{1}{2}\cot\frac{\Omega}{2}\right]$$

$$= \frac{1}{2}\left[\tilde{x}(\Omega)+\frac{1}{2\pi}\int_{\langle2\pi\rangle}\tilde{x}(\Omega)\mathrm{d}\Omega + \frac{1}{2\pi}\tilde{\hat{x}}(\Omega)*\cot\frac{\Omega}{2}\right]$$

$$+ \frac{i}{2}\left[\tilde{\hat{x}}(\Omega)+\frac{1}{2\pi}\int_{\langle2\pi\rangle}\tilde{\hat{x}}(\Omega)\mathrm{d}\Omega - \frac{1}{2\pi}\tilde{x}(\Omega)*\cot\frac{\Omega}{2}\right]$$

$$(11.5.11)$$

令其实部和虚部分别相等，即得

$$\begin{cases} \tilde{x}(\Omega) = \dfrac{1}{2\pi}\displaystyle\int_{\langle2\pi\rangle}\tilde{\hat{x}}(\sigma)\cot\dfrac{\Omega-\sigma}{2}\mathrm{d}\sigma + \mathrm{Re}\,\nu[0] \\[3mm] \tilde{\hat{x}}(\Omega) = -\dfrac{1}{2\pi}\displaystyle\int_{\langle2\pi\rangle}\tilde{x}(\sigma)\cot\dfrac{\Omega-\sigma}{2}\mathrm{d}\sigma + \mathrm{Im}\,\nu[0] \end{cases}$$

$$(11.5.12)$$

式中

$$\begin{cases} \mathrm{Re}\,\nu[0] = \dfrac{1}{2\pi}\displaystyle\int_{\langle2\pi\rangle}\tilde{x}(\Omega)\mathrm{d}\Omega \\[3mm] \mathrm{Im}\,\nu[0] = \dfrac{1}{2\pi}\displaystyle\int_{\langle2\pi\rangle}\tilde{\hat{x}}(\Omega)\mathrm{d}\Omega \end{cases}$$

$$(11.5.13)$$

这就是因果序列离散时间傅里叶变换的实部和虚部的希尔伯特变换关系。

3. 离散时间解析信号的希尔伯特变换

考虑到解析的束团振荡信号均为 A/D 变换后的离散时间信号，所以此处专门对离散时间的解析信号表示方法进行深一步的讨论。

假设一个实序列 $x[n]$，与其伴随虚部信号 $\hat{x}[n]$，构成一个复序列：

$$\nu[n] = x[n] + i\hat{x}[n] \tag{11.5.14}$$

若 $x[n]$ 和 $\hat{x}[n]$ 有如下关系：

$$\hat{x}[n] = \frac{2}{\pi}\sum_{k=-\infty}^{\infty}x[n-k]\frac{\sin^2(k\pi/2)}{k} \tag{11.5.15}$$

$$x[n] = -\frac{2}{\pi}\sum_{k=-\infty}^{\infty}\hat{x}[n-k]\frac{\sin^2(k\pi/2)}{k} \tag{11.5.16}$$

则该复序列 $\nu[n]$ 的傅里叶变换 $\tilde{\nu}(\Omega)$ 必定有如下特性：

$$\tilde{\nu}(\Omega) = 0, \quad (2l-1)\pi < \Omega < 2l\pi, l=0,\pm1,\pm2,\cdots \tag{11.5.17}$$

换言之，离散时间解析信号 $\nu[n]$ 的频谱在 Ω 的一个周期区间 $(-\pi,\pi)$ 内，其负频率部分恒为 0。

推导离散时间解析信号的希尔伯特变换表示法,首先令

$$\widetilde{x}(\Omega) = \sum_{n=-\infty}^{\infty} x[n] \mathrm{e}^{i\Omega n} \tag{11.5.18}$$

$$x[n] = \frac{1}{2\pi} \int_{\langle 2\pi \rangle} \widetilde{x}(\Omega) \mathrm{e}^{-i\Omega n} \mathrm{d}\Omega \tag{11.5.19}$$

和

$$\widetilde{\widehat{x}}(\Omega) = \sum_{n=-\infty}^{\infty} \widehat{x}[n] \mathrm{e}^{i\Omega n} \tag{11.5.20}$$

$$\widehat{x}[n] = \frac{1}{2\pi} \int_{\langle 2\pi \rangle} \widetilde{\widehat{x}}(\Omega) \mathrm{e}^{-i\Omega n} \mathrm{d}\Omega \tag{11.5.21}$$

再定义一个周期为 2π 的周期函数

$$\widetilde{\mathrm{sgn}}(\Omega) = \begin{cases} 1, & (2l-1)\pi \leqslant \Omega < 2l\pi \\ -1, & 2l\pi \leqslant \Omega < (2l+1)\pi \end{cases} \tag{11.5.22}$$

利用 $\widetilde{x}(\Omega)$ 和 $\widetilde{\widehat{x}}(\Omega)$ 的周期共轭对称性质,可以得到

$$\widetilde{\widehat{x}}(\Omega) = -i\,\widetilde{\mathrm{sgn}}(\Omega)\widetilde{x}(\Omega) \quad 和 \quad \widetilde{x}(\Omega) = i\,\widetilde{\mathrm{sgn}}(\Omega)\widetilde{\widehat{x}}(\Omega) \tag{11.5.23}$$

也就是,$\widehat{x}[n]$ 可以由 $x[n]$ 通过一个线性和时间移位不变(linear time-invariant,LTI)系统得到,该系统的频率响应为

$$\widetilde{h}(\Omega) = -i\,\widetilde{\mathrm{sgn}}(\Omega) \tag{11.5.24}$$

同样,$x[n]$ 也可以由 $\widehat{x}[n]$ 通过频率响应为 $-\widetilde{h}(\Omega)$ 的系统得到,利用离散时间傅里叶变换(discrete-time Fourier transform,DTFT)的频域微分性质,求出这个 LTI 系统的单位冲激响应 $h[n]$ 为

$$h[n] = \begin{cases} \dfrac{2\sin^2(\pi n/2)}{\pi n}, & n \neq 0 \\ 0, & n = 0 \end{cases} \tag{11.5.25}$$

$\widetilde{h}(\Omega)$ 和 $h[n]$ 的形式如图 11.5.1 所示。

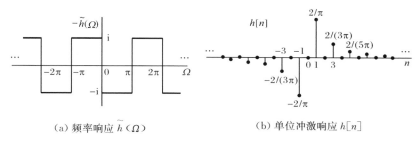

　　　（a）频率响应 $\widetilde{h}(\Omega)$　　　　　　　　　（b）单位冲激响应 $h[n]$

图 11.5.1　离散时间 90°移相器的频率响应和单位冲激响应[18]

根据傅里叶变换的时域卷积性质,得到

$$\hat{x}[n]=x[n]*h[n] \quad 和 \quad x[n]=\hat{x}[n]*(-h[n]) \tag{11.5.26}$$

并且最终得到 $\nu[n]$ 的解析频谱表达式为

$$\tilde{\nu}(\Omega)=\begin{cases} 2\tilde{x}(\Omega), & 2l\pi<\Omega\leqslant(2l+1)\pi \\ 0, & (2l-1)\pi<\Omega\leqslant2l\pi \end{cases} \tag{11.5.27}$$

解析信号 $\nu[n]$ 在一半频域中谱分量为 0,但是保留了 $x[n]$ 的全部信息。

式(11.5.15)和式(11.5.16)称为离散希尔伯特变换,式(11.5.25)称为离散时间 90°移相器或者离散时间希尔伯特滤波器。因此,可以看出 cos 和 sin 就是一对很好的希尔伯特变换对。

复数解析信号的实部和虚部满足希尔伯特变换关系,它体现了时域中的一种对称特性,在频域中,这种对称特性表示为解析信号的频谱,在有限的区间间隔上,交替地取正负值。按实信号的复数解析信号表示法(图 11.5.2),可将一个实信号 $x[n]$ 用其解析信号 $\nu[n]$ 表示,运算后取其实部,从解析信号中恢复实的信号。由此,$x[n]$ 在时域中是实的,在频域中为复函数,其实部和虚部(或模和相位)为实偶和实奇函数;由 $x[n]$ 与其陪伴虚部 $\hat{x}[n]$ 构成的 $\nu[n]$,在时域中是复的,其实部和虚部之间,互为希尔伯特变换关系,一个由另一个完全确定。在频域中仍为复函数,但是在一半的频率间隔上,取值为零[见式(11.5.27)]。

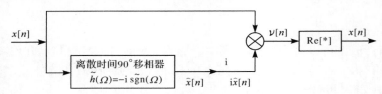

图 11.5.2　将实信号表示为复数解析信号,再恢复出实信号的示意图

需要特别提醒的是,频域的复函数为 0,可能在负频域,也可能是正频域,完全由采样信号如何选取决定。以加速器横向测量为例,束团回旋频率为 ω_0,采样频率与回旋频率相同,将横向振荡的 $\omega_\beta/\omega_0=[\nu]+q$ 的小数部分记做 q,如果 $0.5<q<1$,则该频率分量作 $1-q$ 处理,相应的频域的复函数,应该在正频域全为 0。

11.5.2　希尔伯特变换在相空间重建中的应用原理

关于希尔伯特变换更多的性质和应用,在信号和信号处理方面的书籍均有介绍。此处仅介绍该方法在高能加速器束流信号分析中的应用。

(1) 略去能散影响,参考式(2.3.13),在 x 方向振荡方程的解可表示为

$$x(s)=a_x\sqrt{\beta_x}\cos\left(\int_0^s\frac{1}{\beta_x(s)}\mathrm{d}s+\psi_{x0}\right) \tag{11.5.28}$$

将式(11.5.28)对 s 求导,可得

$$x'(s) = \frac{-1}{\beta_x(s)} \Big[\alpha x(s) + a_x \sqrt{\beta_x(s)} \sin\Big(\int_0^s \frac{\mathrm{d}s}{\beta_x(s)} + \psi_{x0}\Big)\Big] \quad (11.5.29)$$

此处用到了式(2.3.7),由前面分析的结果可知,式(11.5.29)中的第二项就是对 $x(s)$ 进行希尔伯特变换的结果。只需再利用测量点的 Twiss 参数就可以描述相空间的运动。单 BPM 数据利用希尔伯特变换方法绘制的相空间图像被表示在图 11.5.3 中,而传统的利用双 BPM 数据绘制的相空间图像被表示在图 11.5.4 中。

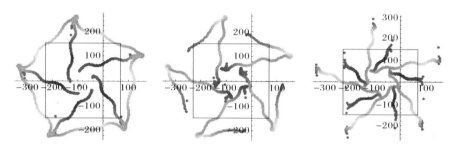

图 11.5.3　单 BPM 数据利用希尔伯特变换方法绘制的相空间图像

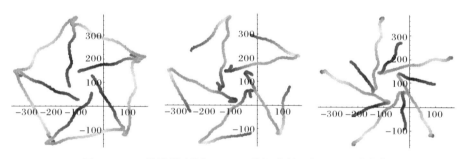

图 11.5.4　传统的利用双 BPM 数据绘制的相空间图像[19]

(2) 除了相空间的重建之外,在前面的关系和变量中,特别需要引起注意的变量就是 $\nu[n]$,这个信号是下一步工作的基础。从束流信号的角度分析即是将实序列(2.3.18)变换为复信号[20]:

$$\nu_{n,k} = a_{n,k}\sqrt{\beta}\,\mathrm{e}^{\mathrm{i}(2\pi k\nu + \psi_{n,k})} \quad (11.5.30)$$

$$\psi_{n+1,k} - \psi_{n,k} = \frac{2\mu\pi}{M} \quad (11.5.31)$$

在此基础上进行耦合模式的分析就变得十分方便。只需要将 $\nu_{n,k}$ 进行离散傅里叶变换就可以得到结果,μ 仍然代表不同的耦合模式,此时对于 $A_{k,\mu}$ 的跟踪会显得十分有意义,因为它可以逐圈监测不同模式的增长和阻尼,进而对增长率、阻尼

率、尾场函数之类的问题进行研究。

$$\nu_{k,\mu} = A_{k,\mu} \mathrm{e}^{\mathrm{i}(2\pi k\nu + \psi_{k,\mu})} = \sum_{n=0}^{M-1} \nu_{n,k} \mathrm{e}^{-\mathrm{i}2\pi \mu n/M} \qquad (11.5.32)$$

（3）计算出 $\psi_{n+1,k} - \psi_{n,k}$ 或 $\psi_{n,k+1} - \psi_{n,k}$ 的值，若不为常数，则可推断某一确定时刻某一束团相位出现跳变。再参照 $\nu_{n,k}$、k 和 $A_{k,\mu}$，可以对储存环的不稳定性进行更为细致的研究。在此基础上研究 $\psi_{n,k}$ 对时间的微分，则可以更细致地把握横向或纵向振荡的变化。

（4）有效长度的问题。应用希尔伯特变换时，无论采取何种方法均会在数据段的最前面和最后面出现误差，所以需要对变换的结果进行适当的截断处理，通过计算机仿真的结果得出，截断的长度（纪录编号）在大于 500 时就可以取得较好的结果。

11.5.3　希尔伯特变换数据处理方法在 HLS 上的应用

为了能够全面深入地了解束团振荡信号所传达的信息，利用基于希尔伯特变换的相空间重建理论开发了系统的分析问题的方法，其中包括对连续束团相空间的跟踪、束团振荡幅度逐圈追踪、模式振荡逐圈追踪、束团振荡相位和频率的逐圈追踪，用一种时域非平均的方式，从多束团的角度出发全方位地观察束团振荡。

1. 振荡、相图、阻尼和不稳定性耦合模跟踪

利用 BxB 测量反馈系统最重要的试验之一，就是监测束团横向振荡。在没有加反馈的情况下，选用一组典型的激励和阻尼过程数据来进行说明。利用储存环上的长条带 kicker，并带有门电路扫频激励束流，束流激励后关闭激励源，观察束流的自然阻尼过程[16]。

从图 11.5.5（另见文后彩插）中可以看到，在 35000 圈左右关闭激励信号后，束团振荡得以自然阻尼。利用希尔伯特变换方法，可以求取该过程下束团的相位信息，如图 11.5.6 所示（另见文后彩插）。该图的作图方法简述如下：①求取束团 β 振荡的参考频率（不随时间变化的量），并且重建该标准振荡在每圈固定时刻的相位；②求取 45 个束团的相位信息；③将不同束团经过同一 BPM 时的相位转化为每圈固定时刻的相位。用于显示的就是该等时测量的信号。可以从图 11.5.6 中看到，相邻的束团基本上会有某一固定的相位差，其对应的就是模式振荡信息。对该相位信息求微分，得到该束团相对于参考频率的频率差。

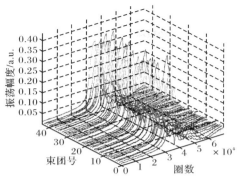

图 11.5.5 束团振荡增长阻尼典型曲线

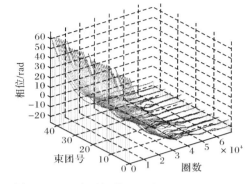

图 11.5.6 束团振荡过程中的相位跟踪曲线

利用这种从相位反推频率的方法,不但具有极高的时域分辨率(逐圈分辨),还具备极高的频率分辨率(Hz 量级),真正起到逐圈监测束流运动状态的目的。从图 11.5.7(另见文后彩插)中可以看出明显的束团受迫振荡过程,以及激励频率与束团振荡频率相同时,振荡加剧,束团相位出现跳变。

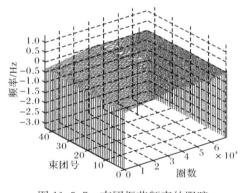

图 11.5.7 束团振荡频率的跟踪

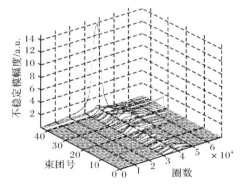

图 11.5.8 振荡模式跟踪

从图 11.5.8(另见文后彩插)可以看出,在整个测量过程中,只有一个模式即 42 号模受到了激励,激励关闭后,该模式也自然阻尼。还可以发现在 40000 圈之后有模式自然增长,即表示出现了某种不稳定的模式。

利用该组数据还可以研究在束团自然阻尼过程中模式阻尼率和束团阻尼率。图 11.5.9(a)和(b)分别对应了 36200～39300 圈这段时间内的束团阻尼。

图 11.5.9 中,红线为振荡的束团和模式,蓝线为其自然阻尼率(另见文后彩插)。从图 11.5.9 中可以看到,振幅最大的 No. 42 模式在这 3000 圈中以较大的阻尼率得以阻尼,但是也有部分不稳定模式如 No. 26、No. 34、No. 35、No. 44 出现了较大的正的阻尼率,也就是说这些模式的振荡增长了。至于束团阻尼率,只是

提供一种分析手段,对于其中的物理现象不再进行说明。

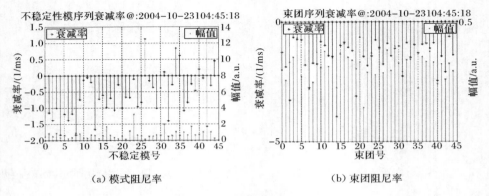

(a) 模式阻尼率　　　　　　　　　　　　(b) 束团阻尼率

图 11.5.9　束团阻尼过程的研究

　　前面已经得到了束团运动的位置信号和相位信号,所以可以轻松地绘制出逐束团的相空间运动曲线。连续追踪束团相位的变化,可以明显观测到束团在受迫振荡过程中相位的变化以及不同束团之间确实存在相对固定的相位差,对相位进行微分运算就可以得到束团振荡的频率随时间变化的关系,其时域精确度和频域精确度好于以往的方法。

　　下面给出一组日常测量中垂直方向相邻的两个束团的相空间图像,其中每幅图片都是由 1000 圈的横向振荡测量数据绘制而成,如图 11.5.10 所示。

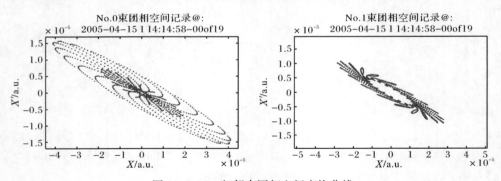

图 11.5.10　相邻束团相空间变换曲线

2. 不稳定性模的分析

　　图 11.5.11(另见文后彩插)反映出注入过程中典型的三维立体不稳定性模。图 11.5.11(a)和(b)表现出注入、慢加速、降频的过程中,不稳定性模式振荡很剧烈。在后面的轨道校正、扭摆磁铁充电、加斜四极磁铁和正常供光过程中,不稳定

性还时有发生,不过其幅度和前面的过程相比有量级上的差别,如图 11.5.11(c)
和(d)所示。通过观察四幅图可以看到,在振荡相对稳定之后,原来振荡剧烈的
No.32 和 No.34 模式已经不显著,反而 No.44 模式一直保持其振荡幅度而并未出
现明显的衰减趋势,y 方向在记录号 300 后振荡反而有加强的趋势。

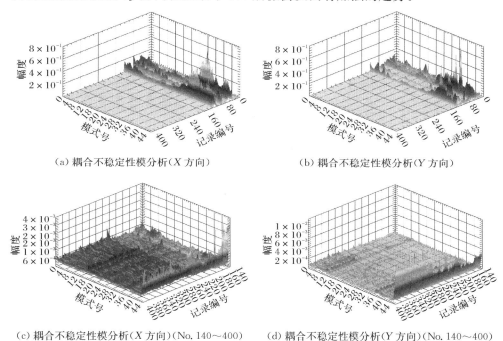

　　(a) 耦合不稳定性模分析(X 方向)　　　　　　(b) 耦合不稳定性模分析(Y 方向)

(c) 耦合不稳定性模分析(X 方向)(No.140~400)　　(d) 耦合不稳定性模分析(Y 方向)(No.140~400)

图 11.5.11　多束团耦合不稳定模式分析

11.6　横向反馈系统的改进

　　集逐束团测量和逐束团反馈于一体的 HLS 储存环横向模拟反馈系统样机在
2007 年年底搭建完成,并取得了初步成果。然而,在对反馈样机系统进行在线调
试中发现样机系统仍存在一些不足,为了进一步提高反馈效果,对系统进行了升
级改造[21]。图 11.6.1 是升级后的 HLS 储存环横向模拟反馈系统示意图。

　　HLS 横向模拟反馈样机系统的改进主要包括前端束流位置信号处理模块和
直流成分剔除单元的重建,同时还进行了信号矢量合成模块的优化与改造、增加
独立可调增益模块以及优化信号传输线路等在内的重要改进。改进后的反馈系
统进行了抑制耦合束团不稳定性试验。相关试验数据分析结果表明,反馈系统提
供的注入阻尼率提高了一个数量级。

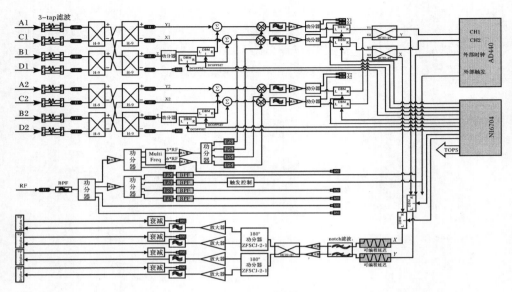

图 11.6.1　改进后的 HLS 储存环横向模拟反馈系统图

11.6.1　线路改进

1. 前端处理模块与直流成分剔除单元

钮扣电极输出的信号在频域上是宽带信号,除了包含测量和反馈所需要的束流振荡信号成分外,同时还包含对后续处理不利的其他频谱成分。对宽带信号进行模拟运算得到 X、Y 和 SUM 信号,用于后续处理以获得横向振荡、纵向振荡和束流流强等有用信号。改进后的束流位置信号处理模块设计如图 11.6.2 所示,增加的直流成分剔除单元电路框图如图 11.6.3 所示。

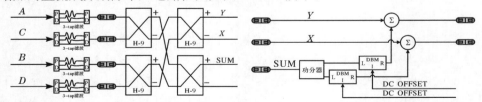

图 11.6.2　前端束流信号处理模块框图　　　　图 11.6.3　直流成分剔除单元框图

反馈系统前端模块提取中心频率为 $3f_{RF}$(f_{RF} 为高频频率)、带宽为 $f_{RF}/2$ 的信号。为了改善信噪比,以及减少后续信号运算中无用频带通过交调或者端口耦合混入输出信号的干扰,在改进方案中,从钮扣电极输出的信号先经过 3-tap 梳状滤波器(comb)滤波后,再送入和差运算单元。在样机系统测试中发现,前端束流位置信号处理模块输出的 X、Y 位置信号存在着较大的信号反射。为了减小信号传输不匹配导致的信号反射,在钮扣电极和 3-tap 滤波器的各连接处,分别又加入了 3dB 的衰减器用于改善线路匹配。

2. 信号矢量运算单元

作用于束流的反馈信号来源于储存环上两个横向振荡相位差约为 $(n+1/2)\pi$ 的钮扣电极拾取的束团振荡信号经过矢量合成后的信号,其信噪比与信号相位直接影响反馈效果。矢量运算单元的下变频电路使用的 $3f_{RF}$ 本振信号的相位和幅度,控制着输出基带信号的相位和幅度。为了动态调节 $3f_{RF}$ 信号的相位和幅度,增加了控制电路和配套的计算机控制模块。信号矢量运算单元电路框图如图 11.6.4 所示。

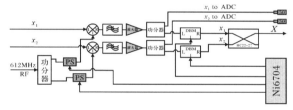

图 11.6.4　信号矢量运算单元框图

3. 独立可调增益模块与新功率馈入方式

用于将处理后的反馈信号作用回束流的部件是反馈系统中必须要仔细考虑的,它的设计和制造决定了反馈功率大小和反馈效率。为了配合横向反馈系统达到更好的效果,在改进的横向反馈系统调试中,启用了新研制的专用于横向反馈的 20cm 的短条带 kicker。为了避免同步光直接照射到条带上,条带 kicker 由以前的垂直水平方式放置更改为斜 45°方式放置。为配合此项改变,在功率放大器前加入了 X、Y 增益控制单元以及 X、Y 信号反相合成模块,用于不同方向不同反馈功率大小的控制。新的反馈功率馈入方式框图如图 11.6.5 所示。

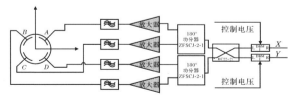

图 11.6.5　反馈功率馈入方式框图

11.6.2　基于 EPICS 的系统控制软件

通过计算机接口控制反馈参数的调节,计算并得到相位控制数据,获取束流运动信息等。控制软件除了完成参数计算外,还需要与不同硬件进行通信,发送控制命令或者获取数据。反馈系统的控制采用了 HLS 控制系统统一的基于 EPICS(experimental physics and industry control system)的架构。控制程序可以由 VC++、VB、LabView 等计算机程序语言编写。目前反馈系统使用的服务器端和客户端程序由 LabView 软件包编写。

1. EPICS 控制系统模型

EPICS 是由美国洛斯阿拉莫斯国家实验室(LANL)和阿贡国家实验室(ANL)等几家实验室为加速器和其他大型实验装置联合开发的控制系统。它采用当今世界上的标准模型,总体上为分布式结构,并且其上层操作员接口和下层设备接口都具有很强的可塑性和扩展性。由于具有这些特点,再加上所有代码都可以在其成员间免费共享,EPICS 不仅被世界上众多的实验室采用,广泛用于加速器、探测器和天文台等大型实验装置的控制,而且也被一些公司采用。

EPICS 是一个基于工具的软件包,支持多种操作系统平台,如 Solaris、DEC、HP-UX、Linux 等,并部分支持 Windows98/2000/XP/2003/Vista。

HLS 控制系统采用分布式控制,但在总体结构上采用标准模型,控制软件系统采用 EPICS。

2. 模拟反馈控制系统

考虑到与 HLS 控制系统的融合,HLS 储存环横向模拟反馈控制系统架构采用 EPICS,图 11.6.6 为控制系统框图。控制系统涉及的硬件有基于 PXI 总线接口的 NI6704 多功能卡、基于 PXI 的 GPIB 控制卡、高速数字化仪 DC440、Tektronix AFG3252 多功能信号发生器、Agilent E4400B 信号发生器、RF 倍频和延时模块、RF 分频和延时模块和高功率放大器 AR250A 等。

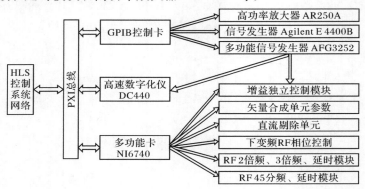

图 11.6.6　HLS 储存环模拟反馈控制系统框图

具有 GPIB 接口的功率放大器 AR250A、任意波形发生器 AFG3252、信号源 Agilent E4400B 均通过 GPIB 控制卡控制,其他则通过多功能卡来控制。NI 公司的 NI6704 多功能卡包括 16 路独立电压信号输出、16 路独立电流信号输出和 8 路数字 I/O,该卡所支持的软件包括 NI-DAQ、LabView for Windows、LabWindows/CVI for Windows、Measurement Studio、ANSI C 等,提供了方便的编程环境。本系统使用 LabView。

控制系统从软件功能上包括放大器控制、反馈相位控制、直流成分剔除模块控制、数字化仪测量信号控制、数字化仪时钟控制和单束团形成模块控制。

11.6.3 系统调试与数据分析

1. 单束团下时序和相位关系的调整

在单束团模式下,对改进后的系统进行时序和相位关系的调整测试。图 11.6.7 是改造之前的光纤 notch 滤波后输出的束流信号;图 11.6.8 是改进和优化后的束流信号。横坐标是时间,40ns/div;纵坐标是幅度,50mV·Ω。从示波器图形可以看出,改进和优化后已经有效地减小了电子学产生的反射信号(见图 11.6.8),并且进行时序和相位关系的调整,反馈信号宽度控制到约 5ns,参见图 11.6.9(另见文后彩插)。

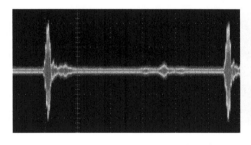
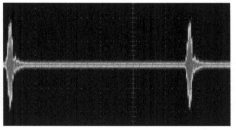

图 11.6.7 改造前调试过程中束流信号　　　　图 11.6.8 改造后调试过程中束流信号

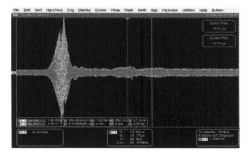

图 11.6.9 改进后,消除了信号反射,反馈信号宽度控制到约 5ns

2. 反馈效果试验

反馈系统效果试验在 200MeV 注入状态下进行,在不加八极磁铁的情况下开关反馈系统,使用实时频谱仪记录全过程。频谱图如图 11.6.10 所示(另见文后彩插),横轴为频率,纵轴为时间,分五个时间段。A 段为 X 方向反馈开、Y 方向反馈开,此时有效抑制了束流振荡边带。B 段为 X 方向反馈关、Y 方向反馈开,此时 X 方向的束流振荡边带出现。C 段为 X 方向反馈重新开,X 束流振荡边带消失。D 段为 X 方向反馈开、Y 方向反馈关,Y 方向束流振荡边带出现。E 段为 X 方向反馈关、Y 方向反馈关,两方向均出现束流振荡边带。

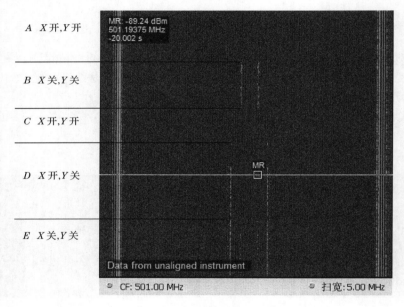

图 11.6.10　开关反馈系统时的束流频谱

试验中还使用了 TBT 测量系统,在反馈开、关状态下分别进行了注入状态下垂直方向阻尼时间的测量,详见第 10 章。计算后得到反馈关时的阻尼时间为 1.22ms,反馈开时的阻尼时间为 0.16ms。

通过对 HLS 储存环模拟横向反馈系统样机的改进,有效提高了整个系统的信噪比,减小了信号传输线路中存在的信号反射。前端束流位置信号处理模块的改进与直流成分剔除单元的增加,提高了系统的动态响应范围。改进后的反馈系统,能有效地抑制注入引起的横向振荡边带和 β 残余振荡,增加了注入时的不稳定性阻尼率。

研制者关心的是反馈系统是否可以提高注入束流强,以及提高头尾不稳定阈值等。因为 HLS 储存环周长小，没有相移正好为 90°的两个 BPM 供选择，所以模拟系统没有得到比较好的提高注入束流强的作用，而利用随后研制的数字反馈系统达到了这个效果。

参 考 文 献

[1] Fox J D, Kikutani E. Bunch feedback system and signal processing. Proceedings of the Joint US-Cern-Japan-Russia School on Particle Accelerators, 1999：579－620.

[2] Fox J, Hindi H, Larsen R. Multibunch longitudinal dynamics and diagnostics via a digital feedback system at PEP-Ⅱ. ALS and SPEAR, 1998：296－298.

[3] Lonza M. Multibunch feedback systems CAS. Beam Diagnostics, Dourdan, 2008.

[4] Khan S, Knuthy T, Gallo A. Longitudinal and transverse feedback kickers for the BESSY Ⅱ storage ring. Proceedings of the Particle Accelerator Conference, New York, 1999, 2：1147－1149.

[5] Tobiyama M, Kikutani E, Flanagan J W, et al. Bunch by bunch feedback systems for the KEKB rings. Proceedings of the Particle Accelerator Conference, Chicago, 2001, 2：1246－1248.

[6] Kuo C H, Lau W K, Yeh M S, et al. FPGA-based longitudinal bunch-by-bunch feedback system for TLS. Proceedings of EPAC, Edinburgh, 2006：3023－3025.

[7] 马力. 束流反馈系统, BEPCⅡ设计报告. 北京：中国科学院高能物理研究所, 2003.

[8] 王筠华, 刘建宏, 郑凯, 等. 合肥光源逐束团测量和横向束流反馈系统设计. 强激光与粒子束, 2006, 18(2)：291－296.

[9] 岳军会. BEPCⅡ横向束流反馈系统的研制. 北京：中国科学院高能物理研究所博士学位论文, 2005.

[10] 韩利峰, 袁任贤, 叶恺容. 横向反馈系统数字滤波算法及系统仿真. 核技术, 2008, 31(7)：489－492.

[11] 郑凯. 合肥光源逐束团测量和模拟反馈系统. 合肥：中国科学技术大学博士学位论文, 2007.

[12] Yin Y, Wang J H, Zheng K. Optical-fiber two-tap FIR filter for storage ring transverse feedback system. Proceedings of the Particle Accelerator Conference, New Mexico, 2007.

[13] 王筠华, 马力, 刘德康, 等. HLS 逐束团测量和横向反馈系统的研制及几个关键技术. Chinese Physics C (HEP&NP), 2008, 32(增刊Ⅰ)：96－98.

[14] 岳军会, 袁任贤, 马力, 等. BEPCⅡ横向束流反馈系统条形电极的设计及模拟计算. 强激光与粒子束, 2004, 16(10)：1353－1355.

[15] 郑凯, 王筠华, 刘建宏, 等. HLS 逐束团跟踪监测系统. 高能物理与核物理, 2006, 30(6)：577－581.

[16] 郑凯, 王筠华, 刘祖平, 等. 基于 Hilbert 变换的相空间重建方法在 HLS 逐束团测量系统中的应用. 高能物理与核物理, 2007, (03)：307－310.

[17] 程乾生. 希尔伯特变换与信号的包络、瞬时相位和瞬时频率. 石油地球物理勘探, 1979, (03)：

　　　　1—14.

[18] 徐守时. 信号与系统：理论、方法和应用. 合肥：中国科学技术大学出版社，1999.

[19] Burgess R T. The Hilbert transform in tracking, mapping and multi-turn beam measurements. SL-Note-99-048-AP, 1999.

[20] Prabhakar S, Fox J D, Teytelman D, et al. Phase space tracking of coupled-bunch instabilities. Physical Review Special Topics—Accelerators and Beams, 1999, 2: 084411.

[21] 杨永良. 合肥光源束流不稳定性测量和横向模拟反馈. 合肥：中国科学技术大学博士学位论文, 2009.

第 12 章　数字横向反馈系统研制与应用

用以抑制 CB 不稳定性的逐束团反馈技术自 20 世纪 90 年代诞生以来,发展迅速,逐渐成为加速器运行不可替代的装置。TLS[1] 为了克服严重的横向不稳定性,在开模拟 BxB 反馈系统研制的基础上,于 2005 年升级到数字横向反馈系统。TLS 利用横向反馈系统不仅提高了束流的品质与稳定度,而且使低色品运行成为可能,从而大大改善了注入效率并成为实现 top-up 注入不可缺少的技术手段。同样,KEK-PF[2] 为了实现 top-up 注入而摒弃了先前通过八极磁铁来抑制横向 CB 不稳定性的方法,改用数字横向反馈系统来抑制不稳定性。对于 HLS 储存环,注入过程同样面临着严重的横向 CB 不稳定性。这些研究成功的先例有利于 HLS 数字横向 BxB 反馈系统的建立[3]。

早期的 BxB 反馈系统是采用模拟电子线路来实现反馈信号的运算。由于模拟器件结构复杂而不易调试,且灵活度不够,逐渐被数字反馈系统所取代[4]。随着电子学技术的发展,芯片的集成度和运算速度大幅度提高,使反馈系统采用数字处理技术成为可能。利用数字信号处理芯片(digital signal processor,DSP)或者现场可编程门阵列(field programmable gate array,FPGA)芯片进行反馈运算,充分发挥了数字系统的可靠性和灵活度,是横向和纵向反馈技术的发展潮流。

12.1　数字反馈基本原理

前面多次提出,CB 的不稳定性一般是由高频腔高次模、电阻壁阻抗和离子俘获等效应激励起束团间的相干振荡不稳定性。BxB 数字横向反馈系统的原理与模拟横向反馈系统相同,即通过提取每个束团质心振荡的信息,计算出质心振荡的一阶微分量 x',并逐个反馈到相应的束团上,抑制束团间的相干振荡,从而克服 CB 不稳定性。

储存环中粒子的横向振荡是一个类似正弦的振荡。正弦信号的一阶微分量是原信号相移 $\pi/2$ 后的信号。反馈系统通过 BPM 获得每个束团的逐圈信息,再将逐圈信号相移 $\pi/2$ 后,通过条带 kicker 作用到原束团上,从而抑制每个束团的横向振荡。

不同于模拟反馈系统的模拟矢量运算单元,数字系统的反馈信号计算是通过数字处理器完成的。数字系统线路简洁,维护方便,数字滤波器多阶可调,滤波效果远好于模拟系统,因而是反馈技术的发展方向。图 12.1.1 为数字反馈系统原理框图[3]。

图 12.1.1　数字 BxB 反馈系统原理框图

　　该系统包括模拟 RF 检波前端、数字反馈处理器以及功率放大器和条带 kicker。BPM 信号经过模拟前端 hybrid 运算,再通过低通滤波和放大处理后得到水平和垂直方向束流位置的偏移量信息$(\Delta x,\Delta y)$,然后被数字处理器的 ADC 采样。经数字处理器内部的 FPGA 完成反馈量$(\Delta x',\Delta y')$的计算后,由 DAC 输出经过功率放大器送入条带 kicker。

12.2　数字反馈技术的核心元素及其发展过程

12.2.1　DSP 阵列作为处理单元的数字反馈系统

　　DSP 芯片可以完成反馈计算。由于早期受到电子学线路发展的限制,单个处理器运算速度难以进行几百 MHz 频率的反馈计算,于是可以将 DSP 阵列作为反馈计算的核心。意大利 ELETTRA 光源的数字横向反馈系统如图 12.2.1 所示。BPM 信号经过前端检波后得到带宽为 250MHz 的基带振荡信号,被 500MHz 采样频率的 ADC 采样后送入 DSP 阵列处理,输出的反馈信号再通过 DAC 数模转换后送入功率放大器最后加载到 kicker,完成反馈。反馈信号的运算核心由 3 大部件组成(图 12.2.2),即 ADC、DSP 阵列机箱和 DAC。6 块 VME 机箱的 DSP 板卡是反馈信号运算的核心。ADC 采样的振荡信号通过多路分配器并行地送入这些 DSP 板卡,每块板卡又有 4 块 TI 公司 6000 系列 DSP 芯片,完成运算后的反馈信号最后通过多路合成器送入 DAC 模数转换后输出。ELETTRA 反馈系统的 DSP 阵列可以构筑 5 阶的 FIR 滤波运算。

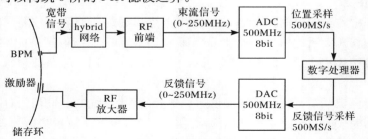

图 12.2.1　ELETTRA 光源数字 BxB 横向反馈系统框图

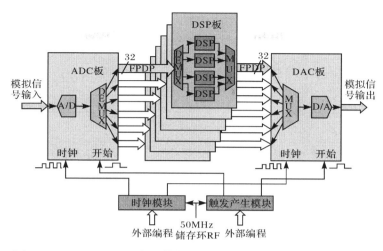

图 12.2.2 ELETTRA 光源数字 BxB 横向反馈的 DSP 阵列处理框图

DSP 阵列作为数字反馈的运算单元运用了成熟的技术与构架,很好地完成了数字反馈的需要。然而整个系统过于复杂,较多的 DSP 板卡阵列之间并行通信和前端信号分解以及后端信号合成都是在分立的板卡之间进行的。芯片与芯片的通信使得数据传输效率并不高,于是整套系统除了结构复杂外,系统延时是一个很大的问题。反馈信号是利用系统延时之前的逐圈信号来计算的。如果系统延时时间过长,在此时间内储存环工作点发生变化,便会使反馈系统达不到预期效果。

12.2.2 FPGA 芯片作为处理单元的数字反馈系统

电子技术的发展,特别是硬件编程芯片的集成度不断提高,使得 FPGA 芯片作为反馈计算核心成为可能。相对于 DSP 的固定结构,硬件编程使系统构架结构简洁。在输入输出确定的情况下,内部的线路结构完全可以由编程人员给定,FP-GA 基本结构是由可编程逻辑单元阵列、布线资源和可编程的 I/O 单元阵列构成的。一个 FPGA 包含丰富的逻辑门、寄存器和 I/O 资源。在 FPGA 的布线资源中有快速可编程内连线,通过这些内连线将排成阵列形式的可编程单元连接在一起,实现相应的逻辑功能。单块 FPGA 芯片可以并行地处理多路输入信号,并使信号在片内被合成或者分解,非常灵活并且由于整体的系统延时被有效控制,而使得 FPGA 非常适合用于反馈处理。

早期的基于 FPGA 的反馈系统方案设计受商业板卡的处理能力的限制,经常需要多路板卡并行处理,需要信号分解与信号合成,作为反馈系统仍然不够简洁。图 12.2.3 是 SPring-8 光源早期的数字横向反馈系统。它采用了 6 块商业 FPGA

处理板,每个处理板包括两路 ADC、一个 FPGA 芯片、两路 DAC,板载的 FPGA 资源最高可以开发 10 阶的 FIR 滤波器,并使用其中的一个 ADC 和 DAC 来实现数据监控功能。ADC 的最高采样率为 105MHz,工作在高频信号的 1/6 频率,并行地对束团信号进行采样,并分别在每个子板中进行处理,最后还需将分离的 6 路信号送入一块高速的 FPGA 板中进行信号合成。

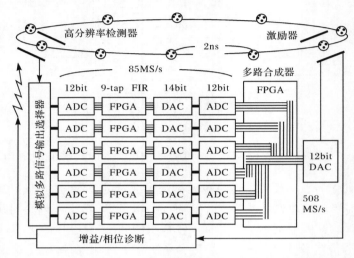

图 12.2.3　SPring-8 基于 6 块 FPGA 处理板的反馈系统框图

随后,应用于储存环 BxB 反馈需求的专用数字反馈处理器便由几家实验室自行或者委托开发出来。这些处理器基本上基于 FPGA 处理核心,整合了 ADC、DAC、存储芯片,并拥有完善的通信接口,结构简洁。专用处理器不但可以完成反馈功能,还可以记录束团的信息用以分析研究束团不稳定性。

1. TED 数字反馈处理器

SPring-8 设计并委托 TED(Tokyo Electron Device)公司开发的数字反馈处理器由 1 个 FPGA 芯片、6 路 ADC 和 5 路 DAC 构成,并且包括 256MB 内存,可以实现 USB 通信。6 路 ADC 工作在 4-ADC 模式还是 6-ADC 模式,取决于储存环谐波数。FPGA 内部实现了 2 路最高 20 阶 FIR 滤波器或者 1 路 50 阶滤波器,可以应用于横向反馈或者纵向反馈系统。处理器的 CF 卡装载 FPGA 程序,上电后自动加载到 FPGA 中。256MB 的内存用以记录 ADC 的数据,并通过 USB 接口上传到控制主机。TED 反馈处理器架构简洁,由于有多路 ADC 和多路 DAC,系统的灵活度很高,现已应用于世界上的众多同步辐射光源,如 KEK PF、TLS 和 Soleil 等。国内 SSRF 和 HLS 的数字反馈系统也是基于 TED 反馈处理器开发的。

2. iGp 数字反馈处理器

SLAC 与 KEK 以及 LNF 共同开发了 iGp 数字反馈处理器(亦称为 Gboard)。该处理器先后成功应用于 DAΦNE[5]、KEK[6]等光源,以及国内的 BEPCⅡ。

图 12.2.4 是 iGp 处理器的构架图。系统由单路 ADC、单块 FPGA 芯片和单路 DAC 组成,通过 USB 接口与内部 Linux IOC 主机通信。主机的 EPICS IOC 内嵌了控制和分析软件,并可以通过网口和外界进行通信。单块的 ADC 克服了多路 ADC 并行采样时需要考虑储存环谐波数的缺点,但过高的采样率(几倍于多路 ADC 的采样率)使得 ADC 的量化位数限制在 8bit,增大了 ADC 的量化噪声,使得处理器对于模拟前端的 DC 分量更加敏感。iGp 数字反馈处理器内部的 Linux 主机拥有丰富的分析软件,实时地显示束团振荡并分析模式和增长率等。图形化的操作界面和分析软件使用方便是 iGp 反馈处理器的特点。

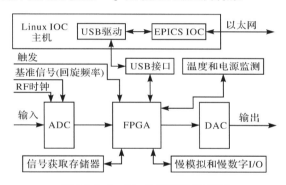

图 12.2.4　iGp 处理器构架框图

3. Libera 数字反馈处理器

I-tech 公司开发的 Libera[7]数字反馈处理器(图 12.2.5)由一个模拟电路板、一个数字电路板和一个单板计算机组成。模拟电路板由 4 路 ADC 与数字通信接口组成;数字电路板则集成了 FPGA 芯片以及 DAC 用以计算和输出反馈信号,FPGA 芯片最高可以实现 16 阶 FIR 滤波器;单板计算机集成了 Linux 操作系统,用来控制处理器和分析数据。目前已成功地运用于 ESRF 和 DLS 等。

电子技术的发展使得横向 BxB 反馈技术向数字化转变。专用的数字反馈处理器已经普遍应用于横向 BxB 反馈系统中。HLS 的储存环谐波数为 45,可以被 3 整除,数字横向 BxB 反馈系统基于 TED 数字反馈处理器,并通过将 6 个 ADC 分配给两路反馈回路,使单个处理器能够处理水平和垂直的独立信息。

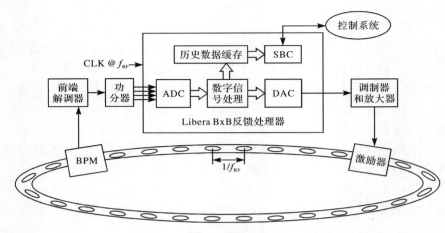

图 12.2.5　　Libera 数字反馈系统示意图

12.3　数字信号处理理论

数字反馈系统采集分析束流振荡信息从而得到模式信息,需要进行时域数据的频域变换。如何得到频域的信息,并改善计算过程中的误差成为必须面对的问题。设计满足反馈系统需要的数字滤波器是数字反馈系统必须解决的问题。为了应对这些问题,需要研究数字信号处理理论,并设法找到合适的滤波器设计方法。

数字信号处理就是将输入序列转换为所要求的输出序列。其分析方法是先对取样信号和系统进行分析,然后对幅度上量化和实现过程中有限字长造成的影响进行考虑。数字处理目的在于,能够估计信号的特征参数或者将信号变换到另一个域以获得所需信息。

12.3.1　离散时间线性非时变系统

若系统在输入为 $x_1(n)$ 和 $x_2(n)$ 时,输出分别为 $y_1(n)$ 和 $y_2(n)$,即

$$y_1(n) = T[x_1(n)] \tag{12.3.1}$$
$$y_2(n) = T[x_2(n)] \tag{12.3.2}$$

式中,$T[\bullet]$ 表示离散系统的输入输出约束条件[8,9]。则当且仅当

$$T[ax_1(n) + bx_2(n)] = aT[x_1(n)] + bT[x_2(n)] = ay_1(n) + by_2(n)$$

$$\tag{12.3.3}$$

系统才为线性系统,其中,a、b 为任意常数。这说明两个序列分别乘以一因子相加后进行变换,等于分别变换后乘以相应因子的和,所以线性系统对信号满足均匀性(比例性)与叠加性。

非时变系统就是系统的运算关系 $T[\cdot]$ 在整个运算过程中不随时间(即不随序列的先后)而变化。若系统输入为 $x(n)$ 时,系统的输出为 $y(n)$,则将输入序列移动 k 位成为 $x(n-k)$ 后加到系统,系统的输出就是 $y(n-k)$,而数值保持不变,即

$$T[x(n-k)] = y(n-k) \tag{12.3.4}$$

12.3.2 单位取样响应和卷积

所谓单位取样响应是系统输入单位取样序列 $\delta(n)$ 时的输出响应序列,设其为 $h(n)$,则

$$h(n) = T[\delta(n)] \tag{12.3.5}$$

将任何一个输入序列表示为加权延时单位取样序列的线性组合:

$$x(n) = \sum_{k=-\infty}^{\infty} x(k)\delta(n-k) \tag{12.3.6}$$

考虑到系统为线性非时变系统,输出为

$$y(n) = T\Big[\sum_{k=-\infty}^{\infty} x(k)\delta(n-k)\Big] = \sum_{k=-\infty}^{\infty} x(k)h(n-k) \tag{12.3.7}$$

所以任何离散时间线性非时变系统,完全可以通过其单位取样响应 $h(n)$ 来表征,如图 12.3.1 所示。式(12.3.7)表明系统的输出序列和输入序列之间存在卷积和的关系,称为离散卷积,记为 $y(n) = x(n) * h(n)$。

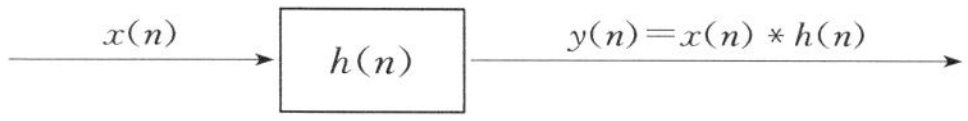

$$x(n) \longrightarrow \boxed{h(n)} \xrightarrow{\;y(n) = x(n) * h(n)\;}$$

图 12.3.1 离散系统输出与输入的卷积关系

12.3.3 离散时间信号和系统频域分析

在数字处理系统中经常使用频域分析的概念和方法,而且有时候频域分析法比时域分析法更方便。式(12.3.8)为一个数字系统输入与输出的差分方程:

$$\sum_{k=0}^{N} a_k y(n-k) = \sum_{r=0}^{M} b_r x(n-r) \tag{12.3.8}$$

与正弦和复指数信号对于连续时间系统所起的作用相似,正弦或复指数序列在对离散时间系统分析频域特性时起到重要作用。假设式(12.3.8)描述的系统的输入序列是频率为 ω 的复指数序列,即

$$x(n) = A\mathrm{e}^{\mathrm{i}(\omega n + \phi_x)} = A\mathrm{e}^{\mathrm{i}\omega n}\,\mathrm{e}^{\mathrm{i}\phi_x}, \qquad -\infty < n < \infty \tag{12.3.9}$$

式中,A 为幅度;ω 为数字域频率;ϕ_x 为起始相位。而

$$x(n-r) = A\mathrm{e}^{\mathrm{i}\omega(n-r)}\,\mathrm{e}^{\mathrm{i}\phi_x} = \mathrm{e}^{-\mathrm{i}\omega r} x(n) \tag{12.3.10}$$

则式(12.3.8)变成如下代数方程:

$$\sum_{k=0}^{N} a_k \mathrm{e}^{-\mathrm{i}\omega k} y(n) = \sum_{r=0}^{M} b_r \mathrm{e}^{-\mathrm{i}\omega r} x(n) \tag{12.3.11}$$

$$y(n) = \frac{\sum_{r=0}^{M} b_r \mathrm{e}^{-\mathrm{i}\omega r}}{\sum_{k=0}^{N} a_k \mathrm{e}^{-\mathrm{i}\omega k}} x(n) \tag{12.3.12}$$

式中

$$H(\mathrm{e}^{\mathrm{i}\omega}) = \frac{\sum_{r=0}^{M} b_r \mathrm{e}^{-\mathrm{i}\omega r}}{\sum_{k=0}^{N} a_k \mathrm{e}^{-\mathrm{i}\omega k}} \tag{12.3.13}$$

称为离散时间系统的频率响应,它是由系统的结构参数决定的。当输入为频率 ω 的复指数序列时,其输出必仍为同一频率的复指数序列。系统的频率响应 $H(\mathrm{e}^{\mathrm{i}\omega})$ 描述了系统对不同频率的复指数序列的不同传输能力。

$H(\mathrm{e}^{\mathrm{i}\omega})$ 为复数,可用实部和虚部来表示:$H(\mathrm{e}^{\mathrm{i}\omega}) = H_R(\mathrm{e}^{\mathrm{i}\omega}) + \mathrm{i} H_I(\mathrm{e}^{\mathrm{i}\omega})$。其幅度相位表示为

$$H(\mathrm{e}^{\mathrm{i}\omega}) = \left| H(\mathrm{e}^{\mathrm{i}\omega}) \right| \mathrm{e}^{\mathrm{i}\arg[H(\mathrm{e}^{\mathrm{i}\omega})]} \tag{12.3.14}$$

式中,$\left| H(\mathrm{e}^{\mathrm{i}\omega}) \right|$ 称为系统的幅频响应,$\arg[H(\mathrm{e}^{\mathrm{i}\omega})]$ 称为系统的相频响应。

系统的频率响应与单位取样响应分别是从频域与时域两个不同方面,来说明同一离散时间线性非时变系统的特性的,因此系统的频率响应与单位取样响应之间有相应的转换关系。输入信号 $x(n) = A\mathrm{e}^{\mathrm{i}(\omega n + \phi_x)} = A\mathrm{e}^{\mathrm{i}\omega n} \cdot \mathrm{e}^{\mathrm{i}\phi_x}$ 到单位取样响应为 $h(n)$,可得到输出为

$$y(n) = \sum_{k=-\infty}^{\infty} h(k) x(n-k) = \left[\sum_{k=-\infty}^{\infty} h(k) \mathrm{e}^{-\mathrm{i}\omega k} \right] \cdot A\mathrm{e}^{\mathrm{i}(\omega n + \phi_x)} \tag{12.3.15}$$

则可得

$$H(\mathrm{e}^{\mathrm{i}\omega}) = \sum_{k=-\infty}^{\infty} h(k) \mathrm{e}^{-\mathrm{i}\omega k} = \sum_{n=-\infty}^{\infty} h(n) \mathrm{e}^{-\mathrm{i}\omega n} \tag{12.3.16}$$

所以离散时间线性非时变系统的频率响应 $H(\mathrm{e}^{\mathrm{i}\omega})$ 就是系统的单位取样响应 $h(n)$ 的傅里叶变换,即 $h(n)$ 的频谱。

12.3.4 离散傅里叶变换

横向 CB 不稳定性分析、模式分析以及相关的系统设计,对束流信号的频率组成极为关心,数值计算所用到的算法和理论都是基于数字信号处理中的离散傅里叶变换理论的。傅里叶分析是信号处理中频繁用到的分析方法,它将信号从时域空间变换到频域空间。连续时间信号的傅里叶变换表达式为

$$X_c(\omega) = \int_{-\infty}^{+\infty} x_c(t) \mathrm{e}^{-\mathrm{i}\omega t} \, \mathrm{d}t \tag{12.3.17}$$

式中，ω 为连续信号角频率。连续信号被采样后的理想采样信号可以表示为

$$x_{\mathrm{p}}(t) = \sum_{n=-\infty}^{\infty} x_{\mathrm{c}}(nT_{\mathrm{s}})\delta(t-nT_{\mathrm{s}}) \tag{12.3.18}$$

式中，T_{s} 为采样间隔。对式(12.3.8)两边进行连续傅里叶变换。根据冲击函数积分性质 $\int_{-\infty}^{\infty} \delta(t-t_0)f(t)\mathrm{d}t = f(t_0)$，可以得到理想采样信号的变换式：

$$X_{\mathrm{p}}(\omega) = \sum_{n=-\infty}^{\infty} x_{\mathrm{c}}(nT_{\mathrm{s}})\mathrm{e}^{-\mathrm{i}\omega nT_{\mathrm{s}}} \tag{12.3.19}$$

将采样间隔归一化为单位时间间隔，离散时间序列的 DTFT 的表达式为

$$X(\Omega) = \sum_{n=-\infty}^{\infty} x(n)\mathrm{e}^{-\mathrm{i}\Omega n} \tag{12.3.20}$$

式中，抽样函数 $x(n)=x_{\mathrm{c}}(nT_{\mathrm{s}})$。

同时从式(12.3.19)和式(12.3.20)中可以得出，这两个变换域只是存在一个尺度变换，并满足 $\Omega=\omega T_{\mathrm{s}}$。式(12.3.19)描述了 $x(n)$ 作为离散时间序列输入的傅里叶变换，变换后的频域为连续频谱，并且由于

$$X(\Omega+2k\pi) = \sum_{n=-\infty}^{\infty} x(n)\mathrm{e}^{-\mathrm{i}\Omega n} \cdot \mathrm{e}^{-\mathrm{i}2k\Omega n} = X(\Omega) \tag{12.3.21}$$

可知离散时间傅里叶变换的频域是以 2π 为周期的连续谱，考虑到实际信号处理中 $x(n)$ 为有限点的输入信号，那么式(12.3.21)可以表示为

$$\widetilde{X}(\Omega) = \sum_{n=0}^{N-1} x(n)\mathrm{e}^{-\mathrm{i}\Omega n} \tag{12.3.22}$$

式中，$\sim$ 表示周期性。

DTFT 的频谱为连续谱，此变换仍然不能被计算机应用。计算机上实现信号的频谱分析及其他方面的处理工作时，对信号的要求是：在时域和频域都应是离散的，且都应是有限长的。这里，研究离散傅里叶级数(discrete-time Fourier series，DFS)。DFS 研究的是周期信号的频谱。设 $\widetilde{x}(nT_{\mathrm{s}})$ 为 $\widetilde{x}(t)$ 的抽样，$\widetilde{x}(t)$ 的周期为 T，每个周期内抽 N 个点，即 $T=NT_{\mathrm{s}}$，将 $\widetilde{x}(t)$ 展成傅里叶级数：

$$\widetilde{x}(t) = \sum_{k=-\infty}^{\infty} X(k\Omega_0)\mathrm{e}^{\mathrm{i}k\Omega_0 t} \tag{12.3.23}$$

$\widetilde{x}(nT_{\mathrm{s}})$ 的傅里叶级数为

$$\widetilde{x}(nT_{\mathrm{s}}) = \sum_k \widetilde{X}(k\Omega_0)\exp\left(\mathrm{i}k\frac{2\pi}{NT_{\mathrm{s}}}nT_{\mathrm{s}}\right) = \sum_k \widetilde{X}(k\Omega_0)\exp\left(\mathrm{i}k\frac{2\pi}{N}n\right) \tag{12.3.24}$$

式中，$X(k\Omega_0)$ 是 $\widetilde{x}(t)$ 的傅里叶级数，所以它是离散的且是非周期的，且 $\Omega_0=2\pi/T=2\pi/(NT_{\mathrm{s}})$，$\widetilde{X}(k\Omega_0)$ 是以 N 为周期的周期谱。

对周期信号的求和或求积应在一个周期内进行。对式(12.3.23)进行变换

可得

$$\widetilde{X}(k\Omega_0) = \sum_{n=0}^{N-1} x(nT_s)\exp\left(-\,\mathrm{i}k\,\frac{2\pi}{N}n\right) \tag{12.3.25}$$

式(12.3.25)为周期信号的离散频谱。DFS 在时域和频域都是离散的,但 $\widetilde{x}(nT_s)$ 和 $\widetilde{X}(k\Omega_0)$ 都是无限长的。由于 $\exp\left(\pm\,\mathrm{i}k\,\frac{2\pi}{N}n\right)$ 相对于 n 和 k 都是以 N 为周期的,由此引出离散傅里叶变换为

$$X(k) = \sum_{n=0}^{N-1} x(n)\exp\left(-\,\mathrm{i}k\,\frac{2\pi}{N}n\right) \tag{12.3.26}$$

式中,$x(n)$ 和 $X(k)$ 分别是 $\widetilde{x}(nT_s)$ 和 $\widetilde{X}(k\Omega_0)$ 的一个周期,此处把 T_s 和 Ω_0 都归一化为 1。

　　DFT 对应的是在时域、频域都是有限长,且又都是离散的一类变换,其来自 DFS,只不过仅在时域和频域各取一个周期。对应于同一个序列 $x(n)$,DFT 在频域上的变化就是对 DTFT 的连续频谱进行抽样,适用于计算机处理。利用 DFT 对连续时间信号进行傅里叶分析时,由于对连续信号的采样以及对采样信号进行截短为有限列长而实质是一种近似的变换,并存在 3 种可能的误差:混叠、栅栏效应和泄漏。

　　混叠是由信号采样而造成频谱的周期延拓造成的,根据香农(Shannon)取样定理,取样频率必须大于原模拟信号频谱中最高频率的两倍。对于应用 DFT 变换的原信号必须进行滤波处理来限制原始信号的带宽。

　　栅栏效应是因为 DFT 计算频谱只限制为基频的整数倍而不可能将频谱视为一个连续函数而产生的。栅栏效应表现为当用 DFT 计算整个频谱时,就好像通过一个"栅栏"来观看图景一样,只能在离散点的地方看到真实的图景。减小栅栏效应的一种方法就是在原记录末端添加一些零值点来变动时间周期内的点数,并保持记录不变。从而在保持原有频谱连续形式不变的情况下,变更谱线的位置,原来看不到的频谱分量就能移动到可见的位置上。

　　频谱泄漏是由对数据进行截短处理造成的。时域的截短,在频域相当于所研究波形的频谱与矩形窗函数频谱周期卷积过程。这一卷积造成频谱分量从其正常频谱扩展开来,称为泄漏。应该指出,泄漏是不能与混叠完全分开的,因为泄漏将导致频谱的扩展,从而使频谱的最高频率超过折叠频率,造成混叠。在进行 DFT 时,时域中的截短是必须的,因此泄漏效应是 DFT 所固有的,必须设法进行抑制。抑制泄漏,可以通过窗函数加权抑制 DFT 的等效滤波器的振幅特性的副瓣。常用的窗函数包括矩形窗、三角形窗、汉宁窗、汉明窗和布莱克曼窗等(详见第 8 章)。

12.4　数字滤波器设计

　　数字滤波器是完成信号滤波处理功能的,用有限精度算法实现的离散时间线性非时变系统,其输入是一组(由模拟信号取样和量化的)数字量,其输出是经过变换的另一组数字量。滤波器在信号处理中起到了重要作用,是去除信号中噪声的基本手段。滤波器的设计问题也是数字信号处理中的基本问题。滤波器的种类很多,总体上可以分为两个大类,即经典滤波器和现代滤波器。经典滤波器是假定输入信号 $x(n)$ 中的有用成分和希望去除的成分各自占有不同的频带。这样,当 $x(n)$ 通过一个线性系统(滤波器)后可将欲去除的成分有效地去除。如果信号和噪声的频带相互重叠,那么经典滤波器将无能为力。现代滤波器理论研究的主要内容是从含有噪声的数据记录(又称为时间序列)中估计出信号的某些特征或信号本身。一旦信号被估计出,那么估计出的信号的信噪比将比原信号高。现代滤波器把信号和噪声都视为随机信号,利用它们的统计特征(自相关函数、功率谱等)导出一套最佳的估值算法,然后用软硬件实现。

　　数字滤波器是数字横向反馈系统设计的关键部分,实现反馈信号运算的功能,包括去除直流和回旋频率成分以节省反馈系统不必要的功率消耗;实现 Tune 值小数部分频率的 π/2 相移;考虑到 Tune 值存在漂移的可能,滤波器的幅频响应和相频响应在 Tune 值小数部分附近的频率也要保持同样的响应曲线。在 Tune 值偏移的情况下,反馈系统能够提供相同的反馈力。

　　这里应用时域最小二乘法[10]设计 FIR 滤波器系数。时域最小二乘法可以设计高阶的 FIR 滤波器以增强滤波效果。图 12.4.1(a)是水平方向滤波器系数的幅频响应,水平方向工作点小数部分为 0.54,对应的数字滤波器增益为 1。图 12.4.1(b)则是水平方向滤波器系数的相频响应,在 0.54 处实现 −90° 的相移,并且以 0.54 为中心,在大约 0.025 的频域范围内保持水平的相移曲线,实现此区间同样的反馈效果。图 12.4.1(c)是垂直方向反馈滤波器的幅频响应,工作点小数部分为 0.59,图 12.4.1(d)则是其相频响应。

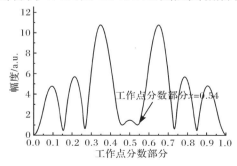

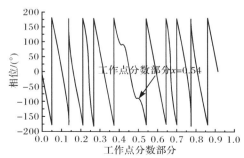

　　(a) 水平方向 FIR 滤波器的幅频响应　　　　　(b) 水平方向 FIR 滤波器的相频响应

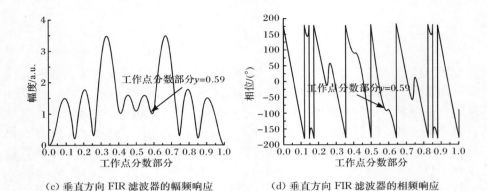

(c) 垂直方向 FIR 滤波器的幅频响应　　　(d) 垂直方向 FIR 滤波器的相频响应

图 12.4.1　FIR 滤波器的频率响应

BxB 数字反馈的滤波器设计需要满足如下的基本特征：在 Tune 值对应的频率点 $f_{x,y}$ 提供 $\pi/2$ 相移；去除反馈信号中的 DC 分量；在 $f_{x,y}$ 处提供反馈增益。信号频率和噪声频带已知，需要应用经典滤波器。经典数字滤波器在实现方法上，有 IIR(infinite impulse response)滤波器和 FIR(finite impulse response)滤波器之分。从滤波器的系统函数和结构模型出发，分析这两种滤波器的结构特点和优缺点。

拉普拉斯(Laplace)变换是连续时间信号与系统的复频域变换法，是傅里叶变换的推广，它把不绝对可积的信号展成指数函数的积分形式。同样，将序列的傅里叶变换推广，以便将不满足绝对可和的信号展成指数序列之和，称为 z 变换。这是离散时间信号与系统的复频域变换。通过拉普拉斯变换可把解微分方程的工作转化为解代数方程的工作，也可通过 z 变换把解差分方程的工作转化为解代数方程的工作。因此，z 域分析在离散时间线性非时变系统中起着非常重要的作用。z 变换的定义为

$$X(z) = \sum_{n=-\infty}^{\infty} x(n)z^{-n} \tag{12.4.1}$$

式中，z 是一个以实部为横坐标、虚部为纵坐标的复平面上的复变量，这个平面也称为 z 平面。

使某一序列 $x(n)$ 的 z 变换 $\sum\limits_{n=-\infty}^{\infty} x(n)z^{-n}$ 级数收敛的 z 平面上所有 z 值的集合，称为 z 变换的收敛域。序列的 z 变换级数绝对收敛的条件是绝对可和，即条件

$$\left| \sum_{n=-\infty}^{\infty} x(n)z^{-n} \right| < \infty \tag{12.4.2}$$

常见的一类 z 变换是有理函数，也就是两个多项式之比：

$$X(z) = \frac{P(z)}{Q(z)} \tag{12.4.3}$$

分子多项式的根是 $X(z)=0$ 的 z 值，称为 $X(z)$ 的零点。z 取有限值的分母多项式的根称为 $X(z)$ 的极点，它使 $X(z)$ 为无穷大。z 变换的收敛域和极点分布关系密切。在极点处 z 变换不收敛，因此在收敛域内不得包含任何极点，收敛域是以极点来限定边界的。序列移位的 z 变换性质

$$Z[x(n)] = X(z), \quad R_{x-} < |z| < R_{x+} \tag{12.4.4}$$

则偏移 n_0 位后的新序列为

$$Z[x(n+n_0)] = z^{n_0} X(z), \quad R_{x-} < |z| < R_{x+} \tag{12.4.5}$$

式中，位移 n_0 可以正(左移)，也可以负(右移)。

12.4.1　IIR 滤波器

数字滤波器可以用差分方程、单位取样响应和系统函数等表示。对于研究系统的实现方法，即运算结构，用方框图表示最为直接。首先分析 IIR 滤波器的系统函数[8,9]

$$H(z) = \frac{\sum\limits_{r=0}^{M} b_r z^{-r}}{1 - \sum\limits_{k=1}^{N} a_k z^{-k}} \tag{12.4.6}$$

对应的差分方程为

$$y(n) = \sum_{r=0}^{M} b_r x(n-r) + \sum_{k=1}^{N} a_k y(n-k) \tag{12.4.7}$$

式中，$y(n)$ 由两部分组成：第一部分 $\sum\limits_{r=0}^{M} b_r x(n-r)$ 是一个对输入 $x(n)$ 的 M 节延时链结构，每节延时抽头后加权相加；第二部分 $\sum\limits_{k=1}^{N} a_k y(n-k)$ 是对一个 $y(n)$ 的延时链结构，每级延时抽头后加权相加，因此是一个反馈网络。这种结构类型称为直接型，其方框图如图 12.4.2 所示。

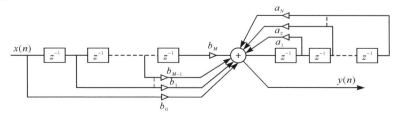

图 12.4.2　直接型 IIR 滤波器结构框图

　　直接型 IIR 滤波器的结构特点是简单直观。缺点则是系数对于滤波器性能控制关系不直接,因此调整不便。更严重的是,这种结构的极点位置敏感度太大,对字长效应太敏感,易于出现较大误差,后面将专门讨论。

　　将式(12.4.7)改写成如下形式:

$$H(z) = \frac{\sum\limits_{r=0}^{M} b_r z^{-r}}{1 - \sum\limits_{k=1}^{N} a_k z^{-k}} = A \frac{\prod\limits_{r=1}^{M}(1 - c_r z^{-1})}{\prod\limits_{k=1}^{N}(1 - d_k z^{-1})} \tag{12.4.8}$$

式中,A 为归一化常数。由于系统函数 $H(z)$ 的系数 a_k、b_r 都是实系数,故零、极点 c_r、d_k 只有两种情况:或者是实根,或者是共轭复根。

$$H(z) = A \frac{\prod\limits_{i=1}^{M_1}(1 - g_i z^{-1}) \prod\limits_{i=1}^{M_2}(1 - h_i z^{-1})(1 - h_i^* z^{-1})}{\prod\limits_{i=1}^{N_1}(1 - p_i z^{-1}) \prod\limits_{i=1}^{N_2}(1 - q_i z^{-1})(1 - q_i^* z^{-1})} \tag{12.4.9}$$

式中,$M = M_1 + 2M_2$;$N = N_1 + 2N_2$;g_i 表示实零点;p_i 表示实极点;h_i 和 h_i^* 表示复共轭零点;q_i 和 q_i^* 表示复共轭极点。

　　每一对共轭因子合起来,就可以构成一个实系数的二阶因子:

$$H(z) = A \frac{\prod\limits_{i=1}^{M_1}(1 - g_i z^{-1}) \prod\limits_{i=1}^{M_2}(1 + \beta_{1i} z^{-1} + \beta_{2i} z^{-2})}{\prod\limits_{i=1}^{N_1}(1 - p_i z^{-1}) \prod\limits_{i=1}^{N_2}(1 - \alpha_{1i} z^{-1} - \alpha_{2i} z^{-2})} \tag{12.4.10}$$

　　式(12.4.10)说明任意系统均可以由一个一阶和二阶子系统构成。级联型结构的优点是存储单元需要少,硬件实现时,可以用一个二阶节进行时分复用。同时,级联型的每一个基本节都关系到滤波器的一对极点和一对零点。调整系数 β_{1i}、β_{2i} 或者 α_{1i}、α_{2i} 就单独地调整了滤波器的第 i 对零点或极点而不影响其他任何零极点。实际实现时,由于二进制的字长有一定限度,因此不同的排列,运算误差就会各不相同,应用时需要优化其运算误差,并使各个基本节间不至于溢出。图 12.4.3描述的是 IIR 级联型的单级结构示意图。

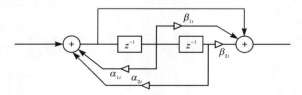

图 12.4.3　IIR 级联型的单级结构

将式(12.4.7)改写为

$$H(z) = \sum_{k=1}^{N_1} \frac{A_k}{1-g_k z^{-1}} + \sum_{k=1}^{N_2} \frac{B_k(1-e_k z^{-1})}{(1-d_k z^{-1})(1-d_k^* z^{-1})} + \sum_{k=0}^{M-N} G_k z^{-k}$$

$$(12.4.11)$$

当总系统为各部分系统函数之和时,则表示总系统为各相应子系统的并联。因此式(12.4.11)可以解释为一阶和二阶系统的并联组合,其结构如图 12.4.4 所示。并联结构运算速度快,也可以单独调整极点位置,但不能像级联型那样直接调整零点。并联型各基本节的误差互不影响。

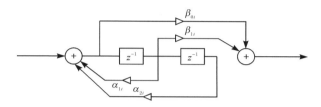

图 12.4.4　IIR 并联型的单级结构

12.4.2　FIR 滤波器

同样分析 FIR 滤波器的系统函数

$$H(z) = \sum_{n=0}^{N-1} h(n) z^{-n} \qquad (12.4.12)$$

其差分方程为

$$y(n) = \sum_{k=0}^{N-1} h(k) x(n-k) \qquad (12.4.13)$$

由式(12.4.13)可得出其直接型结构,亦称为抽头延迟线滤波器。由于此结构就是信号的卷积形式,故称为卷积型结构,如图 12.4.5 所示。

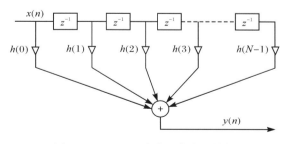

图 12.4.5　FIR 滤波器直接型结构

将式(12.4.13)改写为

$$H(z) = \prod_{k=1}^{M_1} H_{1k}(z) \prod_{k=1}^{M_2} H_{2k}(z) \tag{12.4.14}$$

这种结构称为级联型,每一节都便于控制零点,在需要控制传输零点时可以采用。但是它需要的系数比直接型的 $h(n)$ 多,所需的乘法运算也比直接型的多,如图 12.4.6 所示。

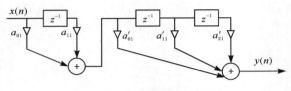

图 12.4.6　FIR 级联型结构

12.4.3　数字滤波器的系数量化误差

按理论设计方法求得的理想数字滤波器系统函数的系数认为是无限精确的。但实际实现时,字长总是有限的,所以实际所得的系统函数 $H(z)$ 与所要求的有误差,即系统的实际频率响应与所要求的频率响应出现偏差。系统函数的零极点的实际位置也与设计的预定位置不同。严重时,IIR 系统的极点有可能移到 z 平面单位圆之外,系统因而失去稳定性。IIR 数字滤波器采用递归型结构,即结构上带有反馈环路。运算中的舍入处理,使误差不断累积。FIR 滤波器最突出的优点就是由于不存在系统极点,FIR 滤波器是绝对稳定的系统。

一个 IIR 系统的传递函数由式(12.4.6)给出,当系数 $b_0, b_1, \cdots, b_M$ 及 a_0, $a_1, \cdots, a_N$ 被量化后,该转移函数将变为

$$\hat{H}(z) = \frac{\sum\limits_{r=0}^{M} \hat{b}_r z^{-r}}{1 - \sum\limits_{k=1}^{N} \hat{a}_k z^{-k}} \tag{12.4.15}$$

式中,$\hat{a}_k = a_k + \Delta a_k$,$\hat{b}_r = b_r + \Delta b_r$ 是系数量化后的值,Δa_k、Δb_r 分别是对 a_k、b_r 量化后所产生的误差。系统的极点对系统的性能影响最大,为此,将式(12.4.15)的分母分解为

$$A(z) = 1 - \sum_{k=1}^{N} a_k z^{-k} = \prod_{i=1}^{N} (1 - p_i z^{-1}) \tag{12.4.16}$$

的形式。这里关心的是系数量化对极点位置的影响。记 $\hat{A}(z)$ 的极点为 $\hat{p}_i = p_i + \Delta p_i$,那么系数量化所引起的极点的量化误差可表示为

$$\Delta p_i = \sum_{k=1}^{N} \frac{\partial p_i}{\partial a_k} \Delta a_k \tag{12.4.17}$$

由式(12.4.17)可以看出,每一个极点的量化误差都将和分母多项式的所有的系数的量化有关。经推导[11,12]

$$\Delta p_i = -\sum_{k=1}^{N} \frac{p_i^{(N-k)}}{\prod\limits_{\substack{l=1 \\ i \neq l}}(p_i - p_l)} \Delta a_k \tag{12.4.18}$$

显然,若系统有两个极点靠得很近,那么 $(p_i - p_l)$ 的值将很小,从而产生一个很大的 Δp_i,严重时会使极点 $\hat{p}_i$ 移到甚至移出单位圆,从而使系统变得不稳定。减小 Δp_i 的有效办法是,让系统的极点相互之间尽可能离得较远。满足给定技术要求的系统零极点一般是固定的,当然它们之间的距离也是固定的。因此,让极点之间的距离保持较大的唯一方法是将系统改成级联或并联的方法来实现。

BxB 的数字反馈滤波器设计,无论 FIR 滤波器还是 IIR 滤波器都可以实现。考虑到 IIR 系统的稳定性问题,以及线路实现上比 FIR 更加复杂。而 FIR 滤波器没有极点,是绝对稳定的系统,其缺点在于它的性能不如同样阶数的 IIR 滤波器,不过由于数字计算硬件的飞速发展,这一点已经不再是问题(可以通过高阶 FIR 滤波器实现)。因而 FIR 滤波器对于实现 BxB 反馈系统是一个合理的选择。

12.5　数字反馈的 FIR 滤波器算法实现

由 12.4 节的讨论可知,IIR 滤波器的缺点在于有限字长对于系统稳定性有影响,而 FIR 滤波器的缺点在于同样阶数的滤波效果没有 IIR 滤波器好。FIR 滤波器是绝对稳定的系统,同时数字技术的发展已经使高阶滤波器设计成为可能,因而 FIR 数字滤波器成为数字反馈系统的合适选择。本节将讨论适用于 BxB 数字反馈系统的 FIR 滤波器的设计问题。

12.5.1　频域法设计滤波器

数字反馈的原理就是在频域上对滤波器进行约束。频域法设计滤波器就是直接从频域出发设计出适用的滤波器。设 a_k 为要求的滤波器的系数,x_n 为输入的束团振荡信号,y_n 为滤波器输出的反馈信号,ν 为工作点的小数部分,滤波器的频率响应为 $H(\omega)$。滤波器的输入与输出的关系可以表示为

$$y_n = \sum_{k=1}^{N} a_k x_{n-k} \tag{12.5.1}$$

工作点处的频率响应为

$$\widetilde{H}(\nu) = \sum_{k=1}^{N} a_k \mathrm{e}^{-\mathrm{i}2\pi\nu k} = |H(\nu)|\,\mathrm{e}^{\mathrm{i}\varphi} \tag{12.5.2}$$

BxB 反馈系统需要将信号中的直流分量去除以节省反馈功率。去除 DC 分量就是要求滤波器零频处的幅频响应为 0，所有的系数和为 0，式（12.5.3）可表示为

$$\widetilde{H}(0) = 0 \tag{12.5.3}$$

同时规定期待的工作点 ν_0 处的增益和相移：

$$|H(\nu_0)| = G_0 \tag{12.5.4}$$

$$\mathrm{e}^{\mathrm{i}\varphi(\nu_0)} = \varphi_0 \tag{12.5.5}$$

考虑到工作点附近的漂移，反馈系统提供相同的反馈增益与相位，则 ν_0 处的一阶微分量为 0，即

$$\left.\frac{\partial |\widetilde{H}(\nu)|}{\partial \nu}\right|_{\nu=\nu_0} = 0 \tag{12.5.6}$$

$$\left.\frac{\partial \varphi}{\partial \nu}\right|_{\nu=\nu_0} = 0 \tag{12.5.7}$$

式（12.5.2）～式（12.5.7），共 5 个约束条件可以确定出 5 阶 FIR 滤波器的系数。频域法设计滤波器概念清晰，却不易设计高阶滤波器，在一定程度上影响了滤波效果。

12.5.2　时域最小二乘法设计滤波器

在时域通过最小二乘法拟合可以设计出任意阶数的滤波器[10]。根据第 2 章介绍的传输矩阵的概念，n 圈的传输矩阵定义为

$$\begin{bmatrix} x_n \\ x_n' \end{bmatrix} = \boldsymbol{M}^n \begin{bmatrix} x_0 \\ x_0' \end{bmatrix} \tag{12.5.8}$$

可以表示为

$$\boldsymbol{M} = \boldsymbol{I}\cos\mu + \boldsymbol{J}\sin\mu \tag{12.5.9}$$

式中

$$\boldsymbol{I} = \begin{bmatrix} 1 & 0 \\ 0 & 1 \end{bmatrix}, \quad \boldsymbol{J} = \begin{bmatrix} \alpha & \beta \\ -\gamma & -\alpha \end{bmatrix}$$

则 $\boldsymbol{M}$ 矩阵的 n 次幂为

$$\boldsymbol{M}^n = \boldsymbol{I}\cos(n\mu) + \boldsymbol{J}\sin(n\mu) \tag{12.5.10}$$

n 个周期的传输矩阵变化的只有相位，变成单圈相位的 n 倍，结合式（2.3.8）和式（2.3.9）可得

$$\boldsymbol{M}^n = \begin{bmatrix} c_s + \alpha s_n & \beta s_n \\ -\dfrac{1+\alpha^2}{\beta} s_n & c_s - \alpha s_n \end{bmatrix} \tag{12.5.11}$$

代入式 (12.5.8) 可得

$$x_n = (c_s + \alpha s_n) x_0 + \beta s_n x_0' \tag{12.5.12}$$

式中，$c_s = \cos(2\pi\nu n)$，$s_n = \sin(2\pi\nu n)$。

对于 n 圈的束流位置信号，可以通过最小二乘法得到当前圈的束流位置 x_0、x_0'，令

$$\chi^2 = \sum_{i=0}^{N-1} \left[y(i) - x_0 c_s - x_0 \alpha s_n - x_0' \beta s_n \right]^2 \tag{12.5.13}$$

式中，$y(i)$ 是 BPM 读到的第 n 圈信号。

解 x_0 和 x_0' 并将其转换到 kicker 处的位置，可以得到在 kicker 处位置和斜率。合成的微分项可以表示为

$$x_0' = \sum_{k=0}^{N-1} A_k y(k) \tag{12.5.14}$$

式中，A_k 就是需要的 FIR 滤波器的系数。

相较于频域设计法设计的滤波器，时域最小二乘法拟合设计出的滤波器还可以在 Tune 值频点进行一阶或者二阶的微量展开，表示频点所进行的漂移。在漂移的 Tune 值接受度内，反馈系统提供相同的增益和相位。

12.5.3　选择 FIR 滤波器设计

早先在纵向反馈系统中，经常用到的一种滤波器设计是选择 FIR 滤波器 (selective FIR filter) 设计[13]。滤波器的冲击响应是对一个与 Tune 值同频率的正弦信号的抽样。在 Tune 值频率处滤波器有最大的幅频响应和线性相位，通过调节被采样的正弦信号的相位来调节滤波器的相频响应。滤波器系数选择得越多，则冲击响应的采样点就选择得越多。系数由下面的公式给出[14]：

$$h(n) = \sin[2\pi\nu(n-1) - \Delta\phi], \quad 1 \leqslant n < N \tag{12.5.15}$$

式中，N 为滤波器阶数；ν 为工作点；$\Delta\phi$ 是调节参数，用以控制相移。

如果横向工作点的小数部分为 0.2，那么选择 FIR 滤波器的滤波系数即为对横向振荡频率为 $0.2f_0$ 的正弦波进行采样，采样间隔按照式 (12.5.15) 进行计算，如图 12.5.1 所示。图 12.5.2 为其幅频响应和相频响应。由图可见，幅频响应在工作点小数部分 0.2 处有最大值，相移则可以通过 $\Delta\phi$ 来调节，是一条线性的相移响应曲线。其中，f_0 为回旋频率或者采样频率。

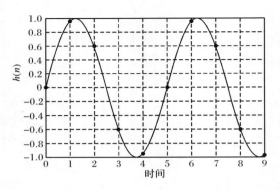

图 12.5.1　滤波器系数为对 Tune 值同频率信号的采样

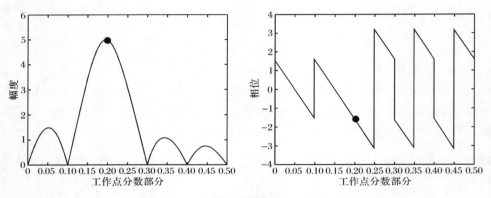

图 12.5.2　选择滤波器的幅频和相频响应

12.5.4　数字横向逐束团反馈方法与实现

12.1 节已经介绍了 BxB 反馈系统的原理,本节将讨论数字横向 BxB 反馈系统的方法与实现途径。数字系统首先对 BPM 的模拟前端进行采样,获得每个束团质心振荡的逐圈信号,再通过数字反馈处理器计算出被采样的逐圈信号的 $\pi/2$ 相移后的反馈信号,最后经过 kicker 条带电极激励电磁场将反馈力作用到原束团上来抑制横向振荡。需要指出的是,$\pi/2$ 相移指的是反馈信号在 kicker 处与当前束团横向振荡信号之间的相移。如果 BPM 和 kicker 不在同一个地点,则反馈系统需要补偿两者之间的相位差。

参考图 12.1.1 数字反馈系统原理框图可知,它包括前端模拟 RF 检波模块、数字反馈处理器、功率放大器和 kicker。BPM 信号经过模拟前端 hybrid 运算,再通过低通滤波和放大处理后得到水平和垂直方向束流位置的偏移量信息(Δx,

Δy），被 ADC 采样。数字处理器将采样的逐束团信号分解为每个束团的逐圈信号，输出的反馈信号由这个束团的多圈信号计算得到（图 12.5.3），反馈信号为横向振荡信号的一阶微分量（图 12.5.4）。DAC 输出反馈信号到功率放大器进行放大，最后被送入 kicker 形成电磁场对束团振荡进行反馈。

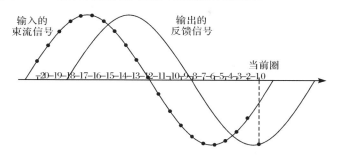

图 12.5.3　数字处理器输入和输出

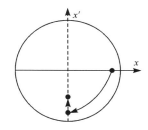

图 12.5.4　束流位置信号与反馈信号示意图

12.6　HLS 数字横向逐束团反馈系统

本节研究数字滤波器的设计和数字反馈系统的实现方法。数字横向反馈系统结构简洁，调节方便，相对于模拟系统，运算功能都集成到数字反馈处理器中，保证了系统运行的稳定性与灵活性。

12.6.1　HLS 数字横向反馈系统的构成

HLS 数字横向 BxB 反馈系统（图 12.6.1）由模拟检测前端、数字反馈处理器、后端放大器、时钟系统和横向条带 kicker 组成[3]。模拟检测前端选择 RF 直接采样前端，优化了线路结构，方便了调试和维护。HLS 储存环高频频率是 204MHz，受制于 ADC 最高采样率而需要多路 ADC 并行采样。HLS 储存环的束团数为 45，这里使用 3 路 ADC 并行处理逐束团信息，而对数字反馈处理器的 FPGA 程序进行了修改，使其利用现有的 6 路 ADC 能够完成两路独立的反馈。在 DAC 输出

端增加了 hybrid 单元混合水平和垂直方向的反馈信号,来解决 45°斜置的横向
kicker 位于注入凸轨段所带来的 DC 分量对反馈效果的影响。

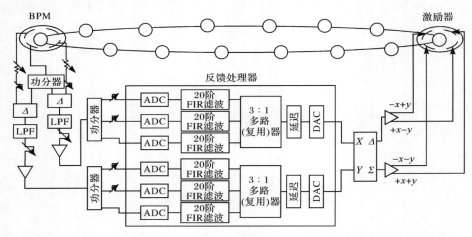

图 12.6.1　HLS 数字横向 BxB 反馈系统框图

BPM 信号经过模拟前端 hybrid 运算,再通过低通滤波和放大处理后得到水
平和垂直方向束流位置信号。处理器采样、计算并输出反馈信号到功率放大器进
行放大,最后被送入 kicker 形成电磁场对束团振荡进行反馈。

1. 横向振荡模拟检测前端

横向 BxB 反馈系统的模拟检测前端的作用是将 BPM 信号转换成水平和垂直
方向的振荡信号。HLS 储存环的 BPM 为斜 45°的钮扣电极,需要将 BPM 的信号
进行加减运算后才能得到独立的两个方向的横向振荡模拟信号。由于后端处理
线路带宽的限制,这个模拟振荡信号还需要进行放大、滤波或者下变频等处理,同
时振荡信号本身包含的 DC 分量会导致后端处理线路饱和,因而通常检测前端还
需要 DC 去除线路。反馈系统的模拟前端分为混频下变频方案、方波检波方案和
RF 直接采样方案。

1) 混频下变频方案

HLS BxB 测量和模拟反馈系统(见第 10 和 11 章)的模拟前端使用混频下变
频方案。早期的多圈数字反馈系统方案也借用此前端。混频下变频主要是将高
频段的横向振荡频谱搬移到 $0\sim f_{RF}/2$ 的基带频率,方便后续的处理。

2) 方波检波方案

方波检波利用双平衡混频器的一个特点:在 LO 端和 RF 端之间的隔离或者
衰减是可变的,这两个端口之间的隔离度取决于流过中频端的直流电流。当 IF
端没有直流输入时,LO 端到 RF 端存在着最大的衰减;在中频端(IF)加一个正向

电流时,LO 端信号同相位传输至 RF 端口;而当中频端加一个负向电流时,LO 端信号反相传输至 RF 端口。改变中频端电流大小就可以改变 LO 到 RF 之间的衰减。方波检波将频率为储存环高频的方波信号与双极性的 BPM 信号分别送入 DBM 的 IF 端和 LO 端,输出为单极性的双峰信号,最后通过 LPF 提取双峰信号的幅度。该检波方案可以提供廉价的模拟 diplexer 方式,将信号分路送往 ADC,有效地降低了数字 BxB 信号处理的成本。方波检波原理示意图如图 12.6.2 所示。

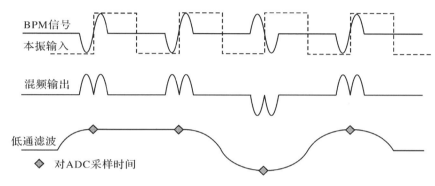

图 12.6.2　方波检波原理示意图

　　BPM 双极性束流信号的幅度正比于束团电荷量和偏离束流管道中心点的位移。在电荷量不变的情况下,某个束团的某圈在 BPM 探测点偏离束流管道中心的位移量正比于 BPM 信号的幅度。对于 BxB 反馈系统,关心的是束团相对于束流管道中心的位移量,所以只需要将反映束团振荡的 BPM 幅值信息提取出来。方波检波将双极信号转换为双峰信号,效果相当于频谱搬移,高频分量变换成低频分量,再通过 LPF 提取这个信号的包络。

　　图 12.6.3 的第一个方框为 TLS 数字横向反馈系统的方波检波前端。TLS 使用单回路双反馈(single-loop two-dimensional)结构,因而前端信号中包含水平和垂直方向的信号,BPM 的两个电极的信号通过衰减器和延时器去除束流的 DC 分量后,通过 DBM 转化为方波信号,最后通过 LPF 提取信号包络,再被功分器分解为 4 路以满足 ADC 并行采样的要求。

　　相对于混频下变频方案,方波检波精简了倍频电路。同时注意到,如果 ADC 的模拟带宽足够宽,不需要方波变换即可提取 BPM 的幅值信息,应用 RF 直接采样前端很大程度上将简化线路。

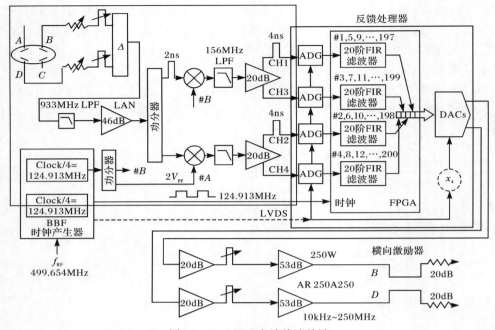

图 12.6.3　TLS 方波检波前端

3) RF 直接采样方案

在图 12.6.1 的讨论中引出 RF 直接采样的概念，即 ADC 直接对 BPM 信号进行采样。只要 ADC 的模拟带宽覆盖 $f_{RF}/2 \sim 3f_{RF}/2$ 的频率范围，则可以直接对 BPM 双极性脉冲的幅值进行采样，而不用担心损失横向振荡的频谱信息。BPM 差信号是去除 DC 分量后的横向振荡信号，其包络是振荡的基带信号，混频下变频前端通过搬移频谱获得其包络信号，如图 12.6.4 中右上半部分所示。而 RF 直接采样前端对峰值直接采样，获得包络信息，如图 12.6.4 中右下半部分所示。

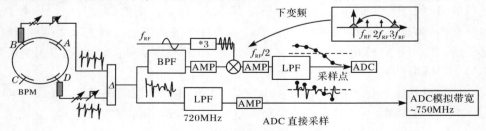

图 12.6.4　直接采样前端与下变频前端比较

数字反馈处理器的 ADC 为 ADI 公司的 AD9433，全功率模拟带宽为 750MHz，覆盖了 $3.5 f_{RF}$ 的频段，可以直接采样 BPM 电极信号，不需要进行变频步骤。图 12.6.4 为直接采样前端与下变频前端的比较示意图。传统的混频下变频方案用 $3f_{RF}$ 信号与 BPM 信号混频,将 RF 倍频处的横向振荡频谱搬移到 DC$\sim f_{RF}/2$ 的频段内,再经过 LPF 被 ADC 采样。而直接采样前端将 BPM 信号直接通过 LPF 再经过放大器后被 ADC 采样。HLS 数字反馈系统的直接采样前端选用 Miteq 公司的低噪声放大器,噪声系数可以达到 1dB,频率响应范围为 0.1~2GHz,增益为 38dB,LPF 使用的是 Mini-Circuits 公司的 VLFX-780,截止频率为 780MHz。

　　TED 数字反馈处理器的 ADC 芯片为 AD9433,全模拟带宽为 750MHz,完全可以满足 RF 直接采样对 ADC 带宽的需求。离线测量了 RF 直接采样前端的时域响应(图 12.6.5)和频域响应,并分析了串扰带来的噪声影响。

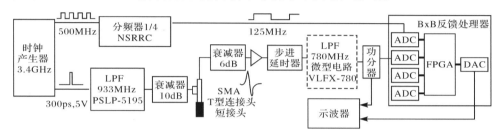

图 12.6.5　时域测量 RF 直接采样前端

　　首先模拟 BPM 的双极性信号,脉冲发生器可以产生 300ps 脉宽的脉冲信号,经过单端短路的 T 型 SMA 转接头,脉冲信号在短路端被全反射,并与传输到另一头的原信号进行叠加。两个信号之间的延时大约为 100ps(T 型 SMA 接头的传输时间的 2 倍),叠加后的信号宽度为 1.2ns,类似于 BPM 的双极性信号。模拟的 BPM 信号被送入反馈处理器 ADC 输入端,改变输入 ADC 的信号延时并记录处理器 DAC 的输出值。VLFX-780 用以限制输入 ADC 的信号带宽,因为 ADC 的模拟带宽是 750MHz。脉冲发生器(Agilent 81134A)输出脉冲频率高达 3.4GHz,为了避免影响后端的低噪声放大器,脉冲发生器的输出端加上一个 933MHz 低通滤波器。

　　图 12.6.6 为 ADC 输入端的信号,改变输入延时并记录 DAC 的输出,最后绘成一个 DAC 输出脉冲信号。如果反馈处理器的工作频率为 500MHz,并将采样点设在正极性峰值,那么下一个采样点在 2ns 后,采集到的信号幅度不为 0,大约是峰值信号的 8%,即存在对下一个束团信号的串扰。实际效果相当于加上一个 2 阶的 FIR 滤波器($a_1=0.08$,$a_0=1$)。如果采样点提早 200ps,那么 2ns 后的采样点处的串扰为 0,就可以忽略串扰所造成的高频信号幅度的损失。

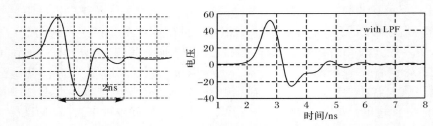

图 12.6.6　ADC 输入端信号与 DAC 输出信号时域对比

2. HLS 模拟直接检测前端

HLS 数字横向反馈系统采用 RF 直接采样前端,使用衰减与延时模块去除束流的 DC 分量,再用 LPF 和放大器调节 ADC 输入信号的带宽和幅度,最后用功分器并配合延时电缆将束团信息送入 ADC 并行采样,如图 12.6.7 所示。

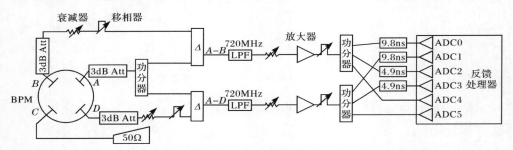

图 12.6.7　HLS RF 直接采样前端框图

HLS 储存环水平方向和垂直方向的工作点的小数部分过于接近(参见表 11.2.1),实际处理时会产生串扰,需要在模拟检测前端就将水平和垂直的振荡信号分开。在 10.3.3 节中的"双平衡混频器的主要性能指标"小节中讨论用 hybrid 运算得到水平和垂直方向的振荡,涉及 4 个电极的信号运算,实际处理时延时匹配难以做到精确便引入了 DC 分量。将 10.3.2 节"模拟检测前端"小节中的 hybrid 运算简化,x 方向的振荡信号 $X \infty (A-B)$,以及 y 方向的振荡信号 $Y \infty (A-D)$。A 电极的信号可以表示为 $(+x, +y)$,B 电极的信号可以表示为 $(-x, +y')$,$(A-B) = (2x, y-y')$。y' 表示如果束团不在 BPM 中心,那么 B 电极测到的 y 方向的信号和 A 电极会有不同,两个信号相减后仍然有残余量,但和 x 方向的信号成分相比,已经是微小量,从工程的角度可以忽略。同样 $(A-D) = (x-x', 2y)$ 主要成分是 y 方向的信号。两路电极信号相减可以去除束流信号的 DC 成分。在信号运算之前,增加衰减器和延时器精确调节 BPM 电极信号的时序和幅值,如图 12.6.8 所示,BPM 电极信号幅度为 700mV,经过衰减器和延时器的调节,DC 成分完全被去除,只剩下 4mV 的残余信号,这个信号由储存环阻抗匹配问题和电子学线路反射所造成,无法完全消除。

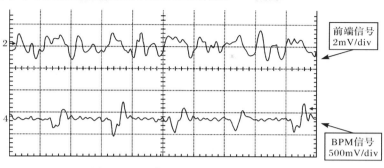

图 12.6.8　衰减和延时将 DC 成分去除

为了减少线路的反射,在 BPM 信号引出端增加了一个 3dB 功率衰减器(图 12.6.7),用以减小 BPM 处的噪声,改善信号的信噪比。

1) RF 直接采样前端 Jitter 噪声分析

直接采样 RF 信号相对于传统的在基带采样的模拟检测前端而言,对于时钟信号的 Jitter 要更敏感。这里,需要仔细分析时钟系统 Jitter 所引入的噪声。RF 直接采样对双极性信号的峰值点进行采样,此时 Jitter 带来的幅值影响为

$$A[1-\cos(2\pi\Delta\tau/T)] \tag{12.6.1}$$

其中,A 为峰值点采样的幅度值;$\Delta\tau$ 为 Jitter 的最大值。

HLS 在反馈试验中,借用台湾光源时钟模块。该时钟模块的 Jitter 约为 10ps,则对于最高频率为 750MHz 的双极性信号,代入式(12.6.1),得出幅值衰减为 0.0011A,千分之一的变化,可忽略不计。

2) ADC 采样位数对于反馈系统的影响

在 12.6.1 节"横向振荡模拟检测前端"小节中介绍了数字反馈处理器的 ADC 为 AD9433,除了模拟带宽为 750MHz 之外,还注意到 ADC 的量化位数是 12bit。高的量化位数对于反馈系统十分重要,一方面减小了量化噪声,有利于提高系统信噪比;另一方面提高分辨精度,克服前端 DC 分量。量化噪声对信噪比的影响为

$$SNR=6.02N+1.76+20\log K \tag{12.6.2}$$

式中,N 为 ADC 量化位数;K 为实际幅度和满刻度幅度之比。每提高一位量化位数,信噪比提高 6.02。

在 HLS 储存环注入和运行时轨道发生改变的情况下,会给之前调节好参数的前端带来 DC 分量,如图 12.6.9 所示。束流的横向振荡是叠加在 DC 分量里的,ADC 的分辨率为 $X/2^N$,其中,X 为 ADC 满量程所测的值,N 为量化位数。每提高一位量化位数,分辨率提高 2 倍。注意到 DC 分量作为直流或者回旋频率可

以被内部处理器的 FIR 滤波器滤除,不会对反馈信号造成影响,DC 分量影响的是 ADC 的动态范围,过大时可能造成 ADC 饱和。

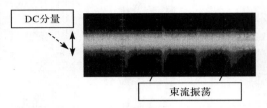

图 12.6.9　ADC 输入端所引入的 DC 分量

12.6.2　数字反馈处理器的 FPGA 程序修改

由于 HLS 储存环水平方向和垂直方向的工作点过于接近,为此修改了 TED 数字反馈处理器的 FPGA 程序,使其能够处理两路独立反馈信号。

TED 数字反馈处理器可以工作在 4-ADC 模式或 6-ADC 模式,是利用 4 个还是利用 6 个 ADC 对逐束团数据进行采样,取决于储存环的谐波数。如图 12.6.10 所示,在 6-ADC 模式中,通过 6∶1 的多路复用器整合 6 路并行数据。

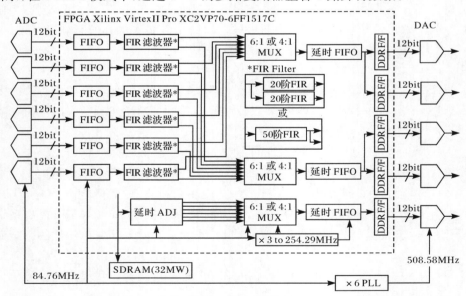

图 12.6.10　TED 数字反馈处理器 6-ADC 模式框图

HLS 储存环的束团数为 45,无法被 4 或 6 整除。TED 数字反馈处理器可以工作在准 6-ADC 模式。准 6-ADC 模式,是指利用处理器 6-ADC 模式的程序而实际上工作在 3-ADC 模式。前端检测将模拟振荡信号分为 6 路(图 12.6.11),但其中只有 3 路是独立的信号,而另外 3 路完全是这 3 路信号的复制。此时处理器工作在 6-ADC 模式,工作频率为储存环 RF 频率的两倍,即 408MHz。由于相邻的两路数据为同一数据,最后 DAC 输出也是两路相同的反馈量。

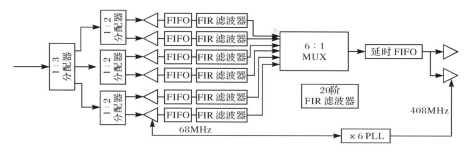

图 12.6.11　准 6-ADC 模式处理 45 个束团

　　注意到,HLS 储存环水平方向和垂直方向的工作点过于接近,无法应用单回路双反馈模式,准 6-ADC 模式只能处理一个方向的反馈,那么整套反馈系统需要两台数字处理器。为了节约资源,希望采用单回路双反馈,即希望用一路的反馈回路同时实现横向的两个方向的反馈,这需要通过滤波器的特别设计来实现。假设水平方向 Tune 值的小数部分为 0.2,垂直方向 Tune 值的小数部分为 0.4,那么同时根据 0.2 和 0.4 处的幅频响应和相频响应的约束条件可以设计滤波器(图 12.6.12)。当前端的模拟振荡信号同时包含水平和垂直方向的振荡信息时,利用单回路双反馈原理设计出的滤波器就可以实现一路反馈回路同时抑制水平方向和垂直方向的束流振荡。

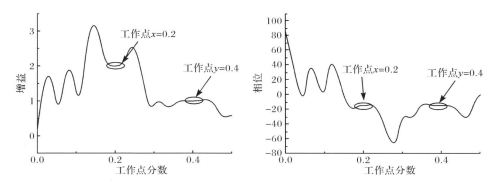

图 12.6.12　单回路双反馈的幅频响应和相频响应

　　HLS 储存环的水平和垂直方向工作点大约有 0.05 的间距,滤波器设计上很难同时满足这两个频率点各自的约束条件,因而无法实现单回路双反馈的滤波器设计。同时由于两个方向串扰的存在,在模拟前端将两路信号分开。因而也无法在不修改 FPGA 程序的情况下使用处理器内部两个 FIR 滤波器。

　　TED 数字反馈处理器有 6 路 ADC,每路 ADC 最高采样率为 125MHz,理论上最高可以工作在 750MHz 的频率。对于 HLS 储存环,RF 频率为 204MHz,存在一台处理器同时完成独立的两路反馈的可能(750MHz＞204MHz×2)。对 FPGA 重新编程(图 12.6.13),使每路反馈都使用独立的 3 路 ADC,并通过一个 3：1 的多路复用器整合 3 路并行数据,每路反馈都有一个 20 阶的 FIR 滤波器,并有两路 DAC 输出。此时处理器工作频率为 204MHz,ADC 采样频率为 68MHz,时钟频率也是 68MHz。此时 6 路 ADC 采集到的数据包含两路信号,进行数据处理时,处理器通过 USB 传到上位机的数据同时包含水平振荡和垂直振荡的信息,软件处理时需要将其重新排列。

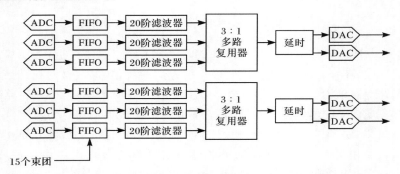

图 12.6.13　修改过 FPGA 程序的处理器内部框图

12.6.3　滤波器设计与优化

　　由于 HLS 储存环工作点接近半整数,对于数字滤波器设计,半整数附近的频域设计需要高阶滤波器才能满足要求,因而频域法滤波器设计难以满足需求;HLS 储存环存在工作点漂移的现象,选择性滤波器设计出的频率响应对于 Tune 值接受范围无法调节(相位响应为常量),因而也难以满足要求。时域最小二乘法可以设计高阶的 FIR 滤波器,同时在 Tune 值处进行小量展开,可以调节滤波器对于 Tune 值的平坦度。式(2.3.17)可以写成

$$x[k]=A\sin\left[(1+\Delta\nu)2\pi\nu_k+\psi\right]+B \tag{12.6.3}$$

式中,ν_k 表示工作点;$\Delta\nu$ 表示工作点漂移。如果用 ϕ_k 表示每圈粒子增加的相移,那么式(12.6.3)可以表示为

$$A\sin\left[(1+\Delta\nu)\phi_k+\psi\right]+B$$
$$=A\sin\psi\cos(1+\Delta\nu)\phi_k+A\cos\psi\sin(1+\Delta\nu)\phi_k+B \tag{12.6.4}$$

由泰勒级数

$$f(x)=f(0)+f''(0)x+\frac{f''(0)}{2!}x^2+\cdots+\frac{f^{(n)}(0)}{n!}x^n+\cdots \tag{12.6.5}$$

可以得到式(12.6.4)中 $\cos(1+\Delta\nu)\phi_k$、$\sin(1+\Delta\nu)\phi_k$ 的展开式分别如下:

$$\cos(1+\Delta\nu)\phi_k=\cos\phi_k-\Delta\phi_k\sin\phi_k-\frac{\Delta\nu^2\phi_k^2}{2}\cos\phi_k+\cdots \tag{12.6.6}$$

$$\sin(1+\Delta\nu)\phi_k=\sin\phi_k+\Delta\phi_k\cos\phi_k-\frac{\Delta\nu^2\phi_k^2}{2}\sin\phi_k+\cdots \tag{12.6.7}$$

将式(12.6.6)和式(12.6.7)中高阶微小量舍去,只将一阶展开代入式(12.6.4),得到

$$x[k]=A(\sin\psi\cos\phi_k-\sin\psi\,\Delta\phi_k\sin\phi_k+\cos\psi\,\sin\phi_k+\cos\psi\,\Delta\phi_k\cos\phi_k)+B \tag{12.6.8}$$

同理可以得到式(12.6.4)的二阶或者更高阶展开。

　　将式(12.6.8)代入式(12.5.12)并进行最小二乘法拟合,得到在 kicker 处当前束团的状态,由式(12.5.12)得到 FIR 滤波器的系数。需要指出的是,在 DC 频率处同样也可以进行微小量展开,对应 DC 频率接受度。

　　HLS 数字横向反馈系统的总延时大约为 700ns,储存环的回旋周期是 220ns,且调节处理器以及延时器可以控制整个系统的延时为 4 圈回旋周期,且每次反馈都是用 4 圈以前的数据进行拟合。由时域最小二乘法设计的滤波器可以由以下几个参数来调节:①在 DC 频率处微小量展开的阶数;②滤波器的阶数,TED 数字反馈处理器可以最大实现 20 阶的 FIR 滤波器;③Tune 值频率处小量展开的阶数。

　　由于轨道不在 BPM 中心位置所引入的 DC 分量需要数字滤波器将其滤除。如果考虑到纵向振荡对横向振荡的影响(图 12.6.14),DC 频率处的接受度也是需要调节的量,在 DC 频率进行一阶或者二阶的小量展开。同时时域最小二乘法设计的 FIR 滤波器的特性如图 12.6.15 所示,较少的阶数可以实现更高的 Tune 值平坦度,而较高的阶数可以抑制非 Tune 值频率处的噪声信号。进行小量展开时的阶数越高,Tune 值平坦度就越大,而同时对非 Tune 值频率处的噪声抑制能力就越差(图 12.6.16~图 12.6.18),特别是 Tune 值接近半整数时,高阶小量展开所拟合的滤波器对于非 Tune 值频率的增益非常大(图 12.6.18),此时反馈系统非常容易变得不稳定。

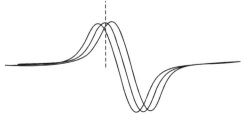

图 12.6.14　纵向振荡对横向振荡的影响

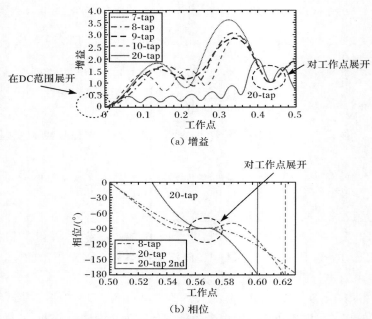

（a）增益

（b）相位

图 12.6.15　FIR 滤波器阶数对滤波效果的影响

设目标工作点小数部分为 0.53，相当于 HLS 储存环注入时 x 方向工作点小数部分。分别设计 0 阶小量展开所拟合的滤波器系数以及 1 阶小量展开和 2 阶小量展开的滤波器系数。目标增益为 1，目标相移为 90°，0～2 阶的滤波器频率响应如图 12.6.16～图 12.6.18 所示。

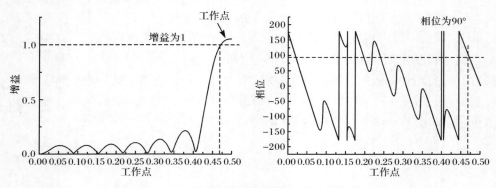

图 12.6.16　0 阶小量展开所拟合的滤波器频率响应

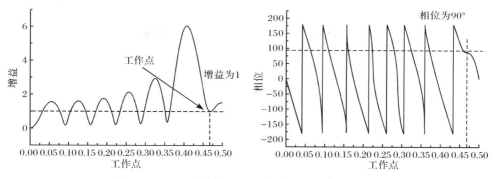

图 12.6.17　1 阶小量展开所拟合的滤波器频率响应

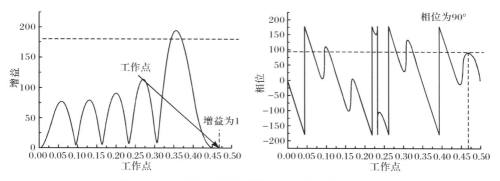

图 12.6.18　2 阶小量展开所拟合的滤波器频率响应

0 阶小量展开的滤波器对于非 Tune 值频率的信号抑制非常好,但相频响应是线性相移,无法应对工作点漂移时的反馈。2 阶小量展开的滤波器相频响应的 Tune 值接受度非常大,大约可以容忍工作点漂移 0.03,但对非 Tune 值频率的信号完全没有抑制,如果增益过大,当反馈系统有其他频率的噪声,便会被滤波器放大而激励束流,此时系统不易稳定。

由此可知,如何选择 FIR 滤波器的阶数和小量展开时的阶数需要进行通盘考虑并选择折中的参数。HLS 储存环注入时水平工作点小数部分大约为 0.53,垂直方向工作点小数部分大约为 0.58。图 12.6.19 和图 12.6.20 是针对注入时试验反馈系统所设计的滤波器参数的频率响应图。水平方向的工作点接近半整数的情况下,1 阶小量展开所拟合的 20 阶 FIR 滤波器参数比较适合。图 12.6.19 为一阶小量展开时对应不同目标相移的频率响应。垂直方向工作点与半整数频率点距离稍远,1 阶小量展开的 10 阶 FIR 滤波器就已经能够满足滤波需要,如图 12.6.20所示。

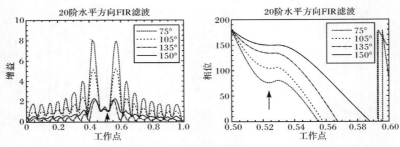

图 12.6.19　水平方向反馈时的滤波器响应(工作点为 0.524)

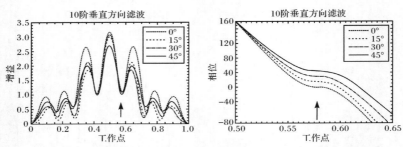

图 12.6.20　垂直方向反馈时的滤波器频率响应(工作点为 0.588)

12.6.4　增益放大器

　　放大器对于调节信号的幅度满足系统动态范围有重要作用。相对于模拟反馈系统调节增益,数字反馈系统有数字增益环节,以及采用了 RF 直接采样前端,简化了线路,放大器的数量减少了很多。但在模拟检测前端,反馈信号的功率放大仍然需要性能优异的放大器模块来提高系统的模拟增益。合适的放大器的选择一般从放大器的增益、噪声系数、带宽和相位响应等方面来考虑。通常考虑在合适的增益下,信噪比尽可能高,当然价格也是要考虑的因素。

　　由于放大器本身就有噪声,输出端的信噪比和输入端信噪比是不一样的,为此,使用噪声系数来衡量放大器本身的噪声水平,表示为噪声系数＝输入端信噪比/输出端信噪比,即

$$F = 10 \lg \frac{\text{SNR}_{\text{input}}}{\text{SNR}_{\text{output}}} \tag{12.6.9}$$

　　在理想的没有噪声的情况下,输入端和输出端的信噪比一样,式(12.6.9)的值为 0dB。如果有噪声,则 $F > 0$,F 的数值越小,则放大器的噪声性能越好。

　　多级放大器的噪声系数:

$$F = F_1 + \frac{F_2 - 1}{A_{p1}} + \frac{F_3 - 1}{A_{p1}A_{p2}} + \cdots + \frac{F_n - 1}{A_{p1}A_{p2}\cdots A_{pn-1}} \tag{12.6.10}$$

对于一个系统,降低第一级的噪声系数和提高第一级的增益尤为重要。RF 直接采样前端在第 5 章中介绍过,去除 DC 分量后的振荡信号会被送入 ADC 采样,由于系统的第一级噪声控制最为重要,所以在模拟检测前端使用低噪声放大器,RF 直接采样需要放大的信号带宽为 102～750MHz,增益大于 20dB。MITEQ afs3-00100200-10-15p-4 放大器的频率响应为 100～2000MHz,噪声系数为 1,增益高达 38dB。

后端功率放大器选用 75W 功率的 AR 75A250A(参见第 11 章),频率响应为 10kHz～250MHz,可以覆盖 DAC 输出的 102MHz 的基带信号。作为系统的最后一级,增益最高可达 49dB,实际使用时,DAC 直接输出到 AR 放大器的反馈功率仍不够,需要二级放大。选用 MINI ZHL-6A,频率响应为 2.5kHz～500MHz, 20dB 的增益,噪声系数为 9.5dB,用在 DAC 输出端到 AR 放大器之间,起到预放大的作用。

1. 四回路放大效能的测试

完成了数字反馈系统的时序调整和相位调试后,分别测试四路放大器在同等反馈增益的情况下对于横向边带的抑制能力。200MeV 注入单束团并通过 Tune 测量系统激励出 y 方向的边带,此时反馈系统的数字增益设为 1,放大器的模拟增益设为 1000。

图 12.6.21 为四个放大器分别关闭和打开时,反馈系统对于 y 方向激励的边带抑制能力的频谱图,图标频率为 2.54～2.64MHz。注意到 Tune 值存在漂移, 而每次记录数据时,y 方向激励的边带一直在移动,漂移区间大约为 0.02MHz,对应工作点漂移大约 0.0044。在测量中,工作点频率的漂移导致每次激励出的边带幅度有差异;同时,不同频率上的滤波器相位响应不同,反馈相位的差异也造成了对激励边带抑制效果的不同。由图可见,放大器 C 的增益明显比其他三路要小。

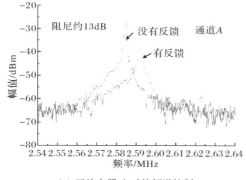

(a) 开放大器 A 时的频谱抑制

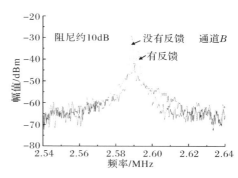

(b) 开放大器 B 时的频谱抑制

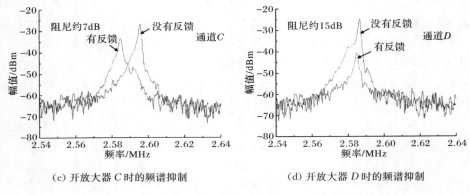

(c) 开放大器 C 时的频谱抑制　　　　　　　(d) 开放大器 D 时的频谱抑制

图 12.6.21　四个放大器回路对于 y 方向频谱的抑制能力

2. 反馈增益检测试验

200MeV 单束团模式下,用 Tune 测量系统激励出水平方向的边带。用反馈系统抑制这个边带。当增加反馈增益,可以看到边带被逐渐抑制,如图 12.6.22 所示。水平方向的增益设为 4 时,边带已经被完全抑制,此时如果再增加增益,反馈系统则激励束流振荡,造成束流丢失。水平方向数字增益与边带抑制能力的关系如图 12.6.23 所示。

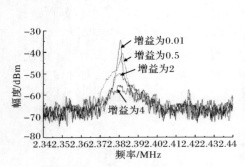

图 12.6.22　水平方向增益试验

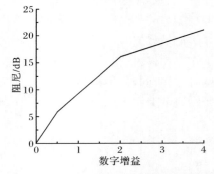

图 12.6.23　水平方向数字增益与边带抑制能力

垂直方向的增益设为 8 时,边带被完全抑制,超过 8 的增益会造成束流丢失(图 12.6.24)。垂直方向数字增益与边带抑制能力的关系如图 12.6.25 所示。同时可以注意到,试验时水平方向的工作点频率较为稳定,而垂直方向的工作点频率不稳定,存在 0.015MHz 的漂移,对应工作点漂移大约 0.0033。

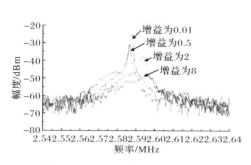

图 12.6.24　垂直方向增益试验

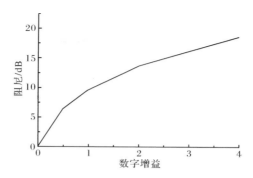

图 12.6.25　垂直方向数字增益与边带抑制能力

12.6.5　时钟系统

为了提供数字反馈处理器工作的 LVDS 电平的时钟信号,以及 RFKO 系统所需的 LVTTL 电平的时钟信号,需要一个高精度的时钟系统。时钟系统的核心为频率合成(frequency synthesis)芯片。频率合成技术是利用一个或多个高稳定度的晶体振荡器产生一系列间隔的、离散的、高稳定度的频率信号。频率合成的理论约于 20 世纪 30 年代形成,技术的发展经历了三代。与其他频率合成方法相比,DDS 的主要优点是:利于集成,频率合成器体积小,功耗低,频率转换速度快,可以几乎实时地以连续相位转换频率,能给出非常高的频率分辨率(典型值为0.001Hz),价格低。目前,DDS 的工作频率主要受 D/A 转换速度的限制。除正弦信号外,这种方法还可以产生任何其他波形信号,因此,这种方法又称为波形合成法。

详细请参考文献[3]。

12.6.6　数字反馈系统集成与控制

数字横向 BxB 反馈系统的各个子模块可参考图 12.6.1,它们的功能和性能在前面已进行过介绍。FPGA 内部的资源一分为二,一半用以水平方向反馈,一半用以垂直方向反馈。TED 数字处理器通过 USB 接口与上位机通信,上位机控制处理器的操作,处理器通过 USB 将 ADC 采集的数据上传给上位机。

上位机通过命令行操作数字处理器,或者通过图形界面来操作。参数包括数字增益、数字延时、上传数据、DAC 开关等。

12.7　反馈系统的调试与分析

2008 年在 TED 处理器的基础上构建了 HLS 的数字反馈系统,并在当年 7 月的试验中成功地抑制了横向不稳定性边带[15]。在 2009 年 4 月的试验中提高了注入流强,最高超过 350mA[16]。

12.7.1 频率响应的测试

在完成数字反馈系统的构建后,对 RF 直接采样前端和各个放大器模块进行了测试和分析,测试结果显示各部件满足反馈系统的设计要求。同时将计算好的滤波器系数下载到数字处理器中,用网络分析仪对数字处理器进行测试,测试结果与理论计算相符,如图 12.7.1 所示。

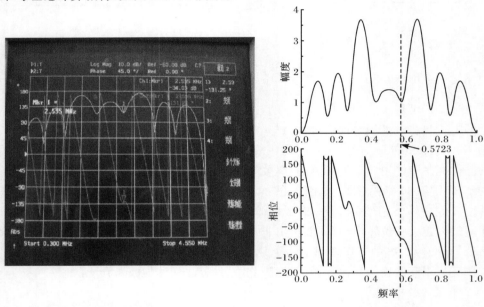

(a) 网络分析仪实测频率响应　　　　　　　　(b) 计算的滤波器频率响应

图 12.7.1　网络分析仪实测的频率响应与计算的频率响应相同

反馈系统需要束流试验来调节反馈信号和束团信号的时序。时序的调节需要储存环在单束团运行的情况下才能实现,而相位的调节则借助 Tune 测量系统。HLS 储存环 Tune 测量系统和 RFKO 系统的介绍分别见第 8 章和第 10 章。

12.7.2 单束团时序试验

与模拟反馈系统调试一样,利用第 10 章介绍的单束团系统,完成数字反馈系统的调试。通过条带 kicker 的上游端可以观察反馈信号和束团信号的时序关系。首先将 RF 直接采样前端的衰减器从平衡位置(去除束流的闭轨分量)时的衰减系数变化 1~2dB,引入轨道信息。控制 ADC 前端移相器改变信号的延时,使 ADC 采集到束流信号的峰值,并设置数字处理器的系数为 1, 0, 0, …, 0,则 DAC 输出与 ADC

相同的信息。将 DAC 输出的单束团脉冲波形通过放大器送入条带 kicker。数字处理器可以提供步长为时钟信号周期 4.9ns 的粗延时，精细延时则靠手动调节 DAC 输出端的移相器来实现。数字反馈系统的总延时要求为束团回旋周期的整数倍，完成系统延时调节后，条带 kicker 上游端的单束团信号和反馈信号相互重叠(图 12.7.2)。

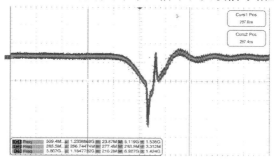

图 12.7.2　单束团时序调整

单束团模式下调节好时序关系后，可以尝试激励单束团振荡来验证时序调整的正确性。图 12.7.3 为单束团模式下，分别在 x 方向和 y 方向用反馈系统激励束团的振荡波形图。

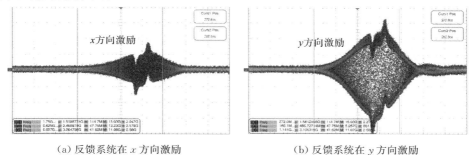

　　　(a) 反馈系统在 x 方向激励　　　　　　　　　(b) 反馈系统在 y 方向激励

图 12.7.3　800MeV 单束团时 x 和 y 方向分别激励的波形

12.7.3　200MeV 反馈系统相位调试

200MeV 注入时，束流频谱有非常明显的横向边带出现，但这个边带总是变化并不稳定的。对于反馈系统调试，无法检测反馈效果，因而仍然使用 Tune 值测量系统激励稳定的横向边带来调试系统。

Tune 测量系统在注入时，不加八极磁铁的情况下，很容易扰动束流而造成束流丢失。此外，随着注入流强的增加，束流横向不稳定边带的幅值也在变化，反馈系统需要增加增益才能抑制这个边带。所以对于系统调试，注入时必须排除流强信息的干扰，以及注入磁铁对系统扰动的影响。

　　首先等注入流强积累到一定程度（30～40mA）时停止注入，再用 Tune 值测量系统激励束流的横向边带，此时边带稳定且激励不会造成束流丢失。然后进行的调试过程类似在 800MeV 运行时用 Tune 测量系统调试数字反馈系统的过程，如图 12.7.4 所示。

 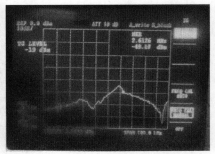

　　　（a）Tune 测量系统激励出的边带　　　　　　（b）反馈系统抑制边带

图 12.7.4　注入时用 Tune 测量系统进行反馈系统的调试

12.7.4　800MeV 反馈系统相位调试

　　通过 Lattice 参数可以计算出反馈系统的相位关系，实际试验时由于磁铁和电源误差的存在，反馈相位仍然需要在束流试验中仔细调节。事前将计算好的滤波系数下载到数字处理器中，每个系数的约束条件除了相位关系相差 15° 之外，增益和频率漂移的小量展开阶数等的约束关系完全一致，更改滤波器系数则可以改变反馈系统的相位而保持反馈增益不变。首先用 Tune 测量系统激励出水平和垂直方向的不稳定性边带，通过更改反馈相位可以得到边带幅度的变化情况。当相位为激励相位时，边带幅度会被激励而变大，而在阻尼相位时，边带幅度被抑制而减小。

　　在 800MeV、45 个束团填充模式下，通过更改滤波系数寻找反馈相位。图 12.7.5（a）为 Tune 测量系统激励出的 x 方向和 y 方向的频谱，图 12.7.5（d）两个方向的反馈同时开时激励被抑制。

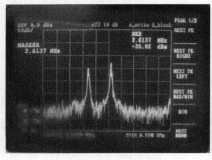 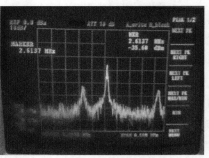

　　　（a）Tune 测量系统激励出的频谱　　　　　　　（b）x 方向反馈开

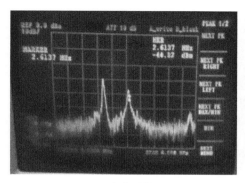 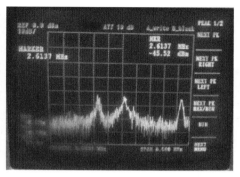

（c）y 方向反馈开   （d）x 和 y 方向同时加反馈时激励被抑制

图 12.7.5   800MeV 时用 Tune 测量系统进行反馈系统的调试

12.8   800MeV 运行状态下的反馈效果检测

数字反馈系统在 800MeV 运行情况下，能够抑制横向不稳定性边带。通过降低六极磁铁电流而降低储存环的色品，使横向不稳定边带出现，并伴随光斑尺寸变大。数字反馈系统可以抑制由于减小六极磁铁电流所出现的横向不稳定性，并减小由此造成的光斑尺寸的变化。

12.8.1   抑制 800MeV 运行时的横向不稳定性边带

储存环在 800MeV 能量运行时的辐射阻尼远远高于 200MeV 注入能量时的辐射阻尼（辐射阻尼和能量是 4 次方的关系），横向比较稳定，边带不易被观察到，只能偶尔出现。图 12.8.1(a) 是 800MeV 能量、流强为 239mA 运行时，束流频谱出现水平方向的不稳定边带，图中频谱的中心频率是 612MHz 的高频谐波频率，带宽为 10MHz。当加反馈系统时，边带被完全抑制了，如图 12.8.1(b) 所示。

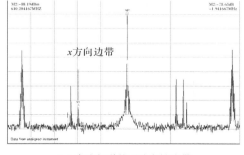  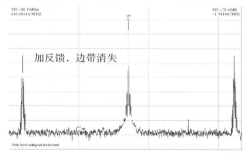

（a）束流频谱的不稳定性边带   （b）反馈系统抑制束流的不稳定性边带

图 12.8.1   800MeV 运行时的反馈效果

12.8.2　降低六极磁铁电流试验

降低六极磁铁电流会降低储存环色品，色品和横向不稳定性的抑制能力是相关的。过正的色品要求较强的六极磁铁强度，进而减小了储存环的动力学孔径。色品抑制横向频谱主峰的能力对应着对于横向不稳定性抑制能力的强弱。利用频谱仪，获得了降低色品导致的横向运动频谱的纵向边带图，如图 12.8.2 所示。

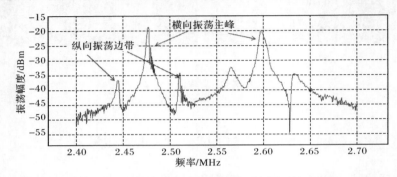

图 12.8.2　降低色品导致的横向运动频谱的纵向边带

关于色品，可以有如下探讨。横向不稳定性对于束流有扰动力 $F(t)$，横向的振荡方程为[17]

$$\frac{\mathrm{d}^2 q}{\mathrm{d}t^2} + 2\alpha \frac{\mathrm{d}q}{\mathrm{d}t} + \omega(t)^2 q = F(t) \tag{12.8.1}$$

色品定义为 $\xi = \mathrm{d}\nu/\delta$，$\omega(t)$ 中含有纵向能量振荡 $\delta = r\cos(\omega_s t + \phi)$：

$$\omega(t) = \omega_\beta + \omega_0 \xi r \cos(\omega_s t + \phi) \tag{12.8.2}$$

横向不稳定性的驱动力可以表示为

$$F(t) = c\,\hat{\theta}\cos(\omega_f t + \phi) \sum_{k=-\infty}^{\infty} \delta(t - kT_0) \tag{12.8.3}$$

式中，$\hat{\theta}$ 为不稳定性驱动力的角度幅度；ω_0 为回旋频率；ω_f 为横向不稳定共振频率。横向位移量的平均值为

$$\langle q(t) \rangle = -\frac{\hat{\theta}}{2T_0} \frac{\mathrm{i}}{\omega_\beta} \frac{1}{\sigma_\delta^2} \sum_{m=-\infty}^{\infty} \int_0^\infty J_m^2\left[\left(\frac{\omega_\beta \alpha}{\omega_s} + \frac{\omega_0 \xi}{\omega_s}\right)r\right] \mathrm{e}^{-r^2/(2\sigma_\delta^2)} r\,\mathrm{d}r$$
$$\cdot \left[\frac{\mathrm{e}^{\mathrm{i}\omega_f t}}{\alpha - \mathrm{i}(\omega_\beta + m\omega_s - \omega_f)} + \frac{\mathrm{e}^{-\mathrm{i}\omega_f t}}{\alpha - \mathrm{i}(\omega_\beta + m\omega_s + \omega_f)}\right] \tag{12.8.4}$$

则在共振频率处的峰值可以由下式给出：

$$\langle \hat{q}(\omega_\beta + m\omega_s) \rangle = -\mathrm{i}\frac{\sqrt{\beta\beta_0}\,\hat{\theta}}{2T_0 \alpha} \frac{1}{\sigma_\delta^2} \int_0^\infty J_m^2\left[\left(\frac{\omega_\beta \alpha}{\omega_s} + \frac{\omega_0 \xi}{\omega_s}\right)r\right] \mathrm{e}^{-r^2/(2\sigma_\delta^2)} r\,\mathrm{d}r \tag{12.8.5}$$

若 $m=0$，此时频率幅度为横向振荡频谱的主峰值，色品对于横向不稳定性的抑制归结到对 β 振荡主峰的抑制能力上。假设频率漂移足够小，色品对于横向不稳定性增长的抑制能力贡献为

$$R_m(y) = \frac{1}{y^2} \int_0^\infty J_m^2(x) \mathrm{e}^{-x^2/(2y^2)} x \mathrm{d}x$$

$$y = \left(\frac{\omega_\beta \alpha}{\omega_s} + \frac{\omega_0 \xi}{\omega_s} \right) \sigma_\delta$$

$$(12.8.6)$$

定性的模拟结果如图 12.8.3 所示。随着色品的增加，横向不稳定性增长率逐渐减小。色品为 7 时的不稳定性增长率大约为色品为 0 时的一半。

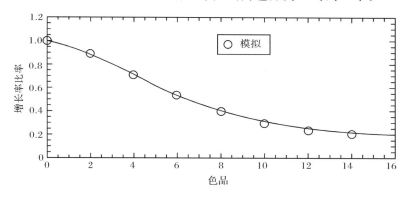

图 12.8.3　色品对于横向不稳定性增长的抑制能力

HLS 储存环在 800MeV 运行时，水平方向的六极磁铁电流为 84A，对应的色品大约为 6；垂直方向的六极磁铁电流为 46A，对应的色品大约为 6。降低六极磁铁的电流可以降低储存环的色品，将两个方向的六极磁铁电流同比例降低，步长为 2A 和 1A。当水平方向的六极磁铁的电流降为 56A 时，对应的色品大约为 1，此时出现稳定的横向振荡，频谱出现水平方向的边带。

通过数字反馈处理器面板上的数字量输入接口可以控制 DAC 的开关。用 10Hz 的方波信号调制 DAC 的输出，如图 12.8.4 所示。反馈系统关时，束流信号有明显的振荡，并可以在频谱上观察到水平方向的频谱；将反馈系统打开，束流的横向振荡被抑制。

用数字处理器记录由于降低六极磁铁电流而出现的横向振荡的波形。图 12.8.5(a)是 45 个束团的波形图，由图可见，所有束团都开始振荡；图 12.8.5 (b)是其中第 28 个束团的波形，图 12.8.5(c)是第 36 个束团的波形。

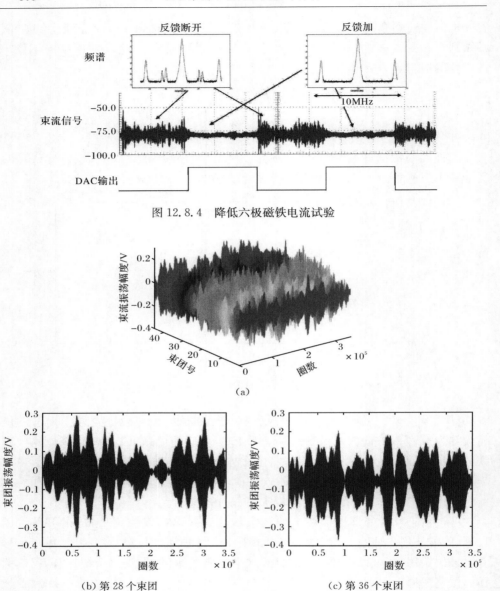

图 12.8.4　降低六极磁铁电流试验

（a）

（b）第 28 个束团　　　　　　　　　　　（c）第 36 个束团

图 12.8.5　降低六极磁铁电流时用数字处理器记录的逐束团波形

　　当加反馈系统时,可以将图 12.8.5 中的振荡完全抑制,如图 12.8.6 所示。降低六极磁铁不仅使时域的波形出现振荡,而且光斑尺寸变大,如图 12.8.7 所示。而加反馈系统时,光斑尺寸明显变小,如图 12.8.8 所示。

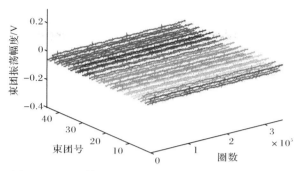

图 12.8.6 反馈系统将水平方向出现的振荡完全抑制

图 12.8.7 降低六极磁铁电流时的光斑 图 12.8.8 加反馈系统时的光斑

12.8.3 阻尼时间测量

当关闭八极磁铁,只采用数字反馈系统注入时,观察反馈系统对于注入残余振荡的阻尼能力。当数字反馈系统的增益设为 4 时,此时束流流强达到 170~185mA,随着增益的减小,残余振荡时间变长,当降为 0.5 时,水平方向出现持续振荡,已经淹没注入磁铁引起的束流残余振荡波形如图 12.8.9(d)所示。当反馈系统的增益降为 0.5 时,虽然水平方向出现持续振荡,流强仍然保持在 170mA 以上,如果此时继续降低反馈系统增益,则束流完全丢失,在此次试验过程中,0.5 的增益是数字反馈系统保持注入流强的阈值。

对不同增益情况下得到的波形数据进行指数拟合,得到的阻尼时间如图12.8.10所示。阻尼时间和数字增益的关系如图 12.8.11 所示。增益为 0.5 时,反馈系统已经不能完全抑制束团的横向振荡,此时拟合的阻尼时间并非残余振荡的阻尼时间,而是横向耦合束团振荡的阻尼时间。随着增益增加,阻尼时间减小。

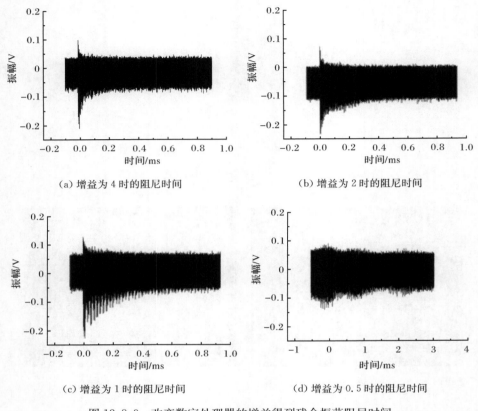

（a）增益为 4 时的阻尼时间　　　　　　　（b）增益为 2 时的阻尼时间

（c）增益为 1 时的阻尼时间　　　　　　　（d）增益为 0.5 时的阻尼时间

图 12.8.9　改变数字处理器的增益得到残余振荡阻尼时间

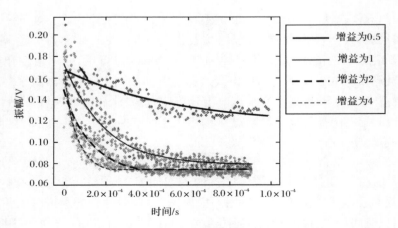

图 12.8.10　不同反馈增益下拟合的阻尼时间

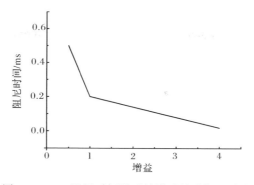

图 12.8.11　阻尼时间随反馈增益的增加而减小

12.9　横向振荡模式分析

由处理器 ADC 采集到的数据可以得到束团振荡时域波形和横向振荡模式信息。图 12.9.1 所示为注入时采集到的水平方向束团振荡波形。对这个数据进行分析得到水平方向的振荡模式图,如图 12.9.2 所示,其中第 2、17、32 号模式的幅度最大。

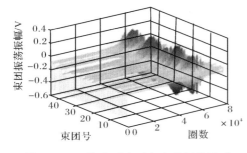

图 12.9.1　注入时水平方向的振荡波形

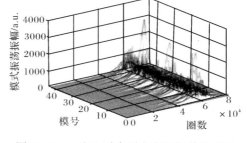

图 12.9.2　注入时水平方向的振荡模式图

12.10　提高注入流强

12.10.1　抑制注入边带

在 200MeV 注入过程中,一个周期内(4.533MHz),束流频谱出现了明显的横向振荡边带($\nu_{x,y}$),如图 12.10.1 所示。数字反馈系统可以对这个边带进行抑制。当只有 y 方向加反馈时,频谱上只剩 x 方向的边带,如图 12.10.2 所示。当两个方向的反馈全加时,横向的不稳定性边带被完全抑制,如图 12.10.3 所示。

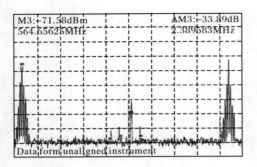

图 12.10.1   注入时的束流频谱($\nu_{x,y}$)

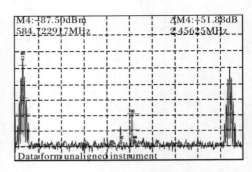

图 12.10.2   仅垂直方向反馈开时的束流频谱

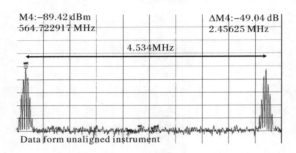

图 12.10.3   两个方向的反馈全开时的束流频谱

12.10.2   抑制注入残余振荡

反馈系统可以减小注入磁铁引起的束流残余振荡时间。当关闭八极磁铁且反馈系统关时,残余振荡的阻尼时间大约为 2ms,如图 12.10.4(a)所示;当反馈系统开时,残余振荡的阻尼时间减小到大约 60μs,如图 12.10.4(b)所示。

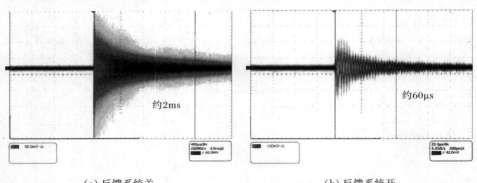

(a) 反馈系统关   (b) 反馈系统开

图 12.10.4   反馈系统可以减小注入磁铁引起的束流残余振荡衰减时间

最后,数字横向反馈系统可以提高注入流强。如果不加反馈系统和八极磁铁,一般只能注入大约 100mA 的束流。加上八极磁铁或者数字反馈系统可以注入更高的流强,稳定注入超过 250mA。

12.10.3　替代八极磁铁提高注入流强

数字反馈系统可以阻尼注入状态下束流的横向不稳定性边带,并减小注入磁铁引起的束流残余振荡时间。通过改变数字反馈系统的增益得到不同的边带抑制能力和残余振荡的阻尼时间。数字反馈系统可以改善注入,在不加八极磁铁的情况下,流强可以稳定积累近 300mA,加上八极磁铁最高注入流强超过 350mA[18]。图 12.10.5 为数字反馈系统提高注入流强试验的束流积累信息。

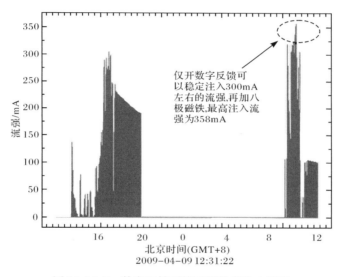

图 12.10.5　数字反馈系统可以提高注入流强

多束团运行的储存环易发生束团间的 CB 不稳定性现象,限制了机器性能的进一步提高。HLS 储存环有严重的横向 CB 不稳定性存在,特别是 200MeV 低能注入时的横向不稳定性影响了注入效率,限制了注入流强的提高。现阶段 HLS 储存环在注入时使用八极磁铁抑制横向的 CB 不稳定性,然而八极磁铁本身的非线性效应降低了束流的注入效率。应用 BxB 反馈技术抑制横向 CB 不稳定性是世界各大加速器实验室普遍采用的技术,反馈系统不仅可以抑制横向不稳定性,而且可以改善注入提高注入流强。由于 HLS 储存环周长小,模拟系统的使用存在局限性,而数字横向 BxB 反馈系统起到了明显提高机器性能的效果。

参 考 文 献

[1] Hu K H,Lee D,Hsu S Y,et al. Operation experiences of the bunch-by-bunch feedback system of TLS. Proceedings of the Particle Accelerator Conference, New Mexico, 2007: 383—385.

[2] Cheng W X,Obina T,Honda T,et al. Bunch-by-bunch feedback for the photon factory storage ring. Proceedings of EPAC,Edinburgh,2006:3009—3011.

[3] 周泽然. 合肥光源数字横向逐束团反馈系统. 合肥:中国科学技术大学博士学位论文, 2009.

[4] Lonza M,Bulfone D,Gamba C. Digital processing electronics for the ELETTRA transverse multi-bunch feedback system. ICALEPCS,Trieste,1999:255—257.

[5] Drago A,Fox J,Teytelman D,et al. Commissioning of the IGP feedback system at DAΦNE. Proceedings of EPAC,Genoa,2008.

[6] Takai R,Tobiyama M,Obina T, et al. Bunch by bunch feedback system using iGp at KEK-PF. Proceedings of DIPAC,Basel,2009.

[7] Poucki V, Lemut P, Oblak M, et al. Combating multi-bunch instabilities with the libera bunch-by-bunch unit. Proceedings of EPAC,Genoa,2008.

[8] 王世一. 数字信号处理. 北京:北京理工大学出版社,1997.

[9] 胡广书. 数字信号处理(理论、算法与处理). 北京:清华大学出版社,2003.

[10] Nakamura T,Date S,Kobayashi K,et al. Transverse bunch-by-bunch feedback system for the SPring-8 storage ring. Proceedings of EPAC,Lucerne,2004.

[11] Proakis J G,Manolakis D G. Introduction to Digital Signal Processing. New York:Macmillan Publishiing Company,1988.

[12] Tretter S A. Introduction to Discrete-Time Signal Processing. New York:John Wiley & Sons,1976.

[13] Hindi H,Eisen N,Fox J. Analysis of DSP-based longitudinal feedback system:Trials at SPEAR and ALS. Proceedings of the Particle Accelerator Conference, Washington DC, 1993,3:2352—2354.

[14] Simila. Suggestion to improve HEFEI feedback performance. Hefei:USTC,NSRL,2009.

[15] Zhou Z R,Wang J H,Sun B G,et al. Digital transverse bunch-by-bunch feedback system for HLS. Proceedings of 5th Annual Meeting of Particle Accelerator Society in Japan,Higashi-hiroshima,2008:685—687.

[16] Wang J H,Li W M,Wang L,et al. Experiment of transverse feedback system at HLS. Proceedings of the Particle Accelerator Conference,Vancouver,2009:4147—4149.

[17] Nakamura T. Chromaticity for energy spread measurement and for cure of transverse multi-bunch instability in the SPring-8 storage ring. Proceedings of the Particle Accelerator Conference,Chicago,2001,3:1972—1974.

[18] Zhou Z R, Wang J H, Sun B G, et al. Commissioning of the digital transverse bunch-by-bunch feedback system for HLS. Proceedings of the Particel Accelerator Conference, Vancouver, 2009: 4153—4155.

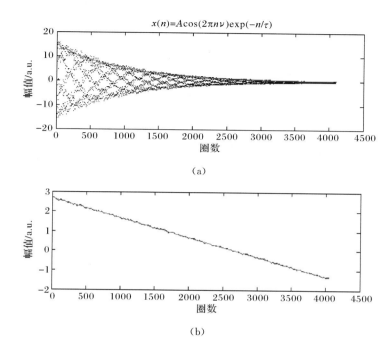

$$x(n)=A\cos(2\pi n\nu)\exp(-n/\tau)$$

（a）

（b）

图 8.4.1　逐圈采样的束团运动仿真与包络提取[21]

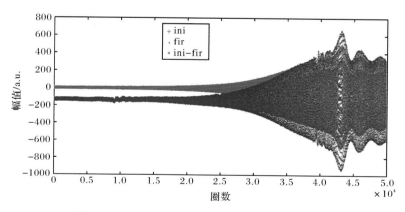

图 8.4.8　FIR 滤波得到的振荡信号和原信号对比

（a）原始数据

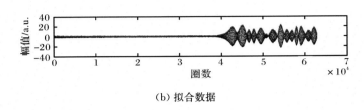

（b）拟合数据

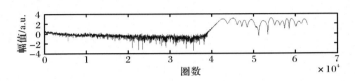

（c）包络信号进行对数运算后的结果

图 9.3.31 800MeV 运行时束流不稳定性增长时间分析

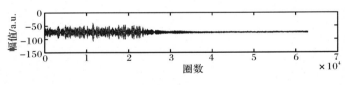

（a）原始数据

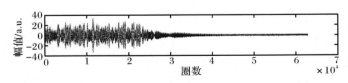

（b）拟合数据

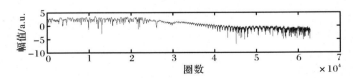

（c）包络信号进行对数运算后的结果

图 9.3.33 800MeV 运行时束流不稳定性阻尼过程

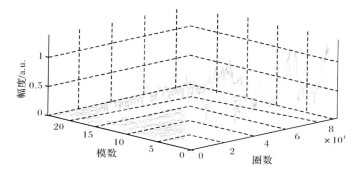

图 10.4.14 同步振荡多束团耦合模式

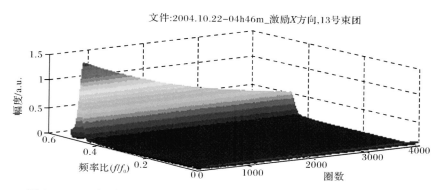

文件:2004.10.22-04h46m_激励X方向,13号束团

图 10.4.25 与图 10.4.24 对应的时频联合表示(色彩标记参见图 10.4.31)

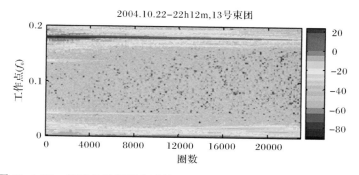

2004.10.22-22h12m,13号束团

图 10.4.31 伪彩色光谱图表示的 Tune 分散和漂移在时频空间的演化

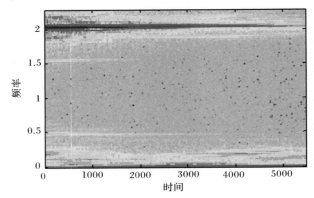

图 10.4.36　振荡阻尼过程的时频分析结果,可以看出在振荡时工作点明显发散

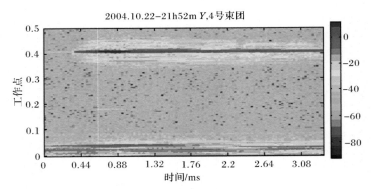

2004.10.22-21h52m Y,4号束团

图 10.4.44　以伪彩色表示的 Tune 在时频域的变化

幅度从强到弱,分散从大到小

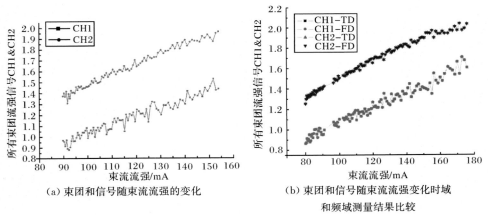

（a）束团和信号随束流流强的变化　　（b）束团和信号随束流流强变化时域

和频域测量结果比较

图 10.5.10　束团流强测量结果分析

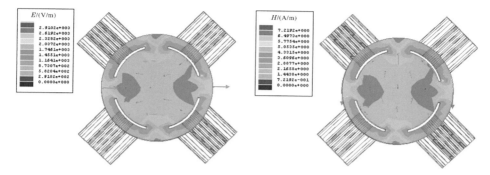

图 11.3.15　*x*、*y* 方向的电场分布　　　　图 11.3.16　*x*、*y* 方向的磁场分布

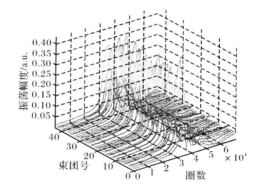

图 11.5.5　束团振荡增长阻尼典型曲线

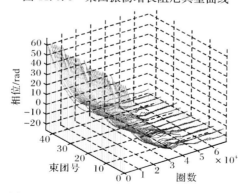

图 11.5.6　束团振荡过程中的相位跟踪曲线

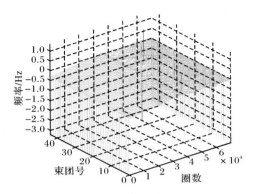

图 11.5.7 束团振荡频率的跟踪

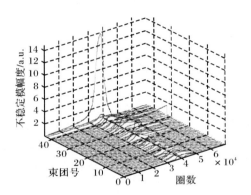

图 11.5.8 振荡模式跟踪

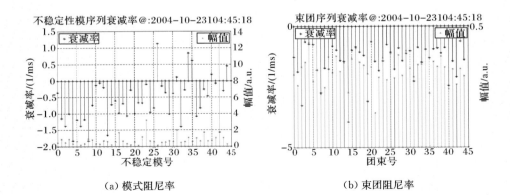

（a）模式阻尼率

（b）束团阻尼率

图 11.5.9 束团阻尼过程的研究

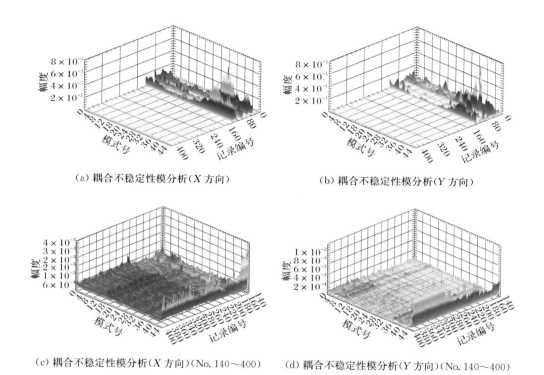

（a）耦合不稳定性模分析（X方向）　　　　（b）耦合不稳定性模分析（Y方向）

（c）耦合不稳定性模分析（X方向）（No. 140～400）　　（d）耦合不稳定性模分析（Y方向）（No. 140～400）

图 11.5.11　多束团耦合不稳定模式分析

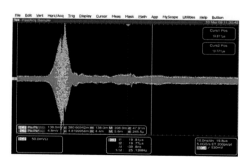

图 11.6.9　改进后，消除了信号反射，反馈信号宽度控制到约 5ns

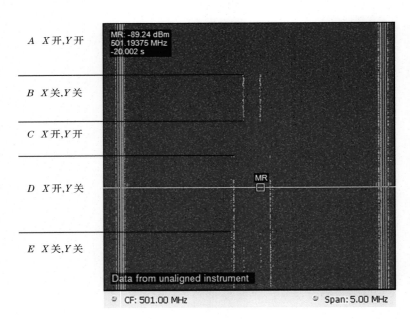

图 11.6.10　开关反馈系统时的束流频谱